문헌과 유적으로 본

구들이야기 온돌이야기

Author : Dr. Namung Kim,
Professor of the School of Architecture,
Dankook University, Seoul, Korea
Title : A Story of Korean Floor Heating System, Goodl (Ondol) through Literature and Relics

Publisher : The Dankook University Press, Seoul, Korea

Printed in Seoul, Korea

ISBN 978-89-7092-461-8 03610

문헌과 유적으로 본

구들이야기 온돌이야기

김남응 지음

단국대학교출판부

김남응(1952.5.30~2008.3.30)

1952년 5월 30일 강원도 횡계에서 태어났다.
1975년 단국대에서 공학사, 1979년 단국대 대학원에서 공학석사,
1994년 독일 다름슈타트공대에서 공학박사 학위를 취득했다.
중앙박물관 자문위원, 대한건축학회 이사, 단국대 대학원 교학부장,
건축대학 학장, 대학원 원장을 역임하였다.
주요 저서로 동서양의 주거건축과 주거문화를 불의 사용 방법과 관련지어
연구한 'Stehendes und Liegendes Feuer(독일 Beispiel 출판사, 1994)가 있으며,
대학에서 건축설계, 건축론, 주거문화 영역을 강의하였다.
2004년 2월 25일에 구들의 기원, 전파, 난방 방법 등을 총 집대성한
『문헌과 유적으로 본 구들 이야기 온돌 이야기』를 세상에 내놓아
학계에 큰 반향을 일으켰다.

문헌과 유적으로 본 구들 이야기 온돌 이야기

초판 발행 · 2004년 2월 25일
중판 발행 · 2011년 7월 15일

지은이 · 김 남 응
펴낸곳 · 단국대학교출판부
등　록 · 1968.2.27: No. 제03-00095호

값 30,000원

Published by Dankook University Press

Printed in Seoul, Korea

ISBN 978-89-7092-461-8 03610

* 이 연구(저술)는 2002년 단국대학교 대학연구비 지원으로 이루어졌음.

책을 내면서

이 책은 구들 이야기를 담고 있다. 또 이 책은 온돌(溫突) 이야기를 담고 있기도 하다. 온돌은 구들이고, 구들은 온돌이기 때문이다.

이 책에는 구들(온돌)에 대한 고문헌이 많이 수록되어 있다. 그리고 발굴된 구들(온돌) 관련 유적 자료가 많이 들어 있다. 구들(온돌)이 언제 어디에서 생겼는지, 그리고 어떻게 전파되었는지, 언제부터 구들 또는 온돌이라 불렸는지 등을 살펴보기 위한 것이다.

이 책은 또 중국의 '캉(炕)'에 대하여, 그리고 로마의 '하이퍼코스트(Hypocaust)'에 대하여 이야기 한다. 구들과 뿌리가 같거나 난방원리가 같기 때문이다.

이 책은 또 '벽난로'나 '카헬오펜' 등 서양의 일반적인 난방 방법들이 발전해 온 과정에 대해서도 살펴본다. 그들을 알면 구들이 어떤 가치를 지닌 것인지 더 잘 알 수 있기 때문이다. 그러므로 이 책은 처음부터 끝까지 구들 이야기, 온돌 이야기인 셈이다.

이 책은 구들(온돌)에 대한 문헌(文獻)과 유적(遺蹟) '자료집'이기도 하다. 구들의 역사에 관계되는 주요 문헌들을, 그리고 구들에 관계되는 발굴 유적 자료들을 시간과 힘이 자라는 데까지 최대한 한데 모았고 자료의 의미를 새기도록 하였기 때문이다. 하지만 아직도 반영할 만한 것이 적지 않다. 그 부분에 대해서는 혹 다음에

증보(增補)를 내게 되면 보완하도록 하겠다.

이러한 면에서 이 책은 다분히 학술적인 성격을 띠고 있다. 그러나 이 책은 학술적인 책이기보다는 누구나 읽을 수 있는 '이야기 책'이 되었으면 한다. 학술적이면서도 누구나 부담 없이 '이야기'로 즐길 수 있는 책이 되었으면 하는 것이다. 구들이 담고 있는 의미는 우리 모두가 알아둘 만한 것이기도 하지만 사실 접근을 쉽지 않게 하는 것은 내용이 아니라 대부분의 구들 관련 문헌이 한자(漢字)로 되어 있기 때문이라고 생각하기 때문이다. 그런 까닭에 이 책에서는 모든 한자(漢字) 문헌에 (유치해 보일지라도) 토를 달았고 번역을 붙였다. 그리고 어려운 한자 용어는 되도록 피하거나 쉬운 말로 바꾸어 쓰도록 노력했고 되도록이면 주(註)를 없앴으며 사진으로도 충분하다 싶으면 도면을 쓰지 않았다.

필자는 대학에서 건축설계, 건축론, 주거건축, 주거문화 분야를 주력 분야로 하고 있다. 이에 대해 말하는 것은 다른 뜻이 아니다. 사학(史學)이나 고고학(考古學) 또는 건축사(建築史)를 전공으로 하지도 않은 사람이 역사와 고고학에 깊숙이 관계되는 구들을 주제로 책을 썼으니 무지(無知)한 부분이 있더라도 참조해 주었으면 하는 것이다.

이 책이 출간되기까지는 정말 많은 분들의 도움이 있었다. 우선 구들 유적편은 서울대학교 박물관을 비롯하여 여러 고고학 관련 기관의 발굴 성과와 자료 협조로 이루어졌음을 밝힌다. 그리고 특히 여러 차례 귀찮은 요청에 응해준 경기도 기전문화재연구원 장경호 원장님과 박종규 연구원, 부산대학교 박물관과 안성희 선생님, 경남고고학 연구소와 김 현 선생님, 울산문화재연구원, 충북대학교 박물관과 차용걸 교수님, 동국대학교 박물관과 김병곤 선생님, 단국대학교 매장문화재연구소 소장 박경식 교수님을 비롯한 여러 연구원께 이 지면을 통해 감사를 드린다.

그리고 수년 전에 자료를 챙겨주신 김정기(金正基) 박사님, 손보기(孫寶基) 전 단국대학교 석주선박물관 관장님께 늦었지만 인사와 감사를 드리고, 서울대학교 윤장섭 명예교수님, 고려대학교 주남철 명예교수님께도 감사를 드린다.

특히 문헌편의 난해한 원문들 대다수는 단국대학교 '동양학연구소' 중산 허호구(重山 許鎬九) 선생님이 살펴주셨고, 다수의 문헌은 직접 번역도 하여 주셨다. 또 이 일에는 단국대학교 국문학과 강재철 교수님과 박상진 선생이 함께 많이 도와주셨다.

몇몇 사진은 사진 전문가 김대벽 선생님이 제공하여 주셔서 책이 더욱 빛나게 되었다.

독일의 많은 친구들에게 감사를 표하고, 특히 헬뭍 슈트리플러 교수(Professor Helmut Striffler)님께도 감사를 드린다.

그 외에도 단국대학교 출판부, 도서관 관계자를 비롯하여 도움을 주신 분들이 수없이 많으나 지면 관계상 일일이 거명하지 못함을 양해 바란다.

책을 쓴다고 연구실에 틀어박혀 살다시피 하는 동안 동료 교수님들과 별로 시간을 함께 하지 못하였다. 그리고 집안일에도 관심을 갖지 못했다. 그 동안의 배려와 후원에 감사한다.

끝으로 이 책의 집필 과정 내내 자료 수집과 정리를 도와준 연구실 박사 과정 장재원, 임진택 군과 석사 과정 홍순필 군에게 그간의 수고에 감사를 표한다. 이 작업에 참여하는 동안 이들도 우리의 구들에 대해 깊은 이해와 관심을 갖게 된 듯하여 기쁘게 생각한다.

2004년 2월
한남동 캠퍼스에서 김 남 응

일러두기

1.  찻잔 모양을 달고 있는 글은 '잠시 쉬어가는 글'로 삽입된 것이다. 특히 한자(漢字) 문헌이 다수 있어서 읽는 데 지루할 듯하여 삽입하였다. 구들(온돌)과 관련은 있지만 본문의 흐름을 떠나지 않고 가볍게 읽을 수 있는 내용들을 담고 있다. '차 한 잔' 또는 'coffee break'의 의미인데 차(茶) 맛이 될지 커피 맛이 될지는 모르겠지만 '숭늉 맛'이라도 되었으면 좋겠다.
2. 한자 원문(漢字原文)에 붙여진 한글 음(音)은 하나의 글자가 여러 음으로 읽힐 경우 반드시 해당 부분에 맞지 않는 음(音)으로 표기 되어 있을 수도 있다. 컴퓨터 활용에서는 한글 음을 알아야 한자를 찾아 넣을 수 있음을 특히 염두에 둔 것이다.
3. 문헌과 유적은 개관을 쉽게 하기 위하여 각 제목에 연대나 시기를 함께 표기하였다. 그러나 각 제목에 표기된 연대는 내용을 기준으로 한 것도 있고, 특히 유적과 관련하여서는 한 유적이 여러 시대에 걸칠 수 있으므로 기술하는 내용이 속하는 시대를 기준으로 하였다. 보고서들을 참조하였지만 편년이 애매한 경우가 많아 좁은 범위로 구체화하기가 어려운 경우가 많았다.

목 차

책을 내면서 · 5
일러두기 · 8

제1장 시작하는 이야기 · 11
제2장 문헌으로 보는 구들 이야기 · 35
제3장 유적으로 보는 구들 이야기 · 133
제4장 문헌과 유적을 함께 보는 구들 이야기 · 325
제5장 오늘날의 구들 이야기 · 339
제6장 이웃나라 구들, '캉(炕)' 이야기 · 361
제7장 먼 나라 구들, '하이퍼코스트' 이야기 · 371
제8장 서양의 일상 난방 이야기 · 467
제9장 마치는 이야기 : 구들의 우수성 · 499

주(註) 모음 · 512
참고 문헌 · 520
그림 목차 및 출처 · 528
쉬어가는 글 목록 · 539
찾아보기 · 540

제1장

시작하는 이야기

구들 한민족 문화의 바탕·12
전통 구들의 구조·19

구들, 한민족 문화의 바탕

'구들'은 한국인의 고유의 난방 방식으로 흔히 '온돌(溫突)'이라고도 한다. 구들은 조상의 슬기가 담긴 우수한 난방법일 뿐만 아니라 한국인의 주거 건축과 주거 생활의 여러 특성과 밀접한 관계가 있다. 그러므로 '구들 이야기'는 우리의 난방 방법에 관한 이야기일 뿐만 아니라, 우리의 집에 대한 이야기이다. 따라서 구들을 이해하면 우리의 주거가 왜 그러했는지, 우리가 왜 그렇게 살아왔고, 오늘날 그러한 모습으로 살아가는지 이해하기가 쉽다. 구들을 이해하면 우리의 삶의 모습이 보인다.

외국에서 장기간 살아본 사람은 한국의 이것저것이 그리울 때를 많이 경험하였을 것이다. 그것은 물이 질퍽질퍽 나는 배일 수도 있

그림 1 이제는 보기 힘들어진 '초가삼간'

고, 고향집 장독대일 수도 있으며, 아니면 외국의 중국 음식점에는 없는 자장면일 수도 있다. 사람에 따라 차이는 있겠지만 그러나 누구나 공통적으로 매우 그리워했던 것이 있다면 그것은 따듯한 우리의 방바닥이 아닌가 한다. 더욱이 눈이 많고 추운 날씨면, 그리고 감기 몸살기라도 느껴지는 날이면 한국인은 따듯한 방바닥을 그리워하고, 그리고 그것은 방바닥 중에서도 특히 따끈따끈한, 이제는 한국에서조차 얼마 남지 않은 옛날집의 아랫목, 따끈따끈하다 못해 어머니가 늘 말씀하시듯 "절절 끓는" 아랫목으로 구체화된다.

구들은 바닥 난방법이다. 바닥 난방은 한국에만 있는 것은 아니

그림 2 안동 임하면 천전리(내앞) 의성 김씨 대종가 전경(A.D. 16C)

지만 한국에만 있는 것이나 마찬가지다. 서양에서 바닥 난방은 병원이나 부유한 집의 거실에서나 가끔 만날 수 있는 고급 난방법으로 인식되는 편인데 비해 한국에서는 어디를 가나 바닥 난방이 있다. 아흔아홉 칸의 기와집에서도, 다 쓰러져 가는 초가삼간 오막살이집에도, 주인이 머무는 방에도, 머슴이 자는 방에도, 고층, 그리고 초고층 아파트에도, 단독 주택에도, 함경북도에도, 제주도에도, 그리고 중국 연변에도 …….

그림 3 강릉 선교장 전경

이 바닥 난방을 우리는 흔히 온돌(溫突)이라 한다. 그러나 '구들'이라고 하는 것이 더 어울릴 것 같다. 단순히 토속적인 어감 때문이 아니라 '구들'이란 이름은 '온돌'이란 이름보다 더 오래된 이름이고, '온돌'처럼 한자에서 연유한 이름이 아닌 순수한 우리말 이름이기 때문이다. 뿐만 아니라 구들을 이루는 세부 명칭이 모두 순수 우리말로 되어 있다. 아궁이, 부뚜막, 고래, 불목, 부넘기, 개자리 등 구들을 이루는 여러 세부 명칭이 모두 우리말로 전해 내려왔는

그림 4 서울 종로구 운니동 운현궁(雲峴宮) 노락당(老樂堂 : 1864년)

그림 5 안동 풍천면 병산동 병산서원 요사체 전경

데 굳이 총체적인 이름에서는 즐겨 쓰던 '구들'이란 순수 우리말이 있음에도 불구하고 언제부터인가 우리는 '온돌(溫突)'이란 말을 더 많이 쓰고 있다.

구들이란 말은 민속학자 손진태 선생에 의하면 '구운 돌'에서 생겨난 이름으로 추정되고 있다. 그리고 그 말은 얼마 전까지만 해도 널리 대중적으로 쓰이던 말이다. 이를테면 방이 어지러우면 '구들 좀 치워라' 했고, 일자리를 잃고 놀고 있는 사람은 '구들방만 지키고 있다'거나 '매일 구들장만 지고 있는 신세'라고 표현하기도 했다. 그런 반면 온돌(溫突)이란 말은 우리 문자가 아직 없을 때 식자(識者)들이 구들을 기술(記述)하기 위해 만든 한자 이름으로, 특히 한자를 즐겨 쓰던 초기 학문적 연구에서 그대로 사용한 영향으로 보인다.

구들은 우리의 옛날집에서의 바닥 난방 시설 그 자체를 말하거나 그런 난방으로 된 방바닥 또는 방을 통틀어 가리키는 말이기도 했다. 구들장은 고래를 덮으며 방바닥을 이루는 판판한 판석(板石)을 말하니 하릴없이 누어 빈둥대는 사람은 구들장을 지고 있는 셈이다.

하지만 이 책에서도 온돌이란 이름을 완전히 피할 생각은 없다. 아무리 구들이 어울리는 이름이라 하더라도 구들이 온돌이요, 온돌이 구들이라고 이해하지 않고 각기 다른 것으로 이해하는 사람들이 있고, 그리고 아직 많은 학자들은 곳곳에서 온돌로 표현하고 있기 때문이다. 더욱이 수년 전부터 브리태니커 사전에도 오르긴 했어도 '구들'이 아니라 '온돌'로 찾아야 하고, 한자도 우리말, 우리글의 일부를 이룬 지 오래되니 대세가 바뀌지 않는 한 '온돌'이란 말을 무시할 수도 없다.

구들이란 이름은 또 엉뚱한 곳에서 취약함을 보여 주는데 오늘날 생활의 일부가 되어가는 인터넷 세계에서이다. '구들'을 색인해보면 구들 관련 내용보다는 '~ 친구(親舊)들', '~ 기구(機構)들'이 잔뜩 검색되어 나오고, 우리의 '구들'은 건초더미 속에서 바늘찾기처럼 힘들다. 검색 엔진을 개발하는 사람들이 앞으로 이 점을 고려해서 '구들'로 검색해도 우리의 자랑스러운 난방 방법에 접근이 쉽게 되었으면 하는 생각이 든다. 그럼에도 불구하고 이 책에서는 되도록 구들이란 말을 사용하려 한다. 앞에서 말했듯이 세부 명칭과의 조화를 고려한 것이다. 그렇지만 중간 중간에 간혹 온돌이라고 하여도 구들과 같은 의미로 사용되는 것이다. 그리고 이름의 변화 등을 말할 때는 문맥상 '온돌'이라 해야 할 때도 있을 것이다.

그림 6 서울 강남의 저층, 고층, 초고층 아파트. 구들(온돌)은 이들 어디에나 들어 있다(2004년).

전통 구들의 구조

구들(온돌)의 구조는 크게 불을 때는 곳인 '아궁이', 연기가 지나가는 통로인 '고래', 그리고 연기가 밖으로 배출되는 '굴뚝'으로 나뉘어진다. 그러나 자세히 살펴보면 구들에는 수천 년 동안 궁리하고 발전시켜 온 우리 조상들의 지혜가 구석구석 스며 있음을 알 수 있다.

4~50대 어른들까지는 구들을 경험하여 대개 아는 것이지만 현대적 주거에서 성장한 오늘날의 젊은 세대들에게는 구들이 벌써 낯설고, 커오는 세대에게는 더욱 그러할 것이므로 이들의 이해를 위하여 전통 구들의 구조를 먼저 설명하기로 한다.

아궁이

아궁이는 불을 때는 곳으로 보통 부엌에서 부뚜막의 일부를 이룬다. 그러나 사랑방이나 별채의 방과 같이 취사(炊事)는 필요 없고 난방만 하면 되는 곳에서는 부뚜막 없이 아궁이만 두기도 하였다. 그렇지만 간단한 부뚜막이라도 만들어 솥 하나라도 걸어두면 세수나 빨래할 때 더운물을 쓸 수 있고 큰일을 치를 때 여러모로 유용하므로 부엌이 아닌 곳에 두는 아궁이도 작으나마 부뚜막을 갖추고 있는 경우가 많았다.

부뚜막

부뚜막은 솥을 걸어 취사를 할 수 있도록 돌과 진흙으로 쌓아 부엌 바닥보다 높게 만든 시설이다. 솥 바로 밑은 불이 타는 곳으로 불을 피울 수 있도록 어느 정도 널찍한 공간으로 되어 있다. 부

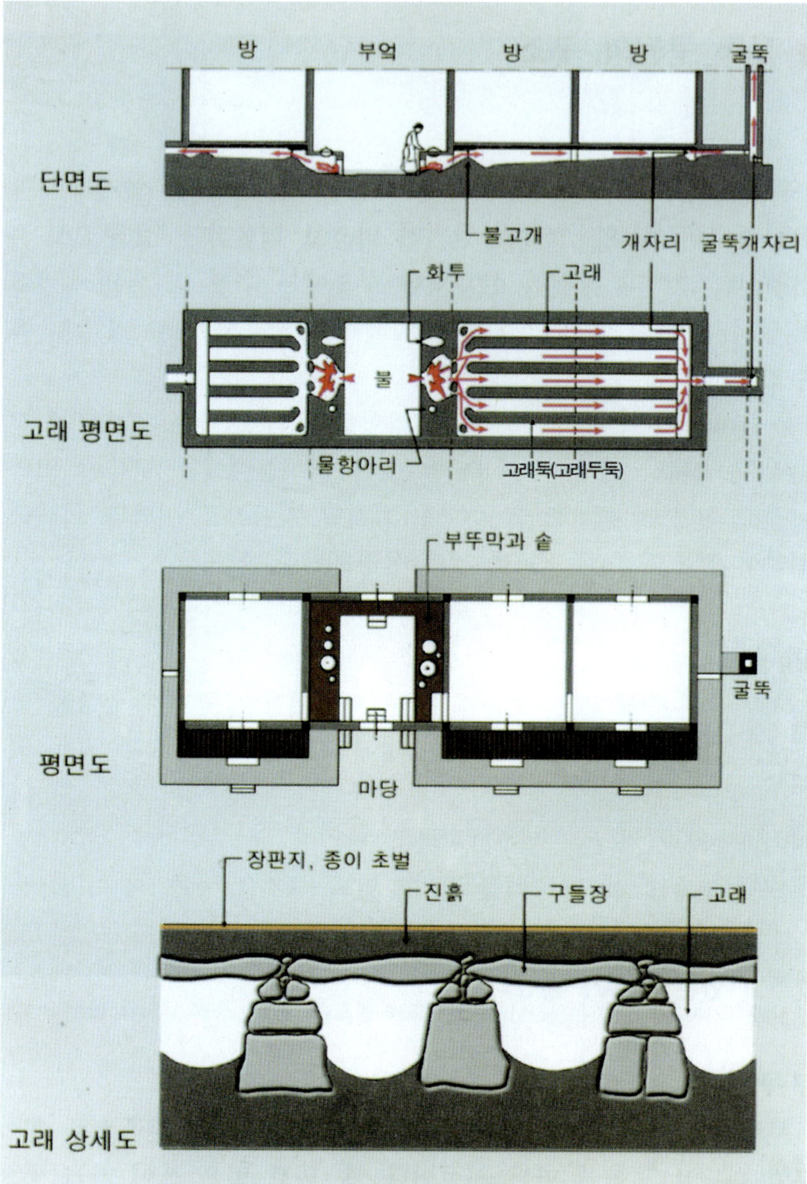

그림 7 전통 구들(온돌)의 구조 및 작용 원리

뚜막 위의, 솥이 걸린 앞 공간은 칼도마를 얹고 무나 파를 썬다든가 생선을 다듬는 작업대로 쓰였다. 부뚜막 위에는 아궁이 하나에 솥을 하나 거는 것이 일반적이긴 하지만 크고 작은 솥을 좌우로 두 개 걸기도 하고 심지어 그 뒤편에 작은 양은냄비 같은 것을 하나 더 걸어 한 아궁이에 세 개의 솥을 거는 경우도 있었다.

솥 옆은 보통 어느 정도 빈자리가 마련되어 밥상을 놓고 상을 차릴 수 있도록 하였고, 솥 주변 공간은 밥이나 국을 풀 때 잠시 빈 그릇을 놓는 자리가 되었다.

그림 8 강원도의 한 전통 민가의 부뚜막 모습. 좌우에 두 개의 아궁이가 있고 아궁이처럼 보이는 가운데 것은 재를 모아두는 '불티(화투)'이다. 왼쪽에는 3개의 솥을 걸었고 오른 쪽에는 가마솥을 걸고 있다. 때로는 부뚜막에 항아리를 묻어서 물을 담아 놓으면 부뚜막과 함께 항아리 속의 물도 따듯해져 설거지나 세면할 때 사용하였다.

부넘기

아궁이 속 안쪽 벽 상부에 고래로 통하는 구멍이 있다. 보통은 하나의 구멍이지만 고래가 여러 줄이 될 경우에는 돌을 사이에 받쳐 구멍이 두 개가 되기도 한다. 이것은 불이 넘어가는 고개와 같아 '부넘기(부넹기)' 또는 '불고개'라고 하고 좁혀진 목구멍 같다하여 '불목'이라고도 한다. 이것은 연기의 역류(逆流)를 방지하고 열기가 고래 속으로 잘 빨려들도록 하는 기능을 한다.

고래

고래는 연기가 구들장을 데우며 지나가는 통로로 '방고래', '구들고래'라 하기도 하고 한문으로 '연도(煙道)'라 하기도 하는데 뜨거운 연기가 잘 들어가도록 아궁이보다 높이 있다.

고래의 종류는 굴뚝을 향하여 나란히 뻗은 '줄고래', 작은 기둥으로 구들장과 방바닥을 받치고 있는 형태의 '허튼고래', 그리고 줄고래와 허튼고래를 혼합하여 사용하는 '혼합고래'로 대별되고, 더 나아가 만든 모양에 따라 '부채고래', '맞선고래', 그리고 굴뚝이 아궁이 근처에 있어 연기가 아궁이 옆으로 되돌아 나온다 하여 이름이 붙여진 '되돈고래' 등으로 구분된다. 지역에 따라 뚜렷이 고래라 할 만한 공간을 따로 두지 않고 막돌로 바닥을 채워서 돌들 사이의 빈 틈 사이로 연기가 통하게 한 '막고래' 또는 '멍텅구리고래'라 하는 것도 있다. 그렇지만 전통적으로 가장 많이 쓰인 고래의 종류는 '줄고래'이다. '제3장 유적으로 보는 구들 이야기'에서 보게 되지만 구들은 '줄고래'로 시작되었고 줄곧 줄고래로 발달하였다. 뒤에서 천천히 설명되겠지만 그것 또한 의미가 심장하다.

고래 바닥은 고래의 종류에 따라 다소 다르지만 보통 방 끝 쪽으로 약간 경사져 올라가게 만드는데 이것 또한 따듯한 공기가 위로 올라가는 성질을 활용하여 연기가 순조롭게 이동하도록 하기 위한 것이다.

그림 9 천안 전씨 종가의 부엌과 아궁이

고래둑

고래둑은 고래의 골(고랑)을 만드는 둑이다. 또한 고래둑은 구들장을 얹는 받침 역할을 한다. 그러므로 고래둑과 구들장이 굴(窟) 또는 터널 모양의 고래를 만들어 주는 것이다. 고래둑은 돌을 이어서 놓아 만들기도 하고 돌과 진흙을 섞어서 쌓고 둑 전체를 진흙으로 싸 바르는 방법이 있다. 물론 다듬은 돌이나 벽돌로 쌓아서 만들기도 한다. 그리고 옛날에는 바닥 흙을 다진 후 골 부분을 파내는 방법도 쓰였던 것으로 보인다. 고래둑은 때때로 중간을 끊어서 인접한 고래 간에 연기가 서로 약간씩 소통할 수 있게 하기도 한다. 허튼고래에서는 돌, 벽돌 등 불연 재료로 된 짧은 동바리 기둥이 고래둑 역할을 대신한다.

구들장

구들장은 고래를 덮는 평평한 돌을 말한다. 구들장은 엄밀한 의미에서 고래의 일부이며 고래를 완성해 준다. 구들장은 대개 청석(靑石) 또는 화강암(花崗巖) 계통의 평평한 자연석을 수집하거나 돌산에서 떼어 내서 썼다. 이러한 구들장은 그 밑의 고래를 통과하는 연기에 의해 가열되어 그 위의 방의 공기를 데워주는 기능을 하는 한편, 열을 저장하여 오랜 시간을 두고 방안 공기를 데워준다. 고고학계 일각에서는 뚜껑돌, 뚜껑석, 덮개돌, 덮개석, 천정돌이라 부르기도 하는데 한자의 개석(蓋石)을 풀어 쓴 말들이다. 이러한 말들은 다른 곳에도 쓸 수 있는 말이므로 '구들장'으로 통일하여 부르는 것이 바람직해 보인다.

개자리

또한 고래가 끝나는 부분에는 고래의 끝 부분보다 우묵하게 낮춘 '개자리'란 것이 있는데, 이것은 여러 줄의 고래로부터 연기를 한 곳으로 모아서 굴뚝으로 배출하는 기능과, 연기의 역류를 막아주는 역할을 하며, 또한 경우에 따라 있을 수 있는 빗물 같은 것이 고래 속으로 유입하는 것을 차단하는 역할을 하기도 한다.

그림 10 공주 마곡사 요사채에 딸린 굴뚝

굴뚝

굴뚝은 집 밖에 서 있는 연기 배출 장치로 아궁이가 구들 시설의 시작인데 비하여 그 끝부분을 이루고 있다.

굴뚝은 가정 형편과 자연 조건에 따라 주변에서 쉽게 구할 수 있는 돌, 판자, 통나무, 오지 토관, 항아리, 벽돌, 기왓장 등으로 다양하게 만들어 썼다.

함경도 같은 곳에서는 굴뚝을 '구새'라고도 한다. 나무가 오래되면 속이 비고, 이를 "구새 먹는다"고 하는데 굴뚝을 '구새'라고 하는 것은 그러한 속이 빈 나무를 베어다가 굴뚝으로 많이 쓴 데에서 연유한 것으로 추측된다. 전통 주거에서는 종종 굴뚝을 따로 만들어 세우지 않고 연기가 그냥 기단 끝으로 나오게 한 경우도 있다.

굴뚝개자리

굴뚝 밑에는 다시 움푹 파여 있는 곳이 있고 이곳을 '굴뚝개자리'라 한다. 굴뚝개자리 역시 연기가 거꾸로 흐르는 것을 방지하는 기능을 하며, 굴뚝을 따라 올라가는 연기 중에 아직 다 타지 못한 찌꺼기가 떨어져 모이는 곳이다.

그림 11 경주 양동 무첨당 작은 사랑방 앞의 굴뚝

구들장이

보통 사람들은 집을 지을 때 구들을 직접 놓았다. 그러나 인근에는 구들을 잘 놓기로 소문나 여기 저기 불려 다니는 사람들이 있었다. 이들 장인(匠人)들을 '구들장이(구들쟁이)'라 불렀는데 구들장이마다 나름대로의 비법(秘法)이 있었고 그들의 비법에 따라 난방성능에도 많은 차이가 났다. 불이 잘 들이는지, 골고루 따듯한지 그리고 구들이 얼마나 오래 따듯한지는 구들장이의 솜씨에 따라

그림 12 굴뚝이 따로 없는 경우(전남 곡성의 군지촌 정사)

많이 좌우되었다. 요즈음은 '구들장이'를 찾아보기 힘들게 되었다. 다른 분야의 장인(匠人)들은 '전통 기능 보유자'로 등록되어 기술이 보존되고 있지만 '구들장이'들은 제도적으로 관리되지 못하고 있다.

땔감

예전엔 땔감이 주로 나무였다. 소나무나 참나무가 많이 쓰였지만 어떤 나무나 땔감이 되었다. 소나무는 불을 붙이기 쉽고 잘 타기 때문에, 참나무는 화력이 좋기 때문에, 땔감으로 선호되었다. 보통 때는 나무의 잔가지와 줄기들을 땔감으로 많이 사용하지만 한겨울

그림 13 전에는 장작 패기(나무 패기)가 일상의 중요한 일 중의 하나였다(강원도 임계).

그림 14 처마 밑 아궁이 옆에 가려놓은 장작(강릉 선교장)

에는 통나무를 톱으로 알맞은 크기로 잘라 쪼개어 비축하여 두었다가 요긴하게 썼다. 잔가지와 줄기가 대부분인 땔감은 '마들가리(마들가지)'라 하고 통나무를 쪼갠 것은 '장작'이라 한다.

예전에는 나무하기, 장작 패기가 농한기 남정네들의 중요한 소일거리였다. 말똥, 쇠똥 같은 것은 대부분 퇴비로 쓰였지만 곳에 따라 말려서 땔감으로 쓰기도 하였다. 떨어져 마른 솔잎은 낙엽이라 하지 않고 '솔가리'라 하는데, 강원도에서는 '소갈비'라 하기도 하였다. 솔가리는 주로 불쏘시개로 쓰였는데 간단히 밥만 할 때는 그것만으로 땔감을 대신하기도 하였다.

매우 추울 때는 솥에 쌀을 안치고 취사를 하기 전에 먼저 얼마간 불을 땠는데 이를 "군불 땐다"고 하였다. 나중에 나무가 귀해진 후에는 땔감으로 연탄이 나무를 대신하게 되었고 그 후엔 화석 연료(化石燃料)인 가스와 기름으로 바뀌었다.

마침내 속을 들여다 보다

1999년 어느 날 TV 프로그램을 제작하는 한 여성 PD가 연구실로 찾아왔다. 잊혀져가는 우리의 전통 문화 요소인 구들(온돌)을 주제로 다큐멘터리를 만들고자 하니 자문을 해 달라고 했다. 그 PD는 필자의 조언에 따라 착실하게 곳곳에서 구들을 취재하였다. 아직도 옛 모습을 비교적 잘 간직하고 있는 연변 지방 조선족 가옥이라든가 일본인의 집에 시공된 구들(온돌) 사례도 취재하였다.

필자는 PD에게 오래 전부터 해보고 싶었던 일들을 주문하였다. 그것은 실제로 구들장이가 구들을 놓는 전 과정을 촬영하고, 불을 때면 아궁이에서 연기가 고래 속에서 어떻게 퍼져나가는가도 촬영하자는 것이었다. PD는 구들 놓는 것까지는 가능하겠지만 연기가 퍼져나가는 것을 어떻게 볼 수 있게 하겠느냐고 하였다. 예상된 질문이었지만 필자에게는 필자도 아직 적용해 보지 않은, 그러나 가능할 것 같은 아이디어가 하나 있었다.

충북 영동군 양강면 마포리에 구들을 놓을 방 한 칸이 준비되었다. 그리고 힘들게 수소문한 끝에 대구에서 구들을 많이 놓아본 할아버지 한 분을 '구들장이'로 모셨다. 김용달이란 분이었다. 고래가 완성되고 굴뚝이 세워졌다. 그리고는 구들장 대신에 투명 아크릴판으로 고래를 덮게 했다. 그리고 아크릴판이 벽과 만나는 가장자리는 진흙으로 막고 아크릴판 이음새는 투명 테이프를 붙여 연기가 새지 않도록 하였다. 그리고 아궁이에 불을 붙였다. 화력이 너무 세면 아크릴판이 녹을 수 있으므로 조심하면서 모두가 숨을 죽이고 지켜보았다.

드디어... 연기가 조금씩 가운데 고래 시작 부분 언저리에 나타나더니 이내 모든 고래 속으로 스며들고 곧 고래 속을 가득히 채운 다음 이어서 굴뚝으로 나오기 시작하였다. 마치 생물체(生物體)처럼... 그리고 우리는 모두 박수를 쳤다.

고래 속으로 연기가 흘러가는 것은 어쩌면 너무나 당연하다. 그러나 이때까지 고래 속에서 연기가 어떻게 행동하는지 직접 눈으로 본 사람은 없다.

그림 15 충북 영동에서의 구들 놓기 실험. 고래가 완성된 단계이며 바닥에 보이는 구멍이 함실 아궁이로 통한다(구들장이 김용달 옹이 놓은 고래 모습).

그림 16 충북 영동에서의 구들 놓기 실험. 투명 아크릴판을 덮은 후 불을 지펴 고래에 연기가 가득 찬 상태의 모습

구들장을 덮기 전에는 불을 피워볼 수가 없고 구들장을 덮고 나면 그 속이 어떻게 돌아가는지 볼 수 없기 때문이다.

고래의 형식, 돌 하나 놓인 상태에 따라 연기의 진로는 달라진다. 그리고 그에 따라 방이 골고루 따듯한지, 오래 따듯한지가 좌우된다. 우리가 실험해 본 것은 비록 작은 방 하나에 한 사람의 장인이 자신의 방법으로 놓은 것이었지만 그러나 그것은 2000년이 넘는 구들의 역사, 온돌의 역사에 처음 있는 일이었고, 거기에 함께 했던 사람들은 방바닥 밑에서 연기가 살아 움직이는 것을 처음으로 직접 본 증인이 되었다.

그때 구들을 놓았던 '구들장이' 김용달 어른은 2002년 8월 타계하였다. 그는 전설의 하동 칠불암 아자방(亞字房)을 수리할 때 새 구들을 놓은 분이고, 전국 조계종 승방(僧房)의 구들 대부분을 놓았던 분으로 알려져 있다. 그러므로 영동에서의 구들은 거의 그의 마지막 작품이 되는 셈이다. 돌이켜보면 당대 최고의 '구들장이'가 구들 역사 이래 처음으로 속을 들여다보는 실험용 구들을 놓고, 그 역사적인 현장에 함께 했다는 것도 의미가 적지 않아 보인다.

그는 18세 때부터 아버지를 따라다니며 기술을 익히고 자신의 연구를 더해서 구들을 놓았는데 70평짜리 구들도 골고루 따듯했다고 한다. 그의 할아버지도 구들을 놓았다고 하므로 3대째 가업을 이은 셈이다. 그는 "전국에 있는 유명한 절방 구들은 내가 다 안했나. 그 유명한 성철 스님이 거쳐했던 방도 내가 따라다니며 구들을 다 놓아 드렸제"라고 했다. 장인(匠人)의 자부심이 드러나 보인다. 그의 아들 김동수(현 45세) 씨가 대부분의 기술을 전수받았다. 그는 현재 다른 일에 종사하고 있지만 '구들박물관'을 짓는 것이 꿈이라 하니 기술은 이어질 것 같아 다행이다.

그런데 이때 기록된 영상 자료는 애석하게도 빛을 보지 못했다. 어찌된 영문인지 그 여성 PD는 연락을 끊고 '잠적(?)'하고 말았다. 구들 놓는 전 과정이 전문 촬영 기사들에 의해 기록되고 역사상 처음으로 고래 속에서 연기가 흐르는 모습이 기록된 귀중한 자료임에도 대중에게 소개되지 못하고 사장(死藏)된 듯하다. 다행히 만약을 위해 슬라이드로 몇 장 기록해 둔 것이 있어서 이때의 일을 소개하고 기록해 두고자 한다.

제2장

문헌으로 보는 구들 이야기

'구들(온돌)' 관련 문헌

- 구당서(舊唐書 : 940~945) · 41
- 수경주(水經注 : 500~513) · 43
- 삼국유사(三國遺事 : 1281~83) · 45
- 고려도경(高麗圖經 : 1123 ?) · 49
- 동문선(東文選 : 1200 전후) · 51
- 동국이상국집(東國李相國集 : 1241~1242) · 53
- 보한집(補閑集 : 1254) · 56
- 구급간이방언해(救急簡易方諺解 : 1489) · 59
- 청파극담(青坡劇談 : 1490년대) · 63
- 용천담적기(龍泉談寂記 : 1515년경) · 64
- 번역박통사(飜譯朴通事 : 1517 이전) · 66
- 용재총화(慵齋叢話 : 1525) · 68
- 훈몽자회(訓蒙字會 : 1527) · 71
- 패관잡기(稗官雜記 : 1542 전후) · 73
- 명종실록(明宗實錄 : 1571) · 74
- 탐라지(耽羅志 : 1653) · 77
- 구황촬요(救荒撮要 : 1660) · 78
- 노걸대언해(老乞大諺解 : 1670) · 86
- 역어유해(譯語類解 : 1690) · 87
- 성호사설(星湖僿說 : 1740 이전) · 90
- 증수무원록언해(增修無冤錄諺解 : 1792) · 94
- 오주연문장전산고(五洲衍文長箋散稿 : 1800년대) · 98

구들은 언제부터 쓰여졌을까? 어릴 때 할아버지께 구들이 언제부터 생겼는지 물어 본 적이 있다. 할아버지께는 "그놈 별것 다 물어보네. 언제 긴 뭐 언제야, 호랑이 담배 먹던 시절부터지"라고 말씀하셨다. 우리네 어른들은 아주 오래되고 잘 모르는 일에 대해 질문을 받으면 흔히 그런 식으로 적당히 얼버무리고 넘어갔다.

구들의 역사는 아주 길다. 그러나 구들은, 호랑이가 옛날에 정말로 담배를 피웠다고 한다 치더라도, 그보다 훨씬 더 오래되었다. 왜냐하면 담배는 콜럼버스(1451~1506)가 1492년 쿠바에 상륙했을 때 처음으로 원주민들이 담뱃잎을 말아 피우는 것을 보면서 유럽에 알려지기 시작하였고 1590년경에 일본에, 그리고 한국에는 일본에서 1608~1610년 사이에 전해졌다고 문화사에 기록하고 있으니까 오래되었다 하더라도 400년이 채 안되고, 구들은 늦어도 기원전 2~300년경에 이미 나타나기 시작한 것으로 보이므로 2200년도 더 되는 역사가 되기 때문이다.

구들의 발전 과정 추적은 『수경주(水經注)』, 『구당서(舊唐書)』 등 중국 쪽에서 기록한 몇몇 고문헌과 한국 쪽 문헌, 그리고 고고학적 발굴 자료가 근거가 된다. 이들 (문헌적-고고학적) 제 자료들을 분석하고 종합해 보면 구들은 한반도 북부나 과거 한동안 역시 우리 조상들의 활동 무대였던 만주 일대에서 늦어도 기원전 3세기경 이전부터 나타나기 시작하였고, 기원후 3~4세기경에는 초기 형태로나마 한반도 전역으로 전파되어 '민족의 난방법'이 된 한민족(韓民族) 문화 요소인 것으로 믿게 한다.

그런데 구들 자체의 유래와 역사에 대하여 직접 관심을 가지고 접근한 사람은 아마 조선 후기의 실학자 이규경(李圭景 : 1788~?)이 처음이 아닌가 한다.

그는 『오주연문장전산고(五州衍文長箋散稿)』란 일종의 백과사전을 지었는데 그 속에서 「온돌토항변증설(溫堗土炕辨證說)」이란 제목으로 구들의 역사에 대하여 다루고 있다.[1] 여기에서 이규경은 『수경주(水經注)』, 『구당서(舊唐書)』, 『계구잡초(薊丘雜抄)』 등에 나오는 기록을 참고하고 나름대로 보고 들은 것을 취합하여 구들을 논하였다. 이 책에서 그는 구들이 현 중국의 하북성과 요녕성 서쪽 끝까지를 영토로 하였던 춘추 전국 시대의 제후국 연(燕)에서 시작된 것으로 받아들이고 있다. 이것은 오늘날의 관점에서 믿기 어려운 것이지만 아무튼 이규경은 구들의 유래에 대하여 관심을 가졌던 최초의 사람이란 점과, 이때까지 늘 써오던 구들의 유래에 대하여 조선 시대 후기에 이르러서야 비로소 궁금해 하기 시작하였다는 것을 보여주고 있다.

그렇지만 구들에 대한 고문헌은 한국 민속학의 태두이자 역사학자인 남창 손진태(南滄 孫晉泰 : 1900~?) 선생이 집대성(集大成)해 놓았다 해도 과언이 아니다. 손진태 선생은 한국 동란 중 납북되어 60년대 중반에 타계한 것으로 알려지고 있는데 그는 1927년부터 온돌(구들)을 연구하여 「온돌문화전파고」를 비롯하여 「조선온돌고」 등을 발표하였고, 이들을 최종적으로 수정하고 보완하여 1948년 「溫突考(온돌고)」란 제목으로 그의 연구 논문집인 『조선민족문화의 연구』에 수록하였다.[2]

그가 인용한 자료의 일부는 이규경이 활용한 자료를 포함하고 있는데, 이규경의 「온돌토항변증설(溫堗土炕辨證說)」은 「온돌고」보다 100년 정도 앞선 것이므로 손진태 선생도 이규경의 「온돌토항변증설」을 참고하였을 수 있겠는데 「온돌고」에는 그런 언급이 없어 자세히 알 수는 없다. 아무튼 손진태 선생의 「온돌고」는 이규경에 이어 온돌의 기원과 발전 과정 및 형태, 전파 경로, 온돌의 순수 우리말 이름인 '구들'의 어원 등에 대하여 한국과 중국 등의 고

문헌을 매우 방대하게 섭렵하여 면밀히 고찰함으로써 이후의 구들 연구의 바탕을 마련하였다고 할 수 있다.

여기에서 취급되는 문헌편의 원전(原典) 다수도 이미 손진태 선생이 정리해 놓은 것들이 큰 바탕이 되고 있다. 그러나 이 책에서는 손 선생의 「온돌고」에는 포함되지 않은 문헌들이 있어서 새로이 추가되었고, 일부 문헌은 이해에 좀더 도움이 된다고 판단하여 원전(原典)을 참고하여 「온돌고」에서보다 확대 인용하기도 하였다.

한편 손진태 선생의 「온돌고」는 난해한 한자 원문을 그대로 인용하고 있고, 그 자신이 기술한 부분도 많은 한자를 포함하고 있어서 극히 일부 분야의 학자를 제외하고는 오늘날의 젊은 연구자들이 읽고 소화기에 어려움이 있다. 그리고 「온돌고」 이후에 이루어진 많은 고고학적 발굴 성과와 연구로 「온돌고」는 관점의 보완도 필요하게 되었고 그대로 활용되기에는 여러 가지로 적절하지 못하게 되었다. 따라서 이 책의 문헌편에서는 이러한 사정을 고려하여 모든 문헌은 원문(原文)에 번역을 붙이고 각 문헌의 성격과 중요성, 그리고 발굴 등으로 새로워진 관점 등을 반영하였다는 점이 「온돌고」와는 다른 점이라 하겠다.

또 손진태 선생과 거의 동시대 사람으로 그보다 조금 늦게 온돌을 가지고 연구한 사람이 있는데 현규환(玄圭煥) 선생이다. 현규환 선생은 일제 시대에 만주의과대학(滿洲醫科大學) 위생학 교실 박사과정생이었는데 1940년부터 만주 일대와 한반도에서의 항(炕 : 캉)과 온돌(溫突)을 의학적 관점에서 연구하여 1945년 「炕及び 溫突の衛生學的硏究」란 제목으로 발표하였다. 한국어로는 「항(炕 : 캉) 및 온돌(溫突)의 위생학적 연구」가 되는 이 논문은 내용이 일본어로 되어 있어서 또 쉬운 접근을 막고 있고, 저자도 '현규환(玄圭煥)'이란 이름 대신 大原信治(오하라 신지)란 일본명으로 되어 있어 책을 대하는 이들에게 다시 한 번 우리의 어두웠던 과거를 회상하게 하기도 한다.

그는 이 연구에서 캉과 온돌의 구조와 지역적 분포를 조사하고 난방 효과, 온열 환경과 쾌감 온도대 등을 실험적으로 조사하였으며, 부록으로 캉과 온돌의 역사, 캉과 온돌, 다다미에서의 기후 등을 취급하였는데 특히 40년대 만주 지역의 캉의 형식을 비교적 자세히 조사한 것 등은 오늘에도 참고할 만한 자료가 되고 있다. 일제의 압제 하에서도 우리 민족의 건강과 보건을 염려하여 구들을 연구하게 되었다고 전해지는데, 구들, 캉 등에 관계하여 의학적, 열환경적 관점에서 접근하긴 하였지만 구들의 역사 등에 대하여도 다룬 연구서로 손진태 선생의 「온돌고」와 함께 구들, 즉 온돌 연구에 주요 족적이 되고 있다.[3)]

현규환 선생의 연구는 실험적 연구라는 점에서 성격을 좀 달리하지만 이와 같이 구들의 초기 연구는 주로 문헌에 의한 고찰로 시작되었다. 그러므로 여기에서도 우선 구들(온돌)에 관계되는 문헌들을 대체로 오래된 것부터 근대로 접근하며 살펴보고, 그 다음에 지금까지 드러난 유적들을 살펴보기로 한다.

구당서(舊唐書 : 940~945)

유후(劉昫), 장소원(張昭遠)이 940년에 편찬을 시작하여 945년에 완성한 『구당서(舊唐書)』 권199, 상(上) 열전(列傳) 제149, 「고려전(高麗傳)」-고구려를 말함-에 다음과 같은 기록이 있는데 이어서 소개될 『수경주(水經注)』와 함께 구들 연구에 문헌상으로는 가장 오래되고 중요한 자료가 되고 있다.

> 其所居 必依山谷皆以茅草葺舍 …… 其俗 貧窶者多 冬月
> 기소거 필의산곡개이모초즙사 기속 빈구자다 동월
> 皆作長坑 下燃熅火以取煖[4)]
> 개작장갱 하연온화이취난

> 그들(고구려 사람들)은 사는 집을 반드시 산골짜기를 의지하여 짓고, 모두 띠풀로 지붕을 덮는다. …… 그들의 민(民)은 가난한 자가 많다. 겨울철에 모두 긴 갱도(長坑)를 만들고 갱도 아래에 불을 지펴서 따뜻함을 취한다.

가난한 자가 많다는 것은 일반 백성을 말하고, 일반 백성이 겨울이면 모두 장갱(長坑 : 긴 고래)을 만들고 거기에 불을 때서 따듯하게 겨울을 난다고 하고 있다. 여기서 그냥 지나쳐 보지 말아야 할 것은 원문에서 '皆(개)'를 쓰고 있다는 점이다. 그냥 가난한 사람들이 그렇게 한다고 해도 가난한 사람들은 다수를 의미하는데 '모두', '다'를 의미하는 '皆(개)'자를 써서 모두 다 그렇게 한다고 하고 있는 것이다. 이는 바꾸어 말하면 '누구나' 그렇게 한다는 의미로 이해되며, 구들(온돌)이 '고구려에서 일반적'으로 사용되고 있음을 보여주는 중요한 근거가 된다. 고구려에서는 구들이 가난한 자들의 난방 방법으로, 즉 보통 사람들의 난방법으로 널리 사용되었던 것임을 이 문헌은 전해주고 있다.

이 책은 비록 940년에 간행되었지만 당고조(唐高祖)에 의한 건국(618)에서부터 애제(哀帝)의 망국(907)까지 290년 동안의 당나라 역사를 기록한 것이며, 위의 내용은 고구려에 대한 것이므로 책의 간행 연도보다 훨씬 이전의 고구려 상황을 기록한 것이 된다. 본래 이름은 그냥 '당서(唐書)'였지만 100여 년이 지난 송나라 때 구양수(歐陽修)·송기(宋祁) 등이 17년에 걸쳐 내용을 고쳐 '신당서(新唐書)'로 1060년에 편찬함으로써 『구당서』와 『신당서』로 구분하게 되었다.

따라서 『신당서(新唐書)』「동이전(東夷傳)」'고려(高麗)' 조항에도 구들과 관련하여 구당서와 유사한 내용이 수록되어 있는데 핵심이 되는 '장갱(長坑)' 관련 부분이 다음과 같이 되어 있다.

> 窶民 盛冬作長坑 熅火以取暖
> 구민 성동작장갱 온화이취난
>
> 가난한 사람들은 한겨울에 장갱을 만들고 이에 불을 지펴 따듯함을 얻는다.

대동소이 하기는 하지만 『구당서』에서는 '겨울에는'하는 것을 『신당서』에서는 '한겨울에는'으로 쓰고 있고, 『구당서』에서는 '皆作長坑(개작장갱)'이라 하여 '모두'의 의미가 강조되었는데 『신당서』에서는 '皆(개)'자가 사라져 의미가 다소 약화되고 있다. 『신당서』의 원전은 『구당서』이므로 구당서가 역사적 사실에 더 가깝다고 볼 때, 구들의 역사를 살펴보는 데는 앞에서의 구당서의 기록이 더 의미 있다고 할 수 있다.

수경주(水經注 : 500~513)

구들의 역사와 관련하여 또 하나 오래된 문헌은 후위(後魏) 사람인 역도원(酈道元)이 500년에서 513년 사이에 쓴 것으로 되어 있는 『수경주(水經注)』이다. 이 책의 권 14, '포구수(鮑邱水)' 조항에는 다음과 같은 기록이 있다.5)

> 鮑邱水 出禦夷北塞中……鮑邱水又東 巨梁水注之 水出土
> 포구수 출어이북새중 포구수우동 거량수주지 수출토
> 垠縣北陳宮山 西南流逕觀雞山 謂之觀雞水 水東有觀雞寺
> 은현북진궁산 서남류경관계산 위지관계수 수동유관계사
> 寺內起大堂 甚高廣 可容千僧 下悉結石爲之 上加塗墍 其
> 사내기대당 심고광 가용천승 하실결석위지 상가도기 기
> 內疎通枝經脈基側室外 四出爨火 炎勢內流 一堂盡溫 蓋以
> 내소통지경맥기측실외 사출찬화 염세내류 일당진온 개이
> 此土寒嚴 霜氣肅猛 出家沙門 率皆貧薄 施主慮闕道業 故
> 차토한엄 상기숙맹 출가사문 솔개빈박 시주려궐도업 고
> 崇斯構 是以 志道者 多栖託焉
> 숭사구 시이 지도자 다서탁언

포구수(鮑邱水 : 중국 하북성에 있는 물 이름)는 어이(禦夷 : 북위 때 6진의 하나) 북쪽 변방 가운데에서 흘러 나온다. …… 포구수는 또 동으로 흘러서 거량수(巨梁水)로 흘러 들었다가 그 물이 토은현(土垠縣) 북쪽의 진궁산(陳宮山) 서남에서 나와 관계산(觀雞山)을 흘러 통과하기 때문에 관계수(觀雞水)라 부른다. 관계수 동쪽에 관계사(觀雞寺)가 있고 절 내에 큰 건물을 지었으니, 매우 높고 넓어서 천 명의 승려를 수용할 수 있다. 바닥은 모두 돌을 결집해서 만들고 그 위에 진흙을 발랐으며, 그 안을 여러 갈래로 소통시키고 줄기가 기초 옆의 방 밖으로 나오게 하여 밥짓는 불이 사방으로 나오고 뜨거운 열은 안으로 흘러서 건물 전체가 따뜻해진다. 이 지역은 추위가 혹독하고 찬 기운이 맹렬하기 때문에 출가한 스님이 모두 가난하여 도업(道業)을 닦지 않을까 염려한 시주자가 이러한 구조를 숭상했다. 이 때문에 도

에 뜻을 둔 많은 사람들이 의탁해 거처하였다.

이 기록으로 보면 관계사(觀雞寺)란 절이 있었고, 사람을 1,000명이나 수용할 수 있는 건물이 있었으며, 그 건물의 바닥 밑이 구들과 유사한 바닥 난방으로 되어 있었던 것이다. 과연 여기서의 기록대로 그 옛날에 1,000명이나 수용하는 큰 건물이 그곳에 있었을까 하는 점은 과장어법일 수도 있으므로 의문이 가기도 하지만 꽤 큰 건물이 있었던 것은 사실인 것 같고, 또 우리의 구들처럼 방바닥을 난방한 시설이 있었던 것은 사실로 보인다.

그런데 우리는 이 『수경주』의 관계사에 관한 기록을 이해하는데 약간의 주의가 필요하다. 왜냐하면 여기의 기록은 앞에서 언급한 『구당서』의 「고구려전」에 나오는 구들 관련 기록보다 더 오래된 때의 이야기이고, 관계사라는 절이 중국 문화권 내에 있었던 절이면 구들이 중국에서 시작된 난방 기술로 볼 수도 있기 때문이다. 또한 중국 문화에도 '캉'(炕 : '캉'은 중국식 발음이고, 우리는 '항'으로 읽는다)이란 난방법이 있고, 그것의 원리는 구들과 거의 비슷하므로 많은 우리 문화 요소가 그러 하듯이 구들 역시 본래 중국에서 생겨난 것이 우리에게 전래된 것으로 볼 수도 있기 때문이다.

하지만 구들은 본래 한민족(韓民族)에게서 생겨났고, 한민족의 문화 요소인 것이 여러 관점에서 확실해 보인다. 그렇게 보는 바탕에는 우선 여기서의 관계사의 위치가 북경 동남방인 오늘날 중국의 풍윤(豊潤) 동쪽이며, 그곳은 당시 북위(北魏)에 속했던 곳으로 알려져 있으나 고구려 영토에 속했을 수도 있는 곳이며, 북위에 속했던 곳이라 하더라도 고구려 국경에서 그리 멀리 않은 곳이어서, 고구려의 구들이 충분히 전파되어 있을 수 있는 곳이기 때문이다.

또한 그것이 북위, 즉 중국의 풍물 기록이라 하더라도 이 『수경주』 기록 이후 중국의 기록에는 600여 년 동안 '캉'에 대해서는 물론, 이와 비슷한 난방 시설에 대한 기록이 없다. 그리고 무엇보다도 『구당서』의 기록도 중국 쪽 문헌이긴 하지만 주변국인 고구려 생활 풍습을 기록하는 과정에 포함된 것이며, 그 내용 또한 자국 내에서는 볼 수 없는 특이한 것들을 기록하여 두는 성격을 취하고 있기 때문이다. 만약 『구당서』를 기록할 당시 캉이나 구들과 유사한 난방 방식이 있었으면 장갱(長坑)은 자국의 캉과 비슷하다거나 유사한 것이라고 써야 할 것인데 마치 진기한 풍물과 풍습을 기록하듯 기술하고 있기 때문이다.

삼국유사(三國遺事 : 1281~83)

고려 충렬왕(忠烈王) 때의 보각국사(普覺國師) 일연(一然 : 1266~89)이 1281~1283년(충렬왕 7~9)에 저술한 것으로 믿어지고 있는 『삼국유사』 권 제2 남부여 전백제 북부여조(夯第二南扶餘前百濟北扶餘條 : 南夫餘・前百濟를 이름)에 다음과 같은 기록이 전해진다.

> 又泗沘崖 又有一石 可坐十餘人 百濟王 欲幸王興寺禮佛
> 우사비애 우유일석 가좌십여인 백제왕 욕행왕흥사예불
> 先於此石 望拜佛 其石自煖 因名燥石[6]
> 선어차석 망배불 기석자난 인명돌석

> 또 사비(泗沘) 언덕에 바위 하나가 있는데 10여 명이 앉을 만하였다. 백제왕이 왕흥사(王興寺)에 가 부처님에게 예를 드리려고 하면서 먼저 이 바위에서 부처님을 바라보고 절을 하였는데 그 바위가 저절로 따뜻해졌다. 이로 인해 이름을 돌석(燥石 : 구들돌)이라 했다.

'왕흥사(王興寺)'는 오늘의 부여읍 규암면 신구리, 속칭 '왕은리'에 터만 남아 있는데, 백제 법왕 2년(600)에 세운 것으로 알려지고 있다. 부소산성과 낙화암, 고란사, 그리고 구드레 나룻터가 한눈에 들어오는 경관이 아주 빼어난 위치이다. 백제 시대의 유물과 '王興(왕흥)'이란 글자가 새겨진 기와 조각이 발견됨으로써 왕흥사 터로 확인되었는데 백제 시대에 창건되었다가 그 후 없어진 것으로 추정된다.

이 이야기는 "저절로 돌이 따듯해졌다(其石自煖)"는 내용 때문에 종교적 분위기와 함께 신비스럽게 받아들여지고 있고, 그런 점 때문에 그 동안 백제 말기에 이 지역에 구들이 전파되어 있었을 가능성을 유추하는 자료 정도로 취급되어 왔다.

그런데 여기서 그 내용을 조금 더 주의 깊게 음미해보면 좀더 적극적인 유추가 가능해진다. 돌이 "저절로 따듯해져서 '㷝石(돌석)'이라고 했다" 하는데 이를 '자난석(自煖石)'이나 '자온석(自溫石)'이라 할 수도 있을 텐데 굳이 '구들'을 의미하는 '㷝(돌)'자를 써서 '㷝石(돌석)'이라고 기록하고 있다. 그것은 '구들'이란 것이 당시에 이미 일반적으로 사용되고 있었고, 그것을 당시에 한자로는 '㷝(돌)'이라고도 쓰고 있었기 때문에 마치 '구들과 같은 돌'이란 의미에서 돌석이라 했거나, 두 자를 함께 '구들장'의 의미로 '㷝石(돌석)'이라 한 것으로 이해되기 때문이다. 다시 말하면 불도 때지 않았는데 신비스럽게 저절로 따듯해졌는지는 알 수는 없지만, 그 신비성의 사실 여부에 관계없이 최소한 구들이 있었던 것만은 이 이야기로 간접적으로 알 수 있다고 생각되는 것이다. 구들이 없었다면 굳이 '㷝(돌)'자를 쓸 필요가 없고 따라서 '㷝石(돌석)이라고 할 필요도 없는 것이 아닌가 하는 것이다.

'돌(㷝)'자는 '돌(堗)'자와 같은 의미로 쓰였고 구들을 의미한다.

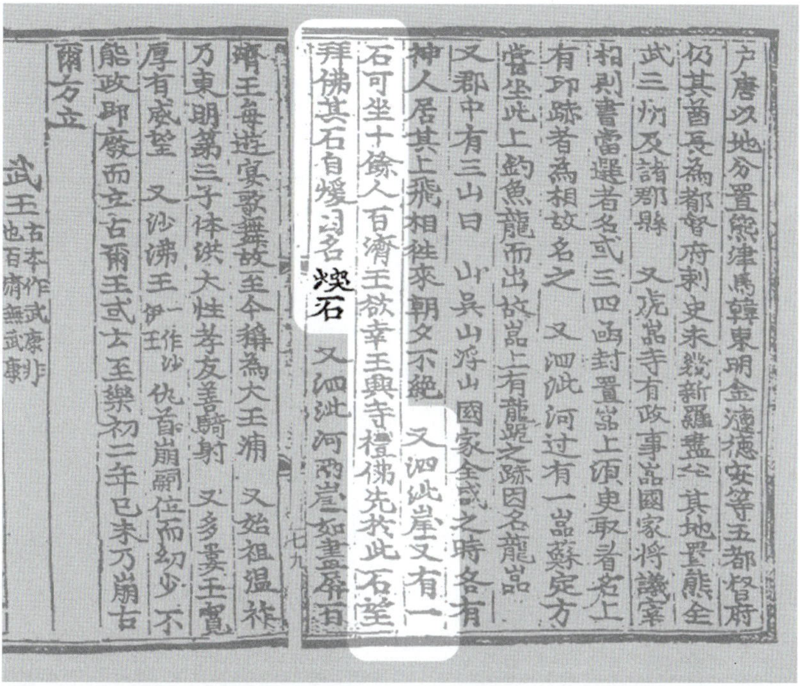
唐以地分置熊津馬韓東明金漣德安等五都督府
仍其酋長爲都督府刺史未幾新羅盡幷其地置熊全
武三州及諸郡縣　又虎嵓寺有政事嵓國家將議宰
相則書當選者名或三四函封置嵓上須臾取看名上
有印跡者爲相故名之　又泗沘河邊有一嵓蘇定方
嘗坐此上釣魚龍而出故嵓上有龍跪之跡因名龍嵓
又郡中有三山曰日山吳山浮山國家全盛之時各有
神人居其上飛相往來朝夕不絶　又泗沘崖又有一
石可坐十餘人百濟王欲幸王興寺禮佛先於此石望
拜佛其石自煖因名㷝石　又泗沘河兩岸如畫屛百
濟王每遊宴歌舞故至今稱爲大王浦　又始祖溫祚
乃東明第三子體洪大性孝友善騎射　又多婁王寬
厚有威望　又沙沸王（一作沙伊王）仇首崩嗣位而幼少不
能政即廢而立古爾王或云至樂初二年己未乃崩古
爾方立
武王（古本作武康非也百濟無武康）

그림 17 『삼국유사(三國遺事)』에 나타나는 '㷝石(돌석)' 이란 표현

그러나 이와 같이 '火(화)' 변이 붙은 '㷝(돌)'자는 뒤에 다루게 될 『성호사설(星湖僿說)』(1740년경)에서도 보이지만 드문 경우이다. 이어서 보게 될 다른 문헌들에서는 구들이 '堗(돌)'자가 아니면 '突(돌)'자로 나타나고 모두 '구들'이라 번역되고 있다.

이 기록은 한글 창제 훨씬 이전의 것이지만 당시에 '구들'이란 말은 누구나 아는 말이었던 것을 짐작하게 하며, 적어도 구들을 의미하는 글자로 한문에서 '돌(㷝)'자를 쓰기도 했던 것을 보여 준다. 『삼국유사』는 1200년대에 씌어졌지만 이 왕흥사 이야기는 백제 시대의 이야기란 점에 유의할 필요가 있다.

나루터 이름 '구두래'의 유래

조금 벗어나는 이야기가 될지 모르겠지만 이 왕흥사 인근, 부소산 서쪽 백마강 기슭에 '구두래'라는 나룻터가 있는데 바로 이 『삼국유사』의 '저절로 따듯해지는 돌' 이야기와 직접 맥이 닿아 있어 흥미롭다.

앞에서 본 것처럼 왕이 절할 때 저절로 따듯해져 '煖石(돌석)'이라 했는데, 구전(口傳)에 의하면 그때부터 세간에서는 그 돌을 '구들돌'이라 불렀고, 그것이 세월이 지나면서 '구두래'로 변해서 나루터 이름이 되어 오늘날까지 전해내려 오고 있다는 것이다.[7]

백제(百濟) = 구들?

그런데 또 흥미로운 것은 이 전설적 이야기가 여기서 그치지 않는다는 점이다. 일본, 즉 왜국(倭國)에서 백제를 한자로 '百濟'라고 쓰고는 있지만, 읽고 부르기는 '구다라'라 했는데, 그것은 백제를 오가는 왜(倭)의 배들이 이곳 '구두래' 나루터를 통해 백제의 수도인 사비에 자주 드나들었었기 때문에 그렇게 부르게 되었다는 것이다.

그들에게는 '구'라는 소리는 있어도 '두'나 '래' 발음은 없고, 그래서 '구도라'라 하다가, 그것이 변해서 '구다라'가 되었다고 한다. 일본에는 백제에서 건너간 사람들이 살았던 도시로 '구다라(百濟)'시가 있고, 그 외에도 '구다라역(百濟驛)', '구다라강', '구다라궁' 등 '구다라'라는 이름이 붙은 것이 많이 남아 있다.

비약하건대 그렇다면 구들과 구들돌, 또는 구들장은 일본에서 부르는 백제(百濟)의 이름이 된 셈이고, 구들돌 → 구두레 → 구도라 → 구다라 = 백제(百濟)가 되니 결국 구들은 국가적 이름이 된 셈이다.[8]

고려도경(高麗圖經 : 1123?)

송(宋)나라 사절단의 일원으로 인종 1년(1123)에 고려에 다녀간 서긍(徐兢 : 1091~1153)이 『선화봉사고려도경(宣和奉使高麗圖經)』을 저술하였다. 서긍은 이 책 제3권 「성읍(城邑)」편에서 '민거(民居)'란 제목으로 백성들의 집을 설명하는데, "왕성(王城)은 화려하나 백성들이 거주하는 땅은 형세도 고르지 못하여 마치 벌집과 개미 구멍 같았고 지붕은 풀을 베어다가 지붕을 덮어 겨우 비바람을 막았는데 집의 서까래를 양쪽으로 걸치는 정도의 크기였으며 열 집에 한두 집 정도가 기와를 얹었다"고 하였다.

또 이 책의 뒤편 권28에서 서긍은 그가 고려(송악)에 체류하는 동안 사용한 숙소의 시설을 '공장(供帳)'이란 제목 아래 하나하나 설명하는데 그 중에 '와탑(臥榻)'이라는 제목을 붙이고 다음과 같이 적고 있다.

권제28 공장(供帳) 1 – 와탑(臥榻)

臥榻之前 更施矮榻 三面立欄楯 各施錦綺茵褥 復加大席莞
와탑지전 갱시왜탑 삼면입란순 각시금기인욕 부가대석완

簟之安 殊不覺有夷風 然此特國王貴臣之禮 兼以待華使也
점지안 수불각유이풍 연차특국왕귀신지례 겸이대화사야

若民庶則多爲土榻 穴地爲火坑臥之 蓋其國冬月極寒 復少
약민서즉다위토탑 혈지위화갱와지 개기국동월극한 부소

纊絮之屬爾
광서지속이

와탑(臥榻 : 평상) 앞에는 또 낮은 걸상 3개를 놓아두고 난간이 세워져 있는데, 각각 무늬 있는 비단 보료가 놓여 있으며, 왕골 돗자리의 편안함은 전혀 동방족(夷 : 이)의 풍습이 있음을 느끼지 못하였다. 그러나 이것은 단지 국왕, 귀인, 대신(大臣)의 예이고, 아울러 이것으로 화(華 : 중국)의 사신을 영접하는 것이다. 서민이나 일반 백성들은 흙침상(흙구들)이며, 땅에 굴을 파고 아궁이를 만들어 그 위에 눕는다. 대체로 고려는 겨울철에 아주 추우며, 또 솜 따위가 적다.

그가 사신의 신분으로 일반 백성들의 집에 직접 들어가 보고 이렇게 쓴 것인지 아니면 듣고만 쓴 것인지는 알 수 없다. 그러나 여기서 말하는 '토탑(土榻)'은 구들을 설명하고 있는 것으로 믿어지며, 자신이 숙소에서 사용한 (목재로 만들었을) '와탑(臥榻)'에 대하여 재료적인 차이를 살리며 쓴 용어로 보인다. 또 인용한 번역문은 "땅에 굴을 파고 아궁이를 만들어"라고 하였지만, 조금 달리 해석하면 "땅에 굴[혈(穴)]을 파고, 화갱(火坑)을 만든다"로 옮길 수도 있으며, '화갱'은 아궁이를 포함하여 고래를 묘사한 것으로 이해될 수 있다. 『구당서(舊唐書)』에서도 구들을 '坑(갱)'자를 써서 긴 모양을 표현하는 '長'자와 함께 "長坑(장갱)을 만든다"라 한 것과 같은 경우이다.

『고려도경(高麗圖經)』은 본래 그림을 포함하고 있어서 제목에 '도경(圖經)'이란 말이 붙었는데 그림편은 소실되었다. 혹 소실된 부분에 여기서 말하는 '토탑(土榻)'에 대한 그림도 들어 있었는지 모르는 일이긴 하지만 '토탑(土榻)'에 대한 그림이 들어 있었고 없어지지 않고 오늘에 전해졌다면 좀더 이해가 쉬울 것인데 아쉽다.

『고려도경』은 12세기에 씌어졌다는 시대적 배경과 함께 고려 시대의 구들을 파악하는 데 많지 않은 기록으로 주목되는 자료가 되고 있다.

동문선(東文選 : 1200 전후) 공주동정기(公州東亭記)

또한 『동문선(東文選)』에 이인로(李仁老 : 1152~1220)가 쓴 「공주동정기(公州東亭記)」가 수록되어 있는데, 민상백(閔祥伯)이란 사람이 공주(公州)의 자사(刺史)로 부임하여 1년도 안 된 사이에 사무와 행정을 잘 정비하고, 여러 건물과 시설을 수리하고 복구하면서 가장 먼저 공주 읍내 동편에 오랫동안 폐허가 되어 있던 영춘정(迎春亭) 자리에 동정(東亭)을 건축한 데 대해 그 동기(動機)와 과정, 그리고 그 후 사람들이 칭송하는 것을 내용으로 적고 있는 글이다. 이 글 후반부에 실(室)의 종류를 열거하면서 '冬以燠室 夏以涼廳(동이욱실 하이량청)'이란 표현이 나오는데 구들 연구에서 주목하는 부분이다. 이미 여러 사람들이 이 문헌을 주목하였지만 앞뒤로 좀더 확대하여 번역과 함께 옮겨 보면 다음과 같다.

… 以面勢之東偏而建賓樓 南嚮而崇主宇 西序南廡 共十四
이면세지동편이건빈루 남향이숭주우 서서남무 공십사
間 更衣之次 設食之所 冬以燠室 夏以涼廳 已乃版築之 墁
간 갱의지차 설식지소 동이욱실 하이량청 이내판축지 만
墍之 丹艧之 …
기지 단확지

… 지면의 형세가 동쪽으로 치우쳐 있는 것을 이용하여 거기에 빈루(賓樓)를 세우고 남향으로 몸체를 높이 지었다. 서편의 행랑과 남편의 행랑이 모두 14칸이요, 옷을 갈아입는 장소와 음식 차리는 장소며, 겨울에 사용할 따듯한 방(燠室)과 여름에 사용할 시원한 대청(涼廳)까지 모두 마련되었다. 그러고 나서 곧 축대를 쌓고 매질(墁墍)을 하고 단청을 올렸다. … 9)

여기에서 '燠(욱)'자는 '따듯하다'는 뜻이므로, '겨울에 따듯한 방

그림 18 강릉 선교장 활래정(活來亭). 공주 동정(東亭)보다 600년 정도 뒤인 1816년 건축되었지만 좌측 두 칸은 구들(온돌)을 들였고, 우측은 들어 올려 마루로 하여 '冬以燠室夏以涼廳(동이욱실 하이양청)' 개념을 엿볼 수 있다. 꺾이는 부분 루 마루 밑에서 불을 때면 왼쪽 끝 뒤편으로 멀찍이 떨어져 있는 굴뚝으로 연기가 나간다.

과 여름에 서늘한 마루'를 두었다고 하는 내용인데 '燠室(욱실)'은 다름 아닌 구들방, 즉 온돌방(溫突房)을 말하는 것이다. 위에 빌려온 번역문은 '겨울에 사용할' 이라 하였으나 방들은 보통 때도 쓰는 것이므로 '겨울에 따듯한', 그리고 '여름에 시원한'으로 옮기면 더 의미에 부합되지 않나 생각된다.

이 자료의 출간 연대는 확실하지 않으나 이인로의 생존 시에 씌어진 것이므로 12세기 말 또는 13세기 전반의 구들의 존재를 알려주는 자료가 되고 있다. 한국 전통 주거의 특징의 하나로 간주되는 '온돌과 마루의 결합'이 최소한 공주 지방에서는 이때 이전에 이루어져 있었던 것을 보여 주기도 한다.

동국이상국집(東國李相國集 : 1241/1242)

『동국이상국집(東國李相國集)』은 고려 시대의 문신(文臣)인 이규보(李奎報 : 1168~1241)의 시와 글을 모은 문집(文集)이다. 이 책은 전집(前集) 41권, 후집(後集) 12권으로 나뉘어 각기 1241년과 1242년에 이규보의 아들 함(涵)에 의해 간행되었다.

이 책 후집(後集) 제5권 「고율시(古律詩)」편에 다음과 같은 구절이 나온다.

> 李學士新作溫房 十月九日 會洞中諸老落成 予亦叅赴 及酒酣 扵席上賦詩一首 兼呈坐客
> 이학사신작온방 십월구일 회동중제노낙성 여역참부 급주감 어석상부시일수 겸정좌객
>
> 이(李)학사가 새로 온방(溫房)을 짓고 시월 구일에 고을의 모든 원로들을 모아놓고 낙성식(落成式)을 하였다. 나도 참가하여 술이 거나해지자 즉석에서 시 한 수를 지어 좌객에게 바쳤다.

여기에서의 온방(溫房)은 우리에게 익숙한 온돌(溫堗)이란 말은 아니지만 구들을 드려 따듯한 온돌방(溫突房)을 말하는 것이 확실해 보인다. 일부 국역에서는 '溫房(온방)'을 '온실을 짓고...'로 번역하고 있는데[10] 원문에는 '溫房(온방)'으로 되어 있다. '온실(溫室)'은 오늘날 화초나 식물을 가꾸는 시설로 생각되기 쉬우므로 유의할 필요가 있다. 문학 분야에서는 이 서문에 이어지는 시(詩)가 중요하겠지만 우리는 이 시의 서문에 나오는 '온방(溫房)'이란 두 글자에 우선 관심이 있으므로 이에 이어지는 시(詩)는 생략하고, 대신 다음의 시를 음미해 보기로 한다.

이 책 후집(後集) 제7권 고율시에 「난돌(暖堗)」이란 제목의 시(詩) 한 수가 수록되어 있다. 우리가 주목하는 것은 이 시의 제목인 '暖堗(난돌)'과 첫 줄에 나오는 '氷堗(빙돌)'이지만 시를 지을 때의 이규보의 마음을 느껴보며 이번엔 잠시 쉬어가도 좋을 것 같다.

暖堗(난돌) 따스한 구들

冬月臥氷堗 (동 월 와 빙 돌)	추운 겨울철에 찬 구들(빙돌)에 누었으니
寒威來刮骨 (한 위 래 괄 골)	추위 엄습하여 뼈를 긁는 듯하네
幸今燒榾柮 (행 금 소 돌 골)	이제 다행히 마들가리를 때노라니
一束炎已發 (일 속 염 이 발)	한 다발에 불꽃이 피어 오르네
氤氳氣如春 (인 온 기 여 춘)	따스한 훈기 봄기운 같아지니
衾席稍可親 (금 석 초 가 친)	이불을 펴면 누어 견딜 만하네
始可誇於人 (시 가 과 어 인)	이제야 비로소 남에게 자랑할 만해
眞箇宰相身 (진 개 재 상 신)	참다운 재상의 몸이라고
此身非固愛 (차 신 비 고 애)	이 몸을 아끼는 건 아니지만

此寒得可奈　이 추위를 어떻게 견딜 건가
차 한 득 가 내
至人無炎寒　도인은 본래 덥고 찬 것 모르지만
지 인 무 염 한
而我安得配　내야 어찌 그를 짝할 수 있으랴
이 아 안 득 배

날씨가 매우 추운데도 불을 때지 않아 방이 얼음장같이 차고 견디기 어려웠던 상황에서 나뭇가지들을 모아 불을 지펴 방안이 훈훈해져 가는 모습이 묘사되어 있다. "수염이 석 자라도 먹어야 산다"는 말처럼 선비나 재상도 방이 따듯해야 위엄이고 체면이고 갖출 수 있다는 뜻으로 이해된다. 제목에서의 '暖堗(난돌)'은 난돌(煖堗)이나 온돌(溫堗) 또는 온돌(溫突)과 같은 것으로 '따듯한 구들'로 번역될 수 있다. 이 시의 제목에서 앞의 '暖(난)'자를 어떤 곳에서는 형용사로 취급하여 '따스한 온돌'이라고 번역하기도 하는데 그렇게 하면 '따듯하다'는 뜻이 중복되는 문제가 있다. 그러나 '온돌'이란 말 대신 '구들'이란 말로 받아 '따스한 구들'이라 하면 그러한 문제는 생기지 않는다.

'氷堗(빙돌)'이라 한 부분은 물론 불을 때지 않아 얼음처럼 차진 구들을 말하는 것인데, 뒤에 소개되는 최자의 『보한집(補閑集)』에 나오는 '묵행자(默行者)' 이야기에서도 '氷堗(빙돌)'이란 표현을 볼 수 있다. 전체적으로 최자의 『보한집』과 함께 이규보(1168~1241)가 살았던 고려 시대에 온돌, 즉 구들이 많이 쓰이고 있음을 보여주는 자료가 되고 있다.

『동국이상국집』은 책의 출간 연대를 기준으로 한다면, '暖堗(난돌)', '氷堗(빙돌)'이란 표현이 처음 나오는 문헌이다. 그리고 또 '堗(돌)'자를 온돌, 즉 구들로 인정한다면 온돌에 관한 한국 쪽 기록으로 현재까지 알려진 가장 오래 된 것이다.

앞의 『삼국유사』에서 '煗石(돌석)'이란 말이 쓰였지만 '火'변이 붙은 '㷝'자였고, 이야기의 내용이 앞선 시대의 것이어서 먼저 소개되었을 뿐 『삼국유사』의 간행 연대는 1281~83년이므로 『동국이상국집』보다 늦다.

보한집(補閑集 : 1254)

구들과 관련하여서 고려 시대의 또 하나의 중요한 기록은 『보한집(補閑集)』을 들 수 있다.

『보한집』은 최자(崔滋 : 1188~1260)가 1254(고려 고종 41)년에 저술한 시화집(詩話集)으로 이인로(李仁老)의 『파한집(破閑集)』을 보충한 수필체의 시화들을 엮은 책이다. 아름다운 근체시(近體詩)와 시평(詩評), 거리에 떠도는 이야기, 흥미 있는 사실(史實), 부도(浮屠)와 부녀자들의 이야기를 수록한 것으로, 당시의 사회 상황을 살펴보는 데 좋은 참고가 되는 책이다.

그런데 이 책 하권에 동관(東觀) 이윤보란 관리가 말하는 것을 기록한 것으로 대략 다음과 같은 내용이 실려 있다.

有默行者 不知族氏 年可五十 或爲髡 或爲頭陀 不念經 不
유묵행자 부지족씨 년가오십 혹위곤 혹위두타 불념경 불
禮佛 終日宴坐 瞑如也 有候之者 無貴賤不擧目改觀 問其
예불 종일연좌 명여야 유후지자 무귀천불거목개관 문기
名 不應 問從甚處來 亦不應 故以默行者名焉 居歸正寺別
명 불응 문종심처래 역불응 고이묵행자명언 거귀정사별
區時 予適在龜城 道人存純 謂予言 行者嘗冬月 敷一座具
구시 여적재구성 도인존순 위여언 행자상동월 부일좌구
着一衲衣 衲中無蟣蝨 坐氷堗上 寒色不形 學道後進抱册往
착일납의 납중무기슬 좌빙돌상 한색불형 학도후진포책왕
從質疑者 無不委細開說 方大寒 恐其凍也 候出時 遣房子
종질의자 무불위세개설 방대한 공기동야 후출시 견방자

急爇柴頭 溫其堗而去 行者來觀之 無喜慍色 徐出戶 拾石
급설시두 온기돌이거 행자래관지 무희온색 서출호 습석

礫 塡堗口 泥其灰 塗隙而上 宴坐如初 自是不復遣溫也
력 전돌구 니기회 도극이상 연좌여초 자시불복견온야

"묵행자(默行者 : 세상 사람들에게 알리거나 소문내지 않고 홀로 고생하며 수도하는 스님을 이름)가 있었는데 성씨는 알지 못하고, 나이는 오십쯤 되었습니다. 혹 머리를 깎고 혹 두타(頭陀 : 범어. 스님이 탁발하는 것을 말하는 것으로, 탁발승을 가리키기도 함)를 하기도 하지만 불경을 외지 않고 예불도 하지 않은 채 온종일 자리에 편안히 앉아 고요히 명상에 잠긴 듯 했어요. 그를 찾아와 안부를 묻는 사람이 있어도 지체가 높고 낮은 것을 따지지 않고 눈을 들어 거들떠보지도 않았습니다. 이름을 물어도 대답하지 않았고, 어느 곳에서 왔는가를 물어도 역시 대답하지 않기 때문에 '묵행자'라고 이름을 지었습니다."

귀정사(歸正寺) 별구(別區 : 주지나 강사가 거처하는 곳)에 거처할 때 내가(이야기하는 이윤보 자신) 마침 구성(龜城 : 평북 서부의 지명)에 있었는데 도인(道人) 존순(存純)이 나에게 말하기를, "행자(行者 : 불도를 닦는 사람)가 일찍이 겨울철에 자리를 펴고 납의(衲衣 : 빛이 검은 스님의 옷) 한 벌을 입고 있었는데 납의 안에는 이나 서캐가 없었습니다. 얼음장같이 찬 구들(氷堗) 위에 앉았으면서도 추운 기색을 보이지 않았고, 그렇지만 도를 배우는 후진들이 책을 안고 가서 의심나는 것을 물으면 자세히 설명해 주지 않는 경우가 없었습니다.

한창 큰 추위에 그가 얼까 염려되어 (그가) 나갈 때를 기다렸다가 방자(房子)를 보내어 급히 땔나무를 지펴 구들(堗)을 따뜻하게(溫) 하고 떠나게 하였습니다. 그런데 행자(行者)가 와서 보고는 기뻐하거나 성내는 기색 없이 천천히 문을 나가 작은 돌을 주워서 아궁이(堗口)를 틀어막고는 회(灰)를 이겨서 틈을 바르고 (구들로) 올라가 이전과 같이 편안히 앉아 지내었습니다. 이로부터 다시는 (사람을) 보내어 (구들을) 따뜻하게 하지 않았다"고 합니다.

이 이야기에서 '돌(堗)'과 관계되는 부분은 분명히 온돌, 즉 구들을 말한 것이다. '온기돌(溫其堗)'에서 '온(溫)'자는 '돌(堗)'을 "따듯하게 한다"는 동사로 사용되었다. 우리가 지금 쓰는 말인 '온돌(溫突)'처럼 명사로 쓰인 것은 아니지만, 본래 '온돌'인데 그것이 불을 때지 않아 차갑다는 의미에서 '빙(氷)'자를 써서 얼음같이 차가운 온돌이란 의미로 '빙돌(氷堗)'이라고 쓴 것으로 보인다. 여기에서 빙(氷)은 형용사내지 명사로 쓰인 셈인데 보통 때는 온돌이라 하지만 불을 때지 않아서 차갑다고 해서 '빙온돌(氷溫堗)'로 쓴다면 의미의 상충이 일어나기도 하므로 간단히 '빙(氷)'자를 '온(溫)'자에 대체하며 '돌(堗)'자와 결합하여 썼다고 볼 수 있는 것이다. '따듯한 물'을 '찬 따듯한 물'이라고 해야 하는 경우와 같기 때문이다.

여기에서 재미있는 것은 '堗(돌)'자를 이해할 때 순수 우리말인 '구들'을 한자로 적은 것뿐이라고 이해하면 아무런 의미의 상충이 일어나지 않는다. 즉, '구들'이란 이름은 이름 자체에 '따듯하다'는 뜻을 지니고 있지 않은 중성적 이름이기 때문에 '차가운 온돌'이라 생각하지 말고 '차가운 구들'이란 의미로 '氷堗(빙돌)'이라 썼다고 생각하면 아무런 문제가 없다. '氷堗(빙돌)'이란 표현은 다시 말하지만 앞에서 본 이규보의 『동국이상국집』에 실린 시(詩) 「暖堗(난돌)」에서 먼저 쓰였다.

그런데 우리가 여기에서 또 주목하는 것은 이야기가 풍기고 있는 뉘앙스이다. 즉 '돌(堗)'이라 하는 난방 시설에 대하여 최자(崔滋) 자신이나 이야기를 전하는 사람 모두 특별히 이상한 것으로 생각하지 않고 전하고 기록하고 있는 것이다. 그리고 보통 사람들은 추우면 의당 돌(堗), 즉 구들에 불을 지펴 따듯하게 하는데 여기서의 '묵행자(默行者)'는 그렇게 하지 않아서 기이(奇異)한 사람이고 이야기꺼리가 되고 있는 것이다. 이로 보아 당시의 사회에 구들은 흔한 시설이었다는 것을 짐작할 수 있는데, 최자는 1260년까지 살았지만 『보한집』이 간행된 것은 그의 생존 시인 1254년에 간행되었으므로, 『보한집』은 1254년 이전 고려 시대에 구들이 널리 사용되고 있었음을 보여주는 자료가 되고 있다.

'냉돌(冷突)' 같은 표현은 손진태 선생도 그의 시대에 흔히 쓰는 말이란 점에서 유의하였는데 저자의 어린시절에도 "구들이 냉돌이야"라든가 "방이 얼음장이야, 불 좀 때자"라는 말은 종종 들을 수 있었다.

구급간이방언해(救急簡易方諺解 : 1489)

1446년(세종 28년) 9월 우리의 한글 '훈민정음(訓民正音)'이 창제되어 공포되었다. 누구나 다 알다시피 이로써 우리는 처음으로 우리의 말에 맞는 문자를 갖게 되었다. 그런데 훈민정음의 창제는 우리의 '구들'이 처음으로 '구들'이란 문자로 그 존재를 드러내는 계기가 된다. 그 동안에는 사람들이 늘 '구들' '구들'하고 불러 왔어도 그것은 하고나면 사라지는 말로만 존재하는 이름이었는데 한글의 창제로 이제 '구들'이란 이름도 '온돌(溫堗)' 또는 그와 유사한 한자 이름들과 함께 글자로 기록되기 시작하는 것이다.

1489년(성종 20년)에 윤호(尹壕), 임원준(任元濬) 등이 왕명을 받아 『구급간이방언해(救急簡易方諺解)』라는 책을 엮었다.

이 책은 여러 가지 질병을 중풍, 두통 등 127가지 종류로 나누어 그 치료 방법을 적어 놓은 것으로 이 책만 있으면 누구나 치료할 수 있도록 한글로 언해를 덧붙여 놓은 의학서이다. 이 책은 8권 8

책으로 되어 있던 것으로 최초로 간행된 원본은 전해지지 않고 을해자본(乙亥字本)의 복각인 중간본만 전해지고 있는데 그것도 4, 5, 8권을 제외한 다섯 권, 즉 1, 2, 3, 6, 7권만이 전해지고 있다.[11]

이 책의 권6에 '파상풍(破傷風)' 치료법이 기록되어 있는데 제목대로 이 책은 언해(諺解)이므로 그 치료법을 한문(漢文)과 한글로 설명하고 있는데 한문에서는 '突(돌)'자가, 그리고 그 한글 대역에서 '구듨'이란 말이 등장하여 우리의 주목을 끈다. 왜냐하면 여기에 등장하는 '구듨'이란 두 자는 지금까지 알려진 문헌 중에서 '구들'이란 한글 이름이 기록으로 나타나는 가장 오래된 문헌으로 파악되는 까닭이다.

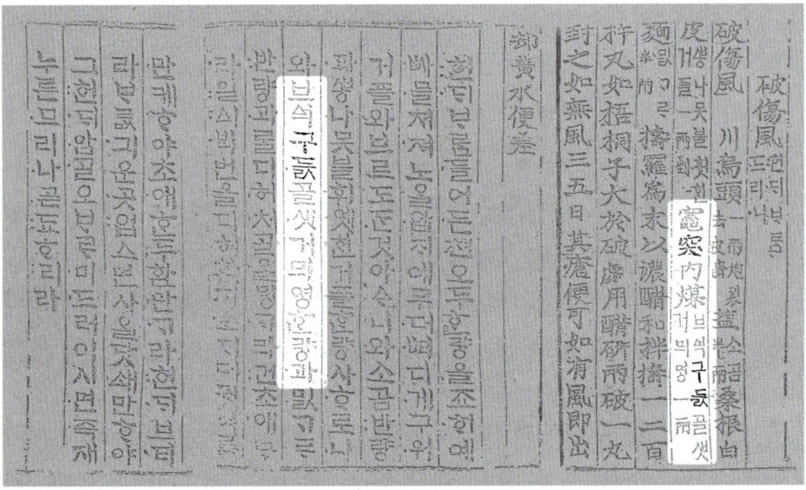

그림 19 『구급간이방언해(救急簡易方諺解)』 속의 '돌(突)' 자와 '구듨' (1489)

원본은 사진과 같고, 이해를 돕기 위하여 우선 한자와 한글 원문을 차례로 옮기고 한글 부분은 고어(古語)로 되어 있어 한글이지만 오늘날 쉽게 읽을 수 없으므로 뜻이 통할 만큼만 오늘날의 한글로 풀어보면 다음과 같다.

파상풍(破傷風)

破傷風 川烏頭 一兩 炮裂皮□ 塩半兩 桑根白皮一兩剉 竈
파상풍 천오두 일량 포열피 염반량 상근백피일량좌 조

突內煤一兩 麵半兩 擣羅爲末 以濃醋和拌擣一二百杵 丸如
돌내매일량 면반량 도라위말 이농초화반도일이백저 환여

梧桐子大 於破處 用醋研兩破一丸封之 如無風 三五日其瘡
오동자대 어파처 용초연량파일환봉지 여무풍 삼오일기창

便可 如有風 即出却黃水便差
변가 여유풍 즉출각황수변차

헌ᄃᆡ ᄇᆞᄅᆞᆷ 드리니(破傷風)

헌 ᄃᆡ ᄇᆞᄅᆞᆷ 들어든 쳔오두 ᄒᆞᆫ 량을 죠ᄒᆡ예 빠 믈 저져 노올압 ᄌᆡ예 무더 뻐디게 구워 거플와 ᄇᆞ르도ᄃᆞᆫ 것 아ᅀᆞ니와 소곰 반 량과 뽕나못 불위옛 ᄒᆡᆫ 거플 ᄒᆞᆫ 량 사ᄒᆞ로니와 브ᅀᅥᆨ 구듨 골샛 거믜영 ᄒᆞᆫ 량과 밄 ᄀᆞᄅᆞ 반 량과ᄅᆞᆯ 디허 처 ᄀᆞᄅᆞᆯ ᄆᆡᆼᄀᆞ라 건초애 ᄆᆞ라 일ᅀᅵᄇᆡᆨ번을 디허 환 지ᅀᅩᄃᆡ 머귓 여름만케 ᄒᆞ야 초애 ᄒᆞᆫ두 환만 ᄀᆞ라 헌 ᄃᆡ ᄇᆞ티라. ᄇᆞᄅᆞᇝ 긔운 곳 업스면 사ᄋᆞᆯ 닷쇄만 ᄒᆞ야 그 헌 ᄃᆡ 암ᄀᆞ오 ᄇᆞᄅᆞ미 드러 이시면 즉재 누른 므리 나 곧 됴ᄒᆞ리라

헌 곳에 바람 드는 것이니(破傷風)

헌 곳 바람 들거든 천오두(川烏頭) 한 냥을 종이에 싸서 물에 젖게 해 더운 재에 묻어 터지게 구워 꺼풀과 돋아난 것 없앤 것과 소금 반 냥과 뽕나무 뿌리의 흰 꺼풀 한 냥 사른 것과 부엌 구들 고래의 검정 한 냥과 밀가루 반 냥을 찧어 쳐서 가루를 만들어 진한 초(濃醋)에 말아 일이백 번을 찧어 환을 만들되 머귀 열매(오동나무 열매)만하게 하여 초에 한두 환만 갈아 헌 곳에 붙이라. 바람 기운이 없으면 사흘 닷새만 하여 그 헌 곳 아물고 바람이 들어 있으면 즉시 누른 물이 나서 곧 좋으리라.

보다시피 이 문헌에서는 '竈突內煤(조돌내매)', 즉 '부엌 구들 고래의 검정'을 약의 한 성분으로 열거하는 과정에서 '突(돌)'자를 쓰고 있고, 그 한글 대역에서 '구듨'로 번역하고 있다. 고래 속의 검정이 옛날에는 '파상풍 치료제'로 쓰였던 모양인데 오늘날에도 여전히 유효한 처방인지는 알 수 없으나 우리가 이 문헌을 주목하는 이유는 여기에 등장하는 '突(돌)'이란 글자와 그 대역에서 나타나는 '구듨'이란 단어 때문이다.

이 『구급간이방언해(救急簡易方諺解)』는 지금까지 전해지는 문헌 중에서 '구들'이란 한글 이름을 기록으로 확인시켜 주는 '가장 오래된 문헌'으로 보인다. 훈민정음 반포는 1446년이고 이 책은 1489년 간행된 것이므로 한글 창제 이후 43년이 지난 뒤의 일이다.

지금까지 살펴본 문헌에서 온돌 관련 한자는 『구당서』의 '長坑(장갱)', 『삼국유사』에서의 '堗石(돌석)', 『고려도경』에서의 '火坑(화갱)', 『동문선』에서의 '燠室(욱실)', 『동국이상국집』에서의 '溫房(온방)', '暖堗(난돌)', '氷堗(빙돌)', 『보한집』에서의 '氷堗(빙돌)', '堗口(돌구)' 등인데 여기에서는 흙토(土)변(邊)이 없는 '突(돌)'자를 쓰고 있다는 점이 우선 눈에 띈다. '堗(돌)'이나 '堗(돌)', 그리고 '突(돌)'은 결국 다 같이 '구들'을 의미하는 것으로 쓰였지만 구들이 한자 표기에서 흙토변이 없는 '突(돌)'자로 쓰인 첫 문헌 사례가 아닌가 한다.

청파극담(靑坡劇談 : 1494년대)

조선 성종 때 청파(靑坡) 이륙(李陸 : 1438~1498)은 1490년(성종 21년)과 1494년 두 차례에 거쳐 중국 명나라에 사신으로 다녀왔는데 그 곳에서 보고 들을 것을 자신의 호(號)를 따서 『청파극담(靑坡劇談)』으로 엮었다. 이 책에는 다음과 같은 이야기가 있다.

> 歲甲辰 寧海有火熾於地中 烟氣上出 方數百步 熱如溫突……
> 세갑진 녕해유화치어지중 연기상출 방수백보 열여온돌
>
> 갑진년에 영해(寧海)의 땅 속에서 불이 활활 타면서 연기가 위로 솟아올랐다. 사방 수백 보쯤이 그 열로 온돌(溫突 : 구들)같이 뜨거웠다.

여기서 우리는 '溫突(온돌)'이란 글자가 등장하고 있는 것을 볼 수 있다. 그런데 '溫突(온돌)'이란 두 글자가 붙어서 등장하기는 아마도 이 문헌이 처음이 아닌가 한다. 지금까지 살펴본 문헌에서는 '堗石(돌석)'-『삼국유사』 「왕홍사 이야기」, '溫房(온방)', '暖堗(난돌)', '氷堗(빙돌)'-이상 『동국이상국집』, '氷堗(빙돌)', '溫其堗(온기돌)', '堗口(돌구)'-이상 『보한집』 등으로 나타나고 溫突(온돌)이란 두 글자가 나란히 붙어 나타나는 것으로는 이 『청파극담』이 처음이다. 물론 앞의 문헌들에서 나타나지는 않았지만 표현 용법으로 미루어 보아 '溫突(온돌)'이란 표현이 쓰였을 것이라는 것은 충분히 짐작되지만 확인하여 주는 것은 이 문헌이 처음이라는 말이다.

아울러 우리는 이글에서 "온돌같이 뜨거웠다"라는 표현을 통하여 당시의 온돌, 즉 구들 바닥이 얼마나 따끈따끈했는가를 짐작해 볼 수 있다. 뒤에 소개되는 『명종실록』 19권에도 가뭄으로 “지맥이 말라 터져 마치 ‘달구어진 구들’ 같았다”라는 비슷한 비유가 있다. 옛날에는 구들이 뜨거운 것의 정도를 설명하는 하나의 비교 기준이 되었던 듯하다. 또한 누구나 온돌이 어떤 것인지 알았으므로 그런 비유(比喩)가 사용될 수 있었을 것이므로 이 문헌으로도 이 시기에 구들이 보편적으로 사용되었음을 짐작할 수 있다.

용천담적기(龍泉談寂記 : 1515년경)

『용천담적기(龍泉談寂記)』는 조선 전기의 문신이었던 김안로(金安老 : 1481~1537)가 지은 책이다. 그는 여러 개의 호를 썼는데 ‘龍泉(용천)’도 그의 호 중의 하나이다. 이 책에는 다음과 같은 괴기한 이야기가 실려 있다.

正德乙亥 余以直提學 宣慰日本使臣南湖·西堂等 行到凝
정 덕 을 해 여 이 직 제 학 선 위 일 본 사 신 남 호 서 당 등 행 도 응
川……晨起索筆 則匣中只有空管 尖頭忽失所在 披衾(sic-
천 신 기 색 필 즉 갑 중 지 유 공 관 첨 두 홀 실 소 재 피 금
襟)振衣搜 竟不獲……是夜臨臥 用以書牘訖手 藏其匣而蓋
금 진 의 수 경 불 획 시 야 임 와 용 이 서 독 흘 수 장 기 갑 이 개
之 無罅缺可出 且窄堗油㦿滑如琉璃 淨壁又無一物 墜毫斷
지 무 하 결 가 출 차 착 돌 유 전 활 여 유 리 정 벽 우 무 일 물 추 호 단
針(sic-鍼) 皆可撊數
침 침 개 가 섬 수

정덕(正德) 을해(1515)에 나는 직제학으로서 일본 사신 남호(南湖)·서당(西堂) 등을 위로[宣慰]하기 위하여 응천(凝川 : 경남 밀양의 옛 이름)에 당도하였다. …… 새벽에 일어나 붓을 찾으니 갑 속에는 빈 붓자루만 있고, 붓끝의 소재를 홀연히 잃어버렸다. 옷깃을 헤쳐

보고 옷을 털어보았으나 끝내 찾지 못하였다. …… 그날 밤 잠자리에 들 즈음 그걸 이용하여 편지 쓰기를 마치고 나서 손수 갑에 넣고 뚜껑을 닫았으니 빠져 나올 틈이 생길 수가 없었다. 한편 좁은 온돌(구들)에 유전(油牋 : 장판지를 이름)이 유리처럼 미끄럽고 깨끗한 벽에는 아무런 물건도 없어 떨어진 터럭이나 부러진 바늘이라도 모두 더듬어 셀 수 있었다.

이 문헌 역시 손진태 선생이 수많은 고문헌을 훑고 그의 「온돌고(溫突考)」에 수록한 것인데, 이야기가 괴기해서가 아니라 '堗油牋(돌유전)'이란 세 글자의 등장 때문이고, 그것의 가치를 중요하게 생각한 때문이다.

'油牋(유전)'이란 기름을 먹인 종이이고, '堗油牋(돌유전)'은 '장판지'를 말한다. 그리고 이 세 글자는 조선 초기에 구들에 장판지를 발랐던 것을 알게도 하지만, 문헌에 나타나는 장판지에 대한 최초의 기록인 것으로 보인다. 손진태 선생은 이것을 "발견(發見)하였다"고 표현하였는데 수많은 문헌의 한자들 속에서 이 두 자를 발견한 기쁨이 배여 있는 듯하다.

아무튼 이 '油牋(유전)', 즉 장판지가 '유리'처럼 미끄럽다고 하고 있는 점으로 보아 광택이 나는 것이었다는 것도 이 문헌을 통하여 알 수 있다. 조선 초기의 장판이 우리들의 어린 시대에 사용된 장판지와 질적으로 큰 차이가 없었던 듯하다. 그리고 1950년대만 해도 시골의 많은 집에서는 장판지 대신 자리를 깔고 살았으므로 장판지 사용은 이 글이 씌어진 당시에 일부 상류 주택에서나 사용되었을 것이다.

● 번역박통사(飜譯朴通事 : 1517 이전)

『번역박통사』는 고려 말부터 사용되던 중국어 학습서인데 『박통사(朴通事)』를 언해(諺解)한 책이다. 뒤에 다루게 될 『노걸대(老乞大)』와 함께 조선 시대의 가장 대표적인 중국어 교과서였다. 성종(成宗) 때 최세진(崔世珍)이 엮고, 숙종 3년에 권대운, 박세화 등이 다시 고증하여 간행되었다. 현재 상권 하나만 전해지고 있으나 『노박집람』, 『박통사집람』과 1677년에 간행된 『박통사언해』에 의하면 상·중·하의 3권 3책임을 알 수 있다. 언제 출간되었는지 분명하지 않으나 1517년(중종 12년) 출간된 『사성통해』에 『번역노걸대박통사범례』가 실려 있는 점으로 미루어 보아 1517년 이전에 출간된 것은 알 수 있다.

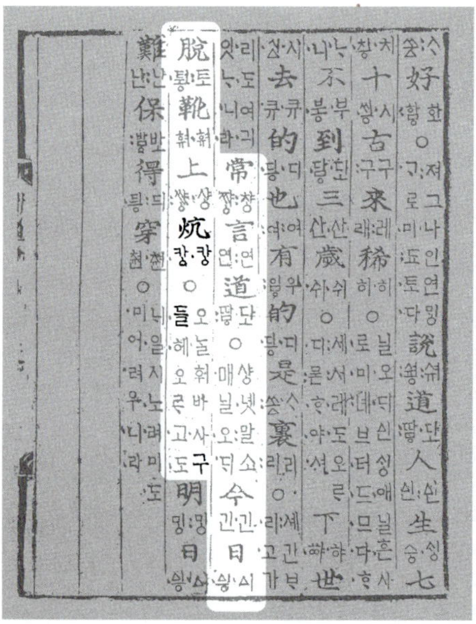

그림 20 『번역박통사(飜譯朴通事)』(1517)

이 『번역박통사』 중 남아 전해지는 유일한 한 권인 상권(上卷)에 다음과 같이 한자 문장을 예문으로 제시하고 그 중국말 발음을 한글로 토를 달고 그 아래에 한글로 뜻을 적고 있다.

常言道　今日脫靴上炕　明日難保得穿
상 언 도　금 일 탈 화 상 항　명 일 난 보 득 천

샹녯 말소매 닐오딕 오놀 훠 바사 구들헤 오르고도 닉일 시노려 미도미 어려우니라

항상 말씀에 이르되 오늘 신 벗고 구들에 오르고도 내일 신으려 믿음이 어려우니라

오늘 신을 벗고 구들에 올라 편하게 자도 내일 또 신을 신을 수 있게 될지 알 수 없고, 밤 사이에도 많은 일이 일어날 수 있다는 그런 의미의 문장인데 앞에서 다룬 1489년의 『구급간이방언해(救急簡易方諺解)』에서는 '구듫'이라고 쓴 것이 이 문헌에서부터는 오늘날과 같은 '구들'로 표기법이 바뀐 것을 보여 준다.

또 앞의 『구급간이방언해(救急簡易方諺解)』에서는 '竈突(조돌)'의 '突(돌)'자를 '구듫'로 받았는데 여기서는 '炕'자를 '구들'로 받고 있음을 볼 수 있다.[12]

이 『번역박통사(飜譯朴通事)』는 이로부터 160년 뒤인 1677년에 다시 한 번 『박통사언해(朴通事諺解)』로 출간된다. 위에 인용한 『번역박통사(飜譯朴通事)』의 한자 본문과 한글로 된 중국 발음은 변동이 없고, 문장 뜻풀이만 1677년 당대에 맞게 바뀌어 있으므로

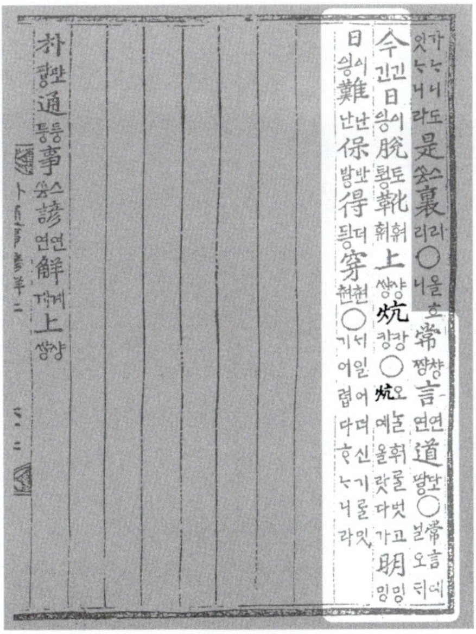

그림 21 『박통사언해(朴通事諺解)』(1677)

뒤에 따로 다루지 않고 여기에 함께 소개해 둔다. 앞의 『번역박통사』와 비교해 보면 약간의 맞춤법이 달라져 있고, 특히 언해(諺解) 부분에 한자를 한글과 섞어 쓰는 점이 달라진 모습이다. 그러나 '구들'이란 이름에는 여전히 변화가 없다.

박통사언해(朴通事諺解 : 1677)

常言에 닐오ᄃᆡ 오늘 훠ᄅᆞᆯ 벗고 炕에 올랏다가 ᄂᆡ일 어더 신기ᄅᆞᆯ 밋기 어렵다 ᄒᆞᄂᆞ니라

항상 말씀에 이르되 오늘 신을 벗고 구들에 올랐다가 내일 얻어 신기를 믿기 어렵다 하느니라.

용재총화(慵齋叢話 : 1525)

1525년 경주에서 간행된 성현(成俔 : 1439~1504)의 문집 『용재총화』 제5권 24화(話)에는 윤통(尹統)이란 가난한 한량이 절을 짓겠다고 스님을 꾀어 집을 짓고서는 이 핑계 저 핑계를 대며 그냥 눌러앉아 살면서 자신의 집으로 삼아버리는 이야기가 있다. 온돌방이 중요한 역할을 하고 있는데 원문과 이야기를 번역하여 옮기면 다음과 같다.

尹斯文統 詼諧善話 常以誑人爲事 家在嶺南 …… 先生患
윤 사 문 통 회 해 선 화 상 이 광 인 위 사 가 재 영 남 선 생 환

無家 結僧之善緣化者 相交甚熟 乃曰 吾欲創一寺 以措惡
무 가 결 승 지 선 연 화 자 상 교 심 숙 내 왈 오 욕 창 일 사 이 조 악

業 僧欣然從之曰 君是前世菩薩 故發此誓願耳 先生曰 雞
업 승흔연종지왈 군시전세보살 고발차서원이 선생왈 계

林有古社基 倚山枕水 眞勝界 可創伽藍 遂書勸文與之 僧
림유고사기 의산침수 진승계 가창가람 수서권문여지 승

盡心辦物 先生亦助力 遂具材木 開基建宇 其規模稍變社寺
진심판물 선생역조력 수구재목 개기건우 기규모초변사사

之制 多溫房煖突 又墾門前荒地 爲種蔬之圃 丹雘旣畢 佛
지제 다온방난돌 우간문전황지 위종소지포 단확기필 불

像旣施 僧設慶讚法筵以落之 先生曰 吾家婦欲來拜佛 僧許
상기시 승설경찬법연이락지 선생왈 오가부욕래배불 승허

之 先生與其婦 率其家眷僮僕來駐寺 稱病留數日 盡徙貨物
지 선생여기부 솔기가권동복래주사 칭병류수일 진사화물

而居之 僧徒不得入 訟諸官 官亦淹延不聽 竟爲先生之家
이거지 승도부득입 송저관 관역엄연불청 경위선생지가

家無疾疫 年八十而終
가무질역 년팔십이종

사문(斯文 : 유학자를 높여 부르는 말) 윤통(尹統)은 농담과 담론을 잘하여 항상 남을 속여먹는 것으로 일을 삼았는데 집은 영남에 있었다. …… 선생이 집이 없어서 걱정하다가 연화(緣化 : 시주를 권하여 불사를 경영하게 하는 것을 말함)를 잘 하는 스님과 만나 서로 매우 친숙하게 사귀었다. 마침내 그는 "내가 절을 하나 지어서 나의 악업을 그만두려(씻으려) 합니다" 하였고, 스님이 흔연히 그의 말을 따르며, "그대는 전생에 보살이었기 때문에 이러한 서원(誓願)을 일으키신 것입니다" 하였다. 선생이 말하기를, "계림에 옛 사(社 : 地神에게 제사 지내던 곳) 터가 있는데 산을 뒤에 두고 물이 앞에 있는 정말 경치 좋은 곳이어서 절을 창건할 만합니다"하고, 마침내 권문(勸文 : 권선문과 같음. 불교에서 권선하는 글을 이르는 말)을 써 주었다.

스님이 성심을 다하여 재물을 마련하였고 선생도 조력하였다. 마침내 재목을 마련하여 터를 닦고 집을 세웠는데, 그 규모는 사묘(社廟)나 절의 제도(형식)을 기본으로 하되 조금 변경하여 온돌방[溫房煖突]을 많이 만들었다. 또 대문 앞의 묵은 땅을 개간하여 채소밭을 만들었다. (드디어) 집의 단청을 마치고 불상을 안치하고 나서 스님이 경찬법연(慶讚法筵 : 경축하고 찬미하는 뜻으로 거행하는 설법의 모임)을 베풀고 낙성하였다.

선생이 “우리 집사람이 와서 부처님에게 예배하고자 합니다”고 하니, 스님이 허락하였다. 선생이 그의 부인과 함께 가권(家眷)과 하인들을 거느리고 왔다. 그런데 절에 머물면서 병이 들었다는 핑계로 며칠 사이에 살림을 모두 옮겨다 놓고 살아서 스님들이 들어갈 수가 없었다. 관가에 소송을 제기하였으나 관가에서도 오래 끌면서 심리하지 않아서 집은 마침내 선생의 것이 되었다. 집안에 아무런 돌림병도 없었고, (그는) 나이 80이 되어서 죽었다.

이 이야기에서 온돌에 관한 부분은 ‘多溫房煖突(다온방난돌)’이라고 한 곳뿐이다. 그리고 이 윤통(尹統)이란 사람은 명분은 절을 짓는다 했으니 형식은 사묘나 절의 구성에 맞추면서도 속으로는 개인 집으로 하려는 계략이 있었으므로 건물에 ‘절(寺)로서 필요한 것보다 많이’ 온돌방을 만들었다는 의미로 이해된다.

이 문헌이 가지는 의미는 온돌과 관련해서는 비록 다섯 글자밖에 되지 않지만 그러나 여기서도 앞의 『보한집』의 ‘묵행자’ 이야기에서 볼 수 있는 바와 같이 일반 주거에서는 온돌이 보편적으로 사용되고 있는 것을 글 전체의 맥락과 분위기로 짐작할 수 있다는 점이다. 그리고 1525년 이전 무렵의 조선 시대, 그리고 경상도 지방 어디에서의 상황이 그러하다는 것을 보여 주는 자료이다.

그런데 온돌은 몇 번 설명했듯이 곧 구들이거니와, 여기서 그 문제의 5자를 그것으로 그냥 지나치기에는 아쉬운 점이 또 있다. 그것은 ‘溫房(온방)’ 또는 ‘煖突(난돌)’이란 말 중 하나만 써도 되겠는데 4자를 동원해서 ‘溫房煖突(온방난돌)’이라고 썼다는 점이다. ‘突(돌)’자는 ‘갑자기’, ‘부딪다’는 의미도 있지만 ‘굴뚝’의 의미도 있어서 堗(돌)자와 같은 의미로 쓰였고, ‘온방’이나 ‘난돌’이나 결국 다 같이 따듯한 공간을 의미하지만 전자는 구들로 데워지는 따듯한 공간, 즉 방을 염두에 둔 말이고, 후자는 따듯한 방을 만드는 구들 시설 자체에 더 관계해서 사용한 말이라고 생각되는 까닭이다.

그런데 비슷한 사례는 앞에서 살펴본 『동국이상국집』에서도 볼 수 있다. 이규보는 한 번은 글 중에서 '溫房(온방)'이라 쓰고 한 번은 시의 제목으로 '暖堗(난돌)'이라 쓰고 있다. 구체적으로 의미를 새기자면 한 번은 '따듯한 방'의 의미로, 한 번은 '따듯한 구들'의 의미로 썼다고 생각된다. 물론 '溫房(온방)'이나 '暖堗(난돌)'이나 결국은 그게 그거니까 이규보 자신도 크게 구분하지 않고 이렇게도 쓰고 저렇게도 썼을 터이지만 여기서는 한꺼번에 '溫房煖突(온방난돌)'이라 하여 중복적으로 쓰고 있는 것이다. 暖(난)이나 煖(난)은 다 같이 따듯하다는 의미이다. 이규보의 『동국이상국집』은 이 『용재총화』보다 280년 이상 앞선 시대에 간행된 책이다.

훈몽자회(訓蒙字會 : 1527년)

『훈몽자회(訓蒙字會)』는 최세진(崔世珍 : 1473~1542)이 1527년 어린이들의 한자 학습을 위해 지은 것이다. 이 책의 중권(中卷) 9장에 '炕(항)'자가 제시되고 한글로 '구들 강'이라고 풀이하여 놓았다. '炕(항)'자를 '강'으로 읽고 뜻은 '구들'이라는 것인데 이 짧은 기록에서 우리는 그래도 많은 것을 알 수 있다. 즉, '炕'은 지금은 '항'이라 읽지만 전에는 '강'이라고 발음했다는 것(중국에서는 '캉'이라 부른다), 지금은 자전에서 '말리다', '마르다', '끊어지다' 등의 의미가 열거되지만 '구들'이라는 것 등이다. 그러나 무엇보다도 여기서 다시 분명해지는 것은 '炕'자를 설명하기 위한 것이지만 『훈몽자회』가 아이들의 한자(漢子) 학습서인 만큼 '구들'은 아이들도 무엇인지

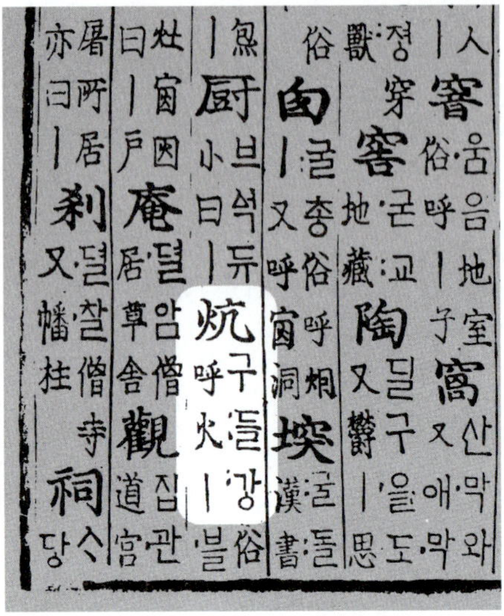

그림 22 '구들'이란 이름의 등장, 『훈몽자회』(1527)

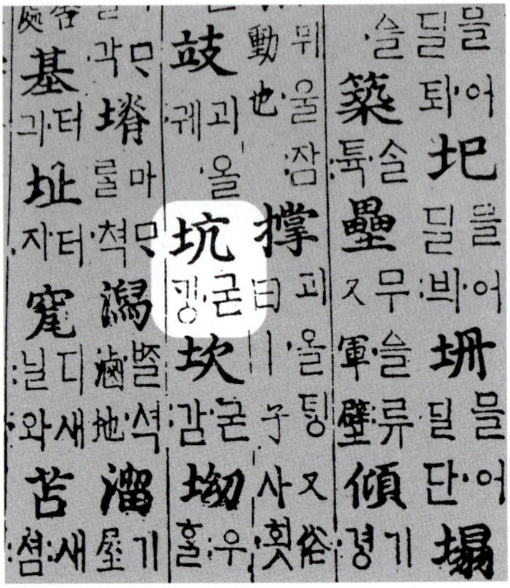

그림 23 『훈몽자회』 속의 '갱(坑)' 자와 뜻풀이

아는 것이고 어른 아이 할 것 없이 누구나 아는 것, 그리고 늘 있어 왔고 불리던 이름이었다는 것을 알 수 있다.

또 이 『훈몽자회』에서는 『구당서』 이후 구들과 관련하여 자주 등장하는 '坑(갱)'자도 나타난다. '갱'으로 읽고 의미는 '굳'이라는 것인데 '굳'은 구덩이를 뜻한다. 그리고 '炕(항)'자 옆을 보면 '突(돌)'자와 함께 역시 구들의 한자 표기로 자주 쓰이는 '堗(돌)'자도 보인다. '굴'을 의미하고 '돌'이라고 읽는다고 설명되어 있다. 이들 두 자의 뜻이 여기에서는 바로 '구들'로 설명되어 있지는 않지만 뒤에 소개되는 『구황촬요(救荒撮要)』에서 보면 모두 구들로 번역되고 있음을 볼 수 있다. 조선 시대에는 구들이 이미 일반적으로 쓰이고 있을 때이므로 이 시대의 문헌들은 '구들이 언제부터 있었는가'라든가 '얼마나 전파 되었는가'를 파악하는 데 중요하기보다 관련 용어들의 변천을 파악해 보는 데 더 큰 의미가 있다고 하겠다.

패관잡기(稗官雜記 : 1542년 전후)

조선 중기의 학자로만 알려져 있는 어숙권(魚叔權)이 쓴 『패관잡기(稗官雜記)』가 있다. 이 책 권3에서, 「유구국(琉球國) 풍속(風俗)」에 대하여 다음과 같은 기록이 있다.13)

> 嘉靖壬寅 濟州人朴孫等 漂到琉球國 留四年 轉解中國 因
> 가정임인 제주인박손등 표도유구국 류사년 전해중국 인
> 得回還 柳大容採其語 作琉球風土記 … 人居皆用板爲樓
> 득회환 유대용채기어 작류구풍토기 인거개용판위루
> 不設炕房 ……
> 불설항방

> 가정(嘉靖) 임인년(1542)에 제주 사람 박손(朴孫) 등이 표류하여 유구국(琉球國)에 당도해서 4년을 머물다가 중국으로 이송되었다가 돌아왔다. 유대용(柳大容)이 그의 말을 채록하여 「유구풍토기(琉球風土記)」를 지었다. …… 사람의 거처는 모두 널빤지를 사용하여 누각[樓]을 만들고 항방(炕房)을 설치하지 않았다. ……

제주 사람이 유구(琉球 : 오키나와)에 표류한 경험담을 듣고 유대용이 「유구풍토기」를 지었는데 그것을 어숙권이 『패관잡기』에 인용한 것이다. 따로 언급되어 있지는 않으나 문맥이 '제주도에 있는 항방(炕房) 즉 구들(온돌)이 오키나와에는 없더라'는 분위기를 풍기고 있다. 이 기록은 1540년대에 유구국에는 온돌 같은 것이 없었다는 것도 보여주지만, 동시에 간접적으로 제주도에는 온돌이 16세기 이전에 전파 되어 있었음을 알게 하는 기록이 되고 있다.

또 이 기록은 구들(온돌)이 당시에 제주도에서 낯선 것이 아닌

보편적인 것이었던 듯한 분위기도 감지하게 한다. 하지만 뒤에 소개되는 이원진(李元鎭)이 쓴 『탐라지(耽羅志)』의 「풍속조(風俗條)」 기록을 보면 보편적인 정도는 아닌 것 같기도 하다.

명종실록(明宗實錄 : 1571)

1571년 간행되긴 하였지만 조선 제13대 왕 명종의 재위 22년간(1545~1567)을 기록하고 있는 『명종실록(明宗實錄)』 여러 곳에도 구들과 관련된 정보들이 들어 있다.

『명종실록』 제3권 제7장 표1행(1545~1546년)

『명종실록』 3권 제7장 표1행(명종 원년 : 1546년) 정월 기사년(己巳 : 1545) 기록에 공주(公主)의 제막(祭幕)인 정토사(淨土寺)와 관련하여 다음과 같은 내용이 있다.

> 無賴之徒 憑藉儒生 恣行無忌 以寺爲家 赭山伐木 以暖其
> 무뢰지도 빙자유생 자행무기 이사위가 자산벌목 이난기
> 堗 俾不得爲祭 ……
> 돌 비부득위제
>
> "무뢰배들이 유생을 빙자하고 거리낌 없이 함부로 행동하여 절을 집으로 삼았고, 나무를 베어 구들[堗]을 따뜻하게 하느라 민둥산을 만들어 제사를 지내지 못하게 했다. ……

여기서는 비록 한 절에서의 이야기이지만 땔감의 남획(濫獲)으로 문제가 발생하고 있음을 보여준다. 옛날에는 집 가까운 산에서 나

무를 하여 땔감으로 삼았는데, 세월이 흐르면서 집 주변 웬만한 야산은 경작지로 개간되고, 인구 증가와 도시의 규모가 커지면서 점차 땔감을 구하기 어렵게 되었다. 사람들은 집 주변의 산이라 하더라도 전보다 더 높이 올라가야 했고, 아니면 더 멀리 나가서 나무를 해 와야 했다. 그리고 한국 동란 이후에는 끝내 연탄으로 연료를 대체하다시피 되었다. 이 이야기는 이와 같은 후대에서 일어날 땔감 고갈의 전조를 미리 보는 듯하다.

『보한집』 '묵행자 이야기'에서의 '온(溫)'자처럼 여기에서는 '난(暖)'자가 동사로 쓰인 것을 볼 수 있다.

『명종실록』 제19권, 8장 표2행(1555년)

같은 『명종실록(明宗實錄)』 19권 8장 표 2행 이하의 명종 10년(乙卯: 1555년) 7월 무신년 조항에 가뭄이 심하여 땅이 갈라지고 있는 상황을 기록하고 있다.

禮曹啓曰 二次祈雨之後 旱勢尤熾 井泉枯渴 地脈燥裂 有同煖堗 ……
예조계왈 이차기우지후 한세우치 정천고갈 지맥조렬 유동난돌

> 예조(禮曹)에서 아뢰었다. "두 차례의 기우제(祈雨祭)를 지낸 뒤에 가뭄 상태가 더욱 심해져 우물이 고갈되고 지맥(地脈)이 말라터져 마치 달구어진 구들[煖堗] 같았다. ……

앞에서는 '난(暖)'를 썼는데 여기서는 같은 의미로 '난(煖)'자를 썼다. 앞에서는 '暖'자가 동사로 쓰였고, 여기에서 '煖'자는 명사로 쓰였다. 같은 의미의 글자가 동사로 쓰이기도 하고 명사로도 쓰였음을 보여주는 사례이다.[14]

그런데 하나 더 주목되는 것은 가뭄이 심하여 "지맥이 말라 터져 마치 '달구어진 구들' 같았다"며 그 정도를 구들에 비교하고 있다는 점이다. 구들이 달구어지면 얼마나 뜨거웠는지 알 수 있는 구절임과 동시에 구들의 난방 성능을 보여주는 자료가 된다. 우리는 앞에서의 『청파극담』에서도 유사한 비유를 보았다.

『명종실록』 제29권 제5장, 18년 계해년(1563년) 2월 4일

29권 제5장, 18년 계해(癸亥 : 1563)년 2월 4일의 기록에는 "그날밤에 왕이 머무는 방[御室]에 화재가 있었다"고 하고 다음과 같이 기록하고 있다.

> 御室溫堗 床下例入火器以取溫氣 必先以方塼布床下 然後
> 어실온돌 상하예입화기이취온기 필선이방전포상하 연후
> 入置火器 而內官於初四日 不布方塼 盛火入置 不復看審
> 입치화기 이내관어초사일 불포방전 성화입치 불부간심
> 火盛徹器 床板穿燒 夜至二更 焰烟熾發 僅得撲滅 若夜深
> 화성철기 상판천소 야지이경 염연치발 근득박멸 약야심
> 未及撲滅 則火將大起矣
> 미급박멸 즉화장대기의

> 임금님 침실의 온돌(溫堗)은 침상[床] 아래에 의례히 화기(火器)를 넣어 온기(溫氣)를 취한다. 반드시 네모난 벽돌[方塼]을 침상[床] 아래에 먼저 깔아 놓은 다음 화기(숯불을 담는 용기, 화로의 일종으로 보임)를 넣어 둔다. 그런데 내관(內官)이 초 4일에는 네모난 벽돌을 깔지 않은 채 화기에 불을 담아 넣어두고는 다시 살펴보지 않았다. 불이 한창 성할 적에 화기를 빼내었으나 상판(床板)이 타서 구멍이 나더니 밤이 이경(二更 : 9~11시)에 이르러 불꽃과 연기가 활활 일어나는 것을 겨우 껐다. 만약 밤이 깊어서 미처 끄지 못했더라면 불이 크게 일어났을 것이다. ……

여기에서 "상판(床板)이 탔다" 했는데 상판이 구체적으로 무엇을

말하는지는 이해하기 어려우나 매연(煤煙)을 없이 하기 위하여 숯불(炭火)을 사용한 것을 알 수 있고, 애매한 부분도 있지만 궁궐에서의 구들 시설을 엿볼 수 있다. 또 여기에서도 분명히 '溫堗(온돌)'이란 단어가 사용되었음은 주목되는 일이다.

탐라지(耽羅志 : 1653년)

『탐라지(耽羅志)』는 1653년(효종 4년)에 제주목사 이원진(李元鎭 : 1954~?)이 『동국여지승람』 및 『제주풍토록(濟州風土錄)』을 참고하여 편찬한 책이다.[15] 이원진은 이 책 풍속조에서 『풍토록(風土錄)』을 인용하여 다음과 같이 기록하고 있다.

> 風土錄 人居皆茅茨不編 鋪積屋上 以長木橫結壓之 瓦屋絶
> 풍토록 인거개모자불편 포적옥상 이장목횡결압지 와옥절
> 少 品官人外 無溫堗 堀地爲坎 塡之以石 其上以土泥之 旣
> 소 품관인외 무온돌 굴지위감 전지이석 기상이토니지 기
> 乾寢處其上
> 건침처기상

『풍토록(風土錄)』에는, "사람의 거처는 모두 띠풀로 이엉을 엮지 않고 지붕 위[屋上]에 (그냥) 펴서 쌓아 놓고 긴 나무를 가로질러 놓은 다음 묶어 누른다. 기와집[瓦屋]은 아주 적으며, 벼슬아치 외에는 온돌(溫堗)이 없고 땅을 파서 구덩이를 만든 뒤 돌로 채우고 그 위에 흙을 발라 흙이 마르면 그 위에서 잠을 잔다."

이 문헌에 의하면 제주도(濟州島)에서 온돌이 17세기까지 그리 흔한 것은 아니었고 벼슬아치들의 집에서나 사용되었던 것으로 보

인다. 제주도는 따듯한 곳이므로 서민들은 그 존재를 잘 알고 있었다 하더라도 비용이 들고 고급 시설이어서 구태여 온돌을 설치하지 않고 대강 지낸 것으로 보인다.

여하튼 이런 기록으로 보아 조선 시대에는 명칭이 어떠하든 대체적으로 온돌, 즉 구들이 보편적이었던 것은 충분히 짐작된다.

구황촬요(救荒撮要 : 1660)

『구황촬요(救荒撮要)』는 명종 9년(1554년)에 승지(承旨) 이택(李擇)의 건의에 따라 왕명으로 편찬하였는데 세종이 지은 『구황벽곡방(救荒辟穀方)』 속에서 요긴한 것을 가려 뽑아 한글로 번역하여 원문과 함께 수록하였다. 주 내용은 흉년이 들었을 때의 대비책으로 소나무껍질, 참깨, 대추, 밤 등으로 연명하는 방법과 굶주려 부종(浮腫)이 생겼을 경우 치료법 등을 담고 있다.

이 후 김육(金堉) 등이 계속 중수·개정하였으나 널리 일반에 유포되지 못하였다. 오늘날 『구황촬요』라 하는 것은 현종 때 서원(西原) 현감으로 있던 신속(申洬 : 1600~1661)이 1660년(현종 1년)에 『구황보유방(救荒補遺方)』을 지어 합편(合編)하여 간행한 것을 말하는데 『신간 구황촬요(新刊 救荒撮要)』라고 부른다. 명종 때의 것과 마찬가지로 한문(漢文)으로 기록하고 한글 번역을 함께 싣고 있다. 솔잎을 먹을 것으로 활용하는 이야기가 많고, 대개 "~하면 배고프지 아니 하니라", "~하면 한 끼를 대신하니라", "~하면 그 맛이 좋으니라" 또는 "~하면 양식이 되느니라" 식으로 문장이 끝난다.

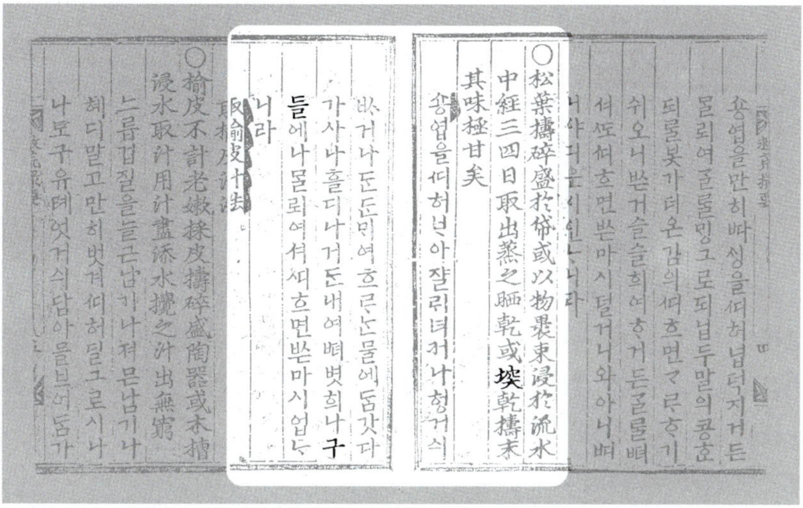

그림 24 『구황촬요(救荒撮要)』, 「취송엽말법(取松葉末法)」. '돌(堗)' 자를 '구들'로 번역하고 있다.

그런데 이 책에서는 세 군데가 특히 우리의 관심을 끄는 곳인데 「취송엽말법(取松葉末法)」이란 제목이 붙은 곳의 두 번째 단락과, 「작삼법(作糝法)」이란 제목하의 두 번째 단락, 그리고 「조청장법(造淸醬法)」이란 곳의 두 번째 단락이다. 관심을 끄는 이유는 이들 세 곳에 각기 '堗(돌)', '溫突(온돌)', '溫堗(온돌)'이란 한자가 나오고, 이들이 함께 제공된 한글 대역(對譯)에서는 모두 '구들'로 번역되고 있음을 볼 수 있기 때문이다.

하지만 한글 대역이 붙어 있기는 해도 옛날 말과 표기법으로 되어 있어서 현대인들이 읽고 이해하기에는 한자 원문만큼 어려워서 한글이지만 현대어로 다시 번역해야 제대로 이해가 될 정도이다. 그런데 여기서 유의할 것은 글의 내용은 한자로 된 원문을 바로 현대 한국어로 번역하거나 한자 원문으로 직접 뜻을 파악할 수 도 있지만 우리의 경우 이 문헌들만큼은 다시 한글을 한글로 번역하는 일이 되더라도 한글 대역 부분이 중요한 의미를 지니므로 한글 대역 중심으로 읽어야 한다는 점이다.

한글 대역 부분이 한자 원문과 조금씩 다르게 번역되어 있는 곳도 많이 보이지만 한문을 직접 번역하게 되면 한자(漢字) 원문의 '堗', '溫突', '溫堗'이란 부분을 생각 없이 '온돌'이란 말로 번역하기 쉽고, 우리가 이 문헌에서 참고하고자 하는 것은 한문과 우리말 이름의 용법인데 살펴보는 의미가 떨어지기 때문이다. 그러므로 다음의 한글 내용은 『구황촬요』에 딸린 본래의 한글을 이해가 될 만큼만 오늘날의 문장으로 바꾼 것이므로 한문 원문과는 다소 차이가 있을 수 있다(한글 원문은 사진에서 참조).

取松葉末法(취송엽말법 : 솔잎을 채취하여 가루 만드는 법)

松葉擣碎 盛於帒 或以物褁束 浸於流水中 經三四日取出蒸之 晒乾 或堗乾 擣末 其味極甘矣
송엽도쇄 성어대 혹이물과속 침어류수중 경삼사일취출증지 쇄건 혹돌건 도말 기미극감의

솔잎을 찧어 부수어 자루에 넣거나 헝겊에 싸거나(해서) 단단하게 매어 흐르는 물에 담가 3-4일 지나거든 (건져)내어 볕이나 구들에 말려 찧으면 쓴맛이 없느니라.

作糝法(작삼법 : 음식에 넣어 버무릴 때 쓰는 가루 만드는 법)

一法 太殼烹熟 溫突鋪乾 作末浸水 澄淸換水 如此再三 去毒氣後 作糝極好
일법 태각팽숙 온돌포건 작말침수 징청환수 여차재삼 거독기후 작삼극호

콩깍지를 무르게 고아(푹 삶아) 구들에 펴 말려 가루로 찧어 물에 서너 번 우려 버무리를 만들면 매우 좋으니라.

造淸醬法(조청장법 : 간장 만드는 법)

太一斗爛烹眞麥五升取 精炒 擣碎交合 溫堗鋪乾
태 일 두 난 팽 진 맥 오 승 취 정 초 도 쇄 교 합 온 돌 포 건

色黃爲限 曝乾再三 極燥後 塩六升以 湯水和合
색 황 위 한 폭 건 재 삼 극 조 후 염 육 승 이 탕 수 화 합

沉之置於陽地 頻頻攪揮 過一七日 成醬
침 지 치 어 양 지 빈 빈 교 휘 과 일 칠 일 성 장

콩 한 말을 무르게 삶고, 밀 닷 되를 갈고 볶아서 찧어 빻아 콩과 섞어 더운 구들에 펴 말리어 빛이(색이) 누래 지거든 햇볕에 쪼여 두세 번 잘(매우) 말린 후 소금 엿 되(여섯 되)를 더운 물과 섞어 (항아리에) 담아 양지에 두고 자주 저어 이레(7일) 지나면 장이 되느니라.

이와 같이 『구황촬요』의 구들 관계 내용들은 비록 짧지만 구들과 관련하여 우리에게 몇 가지 점에서 중요한 의미를 지닌 자료가 된다. 이를테면 이 문헌에서 우리는 처음으로 '堗(돌)', '溫突(온돌)', '溫堗(온돌)'이 한 책에서 구분 없이 쓰이고 있는 것을 볼 수 있고, 한글이 함께 실리는 덕분에 이들 한자 이름들이 조금씩 다르게 쓰였어도 우리말로는 모두 '구들'로 번역되고 있으므로 '구들'로 이해되고 있었음을 '명료'하게 알 수 있다.

또 하나는 이 책이 구들의 다양한 한자 표기를 예라도 들듯이 '堗(돌)', '溫突(온돌)', '溫堗(온돌)'로 보여주며 이러한 다양한 구들의 한자 표기 형태를 직접 '구들'로 번역하여 보여주는 '최초의 문헌'이라는 점이다. 물론 '구들'이란 말이 처음으로 문자로 나타나는 것은 앞에서 보았듯이 1489년에 간행된 『구급간이방언해(救急簡易方諺解)』이지만 그 곳에서는 중국의 문헌을 번역하는 가운데 '竈突(조돌)'의 '突(돌)'자를 번역하는 데에서 '구듨'이란 글자가 나타나고, 『번역박통사』(1517), 『노걸대언해』(1670) 등 중국어 교본들에서도 '구들'이 한글로 나타나지만 그 곳에서는 중국의 '炕(항)'자를

'구들'로 번역하는 것이며, 『훈몽자회』(1527) 역시 '炕(강, 항)'자의 뜻을 옮기면서 '구들'이라고 한 것이다. 그러므로 『구황촬요』 이전부터 '炕(항)'자 뿐만 아니라 '突(돌)'이나 '溫突(온돌)' 또는 '溫堗(온돌)'도 구들이라 불렀음이 충분히 짐작은 되지만 이들 표현들을 분명히 '구들'로 표현하고 있는 것은 이 『구황촬요』가 처음이라는 뜻이다.

뿐만 아니라 이 문헌은 중국 원전(原典)을 번역한 것이 아니고 당시의 우리의 실정을 배경으로 하고 있으므로 당시 구들의 한자 표기 용례를 보여주고 있다. 또 현재 우리가 쓰고 있는 용어 가운데 한자어인 '온돌(溫突)'과 순수 우리말인 '구들'이란 단어가 처음으로 사이좋게 한곳에서 나란히 등장하고 있는 문헌이기도 하다.

그런데 우리가 여기에서 또 주목할 것은 앞에서의 『구급간이방언해(救急簡易方諺解)』를 비롯한 『번역박통사』, 『노걸대언해』, 『훈

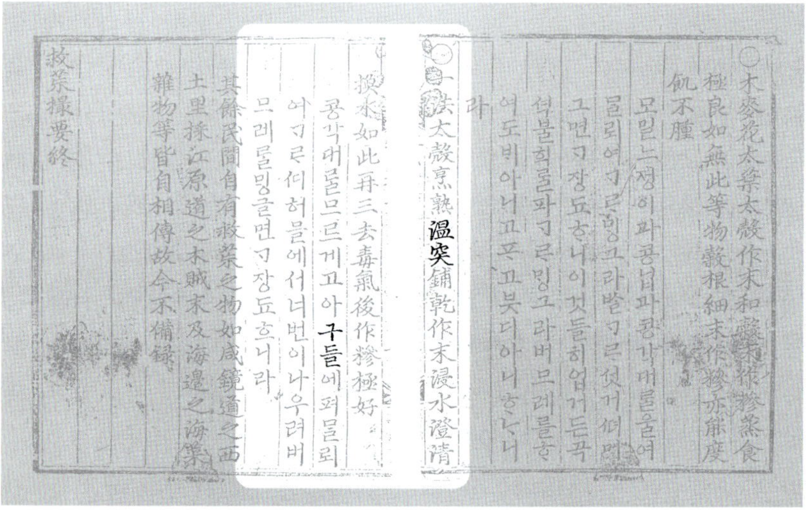

그림 25 『구황촬요(救荒撮要)』, 「작삼법(作糝法)」. '溫突(온돌)'을 '구들'로 번역하고 있다.

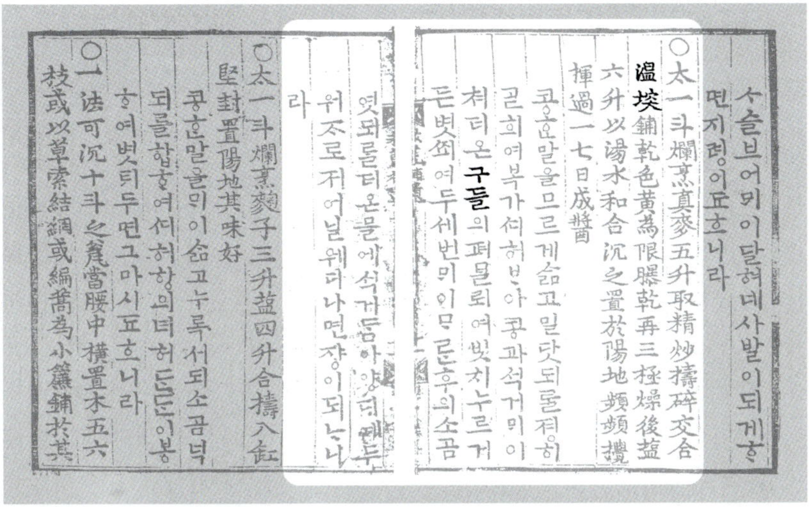

그림 26 『구황촬요(救荒撮要)』, 「조청장법(造淸醬法)」. '온돌(溫堗)'을 '구들'로 번역하고 있다.

몽자회』 등의 한자 뜻풀이와 이곳 『구황촬요』의 한글 대역을 합해 보면 구들에 관계되는 한자들이 모두 '구들'로 번역되고 있다는 점이다. 즉 '炕(항)', '坑(갱)', '堗(돌)', '突(돌)', '溫堗(온돌)', 溫突(온돌)'이 우리말로는 모두 '구들'로 번역되고 있어서 당시의 사람들은 이들을 모두 '구들'이라 부르고 있었다는 것을 확인할 수 있다는 점이다. 이는 뒤에서 또 이야기될 중국에서 사용되고 있는 캉(炕)을 어떻게 볼 것인가에 관계되는 일이기도 하다.

인용한 세 곳 중 「작삼법(作糝法)」은 손진태 선생도 「溫突考(온돌고)」에서 한자 원문만 인용하고 있는데 인용문 앞 부분에서 원문에는 있는 '烹熟(팽숙)'이란 두 글자가 빠져 있다.

"나랏 말ᄊᆞ미 ...."

『훈몽자회(訓蒙字會)』나 『구황촬요(救荒撮要)』 같은 문헌을 대하다 보면 다시 한 번 "나랏 말ᄊᆞ미 ...."로 시작되는 '훈민정음(訓民正音)'이 생각난다. 오늘날의 말로 쉽게 바꾸면 다음과 같이 옮길 수 있을 것이다.

"우리나라 말이 중국과 달라서 한자와 서로 통하지 못한다. 그러므로 어리석은 백성들이 말하고 싶은 바가 있어도 마침내 그 뜻을 펴지 못하는 이가 많다. 내가 이것을 매우 딱하게 여기어 새로 스물여덟 글자를 만들어 내노니 사람마다 쉽게 익히어 나날의 소용에 편리하도록 함에 있나니라. -세종대왕-"

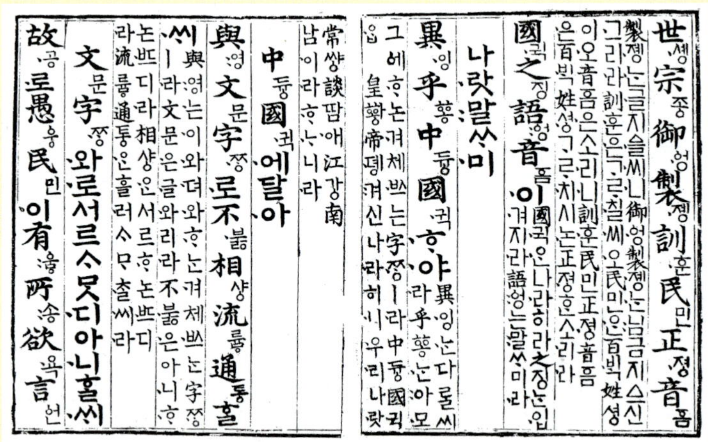

그림 27 『훈민정음(訓民正音)』

구들이란 이름은 한글 창제로 비로소 문자로 빛을 보기 시작했고, 세종대왕의 한글 창제의 뜻은 바로 구들과 같은 경우를 염두에 둔 것이다. 그러므로 머리를 식힐 겸 앞의 내용을 다음과 같이 한 번 개작하여 보았다.

"우리나라 말이 중국과 달라 서로 통하지 못한다. 그러므로 조상들이 지혜로운 구들을 발명하여 이름과 함께 물려주었으나 제 이름이 있어도 수천 년 동안 문자로는 제 본래의 이름을 드러내지 못하였다. 내가 이것을 매우 가엽게 여기어 새로 스물여덟 글자를 만들어 내노니 구들도 본래의 이름으로 불리며 널리 쓰여 사람들을 따듯하게 하도록 함에 있나니라."

노걸대언해(老乞大諺解 : 1670)

『노걸대언해(老乞大諺解)』는 앞에서 다룬 『박통사(朴通事)』와 함께 조선시대에 널리 쓰인 중국어 회화(會話) 교본이다. 그러므로 오늘날 중국어와 한국어의 옛 모습을 연구하는 데 귀중한 자료로 평가받고 있다. 조선 중종(中宗) 때 역관(譯官) 최세진(崔世珍)이 번역하였는데 그것은 전해지지 않고 다만 후대 중간본(重刊本)이 '규장각 총서 9권'으로 영인(影印)되어 오늘날 널리 유포되어 있다. 중간본은 확실하지 않으나, 기록에 의하면 1670년(현종 11) 간행되었다고 하며, 현존본은 그보다 뒤진 듯하다.16)

앞에서 본 『번역박통사(飜譯朴通事)』와 『박통사언해(朴通事諺解)』에서와 같이 이 『노걸대언해(老乞大諺解)』도 중국어 교본이므

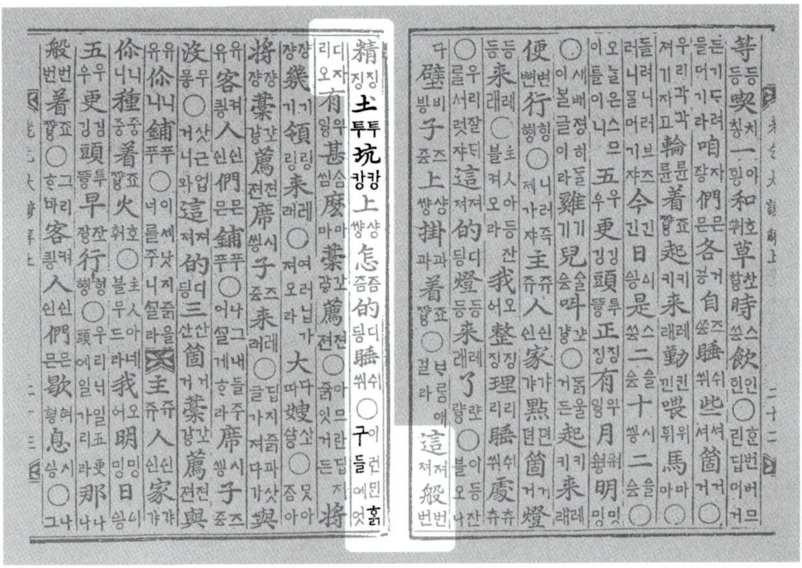

그림 28 『노걸대언해(老乞大諺解)』(1670)

로 매 글자마다 중국어 발음을 달고, 그 아래에 한글로 뜻을 적어 놓았다. 그런데 이 책 상권 23쪽의 한 회화 예문으로 다음과 같은 중국의 '캉(炕 : 항)'에 관계되는 문장을 제시하고 있는데 '홁구들' 이란 말이 등장한다(사진 참조).

這般精土坑上怎的睡
저 반 징 토 갱 상 즘 적 수

"이런 뮌 홁구들에 엇디 자리오"
(이런 맨 홁구들에서 어떻게 자겠는가?)

'土坑(토갱)'의 중국 발음을 '투캉'이라 적고 있고 이를 '홁구들'로 번역한 것을 볼 수 있는데 여기서 '土坑(토갱)'은 '土炕(토항)'과 같은 의미로 쓰였다. 또 중국에서 사용되는 구들은 대개 '炕'자로 표기되지만 '炕(항)'자 대신에 '坑(갱)'자로도 썼다는 것을 이 문헌으로 알 수 있다. 중국식 발음은 '炕'자도 '캉'이라 하므로 둘 다 '캉'으로 발음하는 것을 알 수 있는데 우리말로는 '구들' 또는 '홁구들'로 이해하였던 것을 보여주는 자료이다.

역어유해(譯語類解 : 1690)

『역어유해(譯語類解)』는 1690년 김경준(金敬俊) 등이 편찬한 것으로 천문(天文), 시령(時令), 쇄후(鎖候), 질설(瑣說) 등의 항목별로 분류한 중국말의 어구(語句)를 표제어로 앞세우고 글자마다 두 종류의 발음을 한글로 표기하고 우리말로 번역해 놓은 사전 형식의 책이다.

그런데 이 책 상권 18쪽에도 사진에서 보는 바와 같이 적지 않게 '구들'이란 단어들이 등장하고 있다.

'구들드리다(구들 드리다)', '홁구들(흙구들)', '블띳ᄂᆞᆫ 구들(불 때는 구들)', '블못띳ᄂᆞᆫ 구들(불 못 때는 구들)', '홁닉이다(흙 이기다)' 등 구들 관련 어구들이 많이 나타나고 있다. 물론 이것들은 중국의 캉(炕)과 관련된 용어들이지만 캉(炕)의 구조가 구들과 비슷하므로 이들을 번역할 때 우리의 구들에서 당시에 주로 사용되던 적절한 우리말들을 대역으로 적은 것이다. 그럼에도 불구하고 이 한글 표현들을 보노라면 오늘날에 쓰이는 구들 관련 표현들과 별 차이가 없음을 볼 수 있다.

이 1690년의 『역어유해(譯語類解)』를 보완하기 위하여 25년 뒤인 1715년 (숙종 41년)에 김홍철(金弘喆)이 『역어유해보(譯語類解補)』를 편찬하였는데 이 책 14쪽을 보면 상당히 많은 구들 관련 어구(語句)들이 추가되었음을 볼 수 있다.

'구돌아랫목(구들 아랫목)', '구돌골애(구들고래)', '구돌뎐', '三面으로 드린 구들', '구돌뻐지다(구들 꺼지다)', '숫픠오는 구돌(숯 피우는 구들)' 등이 추가된 것이 보인다. 역시 중국어를 번역하는 것이므로 구들이란 말은 캉

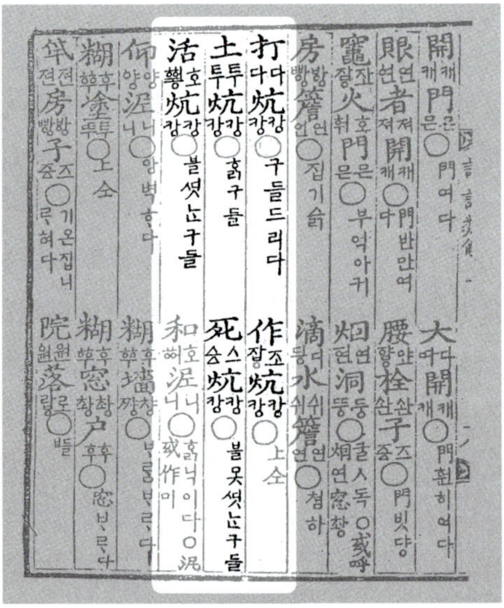

그림 29 『역어유해(譯語類解)』(1690)

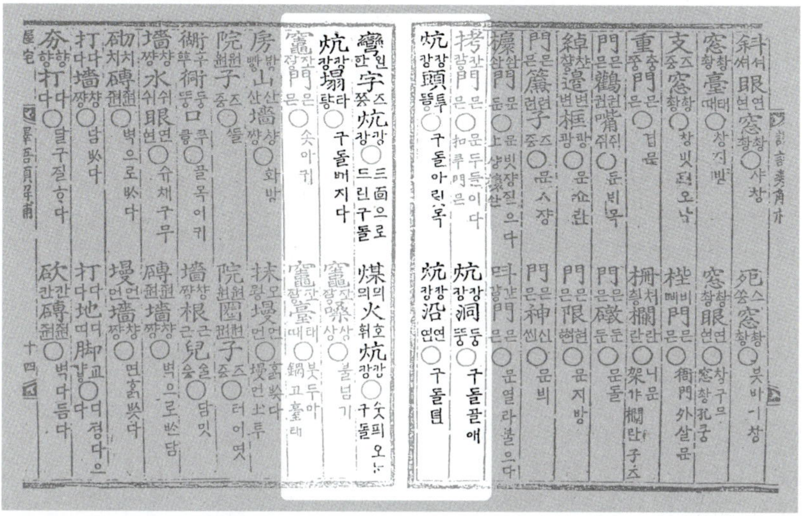

그림 30 『역어유해보(譯語類解補)』(1715)

(炕)의 대응어(對應語)로 사용된 것인데 특이한 점 하나는 '구들'을 이곳에서는 모두 '구돌'로 쓰고 있다. 구들의 한자(漢字) 표기에서 많이 사용되는 돌(堗), 돌(突)의 영향인 듯하기도 하고 저자의 본향과 관련된 사투리의 영향인 듯하기도 하다. '구들'이라 표현하지 않고 '구돌'이라 한 것은 여기서는 별도로 다루지 않지만 이보다 앞선 『광주천자문』(1575)에서도 볼 수 있으며, 뒤에 나온 『주해천자문』(1752), 『한한청문감』(18세기말)에서도 볼 수 있다.

아무튼 이 『역어유해보(譯語類解補)』에서는 그 외에도 구들의 세부 명칭이 몇 개 보인다. '불넘기'는 오늘날의 '부넘기'이고 '붓두막'은 오늘날의 '부뚜막'이다. '아랫목'이란 말도 이때 이미 사용되고 있었음을 알 수 있고, '고래'는 '골'에서 발전한 것으로 추정하게 하기도 한다. 그러므로 이 문헌은 우리말 이름인 '구들'과 관련 용어의 변천을 살피는 데 중요한 자료가 된다.

● 성호사설(星湖僿說 : 1740년 이전)

『성호사설(星湖僿說)』은 조선 후기의 학자 이익(李瀷 : 1681~1763)이 지은 일종의 백과사전(百科辭典) 성격의 책이다. 이익(李瀷)이 평소에 기록해 둔 글과 제자들의 질문에 답한 내용을 1740년경 집안 조카들이 정리한 것으로 알려져 있으므로 이 책에 기록된 내용들은 1740년 이전에 기록된 것이 된다. 이 책 원본은 30권 30책으로 되어 있는데 이곳 인사문(人事門) 권9에서 「마통신(馬通薪)」과 인사문 권16 「침어판청(寢於板廳)」, 그리고 인사문 권 10의 「여가오량(閭家五梁)」이란 주제어 하에서 온돌(구들)과 관계되는 설명이 보인다. 「여가오량」은 중국 청나라의 항(炕) 풍습에 관계되는 것이므로 여기서는 생략하고 앞의 두 편만 차례로 살펴보기로 한다.

마통신(馬通薪)

國家昇平 屈指四五十年間 奢儉判別 余幼少時 每見人家團
국가승평 굴지사오십년간 사검판별 여유소시 매견인가단

築馬通 焫之房堗 取其微溫 聞長老言 云前此人多寢廳堂
축마통 설지방돌 취기미온 문장노언 운전차인다침청당

惟老病者 居室屋矣 今則四山濯洗 而京師炊桂 雖僕隷之賤
유노병자 거실옥의 금즉사산탁세 이경사취계 수복예지천

無不就煖屋 亦不見有焫通爲薪者 山木寧不竭乎 黃山谷云
무불취난옥 역불견유설통위신자 산목녕불갈호 황산곡운

張仲謀爲我作寒計 惠送騏驎院馬通爲薪三百 因寶香二十餠
장중모위아작한계 혜송기린원마통위신삼백 인보향이십병

報之 馬通爲薪 古亦有之
보지 마통위신 고역유지

국가가 태평하여 40~50년을 지나는 사이에 사치와 검약이 완전히 갈라졌다. 내가 어렸을 때에 사람들의 집에서 말똥을 동그랗게 쌓아서 방구들[房堗]에 불을 때어 미지근하게 하는 것을 늘 보아왔다. 어른들의 말을 들어보면 "이 이전에는 사람들이 대부분 마루에서 잠을 자고 오직 늙고 병든 자만 실내에 거처했다." 고 한다. 지금은 사방의 산이 벌거숭이가 되어 서울에서는 계수나무 같은 귀한 땔감을 때는데 천한 종들까지도 따뜻한 방에서 잠을 자지 않는 자가 없고, 또한 말똥을 땔감으로 하는 것도 보지를 못했으니, 산에 나무가 어찌 고갈되지 않을 수 있으랴!

황산곡(黃山谷)[17]은 말하기를 "장중모(張仲謀)가 나를 위해 겨울을 날 계책을 마련하여 기린원(騏驎院)의 말똥 3백 섬을 보내왔으므로 보향(寶香) 20병으로써 갚았다." 하였으니, 말똥을 땔감으로 한 것이 옛적에도 있었던 모양이다.

여기서 「마통신(馬通薪)」은 말똥을 말려 만든 땔감, 즉 '말똥 땔감'에 대한 이야기이다. 동물의 배설물을 말려 연료로 쓰는 사례는 오늘날에도 몽골이나 인도에서 흔히 있는 일이다. 그 외에도 나무가 귀한 세계의 여러 곳, 특히 고산 지대에서 목축을 많이 하는 곳에서 사용되고 있는 방법이다. 오늘날에는 보기 힘들지만 예전에는 우리나라에서도 소똥이나 말똥을 말려서 땔감으로 쓰기도 했던 것을 이 글로 알 수 있다.

1894년에서 1897년 사이에 네 차례나 한국을 답사하고 쓴 영국인 이사벨라 버드(Isabella Bird) 여사의 '한국과 그 이웃나라들(Korea and Her Neighbour)'에도 금강산 여행과 관련하여 "조랑말의 말똥까지 때는 여관의 방은 언제나 과도하게 따듯하다"[18]라고 기록하고 있는 것을 보면 말똥은 불과 100년 전에도 땔감으로 쓰이고 있었음을 알 수 있다.

성호 이익(李瀷)은 아버지 이하진(李夏鎭)이 평안도 운산(雲山)에 유배가 있었을 때 그곳에서 출생하였다.[19] 그러므로 그가 어릴 때

늘 말똥 때는 것을 보았다 하는 것은 평안도 운산에서의 일로 짐작된다.

「마통신(馬通薪)」은 말똥을 주제로 하고 있지만 우리는 이 글을 통해서 옛날에는 구들방이 누구에게나 차례가지 않았는데 이익(李瀷)의 시대, 즉 1730~40년대에는 종들까지도 구들방을 쓰고 있을 정도로 구들이 만연해 있다는 것을 알 수 있고, 또 그래서 산이 헐벗고 나무가 귀해지고 있음을 우려하는 심정을 엿볼 수 있다.

특히 이 문헌에서는 지금까지 취급된 문헌에서 보이지 않던 '房堗(방돌)'이란 표현이 등장한다. 이것은 '溫堗(온돌)'이나 '煖堗(난돌)'과 같은 의미로 쓰이긴 하였지만 앞에서 본 이규보의 『동국이상국집(東國李相國集)』에 나오는 '溫房(온방)'과 시 제목으로 쓰인 '暖堗(난돌)'을 다시 생각하게 하고, 성현의 『용재총화(慵齋叢話)』에서의 용법 '溫房煖突(온방난돌)'을 떠올리게 한다. 왜냐하면 '突'이나 '堗'은 같은 것이고, '溫房煖突(온방난돌)'에서 한 자씩 빼서 줄이면 '방돌(房堗)'이 되기 때문이다. 즉 여기에서 '房(방)'은 공간을, '堗(돌)'은 시설인 구들을 염두에 둔 '溫房煖突'의 축소형이라 할 수 있고, 순수 우리말로 옮기면 오늘날에도 쓰고 있는 말인 '방구들'이라고 할 수 있기 때문이다.

『동국이상국집』은 1241/2년에 씌어졌고, 『용재총화』는 1525년에 씌어졌다. 이 『성호사설』은 1745년경에 씌어졌는데 이익(李瀷)도 선대의 고전(古典)을 읽었을 것이라고 생각하면 '방돌(房堗)'과 같은 용어도 우연이 아닌 듯하기도 하다.

침어판청(寢於板廳)

濟之俗 屋皆五梁 架版爲廳事 而無煖堗 只用草薦取溫 然
제 지 속 옥 개 오 량 가 판 위 청 사 이 무 난 돌 지 용 초 천 취 온 연

人無疾病 年百有餘歲者極多 始知人之疾恙短折 多有於厚
인 무 질 병 년 백 유 여 세 자 극 다 시 지 인 지 질 양 단 절 다 유 어 후
養其身也 曾聞諸耆舊 退計百年前 公卿貴家廣宅中 有煖堗
양 기 신 야 증 문 제 기 구 퇴 계 백 년 전 공 경 귀 가 광 택 중 유 난 돌
不過一二間 爲老病所處 餘皆板架上寢處 其廳中圍以屛障
불 과 일 이 간 위 로 병 소 처 여 개 판 가 상 침 처 기 청 중 위 이 병 장
藉以重茵 各爲諸子女之室 其煖堗 亦以馬通薪 取其煙氣而
자 이 중 인 각 위 제 자 녀 지 실 기 난 돌 역 이 마 통 신 취 기 연 기 이
已 小學所謂廳堂間幃幌是也 目今民貧倍蓰 而奢泰十增 不
이 소 학 소 위 청 당 간 위 황 시 야 목 금 민 빈 배 사 이 사 태 십 증 불
知終作如何
지 종 작 여 하

제주의 풍속은[20] 집이 모두 오량(五梁)에 판자를 걸쳐 마루방을 만들고 온돌이 없으며, 다만 풀자리를 깔아 몸을 따뜻하게 하였다. 그러나 사람들이 질병이 없고 나이 1백여 세 되는 자가 매우 많았으니, 사람이 병들고 단명한 것은 그 몸을 너무 안일하게 하는 데서 비롯되었다는 것을 비로소 알았다.

일찍이 여러 기로(耆老)들의 말을 듣건대, "백 년 전에 있던 공경대부의 큰 주택을 손꼽아 보면 그 가운데 온돌(구들)은 1~2칸에 지나지 않는데 이는 노인과 병든 자가 거처하기 위한 곳이요, 나머지는 모두 널빤지를 건너지른 위에서 거처하며 잠을 잔다. 마루방 가운데에 병풍을 두르고 두터운 요를 깔아 여러 자녀가 거처하는 방을 삼았으며, 온돌에도 또한 말똥(馬通薪 : 마통신)을 때어 연기만 나게 할 뿐이었으니, '소학(小學)'에 이른바, '청당(廳堂) 사이 휘황(幃幌)이라'는 것이 이것이다" 하였다.

지금은 백성의 형편이 옛날보다 곱절이나 가난한데 사치는 10배가 늘었으니, 마침내 어떻게 될 것인지 모르겠다.

앞에서 말똥을 말려 땔감으로 쓰는 이야기나 옛날에는 구들을 들인 방이 귀했던 상황을 말하고 있는 점은 비슷하다. 제주도의 상황에 비유하며 구들, 즉 온돌 시설을 과하게 사용하는 것은 사치로 보는 시각을 보이며, 너무 따듯하고 안락하게 지내는 것이 반드시 건

강 장수의 비결이 아니라고 검소한 생활을 설득하려는 듯 보인다.

그런데 이익(李瀷)은 이 「침어판청(寢於板廳)」에서 구들을 '난돌(煖堗)'과 '난돌(煖埃)' 두 가지로 표현하고 있다. 다 같이 '난돌'로 읽히고 둘 다 '구들'을 의미하지만 잘 쓰이지 않는 '화(火)'변이 붙은 '돌(堗)'자를 쓰고 있는 것은 『삼국유사(三國遺事)』에 이어 이곳이 두 번째가 아닌가 한다. 아무튼 이 글에서는 두 가지가 하나의 글 내에서 혼용되고 있어서 '돌(堗)'이나 '돌(埃)'은 큰 구분 없이 바꾸어 쓰기도 했다는 것을 보여주는 자료가 되기도 한다.

이 글에서 '曾聞諸耆舊 退計百年前 …'하고 시작되는 부분은 뒤에 소개되는 『오주연문장전산고(五洲衍文長箋散稿)』에서 이규경이 인용하고 있는 부분이다. 그러므로 이 부분은 이규경이 인용하는 것의 원문이 되는데 대조해 보면 이규경은 나름대로 일부 글자를 이곳과 달리 바꾸어 쓰고 있음을 알 수 있다.

● 증수무원록언해(增修無冤錄諺解 : 1792)

『증수무원록언해(增修無冤錄諺解)』는 구윤명(具允明) 등이 편찬한 『증수무원록대전(增修無冤錄大典)』을 조선 정조 때 왕명으로 서유린(徐有隣) 등이 언해하여 1792년 간행한 법의학서이다.

중국 원(元)나라 왕여(王與)의 『무원록(無冤錄)』(1308년)에 토대를 둔 것으로, 시체(屍體)의 시기적인 변화에서부터 사인(死因) 규명에 이르기까지 법의학적 감정을 필요로 하는 각종 사항과 검사자료, 검안서식(檢案書式)의 수속·절차 등이 기록되어 있다.

『증수무원록대전』 원문에 토를 달고, 본문을 국한문 혼용체로 번

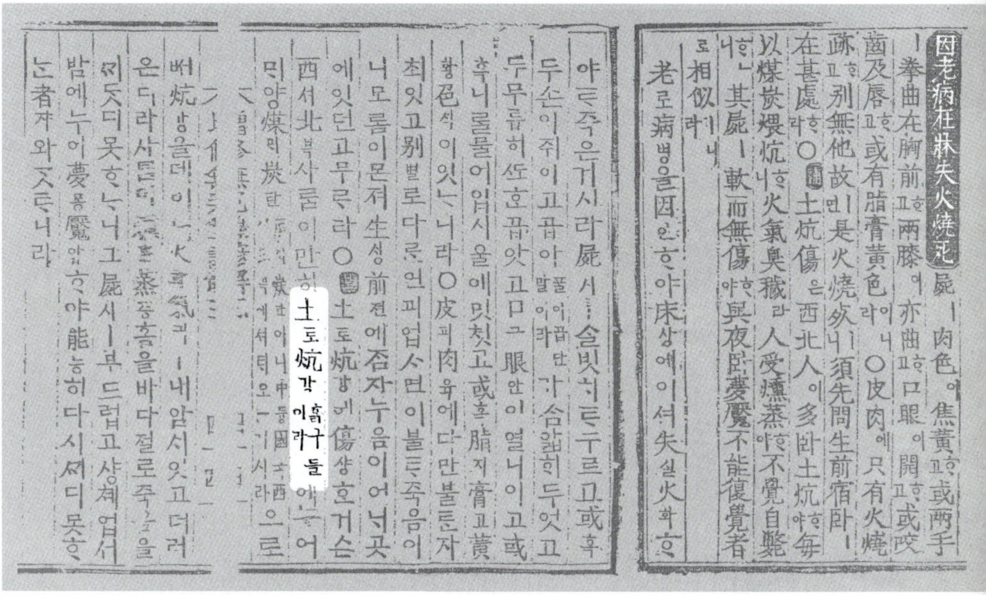

그림 31 『증수무원록언해(增修無寃錄諺解)』(1792)

역하였으며 어려운 말은 주석을 달았다. 조선 시대의 법의학사 및 18세기 말의 국어 연구 자료가 될 뿐 아니라 신체 어휘를 알 수 있는 자료로서의 가치를 지니는 책으로 평가되고 있다.

이 책 권3에는 '因老病在牀失火燒死(인로병재상실화소사)'란 항목이 있다. 본래 중국 원나라 시대의 『무원록(無寃錄)』을 바탕으로 하고 있으므로 중국의 구들인 '토항(土炕)' 위에서 불에 타 죽은 사람을 검시하는 법에 대한 설명이 있는데, 언해(諺解)인 만큼 한글로 토를 달고 번역하는 데에서 '구들'이란 말이 등장한다. 원본은 사진과 같으나 읽기 쉽게 한자에 한글 토를 달며 다시 한 번 옮기고, 옛 한글을 오늘날의 한글로 다시 한 번 풀어보면 다음과 같다. 한문 원문 사이사이의 옛 한글은 원본에 있는 대로 옮긴 것이고 옛 한글 사이의 한글 토도 본문에 있는 대로이다.

因老病在牀失火燒死(인로병재상실화소사)

屍ㅣ 肉色이 焦黃ᄒᆞ고 或兩手ㅣ 拳曲胸前ᄒᆞ고 兩膝이 亦曲ᄒᆞ고 口眼이 開ᄒᆞ고 或咬齒及唇(脣)[21] ᄒᆞ고 或有脂膏黃色이니라 ○皮肉에 只有火燒跡ᄒᆞ고 別無他故ㅣ면 是火燒死ㅣ니 須先問生前宿臥ㅣ 在甚處ᄒᆞ라 ○補 土炕傷은 西北人이 多臥土炕ᄒᆞ야 每以煤炭煨炕ᄒᆞ니 火氣臭穢라 人受燻蒸ᄒᆞ야 不覺自斃ᄒᆞᄂᆞ니 其屍ㅣ 軟而無傷ᄒᆞ야 與夜臥夢魘(염) 不能復覺者로 相似ㅣ니라

(老로 病병을 因인ᄒᆞ야 床샹에 이셔 失실火화ᄒᆞ야 ᄐᆞ 죽은 거시라.) 屍시ㅣ ᄉᆞᆯ빗치 ᄐᆞ 누르고 或혹 두 손이 쥐이고 곱아 / ᄑᆞᆯ이 곱단 말이라 / 가ᄉᆞᆷ 앏ᄒᆡ 두엇고 두 무룹히 ᄯᅩᄒᆞᆫ 곱앗고 口그眼안이 열니이고 或혹 니ᄅᆞᆯ 물어 입시울에 ᄆᆡ쳣고 或혹 脂지膏고黃황ᄉᆡᆨ이 잇ᄂᆞ니라 ○皮피肉육에 다만 불ᄐᆞᆫ 자최 잇고 別별로 다ᄅᆞᆫ 연괴 업ᄉᆞ면 이 불ᄐᆞ 죽음이니 모롬이 몬져 生ᄉᆡᆼ前젼에 ᄌᆞᆷ자 누음이 어ᄂᆡ 곳에 잇던고 무ᄅᆞ라 ○보 土토炕강에 傷샹한 거ᄉᆞᆫ 西셔北븍 사ᄅᆞᆷ이 만히 土토炕강 / 흙구들이라 / 에 누어 ᄆᆡ양 煤ᄆᆡ炭탄 / 石셕炭탄이니 中듕國국 西셔北븍에셔 ᄐᆡ오ᄂᆞᆫ 거시라 / 으로ᄡᅥ 炕강을 데이니 火화氣긔ㅣ 내암ᄉᆡ 잇고 더러은디라 사람이 燻훈蒸증ᄒᆞᆷ을 바다 절로 죽음을 ᄭᆡᄃᆞᆺ디 못ᄒᆞᄂᆞ니 그 屍시ㅣ 부드럽고 샹체업서 밤에 누어 夢몽魘암(염)[22] ᄒᆞ야 能능히 다시 ᄭᆡ디 못ᄒᆞᄂᆞᆫ 者쟈와 ᄀᆞᆺᄐᆞ니라.

(老病으로 인하여 침상에서 失火하여 타 죽은 것이라.) 시체가 살빛이 타서 누렇고 혹은 두 손이 쥐이고 굽어 / 팔이 굽었다는 말이라 / 가슴 앞에 두었고 두 무릎이 또한 굽었고 입과 눈이 열리

고 혹 이를 물어 입술에 미쳤고 혹 누런 기름이 있느니라. ◯가죽과 살에 다만 불탄 자취가 있고 별다른 까닭이 없으면 이는 불타 죽은 것이니 모름지기 먼저 생전에 잠자고 누움이 어느 곳에 있었는지 물으라. ◯ 㝝 土坑에서 상한 것은 서북사람이 많이 土坑 / 흙구들이라 / 에 누워 매양 煤炭 / 石炭이니 중국 서북에서 태우는 것이라 / 으로 炕을 덥히니 火氣가 냄새 있고 더러운지라 사람이 燻蒸(훈증 : 더운 연기를 쐼)함을 받아 스스로 죽음을 깨닫지 못하니 그 시체가 부드럽고 상처가 없어 밤에 누워 夢魘(몽암 : 가위눌림)하여 능히 다시 깨지 못하는 것과 같으니라.

여기에서 우리가 주목할 것은 '土炕'이란 부분에 각기 '토'와 '강'이라고 한글로 토를 달고 곧바로 이것은 "흙구들이라"라고 선언적으로 뜻풀이를 붙이고 있다는 점이다. 우리는 앞의 『구급간이방언해(救急簡易方諺解)』(1489)에서 '突(돌)'을 '구듨'로 옮기는 것을 보았고, 중국어 교본인 『번역박통사(飜譯朴通事)』(1517)와 『박통사언해(朴通事諺解)』(1677)에서는 '炕(항)'자를 중국 발음이 '캉'이라 적고 '구들'로 번역한 것을 보았으며, 역시 중국어 교본인 『노걸대언해(老乞大諺解)』(1670)에서 '土坑(토갱)'을 '홁구들' 즉 '흙구들'로 번역하고 있는 사례들을 보았다. 한편 『훈몽자회』에서도 '炕'자를 '강'으로 음을 달고 있는 것을 보면 '炕'자를 우리가 오늘날 '항'으로 읽지만 전에는 '강'으로 읽었고, 『번역박통사』, 『노걸대언해』, 『역어유해』와 같이 중국 발음을 표시할 필요가 있는 중국어 교본들을 통하여 '炕'자나 '坑'자 모두 '캉'으로 발음하며, '土炕'이나 '土坑'을 중국어에서는 모두 '투캉'으로, 이를 우리말로는 '토강'이라 하였음을 볼 수 있다.

이 『증수무원록언해(增修無冤錄諺解)』는 앞에서 설명하였듯이 중국 원(元)나라의 왕여(王與)가 1308년에 쓴 법의학서 『무원록(無冤

錄)』을 바탕으로 하고 있다. 그 옛날에 이미 법의학서가 있었다는 것도 놀라운 일이지만 과학적 수사를 통하여 '원통함이 없게' 한다는 뜻을 책의 제목으로 하고 있다는 점도 흥미롭다.

오주연문장전산고(五洲衍文長箋散稿 : 1800년대)

『오주연문장전산고(五洲衍文長箋散稿)』는 조선 시대 후기 이규경(李圭景 : 1788~?)이 자신의 호(號) '오주(五洲)'를 제목에 붙여 지은 책이다. 그는 박학다식(博學多識)하고 성리학에 밝았는데 『오주연문장전산고』 역시 다양한 주제를 담고 있어 『성호사설』과 같은 일종의 '백과사전' 성격을 띠고 있다.

이 책 권10에서 그는 「온돌토항변증설(溫堗土炕辨證說)」이라는 제목으로 상당 분량을 다루고 있는데 '구들의 유래(由來)'를 찾아보는 것을 주 내용으로 하고 있어서 주목되는 문헌이다. 지금까지 살펴본 문헌들이 모두 나름대로 살펴볼 만한 의미를 지니는 것이지만, 그것들은 구들의 존재나 보급·정도 또는 이름에 관계되는 자료들인데 비하여 이 『오주연문장전산고(五洲衍文長箋散稿)』 속의 「온돌토항변증설(溫堗土炕辨證說)」은 구들, 즉 온돌 자체가 어디에서 생겨나고 전래되었는지에 대하여 궁금해 하고, 그 유래에 대하여 설명을 시도한 것으로 한국 쪽 기록으로는 최초의 문헌이라고 할 수 있기 때문이다.

그런데 이 「온돌토항변증설(溫堗土炕辨證說)」 역시 한자(漢字)로 되어 있음은 물론이려니와 붓으로 직접 쓴데다가 인용문 속에 또 2중 3중의 인용문이 포함되어 있어 이해하기가 매우 혼란스럽다.

필자도 한학자(漢學者)에게 의뢰하여 전문을 번역하여 두기는 하였으나 분량도 상당하여 여기에 전문을 소개하는 것은 그만두고 말았다. 그가 인용한 대부분의 문헌들은 이 책 여러 다른 곳에서 다시 다루어지고 있기도 하므로 여기서는 「온돌토항변증설」의 도입부 일부만 번역과 함께 소개하고, 나머지 내용은 요약으로 정리하기로 한다. 「온돌토항변증설」은 다음과 같이 시작된다.

온돌토항변증설(溫堗土炕辨證說)

凡宮室器用之制 古疏而今密 前拙而後巧 若便利於日用 則
범궁실기용지제 고소이금밀 전졸이후교 약편리어일용 즉
何必强論古今之異宜也 上古穴居野處 構木爲巢 衣草茹血
하필강론고금지이의야 상고혈거야처 구목위소 의초여혈
瓦樽坏[抔]飮 而今易之以峻宇雕牆 珍羞綺餐 錦衣繡裳 金
와준배부음 이금역지이준우조장 진수기찬 금의수상 금
盆玉碗 則此自然之理也 至於今日 溫堗土坑之制 雖非舊時
분옥완 즉차자연지리야 지어금일 온돌토갱지제 수비구시
廳事板架之風 而亦隨時而變 若使人一從舊習 寢處軒板 則
청사판가지풍 이역수시이변 약사인일종구습 침처헌판 즉
其可得無恙乎
기가득무양호

궁실과 기물의 제도는 고대에는 엉성했었으나 지금은 정밀하고, 예전에는 졸렬했었으나 후대에는 교묘해졌다. 날마다 쓰는 데에 편리하다면 어찌 꼭 옛날과 현재의 다름을 억지로 논하겠는가! 상고 시대에는 움집에 살고 들판에서 노숙하며, 나무 위에 둥지를 얽어서 살고 풀을 엮어 입으며 날 것을 먹고 토기로 술잔을 하며 손으로 물을 떠서 마셨다. 그러나 지금은 높다란 집과 조각한 담장, 진귀한 음식과 좋은 밥, 비단 옷에 수놓은 치마, 금 동이와 옥 사발로 바뀌었으니, 이는 자연적인 이치인 것이다. 오늘날에 와서 온돌과 토갱의 제도는 옛적의 널빤지를 건너지른 청마루의 풍습은 아니지만 역시 때를 따라 변한 것이다. 만일 사람들에게 한결같이 옛 풍습을 따라 널빤지를 깐 집에서 거처하며 잠을 자도록 한다면 탈 없이 지낼 수가 있겠는가!

嘗閱《僿說》 則曾聞諸耆舊 退計百年前 公卿貴戚宅中 暖
상 열 사 설 칙 증 문 제 기 구 퇴 계 백 년 전 공 경 귀 척 택 중 난
突不過一二間 爲老病所處 餘皆板架上寢處 其廳中圍以屛
돌 불 과 일 이 간 위 노 병 소 처 여 개 판 가 상 침 처 기 청 중 위 이 병
帳 藉以重茵 各爲諸子女之室 而其所溫堗 只以馬通【馬矢
장 자 이 중 인 각 위 제 자 녀 지 실 이 기 소 온 돌 지 이 마 통 마 시
也】略取其煙氣而已[23]
야 략 취 기 연 기 이 이

일찍이 『성호사설(星湖僿說)』을 읽어보니 "언젠가 오래 산 노인들에게 들었는데, 백 년 전으로 돌아가서 헤아려보면 공경(公卿)과 귀척(貴戚)의 집안에 따뜻한 온돌(구들)은 한두 칸에 지나지 않아 늙고 병든 이가 거처하고, 나머지는 모두 널빤지를 건너지른 위에서 거처하며 잠을 잔다. 그 마루방에는 병풍이나 휘장을 둘러치고 겹으로 깔개를 깔아 여러 자녀들의 방으로 만들었다. 그리고 그 온돌(구들)을 따뜻하게 하는 것은 단지 말똥이어서 그 연기만을 약간 취할 뿐이다" 하였다.

按顯廟辛丑 李相國白江[軒]* 【景奭】奏爲[謂]** 昔在祖宗
안 현 묘 신 축 이 상 국 백 강 헌 경 석 주 위 위 석 재 조 종
朝 節用是務 內間溫堗 但數處 餘皆板房 今命減元子房 非
조 절 용 시 무 내 간 온 돌 단 수 처 여 개 판 방 금 명 감 원 자 방 비
但省備[費] 亦所以惜福也 上曰 然 命又減一房 在古宮中
단 생 비 비 역 소 이 석 복 야 상 왈 연 명 우 감 일 방 재 고 궁 중
亦然矣
역 연 의

고찰해 보면 현종(顯宗) 신축년(辛丑年 : 1661)에 이상국(李相國) 백헌(白軒) 〔景奭: 이규경의 주〕이 아뢰기를 "'예전 조종조(祖宗朝)에 있을 적에는 절약하기를 힘써서 내간(內間)의 온돌(구들)이 단지 몇 곳뿐이고, 나머지는 모두 널빤지를 깐 방이었습니다. 지금 원자(元子)의 방을 줄이라고 명하신 것은 비단 비용만을 줄이는 것이 아니라 또한 복을 아끼는 것입니다.' 라 하였다. 상(上)이 말하기를 '그렇소' 하고는 또 방 하나를 줄이라고 명하였다." 라고 하였으니, 옛날의 궁중도 그러하였다.

* '白江(백강)'으로 되어 있는데, 景奭(경석)의 號(호)는 白軒(백헌)이다.

** '爲(위)'로 되어 있는데, 글의 뜻으로 보아 '謂(위)'자라야 한다.(역자 주)

耽羅之俗 屋皆五梁架版 寢病 一無煖堗 只用草薦取溫 然
탐라지속 옥개오량가판 침병 일무난돌 지용초천취온 연
人無疾病 年過朞頤 【濟州無房堗 而作長爐於足所抵處熾
인무질병 년과기이 제주무방돌 이작장로어족소저처치
火 伸足接爐 取溫而寢】始覺人之疾夭 多由厚養也 然則溫
화 신족접로 취온이침 시각인지질요 다유후양야 연즉온
堗之制 其在中古乎 【凡人之氣稟 專由於天地運氣 故自有
돌지제 기재중고호 범인지기품 전유어천지운기 고자유
怕寒就溫之習 其所謂運氣 亦由於日月高低 漠陰進退 而寒
파한취온지습 기소위운기 역유어일월고저 막음진퇴 이한
暖逼人而然也】
난핍인이연야

탐라(耽羅)의 풍속은 집이 모두 오량(五梁)에 널빤지를 건너질러 놓고 잠을 자거나 병을 조리한다. 따뜻한 온돌방(구들방)은 하나도 없고 단지 풀을 깔아 온기를 받는다. 그러나 사람들은 병이 없어서 백살을 넘게 살았다. [제주에는 방구들이 없고 발이 닿는 곳에 긴 화로를 만들어 불을 활활 지피고 발을 뻗어 화로에 닿게 하여 온기를 받아 잠을 잔다 : 이규경의 주] 사람의 병들고 일찍 죽는 것이 대부분 후하게 잘 봉양하는 데서 연유함을 비로소 깨닫게 되었으니, 그렇다면 온돌(구들)의 제도는 중고(中古)에서 시작되었을 것이다. [사람의 기품(氣稟)은 오로지 천지의 운기(運氣)에 연유한다. 그러므로 자연히 추위를 두려워하여 따뜻한 데로 나아가는 습관이 있다. 이른바 운기도 해와 달이 높아지고 낮아지는 데 연유하니 적막한 음기가 나오고 물러가면서 추위와 더위가 사람에게 닥치므로 그렇게 된다. : 이규경의 주]

이규경은 이렇게 주로 우리 쪽 사정을 서두로 소개한 뒤에 『구당서』의 「고려전」(唐書 · 高麗傳)』, 『계구잡초(薊丘雜抄)』, 『일지록(日知錄)』, 『수경주(水經注)』, 『한서(漢書)』, 『방언(方言)』 등 주로 중국 쪽 기록을 인용하면서 중국의 항(炕:캉) 사용 풍습과 유래를 기술하는데 이는 결론적으로는 구들, 즉 온돌이 본래 중국 춘추 전국 시대의 제후국의 하나로 지금의 하북성(河北省)과 요령성(遼寧省) 서쪽 끝까지의 지역에 있었던 연(燕)에서 항(炕)을 설치하는 풍습으로 시작되어 차츰 한반도 북부로 전래된 것으로 설명하기 위한 과정이 되고 있고, 다음과 같이 글을 맺고 있다.

> 此中土炕制也 余游朔方 初見沿路人家炕制 適與古幽 燕之
> 차중토항제야 여유삭방 초견연로인가항제 적여고유 연지
> 俗相符 略取前日所聞者紀之 以爲辨證焉
> 속상부 략취전일소문자기지 이위변증언

> 이것이 중국의 항에 대한 제도이다. 내가 삭방(朔方 : 북쪽의 추운 지역)에 가면서 처음으로 길가 인가의 항(炕:캉)에 대한 제도를 보았는데 마침 옛 유(幽 : 고대 우(禹) 임금이 획정한 구주(九州)의 하나. 곧 연(燕) 지역이다)·연(燕)의 풍속과 서로 부합하였다. 전일에 들은 것을 대략 취해 기록하여 변증(辨證)을 한다.

물론 연(燕)나라 지방에서 기원하였다고 보는 그의 이러한 견해는 오늘날 그대로 받아들이기 어렵게 되었다. 하지만 이규경은 당시까지 사람들이 늘 써오기만 하던 구들(온돌)의 유래에 대하여 처음으로 관심을 가졌고 처음으로 정리해 보려고 한 사람으로 주목된다. 이 책은 정확한 출간 연대는 알 수 없고, 이규경은 1788년에 태어났다는 것만 파악되고 있다. 그러므로 이규경은 손진태 선생보다 100여 년 전 사람이므로 「온돌토항변증설(溫堗土炕辨證說)」은 그만큼 「온돌고(溫突考)」보다 앞선 시대에 온돌, 즉 구들의 유래에 관심을 가졌던 문헌이 된다.

그런데 이 문헌의 그러한 성격은 지금까지 주목받지는 못하고 문헌 속에 인용되어 있는 이익의 『성호사설』 부분만 몇몇 곳에서

다시 인용하면서 '옛날에는 온돌이 귀하였다는 것'을 설명하거나 '옛날에는 마루방을 많이 썼다'는 것을 믿을 만하게 하는 자료로 사용되었다. 그러나 이규경이 인용한 부분은『성호사설』의「침어판청(寢於板廳)」 일부분일 뿐만 아니라, 앞에서도 말했듯이 일부 글자를 바꿈으로 해서 원본과는 다소 차이가 있다.『성호사설』 원본과 반드시 일치하지는 않으므로 관심 있는 사람은 서로 비교해 볼 수 있도록 이규경이 인용한 부분도 여기에 게재하는 것이다.

아무튼 이규경이『성호사설』에서 인용한 부분은 이익 자신도 노인에게 들은 것이고 이익의 시대로부터도 100년 전에 그러하였다 하는 것이니 1600년대 전반에 그러하였다는 정보가 되는 것으로 보아야 할 것이다. 그런데 이익이 온돌방이 옛날에는 '불과 한두 칸(暖突不過一二間)'이라고 '불과(不過)'란 말을 쓴 것도 이익 선생의 시대, 즉 17, 18세기에는 온돌방이 보편적이었음을 간접적으로 시사해 주고 있지만, 온돌이 일반적이었던 상황은 같은『성호사설』의 말똥 이야기「마통신(馬通薪)」편에 오히려 잘 묘사되어 있음을 우리는 앞에서 보았다. 그곳에서는 오히려 온돌방, 즉 구들방이 너무 만연하여 있어서 땔감이 귀해짐을 걱정하고 있다.

한편 이규경은 이 '온돌토항변증설(溫堗土炕辨證說)'에서 제목에는 '土炕(토항)'이란 글자를 썼지만 글 중에서는 '土坑(토갱)'으로 바꾸어 쓰고 있고, 제목의 '溫堗(온돌)'이란 표현도 글 중에서는 '暖堗(난돌)', '房堗(방돌)' 등의 표현과 함께 섞어 쓰고 있다. 이 문헌은 역시 1800년대에도 이들 표현 간에 큰 의미의 차이를 두지 않고 혼용하여 쓰기도 했음을 보여준다.

지금까지 살펴본 문헌들이 대략 구들, 즉 온돌의 이해에 중요시되는 조선 시대까지의 문헌들이다. 물론 조선 시대에는 이 외에도 여러 문헌들이 더 있다. 『조선왕조실록』만 하더라도 앞에서 다룬 『명종실록』 외에도 수십 곳에서 온돌 관련 기사가 등장한다.

지금까지의 문헌에서는 구들(온돌)이 갱(坑), 돌(㷝), 돌(堗), 난돌(煖突), 난돌(煖突), 온방(溫房), 온돌(溫堗), 온돌(溫突), 방돌(房堗) 등으로 다양하게 나타난다. 그러나 한글로 옮길 때는 모두 구들로 옮기고 있고 구들로 이해하고 있음을 알 수 있다.

'구들'의 알파벳 표기 문제

구들은 순수 우리말 이름이고 온돌(溫突)은 구들의 한자 이름이라는 것에 대해서는 이미 여러 번 언급하였다. 그러므로 구들과 온돌은 같은 것이다. 그런데 이를 영어나 독일어로 표현하려면 또 표현 방법상 약간의 문제가 있음을 알 수 있다. 온돌이란 이름을 영어나 독일어로 옮기는 데는 'Ondol'이라고만 해도 별 문제가 없지만 '구들'을 알파벳으로 표기할 때는 문제가 된다.

구들을 'Gudl'로 쓰면 영어권에서는 '거들'로 읽혀 여성의 코르셋 일종인 girdle을 연상하기 쉽다고 한다. 그러므로 영어에서는 'Goodl'로 표현하는 것이 '구들'의 원음에 가깝게 읽힐 것이라고 한다. 그런데 영어는 그렇다 하더라도 만약 독일어권에서도 영어식 표기를 그대로 써서 'Goodl'로 표기하면 독일어권에서는 '고-들'이라고 읽히게 되어 또 다른 이름이 생기게 된다. 그러므로 독일어권에서 '구들'이 구들에 가깝게 불리려면 'Gudl'이라고 하는 것이 가장 바람직하다.

필자는 본서의 뒤 표지에 책의 내용을 영문과 독문으로 간단히 소개하기로 하였다. 그런데 여기에서 벌써 그 문제에 봉착하게 된 것이다. 영문과 독문으로 간단히 소개하고자 하는 것은 이 책의 유적 부분이 많은 사진과 그림으로 설명되고 있어서 구들(온돌)을 잘 모르는 외국인도 어느 정도 이해할 수 있고, 번역서까지는 제공하지 못하더라도 우리의 구들을 타 문화에 알리고, 타 문화에서 접근하는 데 아쉬운 대로 도움이 될 수 있겠다는 생각에서이다. 또한 이 책은 서양의 구들이라 할 수 있는 하이퍼코스트와 서양의 일반적인 난방에 대해서도 다루고 있으므로 무의미하지 않다고 생각되었다. 그런데 앞에서 말한 표기상의 어려움에 직면하게 된 것이다. 필자는 고민 끝에 두 문화권에서 각기 다른 표기를 사용하여 최소한 언어권별로는 '제대로 불리는 편'을 택하기로 하였다. 한글 창제로 겨우 본래의 이름을 찾은 구들이 또 제3의 이름으로 불린다면 불행한 일이 되는 것이 아닌가 하는 뜻에서이다.

구들에 대하여 애착과 관심을 가지고 결성된 단체로 '구들학회'가 있는데 '구들학회'는 단체의 영문 명칭을 'The Society of Gudul Studies'라 하고 있다. 이 또한 고민하며 정한 것이지만 '구둘'로 읽히게 되므로 우리 스스로 구들의 제 이름을 왜곡시키는 결과를 빚고 말았다. 물론 경상도 지방에서는 구들을 '구둘'이라고 하기도 하지만 사투리라고 할 수 있으며, 『훈몽자회』, 『구황촬요』 등에서도 '구들'로 쓰고 있고, 일반적으로 대다수가 구들이라 하고 있으므로 가능한 구들이 '구들'로 불리고 정착되도록 우리 모두가 힘쓰는 것이 바람직하지 않은가 한다.

'캉(炕 : 항)' 관련 문헌

- 절분록(竊憤錄 : 12세기) · 109
- 송막기문(松漠記聞 : 1156) · 110
- 소아직결(小兒直訣 : 12세기 전반) · 111
- 삼조북맹회편(三朝北盟會編 : 1194) · 112
- 금지(金志 : 13세기 후반) · 113
- 무원록(無寃錄 : 1308) · 114
- 일지록(日知錄 : 1695) · 116
- 청패류초(清稗類鈔 : 17세기 후반) · 118
- 담서록(談書錄 : 18세기 중반) · 123
- 통속편(通俗編 : 18세기 후반) · 125
- 영고탑지(寧古塔志 : 17세기) · 126
- 영고탑기략(寧古塔記略 : 18세기) · 127
- 유변기략(柳邊記略 : 18세기 초) · 128
- 용사기략(龍沙記略 : 1757) · 129
- 양반추우암수필(兩般秋雨庵隨筆 : 19세기) · 130
- 흑룡강외기(黑龍江外記 : 1810년경) · 130

지금까지 살펴본 문헌들은 고구려와 고구려 이후의 우리나라에서의 구들(온돌)에 관계되는 것들이었다. 이 중에는 중국 쪽의 기록도 있었지만 그 내용은 우리 한민족 문화권에서의 구들의 사용에 관한 문헌들이므로 함께 살펴본 것이다. 다만 『수경주(水經注)』 속의 관계사(觀雞寺)에 관한 기록은 중국 문화권에 속하는 기록으로 볼 수 있기도 하지만, 앞에서 언급한 대로 관계사의 위치로 보아 고구려와 더 밀접한 관련이 있고 당시 중국 상황에서는 예외적인 기록이므로 우리의 구들 관련 문헌으로 포함하여 먼저 살펴본 것이다.

그러나 지금부터는 중국 쪽에서 기록한 캉(炕)에 관계되는 문헌들만 모아서 살펴보기로 한다. 그것은 캉이 구들(온돌)과 난방 원리가 같고 그 뿌리 또한 구들에 있어 보이므로 캉의 유래를 살펴보는 것 역시 우리의 구들의 역사와 변화 과정을 살피는 데 필요한 일이 되기도 하기 때문이다. 여기서는 무엇보다도 구들(온돌)의 이해를 위해 문헌 위주로 살펴보고 캉(炕)에 대하여는 뒤에 별도의 장으로 다시 한 번 이야기할 기회를 갖도록 한다(제6장 참조).

중국 쪽에서 구들과 같은 난방 시설이 있었던 것을 보여주는 기록은 『수경주(水經注)』 속의 '관계사(觀雞寺)' 이야기 이후 약 600년 동안 잠잠하다가 11세기경부터 나타나고 있다. 주로 캉(炕)과 관련되는 것으로 송(宋)나라 쪽에서 금(金)나라의 생활 풍습 등을 기록한 것들이 많은데 우리는 여기서 대체로 18세기 청(淸)나라까지의 주요 기록들을 살펴보게 된다.

이제 여기서 살펴보게 될 문헌들 대부분도 손진태 선생이 이미 방대한 자료를 섭렵하여 「溫突考(온돌고)」에 정리하여 두었다. 그러나 여러 번 언급하였지만 「온돌고」는 난해한 한자로 된 원문을 그대로 인용하고 있어 이해가 쉽지 않다. '캉(炕)에 대하여는 「온돌

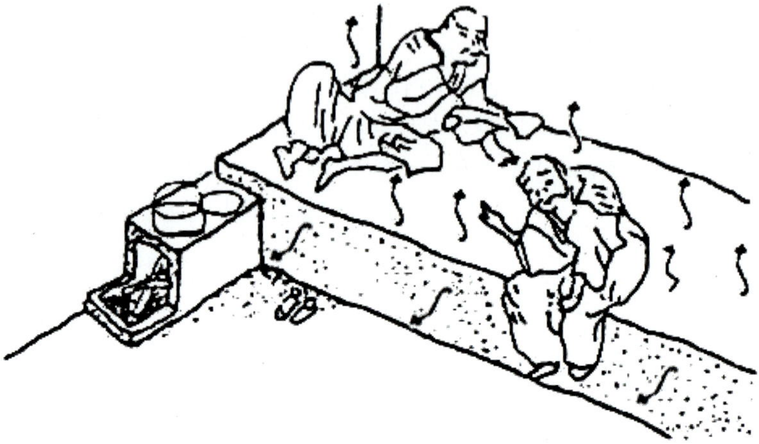

그림 32 중국의 캉(炕:항) 위의 노인들

고」에서보다 더 이상 크게 추가될 문헌은 없지만 파악이 가능한 범위 내에서 문헌의 연대를 추가하였고, 시대별로 재편성하고, 번역문과 오늘날의 관점에서 설명을 추가 하였다.

기회가 있을 때마다 언급하였지만 '炕'을 중국에서는 '캉'이라 하고 우리말에서는 오늘날 '항'이라 읽는다. 또 앞에서 본 구들 관련 문헌 중에서 한글 언해(諺解)가 있는 고문헌에서는 '炕'의 발음을 '강'으로 적고 있는 것을 여러 곳에서 보았다. 여기서는 어디까지나 구들의 역사를 살피기 위해 캉에 관한 문헌을 함께 살피는 것이므로 '炕'을 우리말로 부기할 때나 번역할 때 혼동을 피하기 위하여 일단 '항'으로 통일하여 쓰기로 한다.

절분록(竊憤錄 : 12세기)

『절분록(竊憤錄)』은 송나라 신기질(申棄疾 : 1140~1207)이 지은 것으로 그는 휘종(徽宗)과 같이 금(金)나라에 가 있던 사람이다. 그는 그의 저서 『절분록』(學海類編本 : 학해류편본)에서 금나라에서의 사람들의 생활 모습과 자신의 경험을 다음과 같이 기록하고 있다.

人皆入土炕中 跧伏居止 布沒加諸草苗于其中 自然溫煖 其
인 개 입 토 항 중 전 복 거 지 포 몰 가 제 초 묘 우 기 중 자 연 온 난 기
他異于人世者不一 今不復錄 大約皆淫慝事也 天輔十五
타 이 우 인 세 자 불 일 금 부 부 록 대 약 개 음 특 사 야 천 보 십 오
年……是歲金主賜到布帛等物 但冬月極寒 必居土炕中容身
년 시 세 금 주 사 도 포 백 등 물 단 동 월 극 한 필 거 토 항 중 용 신
以避寒氣
이 피 한 기

사람이 모두 토항(土炕) 안에 들어가 틀어박혀 산다. 다른 덮을 것은 없고 그 속에 풀잎을 넣어서 자연히 따뜻하다. 기타 인간 세상과 다른 점이 한두 가지가 아니나 여기서 다시 기록하지는 않는데, 대략 모두 음탕한 일이다. 천보(天輔) 15년(1137) …… 이 해에 금(金)나라 임금이 하사한 포백(布帛) 등의 물건이 왔으나 단지 겨울철에는 매우 추워서 반드시 토항(土炕) 안에 거주하여 몸을 들여 놓아야 한기를 피한다.

이 기록대로라면 12세기에 금나라에서는 따듯하게 덮고 잘 이불 같은 것이 흔하지 않았던 듯하고, '土炕(토항)'이 일반적으로 쓰이고 있었던 것으로 짐작하게 한다. 토항은 '흙구들'을 말한다고 볼 수 있다. 고구려에서 쓰이던 구들 형식을 금나라에서도 이어받아 쓰고 있었던 것으로 보인다.

송막기문(松漠記聞 : 1156)

『고금설해본(古今說海本)』에 수록되어 있는 『송막기문(松漠記聞)』은 중국 남송(南宋) 때 홍호(洪皓)라는 사람이 쓴 것으로 되어 있고 역시 금(金)나라에 대한 견문록이다.

저자 홍호는 1129년 금나라에 파견되어, 포로가 된 송나라 황제 흠종(欽宗)의 반환을 교섭하러 갔다가 금나라의 괴뢰국(傀儡國)인 제(齊)나라에서 일할 것을 강요당하지만 이를 거부하여 북만주에서 10년간 유배 생활을 하였다. 이때 그 곳에서 보고 겪은 것을 쓴 것으로 그가 죽은 뒤 장남이 1156년 간행한 것인데 금나라에 관한 것은 물론 위구르, 거란(契丹), 만주 등 여러 종족에 관한 흥미 있는 기사가 수록되어 있다.

이 책에는 금나라 사람의 혼인 풍속을 다음과 같이 기록하였는데 책은 1156년에 간행되었지만 1129년에 금나라에 가서 10년간 유배 생활을 하였으니 내용은 1129년에서 1139년 사이의 일이 된다.

婦家無大小 皆坐炕上 壻黨羅拜其下 謂之男下女 ……
부가무대소 개좌항상 서당라배기하 위지남하녀

신부집은 어른 아이 할 것 없이 모두 항(炕) 위에 앉고 신랑의 일행은 그 아래에 늘어서서 절을 하는데 남자가 여자보다 낮다고 이른다…….

역시 금나라에서 항(炕)이 흔하게 사용되고 있음을 보여주는데 "炕(항) 아래에 늘어서서 절을 한다"는 부분에서 이곳의 '구들' 시설은 방의 일부에 설치된 것을 알 수 있다. 오늘날의 중국식 캉(炕 : 항)과 별로 다르지 않은 것 같고, 뒤에 유적으로 보게 되지만 오늘날의 온돌, 즉 구들의 옛 모습에 가까운 것으로 보인다.

소아직결(小兒直訣 : 12세기 전반)

송(宋)나라 시대의 의원으로서 1070~1100 연간에 태의(太醫)로 활동하고 83세로 생을 마감한 것만 알려지고 있는 전을(錢乙)이 지은 『소아직결(小兒直訣)』 「논치법(論治法)」에는 -고금도서집성(古今圖書集成) 예술전(藝術典) 479 두진문(痘疹門) 소수(所收) - 다음과 같은 기록이 있는데 건강과 관련하여 항(炕)의 효과를 언급하고 있어서 흥미롭다. 우리가 흔히 오랜 경험으로 "뜨거운 구들에 땀을 내며 한숨 자고 나면 감기몸살도 거뜬히 낫는다"고 하는 것을 연상하게 한다.

北方出痘 不拘冬夏 若喜冷者 再不用藥 但與水飲 無有不
북방출두 불구동하 약희냉자 재불용약 단여수음 무유불
愈 蓋北地濕 而又睡熱炕故也
유 개북지습 이우수열항고야

북방에 천연두가 일어나면 겨울과 여름을 구애받지 않고 찬 것을 좋아하는 사람 같으면 두 번 다시 약을 복용하지 않고 물만 주어 마시게 해도 낫지 않는 사람이 없다. 북쪽 땅은 습한데다가 또 뜨거운 항(炕)에서 자기 때문일 것이다.

● 삼조북맹회편(三朝北盟會編 : 1194)

『삼조북맹회편(三朝北盟會編)』은 남송(南宋)의 서몽신(徐夢莘)이 1194년에 완성한 250권으로 된 책이다. 중국 송(宋)나라의 휘종(徽宗), 흠종(欽宗), 고종(高宗) 등 3조(三朝 : 12세기 중의 약 50년간)에서의 송나라와 금(金)나라 양국 간의 전쟁과 화평의 교섭 관계를 편년체로 기록한 것으로 북방 민족[金國]의 침입에 대한 중국인의 고통, 방위, 왕실이 수도를 남으로 옮기게 된 경과 등이 기술되어 있는데 12세기 당시의 귀중한 연구 사료로도 평가되고 있다.

이 책에는 여진(女眞) 사람이 사는 집을 다음과 같이 묘사하고 있다.

> 屋高數尺(옥고수척) 無瓦覆(무와부) …… 環屋爲土床(환옥위토상) 熾火其下(치화기하) 與寢食起居(여침식기거) 其上(기상) 謂之炕(위지항) 以取其煖(이취기난)

> 집은 높이가 여러 척 되고 기와를 덮지 않았다. …… 온 집을 빙둘러 토상(土床)을 만들고 그 아래에 불을 때고 그 위에서 먹고 자고 하며 사는데 이를 항(炕)이라 하여 (이것에 불을 지펴) 따뜻함을 취한다.

벽체 내부를 따라 빙둘러 '土床(토상)'을 만들어 그 아래에 불을 땐다는 것은 금나라 이전 고구려 시대의 구들의 구조와 크게 다르지 않다. '土床(토상)'은 흙으로 만든 평상을 말하는데, 구들을 설치한 부분을 벽으로 구분하지 않으면 구들 부분이 높아진 단을 형성하고, 곧 흙으로 만들었을 뿐 평상(平床)이나 마찬가지가 되므로 이를 '土床(토상)'이라 한 것이라 해석된다.

그런데 여기서 우리가 주목할 것은 이 불 때는 시설 전체를 "'炕

(캉)'이라 한다"고 친절히 적고 있는 기술 태도이다. 이것은 당시에 중국, 즉 송(宋)나라에서는 그런 것이 쓰이지 않았다는 것을 알게 하는 대목이 되는 것이다. 중국에도 흔히 있는 것이었으면 이런 저런 복잡한 설명을 할 필요 없이 그냥 "環屋(환옥)에 炕(캉)을 만든다"하면 끝날 일이다. 이러한 분위기는 고구려의 풍습으로 '장갱(長坑)'에 대해 언급하는 『구당서(舊唐書)』에서도 감지할 수 있었고, 역시 송(宋)나라 사람으로 사절단의 일원으로 서긍(徐兢: 1091~1153)이 고려에 다녀간 뒤 쓴 『고려도경(高麗圖經)』(1123)에서도 볼 수 있는데, 여기서도 또 만나게 된다.

'炕'자는 우리나라에서 '항'으로 발음한다. 그러나 중국에서는 '캉'이라 발음하고, 『훈몽자회(訓蒙字會)』에서는 '강'으로 음(音)을 달고 있다.

금지(金志 : 13세기 말)

『금지(金志)』는 송(宋)나라 우문무소(宇文懋昭)가 금(金)나라에 관하여 기록한 책이다. 엽융례(葉隆禮)가 저술하였다는 설도 있는데 아무튼 분명한 출간 연도는 알려져 있지 않고 단지 송나라 말(末)에 간행된 것만 알려져 있다. 송나라는 960년부터 1277년까지 이어졌던 왕조이니 1200년대 말경에 간행된 것으로 보인다. 이 책의 「초흥풍토조(初興風土條)」에 다음과 같은 구절이 있다.

穿土爲牀 煴火其下 而寢食起居其上
천 토 위 상 온 화 기 하 이 침 식 기 거 기 상

흙을 파서 평상(牀)을 만들고 그 아래에 불을 지핀다. 그리고 그 위에서 먹고 자고(침식) 생활한다.

이 기록에서는 항(炕)이란 말이 따로 나오지는 않으나 역시 난방 시설은 「송막기문(松漠記聞)」에서와 같이 '항(炕)'을 설명하고 있고, 따라서 구들과 같은 난방법을 설명하고 있다고 할 수 있다.

금나라는 퉁구스족 계통의 여진족이 세운 중국의 정복 왕조의 하나로 완안부(完顔部)의 추장 아구다(阿骨打)가 12세기 초 북만주 하얼빈 남동쪽, 지금의 아청(阿城)을 중심으로 세력을 키워 그들의 근거지에 도읍을 정하고 태조(1115~1123) 때 산시성(山西省)의 다퉁(大同), 허베이성(河北省)의 연경(燕京 : 지금의 베이징)으로 진출한 것으로 알려지고 있다. 그러므로 금나라 풍습은 항(炕)을 포함하여 그들의 본향인 중국 북만주 일대에서의 풍습이었고, 송나라 사람들은 그러한 풍습을 보고 기록한 것이 된다. 이들 문헌에서 우리가 알 수 있는 것은 금나라 이전에는 중국의 민가에 항(炕)이나 온돌(溫突)이 없었던 것이 거의 명백하다. 또한 금(金)은 옛 고구려 영토와 세력권에서 흥기(興起)하였다는 점에서 고구려의 풍습을 이어받았다고 볼 수 있고 항(炕)이라 하는 난방 방법도 물려받은 것으로 볼 수 있다.

무원록(無寃錄 : 1308년)

『무원록(無寃錄)』은 원(元)나라의 왕여(王與)가 송나라의 형사 사건 지침서들을 바탕으로 1308년 저술한 일종의 법의학서로서 앞에서 살펴 본 『증수무원록언해(增修無寃錄諺解)』(1792)의 원전(原典)

이 되는 책이다. 이 책 하편(下篇)의 「土炕傷(토항상)」이란 제목의 글에 다음과 같이 '炕(항)', 즉 '캉' 위에 자다가 죽은 사람의 시체에 대하여 기록하고 있는데 '炕(항)'에 대한 기록으로는 비교적 오래된 1308년 즈음의 기록이므로 중국의 '캉'의 역사와 유래를 살피는 데에 활용되는 자료이다.

> 西北人 多臥土炕 每以煤炭煨炕 火氣臭穢 人受燻 不覺自
> 서북인 다와토항 매이매탄외항 화기취예 인수훈 불각자
> 斃 其屍軟而無傷 …….
> 폐 기시연이무상

> "서북 지역 사람들은 대부분 토항(土炕 : 흙구들)에 누워 잔다. 매번 탄(炭)을 때서 항(炕 : 구들)을 데우므로 연기 냄새가 고약하고 사람들이 연기와 열기를 받아 자기도 모르게 죽는데 그 시체가 유연하고 상처가 없다고 한다……"라 하였다.

보다시피 이 내용은 『증수무원록언해』를 통해 우리가 이미 살펴본 것이다. 『증수무원록언해』가 이 원전 『무원록』과 다른 점은 언해(諺解)가 있으므로 해서 국문으로 번역할 때 사용하는 우리말 용례를 볼 수 있다는 점이다. 『증수무원록언해』에서는 여기에서의 '土炕'의 발음이 '토강'으로 적혀 있고 '흙구들이라'라고 설명되어 있다. 그러므로 위의 번역문에서 "토항에 누어 잔다"는 "흙구들에 누워 잔다."로, "항을 데우므로"는 "구들을 데우므로"로 하여도 아무런 문제가 없다.

한편 이 문헌은 원나라에서 항(炕)에 사용하는 땔감으로 일찍부터 연탄을 사용한 것을 알게 하며, 연탄 가스 중독으로 사람이 죽음에 이르기도 하였음을 알게 한다.

"자기도 모르게 죽는데 그 시체가 유연하고 상처가 없다"고 한

것은 마치 쇠고기의 품질을 이야기 하듯 하여 사람에 대한 표현으로 너무 지나친 듯 보이지만 이 책이 일종의 '법의학서(法醫學書)'란 점을 고려하면 이해할 수 있는 일이다.

일지록(日知錄 : 1695)

『일지록(日知錄)』은 명(明)나라 말에서 청(淸)나라 초까지 살았던 사상가 고염무(顧炎武 : 1613~1682)가 1695년에 쓴 총 32권으로 된 책이다. 경학(經學)·사학(史學)·문학·정치·사회·지리·풍속 등 제 문제를 사론(史論) 형식으로 쓴 백과사전 성격의 책이다.

사실에 근거를 두고 있으나, 단순한 기록에 머무르지 않고 그의 사상이 전편에 약동하고 있는 것으로 알려져 있다. 그리고 청대(淸代) 고증학의 학풍을 일으킨 저서로 알려져 있는데 『일지록(日知錄)』 집역본(集釋本) 권26에서 항(炕)의 유래에 관하여 처음으로 언급하고 있다. 이 『일지록』의 기록은 앞의 이규경의 『오주연문장전산고(五洲衍文長箋散稿)』 속의 「온돌토항변증설(溫堗土炕辨證說)」에서도 인용된 것인데 앞에서는 자세한 내용을 생략하였었으므로 여기에서 그 내용을 살펴본다.

권26 토항(土炕),

北人以土爲牀 而空其下以發火 謂之炕 古書不載
북인이토위상 이공기하이발화 위지항 고서부재

북쪽 사람들은 흙으로 평상(牀)을 만들고 그 아래를 비게 하여 불을 지피는데 이를 항(炕)이라 하다. 고서(古書)에는 (언급이) 없다.

이와 같이 기술한 한 후 그는 바로 주(註)를 달아서 "『시경(詩經)』의 「호엽전(瓠葉傳)」(주희의 시집전)에는 '항화(炕火)'를 '적(炙)'이라 했고 『모시정의(毛詩正義)』(시경(詩經)의 주석서)에서 '항(炕)'은 '들다(擧)'이니, 물건으로 꿰어서 불 위에 들어 놓고 굽는 것을 이른다(詩瓠葉傳 炕火曰炙 正義曰炕 擧也 謂以物貫之 而擧於火上以炙之)" 라고 했다.

고염무는 계속 이어서 다음과 같이 적고 있다.

左傳 宋寺人柳 熾炭于位 將至則去之 新序 宛春謂衛靈公
좌전 송사인유 치탄우위 장지즉거지 신서 완춘위위령공
曰 君衣狐裘 坐熊席 陬隅有竈 漢書蘇武傳 鑿地爲坎 置熅
왈 군의호구 좌웅석 오우유조 한서소무전 착지위감 치온
火 是蓋近之 而非炕也
화 시개근지 이비항야

『좌전(左傳)』에는, "송(宋)나라 시인(寺人 : 궁중에서 임금을 가까이 모시는 낮은 신하) 유(柳)가 자리에 숯불을 피워 놓았다가 임금이 오게 되면 제거하였다." 하였고, 『신서(新書)』에는, "완춘(宛春)이 위령공(衛靈公)에게, '임금께서는 호구(狐裘 : 여우 가죽으로 만든 갖옷을 말함)를 입고 곰 가죽 자리에 앉으며 거처 한 구석에 부엌[竈]이 있다.'"라 하였고, 『한서(漢書)』, 「소무전(蘇武傳)」에는, "땅을 파서 구덩이를 만들고 숯불을 놓아둔다."라 하였는데, 이는 비슷하기는 하나 항(炕)은 아닐 것이다.

고염무는 이와 같이 기술하고 나서 우리가 앞에서 본 『수경주(水經注)』의 기록을 인용하여 소개하고, "此今人煖房之制 形容盡之矣", 즉 "이것은 지금 사람들의(今人)의 난방(煖房) 방식을 지극히 형용한 것이다"라고 하였다. 고염무는 항(炕)의 기원지가 어디라고 분명히 언급하지 않고 있다. 하지만 항에 대한 옛 기록이 없다는 것과, 『시경(詩經)』의 「호엽전(瓠葉傳)」에서 '항화(炕火)', 그리고 그 주석서인 『모시정의(毛詩正義)』에서 '항(炕)'이란 말이 등장하나 '炕火'는 '고기를 굽는다'는 의미의 '炙(적)'이라 했고 주석서 『모시정의』에서의 '항(炕)'은 '들다(擧)'의 의미라는 점에서 그가 말하고자 하는 '항(炕)'은 아니라고 하고 있다.

청패류초(淸稗類鈔 : 17세기 후반)

청나라 서가(徐珂 : 1627~1700)가 저술한 『청패류초(淸稗類鈔)』 풍속류(風俗類) 「북인상항(北人尙炕)」 조항에서도 북방 민족의 항에 대하여 설명하고 있다. 분량이 많으나 북방인들의 생활과 함께 항(炕)에 대하여 비교적 자세히 쓰고 있고, 손진태 선생의 「온돌고(溫突考)」에서도 한자(漢字) 원문만 그대로 게재되어 있어 이해가 어려우므로 번역과 함께 소개한다.

北方居民 室中皆有大炕 入門脫屨而登 跧坐於炕 夜則去之
북방거민 실중개유대항 입문탈구이등 전좌어항 야즉거지
卽以薦臥具 炕之爲用 不知其所由起也 東起泰岱 沿北緯三
즉이천와구 항지위용 부지기소유기야 동기태대 연북위삼
十七度 漸迤以南 越衡漳 抵汾晉 逾涇洛 西北隴阪 凡此地
십칠도 점이이남 월형장 저분진 유경락 서북롱판 범차지
帶以北 富貴貧賤之寢處 無不用炕者
대이북 부귀빈천지침처 무불용항자

북방에 사는 사람들은 실내에 모두 큰 항(炕)이 있다. 문으로 들어가면 신을 벗고 올라가 항(炕)에 발을 틀고 앉았다가 밤이 되면 침구를 까는데 항(炕)을 사용한 그 유래는 알지 못한다. 동쪽으로는 태산으로부터 북위 37도를 따라 점점 남으로 이어져 형산(衡山)과 장하(漳河)를 넘어 분하(汾河)에 이르고, 경수(涇水)와 낙수(洛水)를 넘어

서북의 농산(隴山)까지의 모든 이 지역 이북에서는 지위 고하 빈부귀천을 막론하고 침실에 항(炕)을 사용하지 않는 사람이 없다.

其製和土雜磚石爲之 幅寬五六尺 三面連墻 緊倚南牖之下
기 제 화 토 잡 전 석 위 지 폭 관 오 륙 척 삼 면 연 장 긴 의 남 유 지 하
以取光 前通坎道 炙炭取煖 若貧家 則於旁端爲竈 旣炊食
이 취 광 전 통 감 도 자 탄 취 난 약 빈 가 즉 어 방 단 위 조 기 취 식
卽烘炕 老幼男婦 聚處其上
즉 홍 항 노 유 남 부 취 처 기 상

만드는 법은 흙에 벽돌을 섞어 만드는데 폭의 넓이는 5~6척 정도이고 3면이 담으로 연결되어 있는데, 남쪽 창 아래에 바싹 기대어 붙여 햇볕을 취한다. 앞은 감도(坎道)와 통하게 하여 탄을 태워 따뜻함을 취한다. 가난한 집은 옆의 구석에 부엌[竈]을 만들어 밥을 짓는데, 곧 불을 땐 항(炕)으로 남녀노소가 그 위에 모여 거처한다.

詩家題詠 亦往往見之 湛然居士集 牛糞火煨泥炕暖 蛾連紙
시 가 제 영 역 왕 왕 견 지 담 연 거 사 집 우 분 화 외 니 항 난 아 연 지
破瓦窓明 于忠肅雲中卽事 炕頭炙炭燒黃鼠 馬山彎弓射白
파 와 창 명 우 충 숙 운 중 즉 사 항 두 자 탄 소 황 서 마 산 만 궁 석 백
狼 宮友鹿有煖炕詩三十二韻 朱弁有炕寢詩三十韻 又正字
랑 궁 우 록 유 난 항 시 삼 십 이 운 주 변 유 항 침 시 삼 십 운 우 정 자
通 北方暖牀曰炕 此炕之明見載籍者
통 북 방 난 상 왈 항 차 항 지 명 현 재 적 자

시인이 읊은 시에도 왕왕 보이는데, 『담연거사집(湛然居士集)』에는, "쇠똥을 때어 진흙 구들(炕) 따뜻해지니/ 나방이 잇달아 종이를 찢자 와창(瓦窓)이 밝아라"라 했고, 우충숙(于忠肅)의 『운중즉사(雲中卽事)』시에는, "아궁이(炕頭)에 숯불 피워 족제비를 태우고/ 마산(馬山)에서 활을 당겨 흰 이리를 맞히네!"라 하였다. 한편 궁우록(宮友鹿)의 「난항시(煖炕詩)」 32운(韻)이 있고, 주변(朱弁)의 「항침시(炕寢詩)」 30운(韻)이 있다. 또 『정자통(正字通)』(명나라 장자열이 찬한 책)에는, "북방의 난상(暖牀)을 항(炕)이라 한다." 하였으니, 이것이 전적(典籍)에 항(炕)이 분명하게 나타나 보이는 사례이다.

然考其著述時代 率在遼金入主以後 遼金以前 炕之義訓 皆
연고기저술시대 솔재요금입주이후 요금이전 항지의훈 개

動詞形容詞 若以用爲名詞者 則絶未之見也 燕太子與軻 同
동사형용사 약이용위명사자 즉절미지견야 연태자여가 동

牀以寢 高士傳 管寧隱遼東 坐臥藜牀 當膝處皆穿 北魏賈
상이침 고사전 관녕은요동 좌와려상 당슬처개천 북위가

思勰齊民要術 臘夜令持椒臥房牀旁 養蠶法 土屋欲四面開
사협제민요술 랍야령지초와방상방 양잠법 토옥욕사면개

窓 屋內四角着火 孫氏註 炭聚之下 碎末令擣熟丸 以供竈爐
창 옥내사각착화 손씨주 탄취지하 쇄말영도숙환 이공조로

種火之用 皆言竈言牀 以絶不言炕 可見北方古代 本未有炕
종화지용 개언조언상 이절불언항 가견북방고대 본미유항

그러나 그 저술의 연대를 고찰해 보면 모두 요(遼)·금(金)이 중국에 들어와 주인 노릇을 한 이후로서, 요·금 이전의 항(炕)의 뜻은 모두 동사나 형용사로 쓰였고, 명사로 쓰인 경우는 전혀 보지 못하였다. 연(燕)나라 태자(太子)와 형가(荊軻 : 협객의 이름)가 한 침상[牀]에서 잤으며, 「고사전(高士傳)」에는, "관녕(管寧)이 요동에 은둔하여 명아주 침상에 앉거나 누어서 무릎 닿은 곳이 다 뚫어졌다" 하였다. 북위(北魏) 가사협(賈思勰)의 『제민요술(齊民要術)』에는, "납야(臘夜)에 산초나무를 침실의 침상(房牀) 곁에 지니고 있게 한다" 했으며, 『양잠법(養蠶法)』에는, "흙집의 사면에 창을 내고 집안의 네 귀퉁이[角]에 불을 둔다" 하였는데, 손씨(孫氏)의 주(註)에, "탄(炭)을 아래에 모아 놓고 가루를 만들고 찧어서 환(丸)을 만들어 화덕[竈爐]의 불씨로 쓰게 한다"고 하여 모두 아궁이[竈]를 말하거나 침상(牀)은 말하였고 전혀 항(炕)은 말하지 않았으니, 북방의 고대에는 본래 항(炕)이 있지 않았음을 알 수 있다.

至如左傳 宋人柳熾炭於位 將至則去之 新序 宛春謂衛靈公
지여좌전 송인유치탄어위 장지즉거지 신서 완춘위위영공

曰 君衣狐裘 坐熊席 隩隅有竈 漢書蘇武傳 鑿地爲坎 置熅
왈 군의호구 좌웅석 오우유조 한서소무전 착지위감 치온

火 庾信小園賦 嵇康鍛竈 既煖而堪眠 水經注 土垠縣有觀
화 유신소원부 혜강단조 기난이감면 수경주 토은현유관

雞寺 基側室外 四出爨火 炎勢內流 一堂盡溫云云 要之皆
계사 기측실외 사출찬화 염세내류 일당진온운운 요지개

煖房 而非炕也
난방 이비항야

『좌전(左傳)』에는 “송나라 사람 유(柳)가 자리에 숯불을 피워 놓았다가 (임금이) 오면 제거하였다.” 하였고, 『신서(新書)』에는 “완춘(宛春)이 위령공(衛靈公)에게, 임금께서는 호구(狐裘)를 입고 곰 가죽 자리에 앉으며 거처 한 구석에 아궁이가 있다” 하였다. 『한서(漢書)』「소무전(蘇武傳)」에는, “땅을 파서 구덩이를 만들고 숯불을 놓아둔다” 하였고, 유신(庾信)의 「소원부(小園賦)」에는, “혜강(嵇康)은 부엌에서 쇠를 단련하고, 따뜻해지면 잠을 잔다” 하였다. 『수경주(水經注)』에는, “토은현(土垠縣)에 관계사(觀雞寺)가 있는데, 기초 옆의 방 밖으로 밥짓는 불이 사방으로 나오고 뜨거운 열기는 안으로 흘러서 건물 전체가 따뜻해진다……” 하였으니, 요컨대 모두 난방(煖房)이지 항(炕)은 아니다.

惟舊唐書高麗傳 冬月作長坑 下燃熅火 馬擴第自敍 金主
유구당서고려전 동월작장갱 하연온화 마확제자서 금주

聚諸將共食 則於炕上用矮檯子 或木盤相接 北盟錄 女眞俗
취제장공식 즉어항상용왜대자 혹목반상접 북맹록 여진속

環屋爲土牀 熾火其下 寢食起居其上 謂之炕 觀此數條 乃
환옥위토상 치화기하 침식기거기상 위지항 관차수조 내

不啻爲北方用炕者 形容盡致 而宋人異而書之 以爲胡俗 益
불시위북방용항자 형용진치 이송인이이서지 이위호속 익

可見北方古未有炕 蓋其初本東胡之俗 自遼金人 浸染旣深
가견북방고미유항 개기초본동호지속 자요금인 침염기심

久之遂成習慣 然炎火蒸融 輒令人筋脉弛緩 腦氣昏沉 南人
구지수성습관 연염화증융 첩영인근맥이완 뇌기혼침 남인

夏日寢之 土濕交乘 尤易成癱瘓之疾 卽北人體質素强 而炭
하일침지 토습교승 우이성탄탄지질 즉북인체질소강 이탄

氣濛騰 冬夜因之悶斃者 亦時有所聞也
기몽등 동야인지민폐자 역시유소문야

오직 『구당서(舊唐書)』, 「고려전(高麗傳)」에, “겨울철에 긴 갱[長坑炕 : 장갱]을 만들고 아래에 불(熅火)을 지핀다” 하였고, 마확제(馬擴第)의 『자서(自敍)』에, “금(金)나라 임금이 여러 장수를 모아 함께 식사를 할 적이면 항(炕) 위에 작은 대자(檯子 : 탁자 종류의 하나)나

나무소반을 서로 붙여서 사용하였다."라 하였다. 『북맹록(北盟錄)』에는 "여진(女眞)의 풍속은 온 집을 빙둘러 토상(土牀)을 만들고 아래에 불을 지핀 다음 그 위에서 침식과 기거를 하는데 이를 항(炕)이라 한다" 하였다.

이 몇 조목을 살펴보면, 북방에서 항(炕)을 사용한 것만을 자세히 형용한 것뿐 아니라 송나라 사람은 이를 특이하게 여겨 기록하고 호속(胡俗 : 오랑캐의 풍속)으로 여겼으니, 더욱 북방의 고대에는 항(炕)이 있지 않았음을 알 수 있다. 아마도 애초에는 본래 동호(東胡 : 흉노의 동쪽에 부락을 이루어 살던 몽고족)의 풍속이었는데 요·금 시대부터 들어와 (생활에) 스며든 것이 깊어지고 오래되자 마침내 습관이 되었을 것이다.

그러나 뜨거운 불이 찌고 녹여서 곧 사람의 근육과 혈맥을 이완시키고 뇌의 기운을 혼미하게 한다. 남쪽 사람이 여름날 잠을 자다가 흙 기운과 습기가 번갈아 침입하여 더욱 신체의 일부분이 마비되는 병[癱瘓]에 쉽게 걸리는데, 북쪽 사람은 체질이 본디 강하나 탄(炭)의 기운이 자욱이 오르면 겨울밤에 이로 인하여 숨이 막혀 죽었다는 사람을 때때로 들은 바가 있다.

이 『청패류초(淸稗類鈔)』의 내용은 보는 바와 같이 이때까지의 항(炕)에 관계되는 문헌 자료들을 종합적으로 다시 짚은 것으로, 중국에서의 항(炕)은 만주 북방에서 세력을 키워 중원으로 진출하여 한때 중원의 주인이 되었던 요와 금나라가 본래의 생활 무대였던 만주 북방 지역에서 쓰던 것을 함께 가져간 것으로 보고 있다. 다만 관계사의 난방 시설을 단순한 난방법으로 취급한 것은 오늘날 대다수의 견해와 다른 부분이라 하겠다. 그것이 지금의 온돌과 흡사하고 지금의 중국에 있는 항(炕)과는 구조가 다르다고 생각하여 그는 이것을 항(炕)으로 보지 않은 것으로 보인다.

담서록(談書錄 : 18세기 중반)

『담서록(談書錄)』은 청(淸)나라 때 왕사한(汪師韓 : 1707~1774)이 저술한 것으로 항(炕)의 기록을 당(唐)나라 이전에서 찾으려고 한 것 중의 하나이다. 『소대총서본(昭代叢書本)』에 있는 그의 『담서록(談書錄)』「갱조(坑條)」에는 다음과 같이 적혀 있다.

魏書儒林陳奇傳 游雅取陳奇所注論語孝經 焚於坑內 奇曰
위서유림진기전 유아취진기소주논어효경 분어갱내 기왈

公貴人 不乏樵薪 何乃燃奇論語 雅愈怒 遂抵奇罪 竟致不
공귀인 불핍초신 하내연기론어 아유노 수저기죄 경치불

戮 遂及其家 隋書 河東隱士張文詡曰 吾昨風眩化(sic-火)
륙 수급기가 수서 하동은사장문후왈 오작풍현화 화

坑 坑即今之炕也 日知錄記土坑 引舊唐書高麗傳 不及此
갱 갱즉금지항야 일지록기토갱 인구당서고려전 불급차

二條
이조

『위서(魏書)』「유림전(儒林傳)」 진기(陳奇 : 후위 때의 하북 사람)의 조(條)에, “유아(游雅)가 진기(陳奇)의 『논어(論語)』와 『효경(孝經)』 주석을 가져다가 갱내(坑內)에 불태웠다. 진기가 “공은 지위가 높은 귀인(貴人)으로서 땔나무가 떨어지지 않았을 터인데 어찌하여 저의 『논어』로 불을 때느냐”고 하였다. 유아가 더욱 노하여 진기에게 죄를 씌우고 끝내 죽이지는 않았지만 (화가) 그 집에 미쳤다” 하였고, 『수서(隋書)』에는, “하동(河東)의 은사 장문후(張文詡 : 수나라 하동 사람)가 내가 어제 정신이 어지러워서 갱(坑)에 불을 피웠다”라 했으니, (이상의) 갱(坑)은 지금의 항(炕)이다. 『일지록(日知錄)』에는 토갱(土坑)을 기록하면서 『구당서(舊唐書)』「고려전(高麗傳)」을 인용하였으나 이상의 두 조목은 언급하지 않았다.

당나라에 항(炕)이 있었다면 적어도 10세기로 거슬러 올라간다.

그러나 여기서 언급되는 갱(坑)들은 중국의 노갱(爐坑) 또는 화갱(火坑)이라고 보여 우리가 말하고자 하는 항(炕)이라고 보기 어려우며, 오히려 이어지는 다음의 기록이 타당성을 갖는 것으로 저자 왕사한 스스로 앞에서의 자신의 견해를 수정하고 있다.

元宇文懋昭金志云　穿土爲牀　煴火其下　而寢食起居其上
원 우 문 무 소 금 지 운　천 토 위 상　온 화 기 하　이 침 식 기 거 기 상
此卽炕也 志又云 家無大小 皆坐炕上 則明稱爲炕 宋朱弁
차 즉 항 야　지 우 운　가 무 대 소　개 좌 항 상　즉 명 칭 위 항　송 주 변
炕寢詩云 禦冬貂裘敝 一炕且跧伏 汪水雲湖山類稿幽州會
항 침 시 운　어 동 초 구 폐　일 항 차 전 복　왕 수 운 호 산 류 고 유 주 회
同館詩云 收拾碎磚裨暖炕 堀穿平地結寒爐 炕子 自宋已
동 관 시 운　수 습 쇄 전 비 난 항　굴 천 평 지 결 한 로　항 자　자 송 이
入詩矣 按炕見爾雅釋木 甘泉賦曰 炕浮柱之飛榱兮 李善
입 시 의　안 항 현 이 아 석 목　감 천 부 왈　항 부 주 지 비 최 혜　이 선
注云 炕擧也 漢書王莽傳贊曰 皆炕龍絶氣 炕與亢抗字同
주 운　항 거 야　한 서 왕 망 전 찬 왈　개 항 용 절 기　항 여 항 항 자 동
後人 因坑音枯橫切 而土炕所以煴火 乃直用炕字 非字之
후 인　인 갱 음 고 횡 절　이 토 항 소 이 온 화　내 직 용 항 자　비 자 지
本義也
본 의 야

원(元) 우문무소(宇文懋昭)의 『금지(金志)』에, "흙을 파내어 상(牀)을 만들고 그 아래에 불을 피운 뒤 그 위에서 침식과 기거를 한다" 하였으니 이것이 바로 항(炕)이다. 『금지』에 또 "집안의 어른 아이 할 것 없이 모두 항(炕) 위에 앉는다" 하였으니 항(炕)을 이른 것이 분명하다. 송나라 주변(朱弁)의 「항침시(炕寢詩)」에는, "추위를 막는 담비 갖옷이 해어져, 한 항(炕)에 엎드려 지낸다."라 하였고, 왕수운(汪水雲 왕원량을 말함) 「호산유고(湖山類稿)」의, 「유주회동관시(幽州會同館詩)」에는, "부서진 전돌을 모아서 난항(暖炕)을 채우고 평지 파내어 차가운 화로(火爐)에 연결시킨다."라 하였으니, 항(炕)자가 송(宋)나라 때부터 이미 시(詩)에 등장한다. 상고하건대 항(炕)은 『이아(爾雅)』의 '석목(釋木)'편에 보인다. 「감천부(甘泉賦=한(漢) 양웅(揚雄) 지음」에, "'기둥 위의 나는 듯한 서까래를 들어 올렸다'고 한 구절의 이선

(李善) 주(注)에 '항(炕)'은 들다(擧)"라 하였고, 『한서(漢書)』「왕망전찬(王莽傳贊)」에, "모두 끝까지 오른 용으로서 운기가 다 끊어졌다"라 하였으니, 항(炕)과 항(亢), 그리고 항(抗) 자는 같은 글자이다. 후인들이 坑(갱)의 음(音)이 고횡절(枯橫切)이므로, 토항(土炕)은 불을 지피는 것인데도 이(음)를 따라 바로 항(炕) 자를 사용한 것이니, 글자의 본래 뜻이 아니다.

통속편(通俗編 : 18세기 후반)

한편 청(淸)나라 책호(翟灝 : ?~1788)[24]는 『통속편(通俗編)』을 저술하였는데 이 책 권12에 앞에서의 『구당서(舊唐書)』와 『수경주(水經注)』의 기록을 옮긴 후에 다음과 같이 적고 있다.

此蓋卽煖坑也 則中華已自北魏前有之
차 개 즉 난 갱 야 　즉 중 화 이 자 북 위 전 유 지

이는 아마 난갱(煖坑)일 것이니, 그렇다면 중화(中華)에 이미 북위(北魏) 이전부터 있었다.

항(炕)이 북위(北魏) 이전에 중국에 있었다고 하는 것은 아마도 깊이 생각하지 않고 『수경주(水經注)』의 기록만을 염두에 두고 언급한 것으로 보이는데 깊이 논증한 자료는 아니라도 이 문헌은 항(炕)이 중국에서 시작되었다고 하는 거의 유일한 중국 측 자료이므로 여기에 소개해 둔다.

영고탑지(寧古塔志 : 청나라 초, 17세기 중반)

청(淸: 1636~1912)나라 초(初) 때부터의 기록에는 캉(炕)의 모양이 벌써 명료하게 기록되어 있다. 예를 들면 청나라 초기에 영고탑(寧古塔=寧安)[25]에 유배(流配)되었던 방공건(方拱乾)의 『영고탑지(寧古塔志)』 「궁실조(宮室條)」와 「풍속조(風俗條)」에는[26] 각각 다음과 같이 기록되어 있다.

궁실조(宮室條)

宮室 以上古時爲巢爲營窟 木頗材而無斧鑿 即樵而駕貫 貫
궁실 이상고시위소위영굴 목파재이무부착 즉초이가관 관
以繩 覆以茅 列木爲牆 而墐以土 必南向 迎陽也 戶樞外而
이승 부이모 열목위장 이근이토 필남향 영양야 호추외이
內不鍵 避風也 室必三炕焉 南曰主 西曰賓 北曰奴 牛羊鷄
내불건 피풍야 실필삼항언 남왈주 서왈빈 북왈노 우양계
犬 與主伯亞旅 共寢處一區焉云云
견 여주백아여 공침처일구언운운

궁실(宮室)을 상고 시대에는 새집처럼 나무 위에 짓거나(巢: 소)를 만들거나 굴을 파서 만들었다. 나무가 재목이 되면 도끼로 다듬지 않고 곧 베어서 꿰어 얹는데 노끈으로 꿴 다음 띠로 덮는다. 그리고 나무를 벌려 세워 담을 치고 진흙을 바른다. 반드시 남쪽으로 향하게 하는 것은 햇볕을 맞기 위함이고, 지게문의 지도리는 바깥에 두어 안에서 잠그지 않는 것은 바람을 피하기 위함이다. 방에는 반드시 세 개의 항(炕)이 있으니, 남쪽은 주인의 거처라 하고, 서쪽은 손님의 거처라 하고, 북쪽은 노비의 거처라고 한다. 소·양·닭·개는 주인 나그네와 한 구역에 같이 잔다…….

풍속조(風俗條)

炕四時無斷薪 薪在五十里外 五更飯牛 日暮乃返 採薪之僕
항사시무단신 신재오십리외 오경반우 일모내반 채신지복
尤司一家之命 于群僕更異數矣
우사일가지명 우군복갱이수의

항(炕)에는 사시사철 땔나무 때는 것을 중지하는 경우가 없다. 땔나무는 50리 바깥에 있는데 오경(五更 : 날샐 녘)에 소를 먹이고 날이 저물어 돌아온다. 땔나무를 하는 종은 더욱 한 집안의 명(命)을 담당하기 때문에 (다른) 여러 종에 비해 특별한 대우[異數 : 이수]를 받는다.

영고탑기략(寧古塔記略 : 18세기경)

『소대총서본(昭代叢書本)』에 수합되어 있는 문헌으로 『영고탑기략(寧古塔記略)』이 있다. 이 책은 오진신(吳振臣)이 쓴 것으로 되어 있다. 그의 죽은 연대는 알 수 없으나 청나라 강희연간(康熙年間 : 1661~1722)의 사람으로 영고탑에 귀양 간 오조건(吳兆騫 : 1631~1684)의 아들로 영고탑에서 나서 자란 사람이다. 이 책에는 다음과 같이 항(炕)에 관련되는 기록이 있다.

房室 大小不等 木料極大……冬間 寒氣侵入 視之如霜 屋
방실 대소부등 목료극대 동간 한기침입 시지여상 옥
內南西北 接繞三炕 炕上用蘆席 席上鋪大紅氈 炕闊六尺
내남서북 접요삼항 항상용로석 석상포대홍전 항활육척
每一面 長二丈五六尺 夜則橫臥炕上 必並頭而臥 卽出外亦
매일면 장이장오육척 야즉횡와항상 필병두이와 즉출외역
然 櫥箱被褥之類俱靠…… 客來 俱坐南炕 內眷不避云云
연 주상피욕지류구고 객래 구좌남항 내권불피운운

방실(房室)의 대소가 다르고 목재가 매우 크다 …… 겨울철에 한기가 침입하는데 살펴보면 마치 서리와 같다. 집 안의 남·서·북에 세 개의 항(炕)이 에워싸듯 빙 둘러 이어져 있고, 항(炕) 위에는 갈대자리를 깔고 자리 위에는 크고 붉은 모전(毛氈)을 펴 놓는다. 항(炕)의 넓이는 6척이며 매 한 면의 길이는 2장(丈) 5~6척(尺)이다. 밤이면 항(炕) 위에 횡으로 누워 자는데, 반드시 머리를 나란히 하여 자고, 만일 외출하게 되어도 그렇게 한다. 궤짝과 이부자리에 모두 기대며 …… 손님이 오면 모두 남쪽 항(南炕)에 앉고 안식구들과 내외하지 않는다…….

유변기략(柳邊記略 : 18세기 초)

『소대총서본(昭代叢書本)』에 수록된 『유변기략(柳邊記略)』에도 항(炕)과 영고탑에 대한 기록이 있다. 저술 연대는 알 수 없으나 『유변기략』은 강희연간 사람인 양빈(楊賓 : 1650~1720)이 저자이고 30세 나이로 죽은 것으로 되어 있으므로 18세기 초의 기록이 될 것이다.

寧古塔 四面皆山……屋皆東南向 土炕高尺五寸 周南西北
영고탑 사면개산 옥개동남향 토항고척오촌 주남서북
三面 空其東 就南北炕頭作竈 上下男女 各據炕一面 夜臥
삼면 공기동 취남북항두작조 상하남녀 각거항일면 야와
南爲尊 西次之 北爲卑 曉起 卽疊被褥 置一隅 覆以氈或靑
남위존 서차지 북위비 효기 즉첩피욕 치일우 부이전혹청
布 客至共座其中 不相避
포 객지공좌기중 불상피

영고탑(寧古塔 : 현재의 영안, 청나라의 발상지)은 사면이 모두 산이다 …… 집은 모두 동남향을 향해 있다. 토항(土炕)의 높이는 1척 5촌으로, 남·서·북 삼면을 빙 둘러 만들고 동쪽은 비워 놓는다. 그리고 남・북 항(炕)의 머리 쪽에 부엌을 만든다. 상하의 남녀가 각기 항(炕)의 한 면을 차지하고 밤이면 그 곳에 눕는데, 남쪽이 높은 자리가 되고 서쪽이 다음이며 북쪽은 낮은 자리가 된다. 새벽에 일어나면 곧장 이부자리를 개어 한쪽 구석에 놓고 모전(毛氈)이나 청포(靑布)로 덮어둔다. 그리고 손님이 오면 함께 그 안에 앉으며, 내외를 하지 않는다.

용사기략(龍沙記略 : 1757년경)

1757년경에 방식제(方式濟 : 1670~1771)가 찬술(撰述)한 『용사기략(龍沙記略)』의 「옥우조(屋宇條)」에는 만주인(滿洲人)의 민가에 대하여 다음과 같이 묘사하고 있다.

屋無堂室 厥西南北 土牀相連 曰卍字炕 虛東 爲燃薪地 西爲尊 南次之 皆賓位也
옥무당실 궐서남북 토상상련 왈만자항 허동 위연신지 서위존 남차지 개빈위야

집에는 당실(堂室 : 대청과 방)이 없고 그 서・남・북에 토상(土牀)이 서로 이어져 있는데 만자항(卍字炕)이라 하며, 동쪽은 비워두어 나무를 때는 장소로 삼는다. 서쪽이 높은 자리가 되고 남쪽이 그 다음이며, 서・남・북 모두가 손님 자리가 된다.

항(炕)의 겉모습에 대하여서는 어느 기록이나 대략 비슷하나 캉의 위치와 자리의 위계에 대한 설명은 조금씩 차이를 보이고 있다.

양반추우암수필(兩般秋雨庵隨筆 : 19세기)

양소임(梁紹壬 : 1792~1837)의 『양반추우암수필(兩般秋雨庵隨筆)』 권7에도 토항(土炕)에 대하여 언급하고 있는데, 손진태 선생이 검토한 바에 의하면 앞의 고염무가 지은 『일지록(日知錄)』의 기록에서 『수경주(水經注)』 부분은 생략하고, 「고려전(高麗傳)」까지 거의 그대로 옮긴 후에 고구려(高句麗)가 항(炕)의 기원지라고 하고 토항(土炕)의 항(炕)자는 갱(坑)으로도 쓴다고 적고 있다.

흑룡강외기(黑龍江外記 : 1810년경)

『점서촌사본(漸西村舍本)』 6권에 있는 서청(西淸)의 『흑룡강외기(黑龍江外記)』에도 대개 비슷하지만 다음과 같은 기록이 있다. 서청에 대해서는 가경연간(嘉慶年間 : 1796~1820)에 벼슬을 한 사람 정도만 알려져 있는데 손진태 선생은 1810년경에 저술된 책으로 적고 있다. 이 책에는 다음과 같은 기록이 있다.

屋內三面皆炕 燒之室自煖 不然 雖煨紅爐 寒氣不散 地下
옥내삼면개항 소지실자난 불연 수외홍로 한기불산 지하
四時堅凍 三伏炕必一二日一燒 否則腰膂間易致病 疾甚須
사시견동 삼복항필일이일일소 부즉요려간이치병 질심수
以熱炕烙 寒賤者 兩家僦居一室 僅以各炕爲畛域 客來許偕
이열항락 한천자 양가추거일실 근이각항위진역 객래허해
宿 無問城鄉 類如此
숙 무문성향 유여차

집 안의 3면이 모두 항(炕)인데 불을 때면 방이 저절로 따듯해지고 불을 때지 않으면 이글이글한 화롯불을 피워도 한기가 흩어지지 않는다. 땅 속이 사철 꽁꽁 얼어붙어 있어서 삼복(三伏, 한여름)에도 항(炕)에 하루 이틀에 한 번은 꼭 불을 때야 한다. 불을 때지 않으면 허리와 등 부위에 쉽게 병이 생기고, 질병이 심하면 반드시 뜨거운 항(炕)에 지진다. 빈한하고 천한 사람들은 두 집이 한 방을 세내어 셋방살이를 하는데, 겨우 각자의 항(炕)으로써 경계를 삼고, 손님이 오면 함께 재워준다. 성읍(城邑)이나 시골을 가릴 것 없이 대략 이와 같다.

이상에서 살펴본 문헌들이 비교적 오래된 만주 북방 지역의 항(炕)과 관련된 문헌들이다. 항(炕)의 기원을 파악하고, 이웃 지역에서의 생활상을 살피는 데, 그리고 우리의 구들(온돌)의 역사를 이해하는 데 도움이 되는 자료들이다.

항(炕)을 오늘날 우리는 항으로 읽지만 그러나 앞에서도 간간히 언급하였듯이 중국에서는 '캉'으로 발음하고, 『훈몽자회(訓蒙字會)』에서도 '강'으로 토를 달았다. 또 항(炕)은 때때로 갱(坑)자로도 대치되어 쓰였고, 토항(土炕)으로도 표현되었는데 우리말로는 '구들' 또는 '흙구들'이라 할 수 있을 것이다.

또한 토상(土床), 토상(土牀)과 빈번히 함께 쓰이고, 『고려도경(高麗圖經)』에서처럼 토탑(土榻)으로도 표현되기도 한다. 엄밀히 말하면 이들 표현들은 토항(土炕)과는 반드시 일치한다고 할 수 없으나 이들은 대개 그 밑에 불을 때는 것과 함께 언급되고 있으므로 '구들'과 같이 해석될 수 있다. 오늘날에도 만주나 중국의 항(炕), 즉 캉은 우리의 온돌에서와 달리 방의 일부에만 설치하는 바닥 난방이고 캉 부분이 벽체로 따로 나누어지지 않는다. 기록으로 보아 옛날의 것들도 그러했고 흙이나 벽돌을 써서 만들었을 뿐 보기에는 상(床) 또는 상(牀)의 일종이다. 오늘날 표현으로 간단히 말하면 '불을 땔 수 있게 한 침대'라 하면 이해가 더 쉬울 것이다.

“금나라는 고려인이 세웠다?”

송(宋)나라를 힘들게 하고 한때 중원을 지배했던, 그리고 고려(高麗)도 불편하게 했던 금나라(金國)가 고려에서 넘어온 이주민이 세운 왕조이며, 금나라는 우리의 역사에 편입되어야 한다는 학설이 최근에 제기되고 있어 주목된다.

이의 핵심은 금의 태조(太祖) 완안 아골타(完安阿骨打 : 완옌 아구다)의 선대가 본래 고려인이었다는 것인데, 확고한 문헌 사료적 근거를 갖춘 가운데 제기되고 있어 더욱 관심을 갖게 한다(KBS 역사스페셜, 2000년 5월 15일 방영).

금(金)나라가 고려인에 의해 건국되었다 하는 것은 이 책의 관심사인 ‘구들’ 즉 온돌과도 관련이 있기 때문이다. 지금까지 우리가 문헌으로 보아온 바로는 중국의 ‘캉(炕)’이 금나라가 송나라를 밀어내며 중국을 차지하면서부터 중국에 퍼진 것으로 보이기 때문이다.

금나라가 고려인에 의해 건국된 것이 사실이라면 구들이 본래 고구려에서 널리 쓰여 지역적으로도 발해나 그 주변 광범위한 지역으로 퍼져나갔고, 그리고 금나라의 세력이 커진 곳에서도 이미 사용되어 오던 것이라고 보는 것이 우선 타당하긴 하겠지만, 금의 시조와 함께 고려에서도 전달되었을 수도 있다고 한번쯤 생각해 볼 수 있다.

제 3 장

유적으로 보는 구들 이야기

'구들(온돌) 관련' 유적

- 평북 영변 세죽리 유적 · 139
- 자강 시중 노남리 유적 · 141
- 자강 중강 토성리 유적 · 146
- 평북 북창 대평리 유적 · 150
- 경기 수원 서둔동 유적 · 151
- 강원 춘천 중도 유적 · 154
- 경남 사천 늑도 유적 · 157
- 울산 울주 늠네 유적 · 162
- 서울 송파 풍납토성 유적 · 164
- 경기 하남 미사리 유적 · 174
- 충남 서천 지산리 유적 · 190
- 경기 파주 주월리 유적 · 192
- 경기 포천 자작리 유적 · 196
- 충북 청원 남성골 유적 · 201
- 충남 부여 부소산성 움집 유적 · 204
- 서울 송파 몽촌토성 유적 · 207
- 서울 광진 구의동 보루 유적 · 209
- 서울 광진 아차산 유적 · 214
- 집안 동대자 유적 · 223
- 발해 상경용천부 궁성 침전터 유적 · 226
- 함남 북청 청해토성 유적 · 230
- 함북 웅기 송평동 유적 · 231
- 함남 신포 오매리 절골 유적 · 238

● 전북 익산 미륵사 제10호 건물터 유적 · 241
● 전남 완도 청해진 법화사지 유적 · 244
● 전북 문경 문경새재 원터 유적 · 246
● 인천 강화 선원사지 유적 · 248
● 경기 과천 관악산 일명사지 유적 · 267
● 경기 과천 관악산 관악사지 유적 · 274
● 경기 고양 북한산성 행궁지 유적 · 284
● 경북 경주 감은사지 유적 · 293
● 경기 양주 회암사지 유적 · 296
● 경남 하동 칠불암 아자방 · 313
● 전북 익산 미륵사지 조선 시대 건물터 유적 · 318
● 전남 완도 보길도 세연정 · 321

우리는 항상 구들을 사용하고 있었지만 언제 어디서 등장했는지에 대해서 오랫동안 별 관심을 기울이지 않았다. 그러다가 그에 관심을 가지기 시작한 것은 앞의 문헌 고찰에서 본 바와 같이 19세기 중엽 「오주연문장전산고(五洲衍文長箋散稿)」부터이다. 그러나 관심을 가지기 시작한 이후에도 구들에 대한 연구는 한동안 고문헌(古文獻)의 기록에 의존하였다. 아직 고고학(考古學)이 발전되지 않았을 때이므로 다른 방법도 별로 없었다. 그렇다보니 기록 내용을 토대로 상상할 수밖에 없었고 『수경주(水經注)』나 『구당서(舊唐書)』 같은 문헌의 기록으로 구들의 시원(始原)을 추정할 수밖에 없었다. 손진태 선생의 「온돌고(溫突考)」가 문헌으로만 되어 있는 것도 그러한 시대적 배경을 반영하고 있다. 문헌 기록은 문헌 기록대로 매우 중요한 것이지만 보지 못하고는 이해에 한계가 있고 답답한 노릇이었다.

그런데 이제는 고고학이 발전하고 여러 곳에서 상당히 많은 구들 유적들이 발굴되었다. 기록으로만 보던 구들의 역사는 이제 유적으로 확인되기도 하고 보완되기도 하였다. 또 그 구조의 변화와 분포 상황에 대해서도 더욱 많은 가시적 정보를 갖게 되었다. 그러므로 지금부터는 그 동안 발굴되어 세상에 알려진 유적들을 중심으로 구들의 발전 과정을 살펴보기로 한다. 문헌과 섞어서 보지 않고 유적을 따로 모아 살피는 것이 불합리한 측면이 있지만 알려진 사례들이 많고 유적만 모아서 살펴보는 것도 형태의 변화 등을 살피는 데에는 오히려 유리한 측면이 있다고 생각되어 이러한 구성을 택하게 되었다.

구들과 관련하여 오래된 유적들은 얼마 전까지 주로 북한 지역에서 발굴되었는데 근래에는 남한 지역 여러 곳에서도 유적들이 많이 발굴되었다. 유적을 살피는 데 있어서도 문헌에서와 같이 대

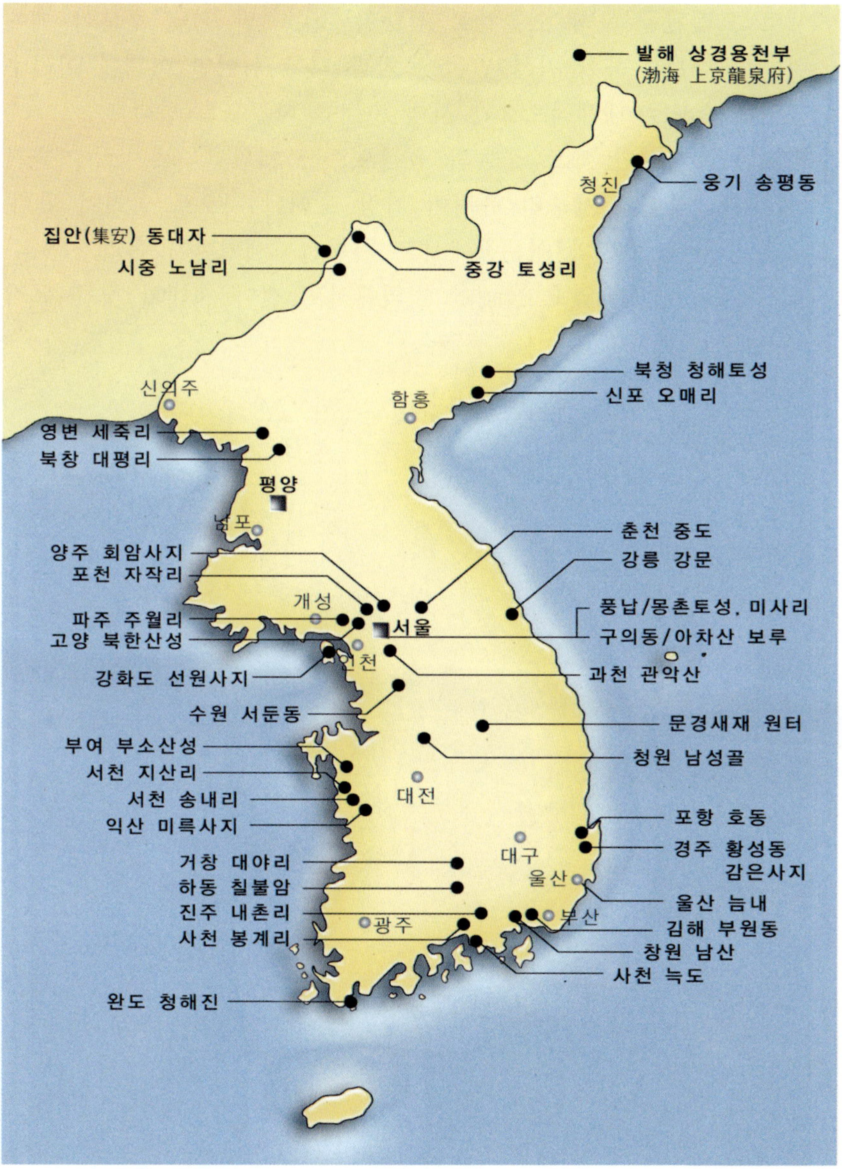

그림 33 주요 구들 유적지 위치와 분포

체로 오래된 것부터 오늘날로 접근할 것이지만 시대 구분이 애매한 것도 있고, 북한 지역 발굴 유적과 너무 섞이면 이해에 어려운 점이 있으므로 대체적으로만 시대 순서를 따르도록 한다.

얼마 전까지만 해도 구들의 유적으로는 기원전 3세기로 거슬러 올라가는 북한의 세죽리 유적이 가장 오래된 것으로 알려져 왔다. 그러나 남한 수원의 서둔동에서도 기원전 3세기까지 올라가는 구들 유적이 발견되었고 남해안 지역에서도 선사 시대의 구들 유적이 발견되고 있다.

세죽리 유적(B.C. 3~2세기)

(평안북도 영변군 영변읍 세죽리)

세죽리 유적은 평안북도 영변군 영변읍 세죽리(영변읍에서 동남방 10km 떨어진 청천강가)에 있다. 이 유적은 1961년 홍수가 나면서 세상에 드러나 북한 사회과학원 고고학 및 민속학연구소에서 두 차례 발굴한 곳이다.

이 유적은 청동기 시대부터 철기 시대에 이르는 여러 시기의 문화층을 포함하고 있는 것으로 확인되었다. 총 27기의 집터가 발굴되었는데 맨 윗층인 철기 시대층에서는 5개의 집터가 발굴되었다. 집자리 평면 모양은 대체로 방형 또는 장방형이고, 크기는 보통 30㎡ 안팎인데 10㎡ 미만의 작은 것도 있었다.

이 유적에서 특히 주목되는 것은 두 곳의 철기 시대의 집터에서

그림 34 평북 영변 세죽리 발굴 선사 시대 구들

구들 시설이 발견되었다는 것이다. 1호 집터의 구들은 'ㄱ'자 모양으로 돌을 두 줄로 나란히 세워서 만든 외줄고래(북한 보고서에서는 '외곬고래'라 함)이다. 이곳의 구들 시설은 심하게 흐트러져 구조를 정확히 복원할 수는 없지만 돌로 고래가 만들어지고 그 위에

그림 35 평북 영변 세죽리 발굴 주거지 구들

구들장이 덮여 있었던 것은 분명하다. 그리고 우리의 고유 난방인 구들(온돌)이 흔히 알고 있는 것과 달리 고구려 이전 고조선 시대에 이미 있었던 것을 뚜렷이 보여준다.[27] 그러므로 문헌으로나 유적상 구들의 존재 근거를 보여주는 현재까지 가장 오래된 구들 유적의 하나로 중요한 의미를 지니는 곳이다.

노남리 유적(B.C. 1세기 이전)

자강도 시중군 노남리

북한 노남리 유적은 1960년대 초 독로강발전소 건설과 관련하여 발굴된 곳으로, 먼저 무덤들을 발굴하는 과정에서 들어났다. 유적은 크게 위아래 두 문화층으로 구분되는데 아래는 청동기 시대 문화층이며 위에 철기 시대 문화층이 형성되어 있었다. 보고서에 의하면 청동기 문화층에서는 집터 하나가 확인되었는데 그 위에 무덤이 있어서 충분히 발굴하지 못하였으나 노지를 갖춘 깊이 30~40cm의 장방형의 움집이었다.

구들 시설은 2호 집터에서 발견되었는데 이 집은 동서로 긴 장방형의 지상 가옥이었고 동서 12m, 남북 10되는 장방형의 구획 안

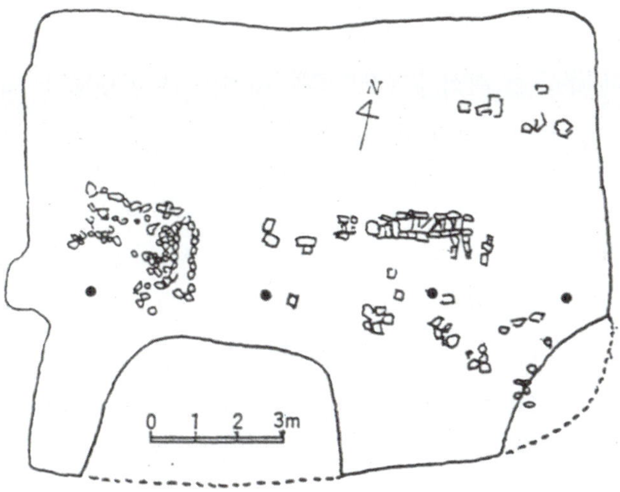

그림 36 자강도 노남리 제2호 주거지의 좌우 2개의 구들

에 2개의 'ㄱ'자형 구들을 설치하고 있었다.

동쪽편의 구들은 동서로 2.8m나 뻗어 있었고 너비가 30cm, 구들 고래(구들골)의 높이가 25cm 안팎이었는데 순전히 둥글고 납작한 강돌을 모아서 만들었다. 남쪽으로 뻗은 부분의 길이는 50cm, 너비는 40cm였다. 이 부분에는 재가 일정한 너비로 20cm 정도 쌓여 있었고 돌에는 불에 세게 그을린 자리가 보이는 것으로 보아 아궁이로 추정되었다. 아궁이 동쪽에는 이와 나란히 돌을 세웠는데 보강 시설로 보였다.

이 구들의 서쪽 끝은 더러 허물어져 있었기 때문에 잘 알 수 없으나 70cm 가량 사이를 두고 다시 고래가 얼마간 지속되었는데 이 끊어진 곳에 굴뚝을 세웠던 것으로 보고서는 추정하고 있다. 구들 시설의 남쪽 1.5~2m 거리에 작은 돌무지 2~3개가 있었는데 그 주변에는 깨진 돌, 숫돌 등이 있었다. 구들고래의 북쪽에 있는 홈에서 연대 추정에 도움이 되는 '오수전' 한 개와 쇳조각, 쇠활촉, 숫돌 등이 나왔다.

서쪽의 구들은 역시 'ㄱ'자형으로 구부러진 고래였다. 동쪽 고래와 방향이 완전히 일치하지는 않지만 대체로 긴 고래 부분이 동서로 놓였다. 동서로 뻗은 긴 고래는 길이가 2.6m였고, 남쪽으로 뻗은 고래는 2.3m가 되어 전체 길이가 약 5m 가량 되었다. 구들장이 모두 밀려서 그것을 받쳐놓은 돌들과 뒤섞여 있었으나 원래대로 세워놓고 보면 너비는 40cm 가량 되었다. 양쪽의 고래 길이가 동쪽의 구들과 달리 거의 같게 길다는 점에서 그만큼 난방 효과가 컸을 것으로 추정된다.

남쪽 끝 부분에 재가 두껍게 쌓인 것을 보면 이쪽에서 불을 피운 것이 틀림없다. 이쪽에 세워 놓은 돌이 불에 더 많이 달은 흔적이 있었다. 그런데 남쪽 고래 끝을 좀 큰 화강석으로 질러 막고 서

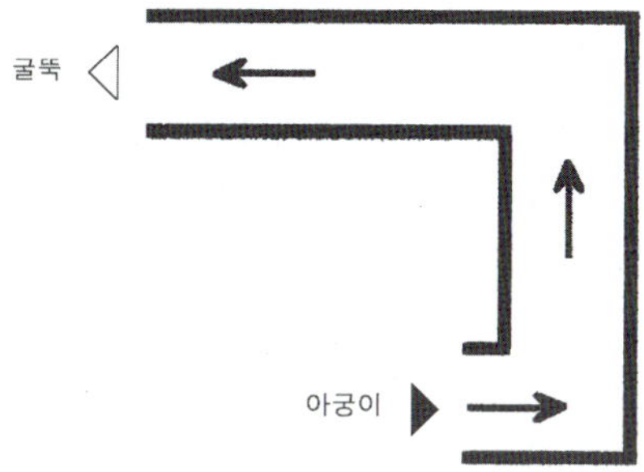

그림 37 노남리 제2호 주거지 서쪽 고래 아궁이 위치

쪽 부분을 터놓아서 결국 남쪽 고래 끝의 서쪽에 사람이 앉아 동쪽으로 불을 지피게 되어 있다는 점이 특이하다. 이것은 방향을 한 번 더 틀어 불기가 아궁이 쪽으로 내는 것을 방지한 의도로 보인다고 했다.

이곳 노남리 제2호 주거지는 다음에 소개될 토성리 구들 유적보다 더 발전된 모습을 보여주지만 오히려 토성리보다 더 이른 시기의 것으로 일단 기원전 1세기경의 것으로 편년하기는 하지만 기원전 4~3세기까지도 올려볼 수 있는 유적이라고 한다.[28]

아궁이 문을 고래 방향에 직각으로 설치한 것은 고구려 벽화 안악 제3호분 주방도(부엌간)의 부뚜막이나 약수리 고분 벽화의 부뚜막 그림, 그리고 운산군 용호동의 기단 돌각담 무덤에서 나온 철제 부뚜막, 또 집안(集安)에서 수집된 녹유를 입힌 부뚜막 모형 등의 사례와 같다.

일직선 형이나 'ㄱ'자형 구들에서는 대개 벽을 따라 실(室)의 일부에 구들이 설치되었고 머리 부분(길이 방향)으로 아궁이가 설치되면 아궁이 앞에서의 활동 공간을 포함하여 더 긴 공간을 필요로 하므로 측면으로 아궁이를 두는 것은 합리적이라 할 것이다. 그러나 뒤에 소개될 미사리, 풍납토성 등에서 보는 부뚜막형들은 집의 중앙 쪽에서 고래 방향으로 불을 지피게 되어 있다. 그곳의 부뚜막형들은 여기서의 고래의 길이보다 짧으므로 아궁이를 고래 방향으로 바로 두어도 활동에 큰 지장을 주지 않기 때문일 것으로 추정된다. 그리고 방바닥 전면이 구들로 발전되고 부엌을 분리한 조선 시대 이후의 구들에서는 아궁이 문의 방향, 즉 불을 때는 방향과 고래의 방향이 보조 아궁이의 경우를 제외하고는 같은 방향이 된다.

그림 38 고구려 청동 부뚜막, 1~3세기(평양 낙랑 구역 출토)

그림 39 고구려 부뚜막(평안북도 운산군 용호동 출토)

그림 40 약수리 벽화 무덤의 고구려 부뚜막 그림, 4세기말~5세기초 (북한 남포시 강서구역 약수리)

그림 41 안악 제3호 고분 벽화의 주방도에 보이는 부뚜막, 4세기 중엽 (황해도 안악군 오국리)

한편 한 집 안에 두 개의 구들을 두고 있는 경우는 후대 발해의 구들 유적에서 흔히 보게 되는데 이 노남리 유적은 그 전례가 되는 성격도 띠고 있다.

토성리 유적(B.C. 1세기, 고구려 초기)

자강도 중강군 토성리

북한에 있는 토성리 유적은 초기 고구려 유적 가운데 난방 시설이 가장 많이 발견된 곳이다. 운봉발전소 건설과 관련하여 자성강 유역을 발굴하면서 압록강 유역인 이곳도 함께 발굴된 것인데 이 유적에서는 6개의 구들 자리가 드러났고, 지상 가옥들이어서 구들 시설이 집터를 알려주는 가장 분명한 유구이기도 했다. 그 가운데 가장 잘 남은 구들은 제4구의 구들이고, 제5구에서 1개, 남새밭 유적에서 또 1개가 발굴되었다.

제1호 구들

제1호 구들은 이중에서도 비교적 잘 남은 것으로 아궁이는 남쪽에 있고, 아궁이에서 'ㄱ'자로 꺾어 뻗은 고래가 약 3m 된다. 이 'ㄱ'자로 된 고래에 안겨진 구획은 진흙으로 다져져 있었다. 그로부터 남쪽이 얼마간 낮아졌고 여기에 고구려식 단지 한 개가 완전한 채로 놓여 있었다. 이로 보아 구들고래는 이 집의 방 북쪽 벽 가까이에 있었던 것이다. 구들고래 북쪽이 패인 것으로 보면 구들고래 밖은 곧 방 바

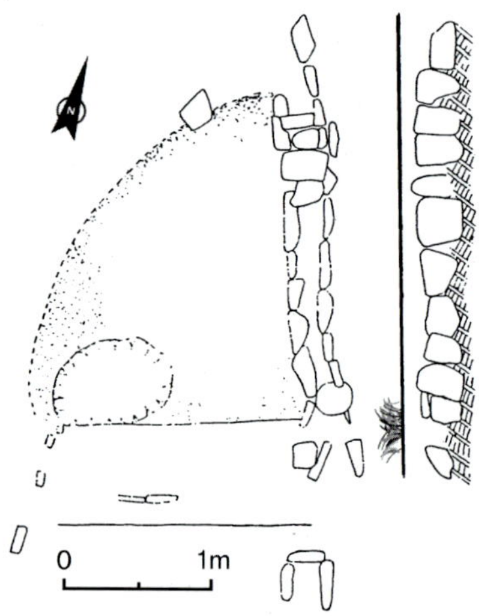

그림 42 자강도 중강군 토성리 1호 주거지의 구들

깥이었던 것으로 보인다.

제2호 구들

제2호 구들은 보고서에도 도면 자료 없이 설명만 되어 있는데 그에 의하면 원래 'ㄱ'자형으로 구부러진 것이며 대체로 1호 구들과 같은 방향으로 놓였던 것으로 짐작된다. 남북으로 뻗은 것은 거의 없어졌고 서쪽으로 뻗은 부분만 남아 있었다. 서쪽으로 뻗은 고래의 길이는 1.6m, 골의 너비는 30cm였다. 서쪽 끝에는 직경 30cm 범위에 불에 탄 자리가 있었는데 거기에 불을 지폈던 것으로 추정되었다.

제3호 구들

제3호 구들은 2호 시설의 서남쪽에 길게 놓여 있었고, 높이 23cm 안팎으로 강돌을 세운 것으로 고래의 길이는 1.4m였다. 구들 고래의 북쪽 부분을 돌로 막았고 남쪽 부분은 동쪽으로 약간 꺾이었는데 그 부분에 구들장(덮개돌)이 한 장 놓여 있었고 골 위에 올려 놓았던 몇 개의 돌이 흘러내려 있었다. 불에 탄 재가 적어서 알 수 없으나 아궁이는 이곳의 동쪽 부분으로 나 있었던 것으로 보이

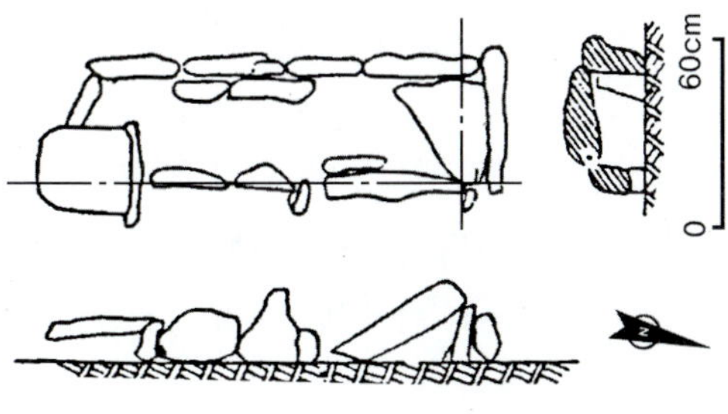

그림 43 토성리 3호 주거지의 구들

며 노남리 2호 구들의 아궁이를 연상시킨다.

제4호 구들

제4호 구들은 긴 외고래만 남았고 아궁이를 명확히 확인할 수 없었으나 그 생김새로 보아 대체로 남쪽 끝에 있었고 서쪽으로 아궁이가 열려 있었던 것으로 보인다. 고래의 높이는 20cm, 너비 23cm, 그리고 고래의 길이는 165cm 정도이며 다른 것들과 마찬가지로 강돌과 진흙으로 되어 있었다.

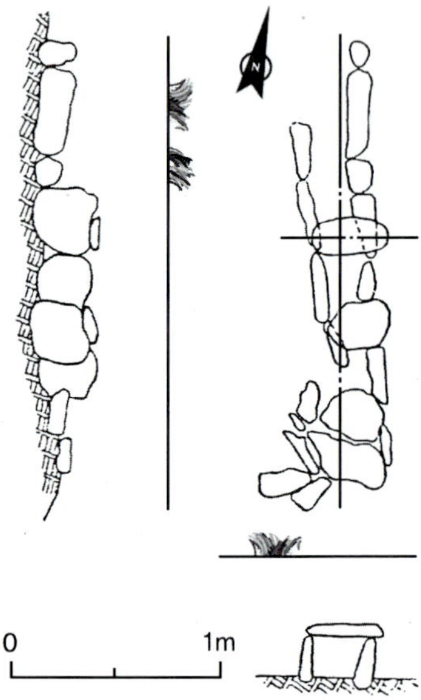

그림 44 토성리 4호 주거지의 구들

제5호 구들

제5호 구들은 제5구에서 발견되었는데 'ㄱ'자형으로 구부러진 구들 시설로 고래가 골이 4개였다. 다른 1~4호 구들 시설보다 규모가 상당히 큰 것으로 바깥 두 줄은 동쪽 끝에서 잇닿은 듯한데 명확하지 않으며, 안쪽의 두 줄은 각 줄이 서로 따로 떨어져 있었다. 이 고래의 동쪽 끝마다 둥글고 넓은 재 구덩이가 있었다고 했다. 이는 불을 피운 자리였는데 거기가 아궁이였던 것으로 보인다 했다. 고래 골 위에 고구려식 단지가 하나 있었는데 그것은 층위 관계에서 이 (구들)보다 늦은 시기의 것으로 판명되었다고 하였다.29)

이상의 구들 시설들은 일부 깎여 나가고 모래층으로 되어 있어

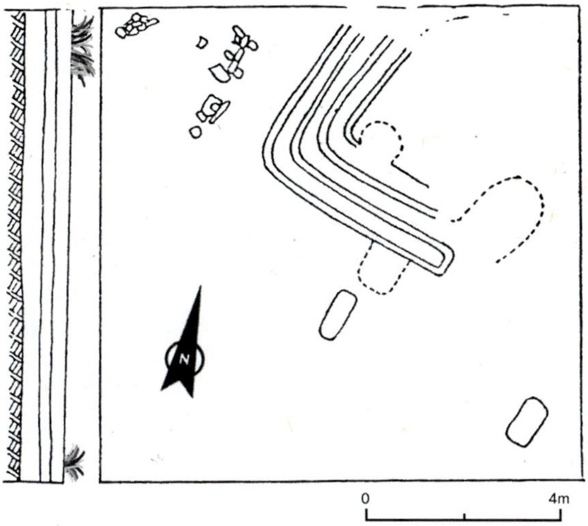

그림 45 토성리 5호 주거지의 구들

각각의 연대를 세밀히 따질 수는 없으나 서로 덧놓인 상태와 지층의 두께에 의해 판단하면 1개는 기원 후 1세기경의 것으로 추측되지만 나머지는 초기 고구려 문화층에 속한다고 보고 있다.[30]

대평리 유적(B.C. 1세기경: 고구려 초기)

평안남도 북창군 대평리

대평리 유적은 1966년에서 1967년에 걸쳐 북한에서 발굴된 것이다. 발굴 사례가 많지 않을 때의 것이라서 노남리 유적 등과 함께 이미 일찍부터 주목을 받아온 사례이기도 하다.

이곳에서는 여러 개의 주거지가 발굴되었는데 특히 제2호 집터는 'ㄱ'자형으로 꺾인 고래 모습을 하고 있는데 부분적으로 두 줄의 고래를 보여준다는 점에서 주목되는 사례이다.

고래의 북단 끝 부분에 아궁이가 위치하고, 두 줄의 고래로 남쪽으로 가다가 동쪽으로 꺾이는 부분부터 하나의 고래로 통합되고 있다. 이 대평리 2호 집터는 두줄고래 형식을 분명히 보여주는 최초의 사례로, 구들의 발전 과정을 파악하는 데 중요한 바탕이 되어왔다.31)

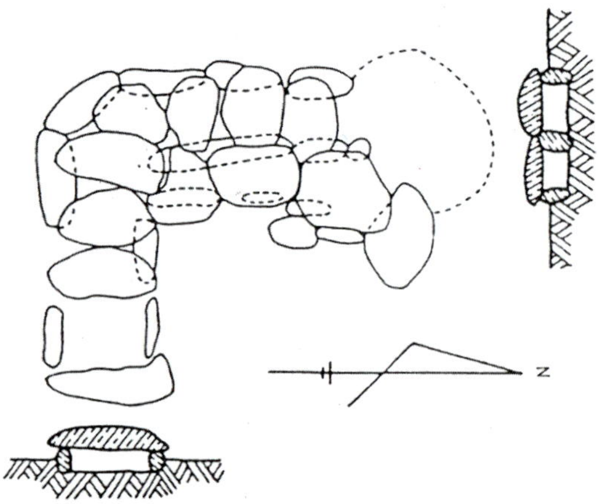

그림 46 북창 대평리 제2호 집터

수원 서둔동 유적(초기 철기 시대, B.C. 300~0년)

경기도 수원시 서둔동 여기산

서둔동(西屯洞) 여기산(麗妓山) 유적은 숭실대 박물관이 1979년부터 1981년까지 발굴한 주거지로서 청동기 시대부터 초기 철기 시대에 속하는 것인데 구들, 즉 온돌의 시원적 형태가 발견되어서 북한의 세죽리 유적에 버금가는 오래된 구들 유적으로 주목되는 곳이다.

여기산은 농촌진흥청 구내에 있는 해발 101m의 야산인데 여기에서 모두 7개의 주거지가 발굴되었다. 이들은 중부 지방에서 흔히 볼 수 있는 무문 토기(無文土器)만 나오는 주거지와, 김해식(金海式) 토기와 무문 토기가 철기와 함께 나오는 주거지가 층위를 이루거나 별개의 지점에서 발굴되었다. 따라서 이 주거지 유적은 무문 토기부터 김해식 토기가 출현하는 초기 철기 시대에 이르기까지 장기간에 걸쳐 사용된 주거지이었음을 알 수 있다.

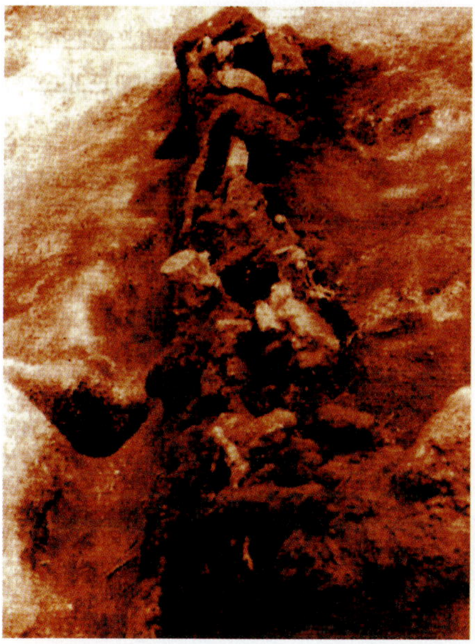

그림 47 수원 서둔동 여기산 구들 유적

무문 토기 주거지는 중부 지방에서 많이 보이는 장방형의 수혈 주거지이고, 무문 토기 주거지에서는 특별한 난방 시설을 발견하지는 못하였다.

김해식 토기 주거지는 한 변이 4m 전후되는 방형(方形) 주거지와 장방형(長方形), 그리고 반이 훼손된 주거지 3개를 발굴하였는데 모두 벽면에 기둥 구멍[柱穴]이 있고 가운데에도 기둥 구멍이 있다. 그런데 이 중에서 제7호로 명명된 주거지에서 지금까지 볼 수 없었던 특수 형태의 난방 시설이 발견되었다. 발굴 보고서에서 해당 부분을 거의 그대로 옮겨보면 다음과 같다.

그 구조를 발굴된 상태에서 복원하여 보면 북벽에 붙여 1변이 약 30cm의 얇은 흙벽돌을 30cm 간격을 두고 양편에 세우고, 그 위에 똑같은 크기의 벽돌을 덮어서 35×35cm 크기의 터널형 구들고래를 구축하였다. 서쪽 끝에서 다시 서벽을 따라 꺾어서 아궁이를 만들고 동쪽 끝에서 역시 벽에 붙여 높이 굴뚝을 쌓아 지붕위로 뽑아 올렸던 것으로 보인다. 이 빼치카 형태의 불고래는 열을 많이 받는 아궁이 쪽은 논흙을 사용하였고, 구들 쪽으로 반 부분은 붉은 진흙을 사용하였다. 논흙을 사용한 것은 불을 지펴 고열이 가해져도 터지지 않게 한 것으로 생각된다. 불고래 내부는 흙이 구어져서 토기(土器)처럼 단단하였고, 고래 내부에는 재가 흙과 함께 차 있었다. 굴뚝은 수혈 내부로 넘어져 무너졌는데 역시 연기가 나가면서 그을린 부분이 넘어지면서 그대로 겹쳐 쌓여 있었다.[32)]

이러한 구조를 확대하여 방 전체에 시설하면 오늘날과 같은 온돌이 되는 것이므로 우리나라 온돌의 시원적 형태라 할 수 있다. 한반도 중부 지방인 수원 지역에서 이러한 오래된 유적이 발견되었다는 것은 비록 시원적 형태이지만 구들, 즉 온돌이 지금까지 짐작되어온 것보다 훨씬 오래전부터 이 지역에까지 전파되어 있었음을 보여 준다. 이러한 의미로 서둔동 여기산 구들 유적은 중요한 자료가 되고 있다.

한편 이곳 제4호 주거지에서는 판자가 불에 타 숯이 된 듯한 목탄(木炭)이 많이 발견되었고 쇳조각 하나는 톱으로 밝혀져 나무를 켜서 집을 지은 것임이 확실하였다. 또 주위의 파괴된 지점에서 채집된 토기 밑바닥에서는 '볍씨' 자국이 확인되었고, 난방 시설에 사용된 진흙들도 볏짚을 넣어서 익힌 흔적이 뚜렷하였다고 보고서는 적고 있어 근대에 구들 만들 때처럼 진흙의 결속을 다지는 데 볏짚이 이미 사용되고 있었다는 점도 주목할 일이다.

춘천 중도 유적(B.C. 2~1세기)

강원도 춘천시 호반동

춘천 중도(中島) 유적은 북한의 세죽리 유적보다 약간 늦은 기원전 2~1세기 초기 철기 시대의 것으로 국립박물관이 1980년 발굴하였다. 이 곳에서는 철기 시대 집터의 구조와 토기 양식이 밝혀져 '중도식 토기 주거지'란 명칭이 유래하게 되었는데 중앙의 불자리와 별도로 부뚜막의 연장으로 보이는 시설 일부가 남아 있어서 구들의 시원적 형태를 짐작하게 하는 유적의 하나이다.

제1호 집터의 경우 평면이 모를 죽인 방형으로 동서로 5.4m 남북으로 5m, 깊이는 0.42m이며 중앙에서 약간 북쪽으로 치우쳐서 돌을 빽빽이 깐 타원형의 불자리[爐址]가 있다. 불자리는 남북으로 120cm, 동서 92cm 정도의 크기이며 50여 개의 돌로 바닥을 깔았다. 이 불자리의 서북쪽 머리에 큰 돌을 하나 세웠고, 납작하고 길쭉한 냇돌로 불자리 가상자리에 띠를 돌렸다. 이 테두리는 진흙을 발라 싸고, 바닥도 진흙으로 발라 덮었던 것으로 조사되었다.

그림 48 춘천 중도 제1호 주거지 전경과 부뚜막

그림 49 춘천 중도 제1호 주거지 부뚜막

이 불자리의 머리 부분으로부터 비스듬히 바닥을 가로지른 진흙 구조물이 있는데 폭이 1.5m이고, 이것이 좁아지면서 움집벽의 어깨 위로 올라가 폭이 70~80cm로 좁아지며, 길이 1.5m, 높이(두께) 30cm 가량되었다. 동쪽에 붙은 진흙더미 속에서 화구와 같은 터널(높이 23cm, 폭 50cm)이 나타났는데 굴뚝 시설로 추정되고 있다. 유구는 온전하지 않아 가운데의 타원형의 불자리와 연결된 시설이었는지 아니면 타원형 불자리와 별도로 일종의 부뚜막 구조의 또 하나의 불을 쓰는 시설이었는지는 확실하지 않다.

그러나 구들의 시원은 부뚜막을 연장하는 과정에서 생겨난 것으로 믿어지고 노지와는 별도의 부뚜막을 설치하여 취사에 사용했다고 보면 구들로 이어지는 과정을 보여주는 유적이란 점에서 주목된다. 이는 부뚜막을 연장하고 시루 같은 것을 얹으며 연기도

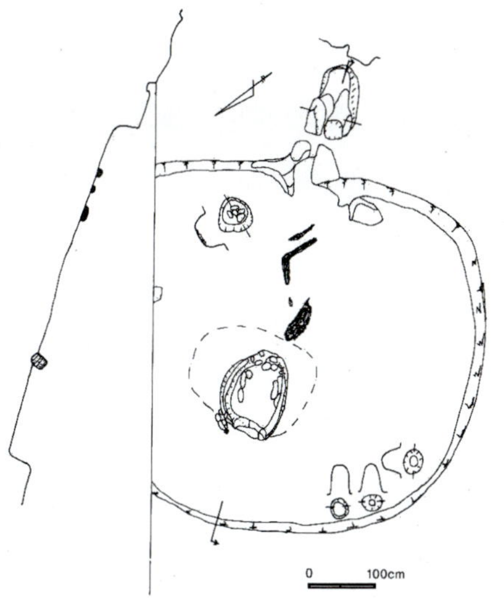

그림 50 춘천 중도 제1호 주거지 평면과 부뚜막

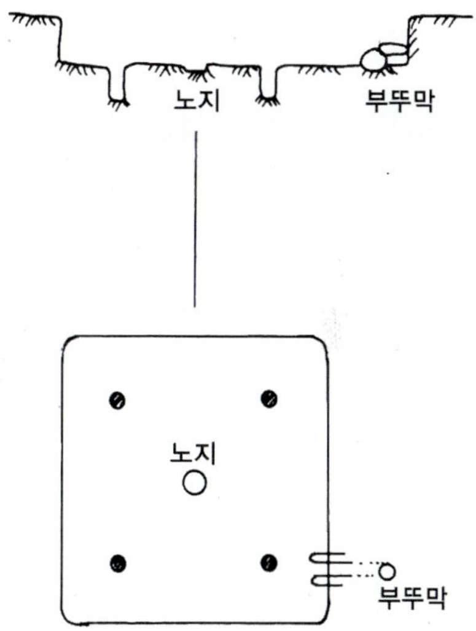

그림 51 일본 모요로 주거지와 부뚜막

그림 52 춘천 중도 제1호 주거지 중앙의 노지(불자리)

배출하였던 일본 북해도의 찰문식(擦文式) 움집인 모요로(もよろ) 유적의 경우를 떠올리게 한다. 모요로 유적은 구들과 같은 구조로 발전 조짐을 보이긴 하지만 이후의 발전에서 구들로 발전되지는 못했다.[33]

사천 늑도 유적(삼한 시대 B.C 2~A.D. 2세기)

경남 사천시 늑도동

한반도 남단 끝자락에 해당하는 사천 늑도(勒島)에서도 구들 유적이 발굴되었다. 1979년 7월 처음 발견되어 수차례 지표 조사를 거쳐 2002년에 어느 정도 발굴이 마무리되었는데 이 유적에서는 패총(조개무지), 무덤 등과 함께 주거지가 다수 발견되었다.

그런데 초기 철기 시대(삼한 시대)의 마을로 알려진 B지구(1998년

그림 53 사천 늑도 B지구 가-30호 집터

이래 부산대학교 박물관이 발굴) 가30호, 가67호, 가74호, 가91호 등의 주거지와 그리고 A지구 다-2-3호, 가17호 주거지(1998년 이래 경남 고고학 연구소에서 발굴) 등 여러 곳에서 구들 시설이 발견되어 세인의 관심을 끌었다. 이곳의 구들들은 원형 주거지의 벽체를 따라 한 줄의 고래를 설치하고 있는데 원형이란 점을 제외하면 비슷한 시기의 유적으로 보고된 평안남도 북창군 대평리 주거지의 구들을 연상하게 하기도 한다.

그림 54 사천 늑도 B지구 가-30호 집터 부뚜막

이곳 늑도에서의 구들은 투박한 자연석이 아니라 얇게 쪼갠 판석을 주로 사용하여 만들었는데 한편으로는 북한의 초기 구들 사례들보다 더 발전적인 모습을 보이는 반면 구조적으로는 불안정한 모습을 보여준다. 이곳에서 함께 발굴된 가-91호 주거지의 구들은 완전히 내려앉은 상태로 발굴되었는데 그 이유를 설명 해주는 듯하다.

늑도의 구들 유적은 구들이 철기 시대에 이미 한반도 남쪽 끝에서도 사용되고 있었음을 보여준다는 점에서 매우 중요한 의미를 지닌다. 일반적으로 구들은 한반도 북부나 만주 지역 어디에선가

그림 55 사천 늑도 B지구 가-30호 집터 고래 상세

그림 56 사천 늑도 A지구 가-17호 주거지 구들 상세

시작되어 남쪽으로 전파된 것으로 믿어지고 있는데 북한 지역에서 발굴된 구들 초기 형태와 비슷한 구들이 한반도의 남쪽 끝에서도 발견되고 있는 것이다.

이곳 늑도 유적에서는 다량의 외래계 유물이 출토되고 있어, 유적의 형성이 고대에 바다를 이용한 수송이나 교역과 밀접한 관련을 지니는 것이 아닌가 추측되기도 한다. 그렇다면 구들 유적도 해상 교류를 통하여 일찍이 북쪽으로부터 도입된 것이 아닌가 추측해 볼 수도 있는데 이 늑도보다는 좀 늦은 시기로 보긴 하지만 충

그림 57 사천 늑도 A지구 다-2-3호 주거지

북 남성골에서도 고구려 구들 유적으로 보이는 것이 발견되었으므로 이곳과의 거리로 보아 육지로 전파되었을 가능성도 배제할 수 없다.

어쨌든 인접 지역인 사천 봉계리, 창원 남산, 김해 부원동, 그리고 울산 사연리 늠네 등에서도 이곳 늑도와 유사한 구들 시설들이 발견되어 구들이 3세기 이전에 남해안 지역까지 전파되어 있었다는 것은 이제 분명한 사실이 되고 있다. 그 외에 남한 중부 지역에서도 초기 구들 시설들이 여러 곳에서 발굴되고 있으므로 구들은 생각보다 일찍 대체로 한반도 전역으로 전파되었던 것으로 보게 한다.[34]

그림 58 사천 늑도 B지구 가-67호 집터 부뚜막

그림 59 사천 늑도 B지구 가-91호 원형 주거지의 무너져 내린 구들

울산 늠네 유적(B.C. 2~A.D. 3세기)

울산 광역시 울주군 범서면 사연리

울산 늠네 유적은 2001년 국도 24호선 울산-범서간 확장 및 포장 공사를 계기로 조사되었다. 청동기, 삼국, 그리고 조선 시대에 속하는 유적인데 청동기 시대 주거지로는 5개가 확인되었다.

그런데 이중 4호 주거지로 명명된 집자리에서 구들고래 시설로 추정되는 벽구가 발견되었다. 4호 주거지의 집터는 거의 원형으로 크기는 5×4m 정도 된다. 주거지 동편에서 아궁이가 흐트러진 모습으로 발견되었고 북서쪽으로 벽선을 따라 폭 12~20cm의 벽구(壁溝)가 설치되어 있는데 유구는 별로 남은 것이 없지만 구들고래가

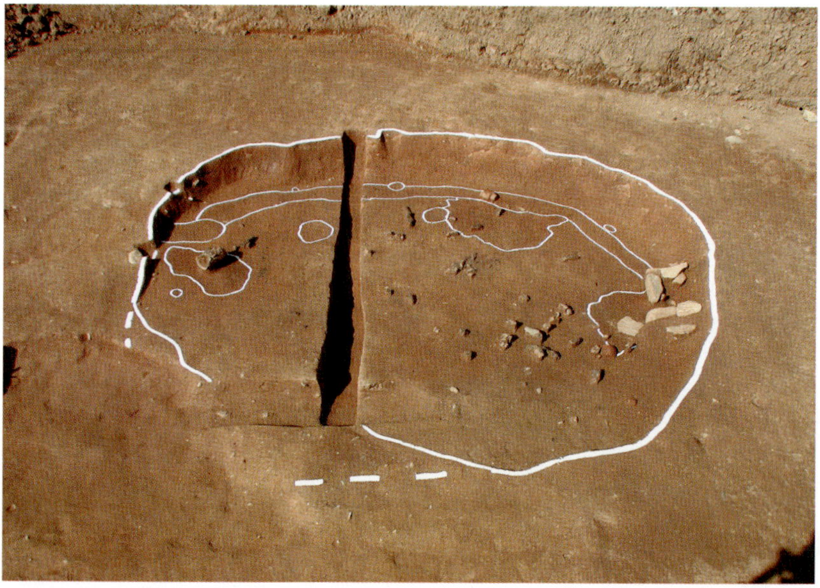

그림 60 울산 늠네 4호 주거지의 구들(삼한 전기)

놓였던 것으로 추정되고 있다. 바닥은 부분적으로 불다짐 되어 있었다.

이 유적은 출토 유물로 보아 대략 무문 토기 말기에서 삼한 전기에 속하는 주거로 보고 되고 있고 사천 늑도, 사천 봉계리 등의 구들 유적과 함께 고대에 한반도 남부에서의 구들의 존재를 알려주는 중요한 자료로 평가되고 있다.[35]

확보된 사진 자료가 좋지 않아 여기에서 별도로 취급하지는 않지만 울산과 그리 멀지 않은 포항 호동에서도 비슷한 시기(3세기경)에 속하는 구들(온돌) 유적이 여러 개 발굴되었다. 특히 9G-15호 주거지와 12G-8호 주거지, 13G-9호 주거지, 19G-7호 주거지에서 비교적 잘 알아볼 수 있는 구들 시설들이 확인되었다. 이들 주거지는 모두 방형으로 1개소는 수혈 주거지이지만(9G-15호) 나머지는 지상식 주거지였다. 온돌은 난방과 취사를 겸하는 형식이었고, 북쪽 벽을 따라 점토를 쌓아 고래를 설치하였고 아궁이는 'ㄱ' 자형을 이루며 고래 방향에 직교하게 놓여 있다.[36] 모두 한반도 남부에서의 구들의 유적으로 4세기 이전의 구들의 존재를 보여주는 자료들이다.

풍납토성 유적(A.D. 1~3세기)

서울시 송파구 풍납동

풍납토성(風納土城) 주거지는 1997년 재건축 아파트 신축 부지 터파기 공사를 하다가 백제 시대의 토기 조각, 어망추(고기 잡는 그물에 다는 추) 등 유물이 다수 나오기 시작해 1, 2차에 나누어 국립문화재연구소와 여러 대학박물관이 참여하여 시급히 발굴하게 된 곳이다. 주택조합을 구성하여 아파트를 신축하는 과정에서 유물 출토로 공사가 중단되어야 했으므로 주민의 피해가 커 집단 민원과 항의가 잇따라 당시 세간의 주목을 받던 곳이다. 따라서 발굴은 긴급 발굴 조사단을 구성하여 진행할 정도로 1년 가까운 짧은 기간에 급하게 이루어졌다.

1차로 발굴된 '가' 지구에서는 총 11호의 집터가 발굴되었고, 2차로 발굴된 '나' 지구에서는 8호의 집터가 발굴되어 총 19호의 집터가 발굴되었다. 급하게 발굴되었지만 이때까지 확인된 원삼국 시대에서 백제 시대에 이르는 주거지 가운데 가장 양호한 주거지가 발견되는 등 그 성과가 컸고, 주거지 중 여러 개가 구들의 발전 과정을 살펴보는 데에도 의미 있는 부뚜막 시설을 비교적 양호한 상태로 보여주어 춘천 중도 사례 이후 주목되는 사례가 되고 있다.

풍납토성 '가'-2호 주거지

'가'-2호(가지구 2호)로 명명된 주거지는 긴 축이 9.5m, 짧은 축이 7.5m 정도 되는 것으로 출입구 부분까지 포함하면 20평이 넘는 큰 집이다. 전체적으로 각이 진 삽 모양의 평면 형태를 하고 있다(실제로 이 집터에서는 'U'자형 철제 삽이 거의 완전한 형태로 출

그림 61 서울 풍납토성 '가'-2호 주거지와 부뚜막(북쪽에서)

토되어 철기 제작 기술을 시사하고 있다).

전체적으로 불에 탄 상태로 벽체 또는 지붕 등의 가구 부재로 추정되는 목재와 판재들이 불규칙하게 흩어져 있었다. 남측 모서리 부근에서 바닥에 깐 것으로 추정되는, 볏짚을 엮어 만든 돗자리(크기 80cm×120cm)가 탄화된 상태로 발견되었다. 동쪽 벽 중간에서 약간 떨어진 곳에서는 탄화된 판자(크기 60cm×140cm)가 발견되었는데 정연하게 깎은 흔적을 볼 수 있어 당시의 목재 가공과 관련된 도구가 상당한 수준으로 발전되어 있었음을 짐작케 한다.

출입구 반대편 집의 후면에 약간 오른쪽으로 치우쳐서 부뚜막 시설이 있는데, 집 바깥쪽으로 경사를 이루며 올라가고, 길이가 2.6m, 높은 곳(좁은 곳) 폭이 60cm, 아궁이쪽 폭이 100cm로 평면상 긴 사다리꼴 형태를 이루고 있다. 부뚜막은 점토를 이용하여 양벽을 만들고 천정부를 씌워 북동쪽의 굴뚝부까지 터널형으로 축조

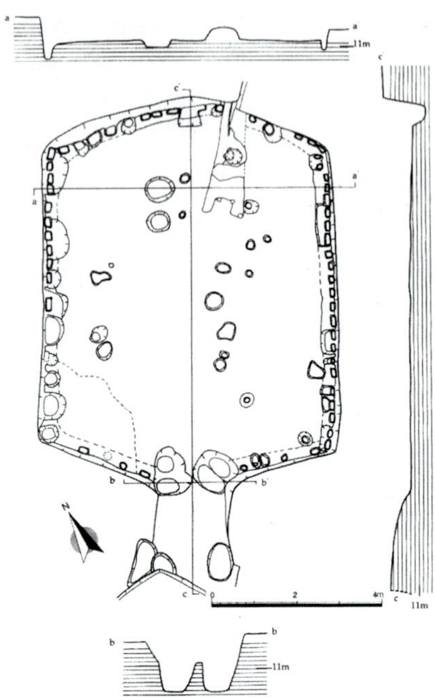

그림 62 서울 풍납토성 '가'-2호 주거지

하였다. 굴뚝 시설은 분명치 않으나 지상에서 벽체로부터 외부로 빠져나가도록 제작되었을 것으로 추정된다.

불을 지폈던 아궁이 부분에는 50cm 정도 폭의 고래가 확인되고, 그 양쪽으로 돌을 한 개씩 세워 박았는데 벽체는 불에 타 단단하게 소토화(燒土化)되어 있었다. 또 고래에는 상부 구조가 주저앉은 것으로 보이는 소토가 다량 쌓여 있었고, 부뚜막 중간쯤 되는 곳에 직경 35cm, 깊이 70cm의 원형 구멍이 확인되었는데 그곳에 취사용 솥을 걸었던 것으로 추정된다.

이 부뚜막 서편에서 시루를 비롯하여 취사에 사용되었던 다양한 토기들이 그대로 출토되었는데 종류도 다양하고 한 집에서 출토되어 당시에 한 가구에서 사용하던 토기의 종류들이 총 망라되었다 해도 큰 무리가 없을 정도였다. 특히 시루나 솥은 부뚜막과 밀접한 관계에 있고, 취사 방법을 결정하며, 음식의 종류나 형태와 밀접한 관련이 있다는 점에서 흥미로운 유물이 된다.

풍납토성 '가'-3호 주거지

'가'-3호 주거지로 명명된 집터 역시 출입구는 남쪽에 있다. 긴 축의 길이가 9.5m에 짧은 축의 길이가 7.5m 정도 되며 대략 면적이 20평 정도 되는데 완전히 불에 탄 모습으로 발굴되었다.

출입구는 지상에 설치되어 윤곽을 완전하게 확인할 수는 없으나 주거지 내부로 완만한 경사로로 연결되어 있고, 출입구 반대편에 오른쪽으로 약간 치우쳐서 부뚜막이 설치되어 있다.

부뚜막은 사다리꼴로 폭이 좁아지며 북동쪽 벽체 경계에까지 뻗어 있다. 부뚜막의 길이는 1.9m, 경계 부분의 폭이 80cm, 아궁이쪽 목이 120cm이다. 점토를 이용하여 30cm 정도의 두께로 양측의 벽을 만들고 점토에 토기 조각 등을 섞어 아치형의 둥근 천장부를 만들어 북동쪽 굴뚝이 있는 곳까지 터널형을 구축하였다. 굴뚝으로 연결되는 부분에는 북쪽 벽과 부뚜막 끝의 양 벽에 각각 1장씩의 판석을 세워 박아 'ㄷ'자 형태를 만들고, 집 안쪽으로 큰 항아리의 주둥이 부분[口緣部]을 거꾸로 박아서 연기를 빨아들여 외부로 빠져나가도록 하였다. 이 부분에 대하여 보고서는 특히 주목하고 있는데 굴뚝으로 연결되는 이 부분이 주거지를 파낸 선 바깥이어서 굴뚝이 완전히 집 밖에 위치하는 것이며, 오늘날의 굴뚝이 벽 밖에 빠져나와 있는 것과 같다는 점 때문이다.

불을 지폈던 아궁이의 아래 폭은 60cm, 위의 폭은 40cm 정도이며, 벽체는 단단하게 불에 구워져 있었다. 부뚜막 바닥에는 부뚜막

그림 63 서울 풍납토성 '가'-3호 주거지와 부뚜막(서에서)

천정이 붕괴된 듯한 소토와 오랜 기간 사용하면서 생긴 재와 소토 혼합물이 다량 퇴적되어 있었다.

또 하나 이 주거지에서 주목되는 것은 아궁이의 남쪽에 이어 거의 붙어서 바닥을 얕게 파고 만든 직경 70cm 정도의 원형 구덩이가 있는데 여기에 불 먹은 큰 강돌 4장이 놓여 있고, 구덩이 바닥이 역시 상당히 소토화 되어 있었다는 점이다. 보고서는 아궁이 바로 앞쪽에 인접해 있는 것으로 미루어 보아 혹시 불을 지피기 위한 불씨를 보관하던 장소가 아닌가 보고 있다. 그렇다면 얼마 전까지 나무를 때는 부엌을 가진 시골집에서 볼 수 있었던 '화투'와 같은 기능을 하였다고 볼 수 있다.

이 3호 주거지에서는 도자기 만들 때 쓰는 회전반인 녹로로 추정되는 목재가 불에 탄 채 발견되어 토기를 생산하는 장인의 주거가 아닌가 하고 있다.

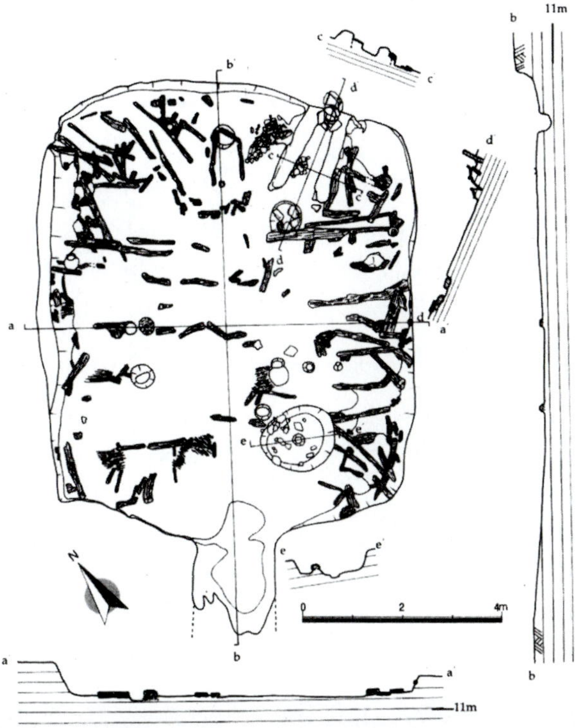

그림 64 서울 풍납토성 '가'-3호 주거지 평면과 단면도

이 '가'-3호 주거지는 불에 탄 모습이었지만 양호한 상태를 보여 주었다. 하지만 발굴지에는 아파트가 들어서야 하는 운명에 있었으므로 서울시립박물관에서 옮겨 복원하게 되었다.

풍납토성 '가'-7호 주거지

이 7호 주거지 역시 부뚜막 시설을 하고 있는 유적이다. 이 주거지가 이곳의 다른 주거지와 다른 점은 출입구가 유일하게 남동쪽에 있다는 점이다. 평면은 전체적으로 육각형 모양을 하고 있고 사

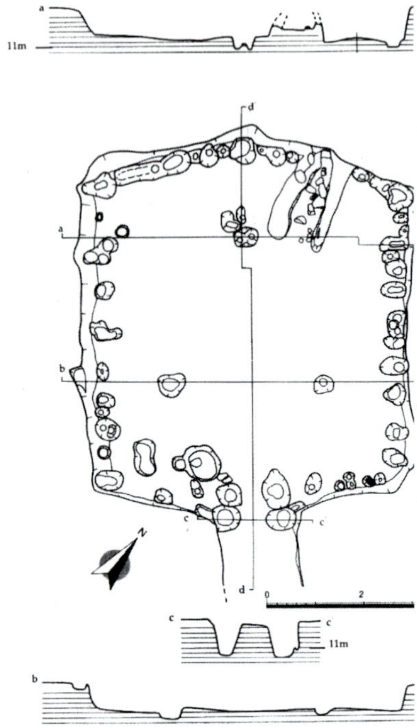

그림 65 서울 풍납토성 '가'-7호 주거지 평면과 단면도

각형의 평면을 기본으로 출입구 쪽과 그 반대쪽을 변형하여 육각형을 이룬 형국이다. 집의 크기는 약 17평이다.

이곳의 다른 집과 마찬가지로 출입구 반대편 우측에 부뚜막이 설치되어 있는데 부뚜막의 길이가 2m, 폭은 1m 정도 된다. 부뚜막이 끝나는 부분에는 막음용 판석 한 장이 세워져 있고, 양 옆의 막음용으로 보이는 판석 두 개도 수습되어 부뚜막의 끝을 'ㄷ'자형으로 마무리하고, 그곳에 굴뚝을 세웠던 것으로 보인다. 역시 대형 항아리의 주둥이 부분(口緣部 : 구연부) 파편이 이곳에서 포개져 발견되어 '가'-3호 집터에서처럼 연기를 빨아들여 외부로 내보내준 것으로 보인다.

전체적으로는 앞에서 설명한 주거지의 부뚜막과 비슷하여 자세한 설명은 줄이고 이집의 부뚜막이 이곳 다른 집들의 부뚜막과 다른 몇 가지 점들만 언급하기로 한다.

우선 이 집에서는 부뚜막을 덮는 데 아치형 진흙 구조 대신 판석을 썼다. 그리고 고래 내에 길쭉한 할석(쪼갠 돌)이 여러 개 흩어져 있다는 점이다. 이것의 용도는 분명치 않지만 보고서에서는 덮개돌인 판석(板石)을 고이며 고랑을 두 개로 나누었던 돌로 추정하고 있다. 이와 같이 부뚜막 연도를 나누는 사례는 뒤에서 소개되는 파주의 주월리와 포천 자작리 유적에서도 볼 수 있다.

풍납토성 '가'-9호 주거지

이 9호 주거지는 10호 주거와 상당히 중첩되어 있는 상태로 발굴되었다. 이 9호 주거 역시 부뚜막 시설을 갖추고 있는 데, 이 집의 부뚜막은 집 후면에 동쪽으로 약간 치우쳐 있다는 점에서는 앞에서 본 사례와 같지만 모양은 상당히 다르다.

맨흙 바닥에 점토로 북돋우고 부뚜막을 설치하였는데 솥을 얹었을 것으로 추정되는 부분 뒤편으로는 상당히 가늘게 좁혀지며 굴뚝으로 연결되고 있다. 그러므로 방열 면적이 적어져 난방의 의미는 크지 않으므로 굳이 공간을 점유하며 집 내부로 깊숙이 돌출할 필요가 없을 것 같은데도 튀어 나와 있다.

그런데 이 집에서는 부뚜막과 관련하여 또 하나 흥미로운 것이 발견되었다. 부뚜막 앞쪽에서 얇은 판으로 되어 있는 토기 제품의 일부가 엎어져 있는 채 발굴되었고, 그에 속하는 또 다른 부분이

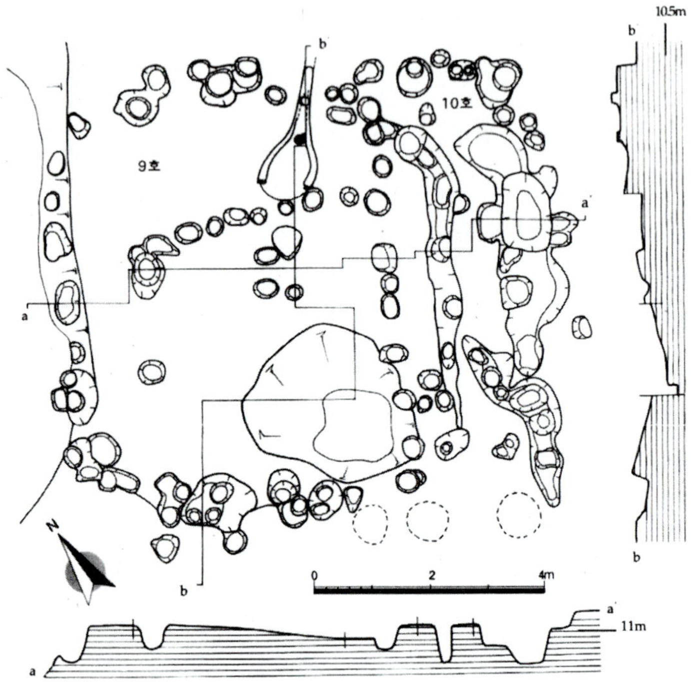

그림 66 서울 풍납토성 내 '가'-9, 10호 주거지

그 뒤쪽 아궁이 위치에 양쪽에 땅에 꽂혀 있는 상태로 발견된 것이다.

이를 합해보면 그림과 같이 'ㄇ'형 판형 토제품을 이루는데 정황을 보면 그것이 아궁이 앞면을 이루었던 것으로 판단한다. 이것은 장식적 효과와 더불어 '이맛돌'의 기능을 한 것으로 추측 되고, 이것의 뒤쪽으로 점토로 터널형의 부뚜막을 만들었는데 뒤로 가면서 결국 20cm 내외로 좁아져 굴뚝으로 연결되고 있다. 이 부뚜막 앞에 대었던 토제품은 높이가 46cm이며, 폭은 100cm, 윗부분 두께 3cm, 다리 부분은 1.8cm~2.8cm로 바닥에 10cm 정도 박혀 있었던 부분과 지주 부위(다리 부위)의 폭을 빼면 아궁이 크기는 높이 35cm, 폭 70cm 정도였다. 이 판은 앞면 위쪽 반 정도에 두께 1.5cm의 띠를 돌려서 보강하였는데 이와 같은 토제품 판은 이곳 풍납토성 '가'-5호 주거지에서도 일부 몇 조각이 발굴되어 이 시대에 이 동네에서 흔히 쓰던 아궁이 구축 방법이었던 것으로 보인다.[37]

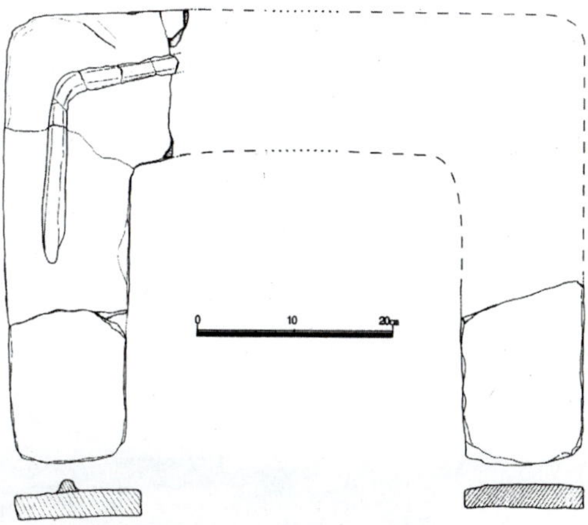

그림 67 서울 풍납토성 '가'-9호 주거지 부뚜막의 토제 아궁이(머릿돌) 입면과 단면(아래)

미사리 유적(구들 유적 1~6세기)

경기도 하남시 미사동 (구: 경기도 광주군 미사리)

미사리(渼沙里) 선사 시대 유적은 1962년에 김원용 박사에 의해 처음 발견되어 즐문 토기 유적으로 학계에 소개되면서 알려지게 되었는데 1980년 4개 대학 연합팀에 의해 단기 긴급 조사가 이루어졌고, 한강 개발과 제방 공사에 의해 파괴되는 것을 우려하여 1987년부터 1992년까지 여러 대학 박물관이 구역을 나누어 발굴한 곳이다. 이곳은 발견 초기에는 신석기 시대 유적지로만 알려졌었으나 신석기 시대와 더불어 청동기 시대와 철기 시대의 유적도 자리

그림 68 하남 미사리 선사 유적지 원경

하고 있는 것으로 확인되었고 수많은 주거지에서 다수의 부뚜막과 몇몇 초기 형태의 구들 시설이 발견되어 우리의 관심을 끄는 곳이다.

이 곳에서의 발굴 성과는 미사리유적발굴조사단에 의해 문화유적발굴보고서 '渼沙里(미사리)'란 제목으로 1994년 총 5권의 보고서로 종합되었다.[38] 이를 바탕으로 몇몇 사례들을 좀더 자세히 살펴보기로 한다.

미사리 서울대 발굴 부뚜막

신석기 시대는 방사성 탄소 연대 측정에 따르면 B.C. 4000~3500로 비정되어 있다. 청동기 시대는 장방형 주거지에서 출토되는 대표적인 토기인 공열 토기(孔列土器)가 기준이 되는데 한반도 전기의 대표적인 토기로 알려져 있고, 출토 지역이 광범위하고 존속기간이 길기 때문에 세부 편년이 어려운 토기이나 B.C. 6~4세기로 추정된다.

원삼국 시대의 것으로는 2개의 수혈 주거지와 저장공이 있는데 A.D. 1~2세기, 그리고 경우에 따라 A.D. 3세기까지 내려올 수 있는 유적이었다.

백제 시대의 유구는 상중하의 세 문화층으로 구분되는데 주거지는 평면 형태가 타원형인 것과 육각형에 방

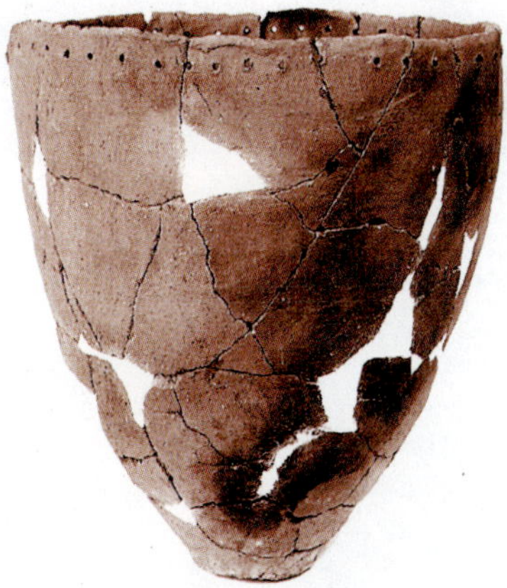

그림 69 하남 미사리 서울대-A-7호주거지 출토 공열 토기(孔列土器)

형의 출입구가 달린 것 두 가지가 발견되었고, 유물과 함께 3~6세기에 속하는 유적이다.

B지구 제2호 주거지(3~6세기)

우리가 구들과 관련하여 주목하는 것은 이 육각형 형태의 주거지로 B지구 제2호 주거지로 명명된 것이다. 그 곳에서 뚜렷이 알아볼 수 있는 부뚜막 시설이 발견되었기 때문이다. 이러한 육각형 주거지는 인근의 몽촌토성에서도 발굴된 바 있는데, 출토된 유물과 함께 3~6세기경의 것으로 추정되고 있다.

이 B지구 제2호 주거지는 출입구를 제외하고 규모가 5×3.7m 가량되는 것으로 주거지 내부의 수혈의 깊이는 50~60cm 정도이며, 출입구 쪽은 20~30cm 정도로 다소 높다.

주거지 북동벽에 부뚜막(보고서는 화덕으로 칭함) 시설이 있는데

그림 70 하남 미사리 서울대-B2 주거지와 부뚜막(남→북)

주거지 바닥에서 수혈의 어깨 쪽으로 경사지게 만들었으며, 좌우에는 판석을 세우고 점토를 발라서 아궁이를 만들고 그 위에 판석을 덮었다. 부뚜막의 규모는 길이가 230cm, 폭이 80cm 정도이다.

한편 주거지 내부 쪽의 화구(火口 : 아궁이)에는 길고 네모난 돌을 세우고 그 위에 파손된 심발형 토기(深鉢刑土器 : 속이 깊은 토기 그릇) 밑 부분을 엎어서 아궁이에 걸어 놓았던 항아리의 받침으로 사용하였다. 불을 피울 때 발생하는 연기는 주거지 어깨 부근에서 밖으로 빠지도록 되어 있는데, 연기가 나가는 구멍을 '두 개'로 만들어 놓고 있다.

이 곳에서는 철겸(鐵鎌 : 쇠낫), 철도자(鐵刀子 : 쇠칼), 철촉(鐵鏃 : 화살촉) 등 철기류가 발견되었고 또한 고상식 주거의 흔적으로 많은 기둥 구멍이 발견되었다.

미사리 고려대 발굴 부뚜막

고려대 발굴팀이 발굴한 곳에서는 총 40기의 주거지가 확인되었는데 3개의 신석기 시대의 주거지를 제외하면 주로 무문 토기 시대 이후의 주거지로 얼마간의 수혈 주거와 함께 초석 없이 땅을 파고 기둥을 세우는 굴립주(掘立柱) 건물 자리가 많이 발굴되었다.

부뚜막 시설은 수혈식 주거지 중에서 019호, 026호, 035호, 038호, 040호로 명명된 주거지에서 발견되었다.

이곳에서의 부뚜막 시설도 넓게 보면 이미 소개한 미사리의 다른 것들과 대체로 비슷하므로 자세한 설명은 생략하기로 하고 특기할 만한 것 몇 가지만 언급해 두고자 한다.

035호 주거지의 부뚜막

035호로 명명된 주거지는 540×456cm의 타원형 수혈 주거지로 수혈의 깊이가 48cm 정도 된다. 이곳의 부뚜막은 길이 171cm, 폭 113cm, 앞 부분의 높이가 13.5cm, 뒤 부분의 높이가 49.5cm로 앞 부분이 약간 없어져 낮아진 것 외에는 전체적으로 원형을 잘 유지하고 있었다. 아궁이 입구에서 45cm 지점 연소부 중앙에 두께 7.5cm, 높이 19.5cm의 받침돌이[支脚] 아궁이 입구 쪽으로 비스듬히 박혀져 있었는데 이를 포함하여 전반적으로 볼 때 앞과 뒤에 두 개의 솥을 걸도록 만들었던 것으로 보인다. 앞 솥걸이는 직경 40.5cm, 뒤의 솥걸이는 30cm 정도로 앞에는 큰 솥을, 뒤에는 매우 작은 솥을 걸었던 것으로 파악되었다.

038호 주거지

038호로 명명된 주거지의 부뚜막도 앞뒤로 두 개의 솥을 걸 수

그림 71 하남 미사리 고려대-035 주거지 부뚜막

있었던 점에서 주목되지만, 이 주거지는 부뚜막 뒷면의 연돌부에서 직경 33cm 정도 되는 원형 점토 띠를 가지런히 쌓아 올린 것이 발견되었다는 점에서 특히 주목할 만하다. 이것은 이곳에 세웠을 연통(굴뚝)과의 접합에 점토 띠가 사용되었음을 보여준다.

040호 주거지 부뚜막

40호 주거지는 한 집 안에 두 개의 부뚜막이 설치되어 있었다는 점에서 주목되는 사례이다.

입구 반대편의 북쪽 부뚜막은 괴석과 점토를 이용하여 만들었고 그 서측 것은 점토만 이용하여 만들었는데 굴뚝이 없는 것으로 보아 북쪽 부뚜막이 주로 사용된 부뚜막이고, 서쪽 부뚜막은 북쪽 부뚜막에서 생긴 불덩어리들을 퍼 옮겨놓고 별도의 조리에도 쓰고 난방 효과도 높이는 간이 부뚜막 역할을 하였던 것으로 보인다.

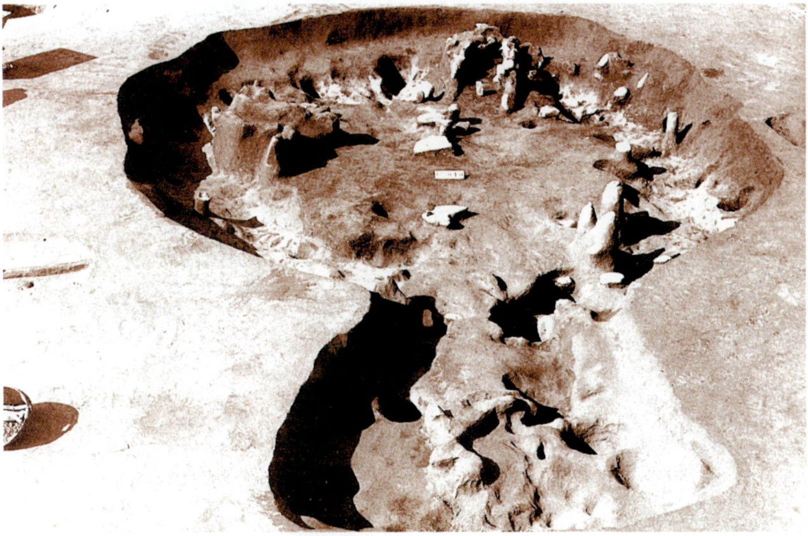

그림 72 하남 미사리 고려대-040 주거지

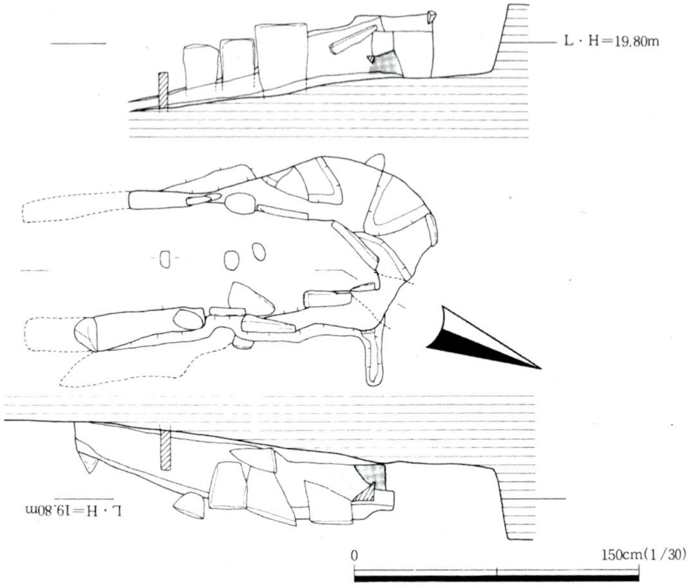

그림 73 하남 미사리 고려대-040 주거지 주 부뚜막 상세도

또 이 주거지에서 주목되는 것은 다른 집에서는 부뚜막을 만드는 데 괴석이 기본 틀만 만들고 나머지는 점토로 완성되었는데 비해 이곳의 주 부뚜막은 반대로 주로 판석만으로 부뚜막을 만들고 점토는 그 틈을 메우고 보강하는 정도로 사용되었다는 점이다.

이 집의 부뚜막은 또 하나의 특징을 지니고 있는데 보통의 경우에는 부뚜막의 끝 일직선상에 연도와 굴뚝이 오는 데 비해 이곳의 부뚜막은 그 끝에서 오른쪽으로 꺾이면서 연도가 형성되어 있다는 점이다. 이것은 불이 오래타고 열기를 오래 보존하는 것과 관련이 있으므로 나름대로 많이 궁리한 결과가 아닌가 한다.

미사리 숭실대 발굴 부뚜막

숭실대 발굴팀이 발굴한 지역에서도 여러 개의 부뚜막 시설이 발굴되었다. B지구 '가'지역 제1호, 제2호, 제3호 주거지, 그리고 B지구 '나'지역 제5호, 제6호 주거지가 대체적으로는 비슷한 부뚜막 시설을 갖추고 있었다.

부뚜막이 최소한 두 차례에 걸쳐 방향을 달리하며 개축된 사례가 있고(이상 B1호 주거지), 흔히 그렇듯이 부뚜막이 비탈진 수혈벽에 이르러 수혈벽을 따라 급경사로 올라가 굴뚝과 연결되며, 아주 작은 주거지에도 부뚜막을 만들어 놓고 사용하지 않은 채 발견된 것도 있다.

그림 74 하남 미사리 숭실대-B2호 주거지와 부뚜막(남→북)

미사리 한양대 발굴 초기형 구들(온돌)

한양대가 발굴한 원삼국 시대의 문화층에서 주거지와 고상 가옥 그리고 노지 등 다양한 유구들이 드러나 당시에 대규모 취락을 형성하고 있던 것으로 생각되고 있다.

한양대가 조사한 A지구에서는 원삼국 시대에 속하는 주거지 8기가 발견되었는데 형태에 있어서는 '呂(려)'자형, '凸(철)'자형, 원형, 타원형, 방형 등 모든 주거 형태가 보이고 크기, 수혈의 깊이, 장축의 방향 등도 제각각으로 나타난다. 주거지에서는 공통적으로 노지가 있으나 형태는 다양하였다.

A지구 제1호 주거지(A.D. 4세기경)

제1주거지는 출입구와 함께 전체적으로 '呂(려)'자형이고 규모가 약 90㎡로 출입구를 제외하고 10×7.3m인데 수혈의 깊이는 80~100cm 정도로 불에 타서 폐기된 상태로 발견되었다.

그런데 이곳 제1호 주거지에서는 부뚜막 형태에서 좀더 발전한 구들(즉 온돌)의 초기 형태가 발견된 것이다. 구들 시설은 동쪽 벽 중간쯤에서 시작하여 남쪽으로 뻗어 있는데 수혈벽이 기울어 있으므로 윗부분은 수혈벽과 30cm 간격으로 떨어져 있지만 밑은 수혈벽에 붙어 있다. 아궁이 부분이 약간 안쪽으로 꺾여 전체적으로는 'ㄱ'자형을 이루고 있다. 받침 기둥으로 사용한 납작한 돌과 구들장(보고서는 '뚜껑 판석'이라 함)은 불에 산화되어 부슬부슬한 상태였다. 고래 바닥은 집의 바닥면보다 10~15cm 정도 낮게 파고 5cm 정도 점토와 깨진 토기 조각을 섞어서 깔았다.

아궁이는 점토와 납작하고 긴 강돌을 단계적으로 쌓아 벽을 만들고, 중간에 납작한 돌을 세워서 판석의 받침대로 사용하였다. 구들장(뚜껑)은 약 7cm 두께의 판석으로 10개를 올려 만들었는데 부분적으로 약간 주저앉은 채 발견되었다. 구들장이 덮이지 않은 아궁이 입구에는 주위에 점토와 길고 둥근 강돌을 단계적으로 쌓아 양편에 벽을 만들었다. 아궁이 바닥 중앙에는 반절을 잘라낸 둥근 강돌을 세웠는데 잘라낸 부분을 위로 하고 있다. 아마도 작은 토기류는 이 돌과 구들장에 걸치고, 대형 토기들은 이 돌과 뚜껑돌 그리고 아궁이 벽체에 걸쳐 조리를 하였던 것으로 추정된다.

그림 75 하남 미사리 한양대-A지구 제1호 주거지와 구들(온돌) (북→남)

그림 76 하남 미사리 한양대-A지구 제1호 주거지의 구들(온돌) (서→동)

고래는 붉은 점토와 둥글고 납작한 강돌을 단계적으로 쌓아 양쪽 벽을 만든 다음 둥글고 긴 강돌을 양쪽 벽 위에 올리고 그 틈새를 점토(粘土)로 메워서 덮었다. 고래 내부의 흙은 갈색 부식토와 약간의 목탄이 섞여 있었다. 아궁이에서 굴뚝까지 길이는 3.7m, 바닥에서의 높이는 약 30cm, 내부 폭은 14~18cm, 그리고 외부 폭은 40cm 정도이다.

굴뚝은 나무로 만들어졌는데 완전히 탄 채로 발견되었다. 굴뚝의 상부는 단면은 모서리를 죽인 정방형이며, 연도와의 연결 부분은 약간 폭을 좁혀서 원형에 가깝게 다듬었다. 상부의 바깥 지름은 28cm, 안 지름은 20cm이고, 하부의 안 지름은 14cm였다.

구들 시설 외에 이 집의 중앙부에서 약간 동쪽으로 치우쳐 불자리[爐址 : 노지]가 있다. 이것은 높이 5cm, 폭 15cm 정도의 점토띠를 1.5×1.2m의 타원형으로 돌리고 내부 바닥을 낮게 파내어 붉은 점토를 얇게 깐 후 납작하고 둥근 강돌을 0.5×0.5m 정도의 규모로 북쪽 절반에 깔아 놓았다. 바닥과 얇게 덮인 점토 사이에는 목탄 덩어리와 가루가 산재해 있었다.

이곳을 포함하여 한강 유역 미사리에서 출토되는 토기와 주거지 형태, 특히 노지(爐址)의 형태는 춘천 중도 유적지와 매우 유사한 형태를 보인다. 발굴 보고자는 춘천 중도 유적지를 A.D. 1~2세기경으로 보는데 미사리의 경우도 여기서 크게 벗어나지 않는 시기에 속한다고 보고 있다. 그러나 구들 시설을 갖추고 있는 제1주거지는 그 모습과 방사성 탄소 연대 측정 결과를 바탕으로 A.D. 4세기경까지 유지된 유적지로 보고 있다.

그런데 이 제1호 주거지의 구들 시설은 이곳에서 함께 발굴된 다른 주거지의 경우와 몇 가지 점에서 특이하다. 우선 다른 주거지에서는 그 규모가 작아 아직 구들이라 할 정도가 못되고 부뚜막이라 해야 할 정도지만 이 제1호 구들은 길이가 4m에 가깝다는 점이다. 그리고 부뚜막형들은 집 내부로의 돌출형이지만 이 제1호의 구들은 벽체에 연접하여 벽체를 따라 설치되어 있고 아궁이 부분만 집 내부로 꺾어 설치하여 외관상으로도 다른 것들과 상당히 구분이 되고 고구려 형식의 구들에 가까운 모습을 하고 있다. 이러한 모습은 구의동, 아차산보루 등에서 발굴된 고구려 형식의 구들에 더 가까운 모습을 하고 있는데 구의동이나 아차산 구들들은 5~6세기의 것으로 편년되고 있는데 비하여 이것은 4세기의 유적으로 평가되고 있어 시대적으로는 이것이 더 빠른 것이 된다. 그러므로 이러한 형식의 구들이 고구려의 남진과 백제의 한성 함락 이전에 이미 한강 유역 또는 그 이남에 보급되어 있었음을 의미한다. 보고서는 고구려와의 관련에 대하여 별다른 언급이 없으므로 아직 무어라 할 수 없지만 이 구들의 성격은 앞으로도 좀더 관심을 가지고 살펴볼 만한 것이 아닌가 생각된다.

부뚜막과 화덕, 구들, 노 등의 용어에 대하여

여러 가지 발굴 보고서들을 대하다 보면 서로 형태는 비슷한데도 한 보고서는 '부뚜막'으로 설명하고 다른 보고서는 '화덕'이라 하며, 또 다른 보고서는 '노(爐)'로 설명하고 있다. 또 크게 차이가 없어 보이는데도 어떤 것은 '부뚜막'으로 또 다른 곳에서는 '구들' 또는 온돌 시설로 설명하고 있어서 특히 일반인에게는 혼동을 줄 수 있다. 따라서 이해의 편의를 위하여 이 책에서 사용하는 몇 가지 관련 용어의 기준을 설명해 두고자 한다.

노지(爐址)

노지는 불을 쓰던 자리 즉, 불자리를 말한다. 아궁이 등도 넓은 의미에서 불자리에 속하지만 여기에서는 선사 시대의 주거지 중심부에 위치하고 굴뚝과 같은 별다른 배연 시설 없이 모닥불 형태로 쓰는 불자리를 말한다.

부뚜막

부뚜막은 솥을 걸어 취사를 할 수 있게 만든 시설로 연기를 일정 구간 수평적으로 유도하여 집 밖으로 나가게 한 시설을 말한다. 별도로 아궁이를 가지며, 연기가 밖으로 유도되는 통로는 굴(堀), 즉 터널을 이룬다. 부뚜막은 한편 연기가 지나가는 길이기도 하므로 사안에 따라 연도(煙道)란 용어로 설명될 수 있다. 고고학계 일부에서는 부뚜막 또는 고래가 끝나는 부분에서부터 굴뚝 밑까지의 구간을 연도라고도 한다. 그 경우 연도 구간은 대개 이미 집 밖이 된다.

화덕

부엌 안이나 집 바깥 한데에 솥을 얹어 놓고 불을 지펴 취사나 요리를 할 수 있도록 진흙이나 돌로 만든 간단한 시설을 말한다. 화덕을 부뚜막과 분명하게 구분하기는 어렵지만 부뚜막처럼 그 위에 도마를 얹고 칼질을 하거나 조리 준비 작업을 할 수 있는 작업 공간이 일반적으로 없으며 특히 난방을 위한 시설이 아니란 점으로 구분할 수 있다.

노(爐)

난로, 벽난로, 화로 등을 포함하여 난방 또는 취사를 위하여 불을 피울 수 있는 모든 고정 또는 이동 시설은 노라 할 수 있다. 그러나 여기서는 각각의 형태를 구분할 필요가 있으므로 부뚜막이 등장하기 전의 원시 시대 주거에서의 불자리를 노지 또는 불자리로 쓰고, 그 외에는 가능한 사용을 지양하도록 한다.

부뚜막과 구들과 고래의 구분

구들은 연기를 굴(堀) 또는 터널 형태의 장치를 통하여 집의 옆구리 부분으로 빼기 시작하면서부터 시작되었다. 그리고 선사 시대의 유적에서 나타나는 부뚜막이 기본 요소를 갖춘 구들의 시초이다. 그러므로 이들 유적에서 나타나는 부뚜막을 구들이나 온돌이라 해도 사실 크게 잘못은 아니다. 다만 부뚜막의 길이나 규모가 솥을 걸고 나면 별 공간이 남지 않을 경우 취사 기능이 아직 지배적이므로 부뚜막이라 하고, 부뚜막의 길이가 상당하여 솥을 걸고도 남는 구간이 제법 되고 난방에 이롭게 하고자 한 의도가 충분한 경우에는 구들 시설로 보는 것이 타당하다.

아궁이에서 굴뚝에 이르는 갱도, 즉 굴(堀)은 길이와 줄 수에 있어서 차이가 있지만 우리가 오늘날 부르는 '고래'와 기능이나 구조에 있어서 근본적으로 다르지 않다. 그러므로 구들 시설로 볼 수 있을 경우에는 이 갱도를 '고래'라 하여도 무방하다고 본다.

구들은 고래 위에 구들장이 덮인 상태의 시설 전체를 가르키는 명칭이다. 많은 경우에는 구들과 고래를 따로 구분하지 않아도 이해에 별 어려움이 없을 때가 많다. 예를 들어 "구들이 'ㄱ'자 형태로 놓였다"라고 하는 것이나 "고래가 'ㄱ'자 형으로 놓였다."라고 하는 것은 같은 의미가 된다.

구들장

고래를 덮는 '평평한 돌(板石)'을 말한다. 구들장을 일부 발굴 보고서에서는 뚜껑돌 또는 덮개석, 심지어 천정석이라고 하는 사례가 있어 유의할 필요가 있다. 틀린 말들은 아니지만 이들 용어는 구들 외에서도 쓸 수 있는 말이고 구들에서는 구들장이라 하면 분명하므로 고고학계에서도 구들(온돌)과 관련하여서는 앞으로 구들장으로 통일하여 사용하면 좋을 듯하다.

굴뚝

고래 끝에 수직으로 설치된 연기 배출 시설 또는 장치를 말하는 것은 누구나 아는 일이다. 다만 함경도 지방에서는 구새라고도 하며, 고고학계에서는 한자에 바탕을 둔 용어를 여전히 많이 쓰므로 종종 연돌(煙突)로 표현하기도 한다.

서천 지산리 유적(A.D. 0~250, 백제 시대)

충남 서천군 마산면 지산리

지산리 유적은 서천-공주간 고속도로 건설 예정 부지 내에서 2003년 공주대 박물관에 의해 조사된 것이다. 이곳에서는 초기 백제 시대 주거지가 72기, 고려 시대 주거지 5기 등이 발굴되었는데 백제 시대의 주거지들에서 'ㄱ'자형과 'ㄷ'자형, 그리고 'ㅡ'자형의 고래가 확인되었다. 보고서에 의하면 연도, 즉 고래는 벽면을 따라 점토를 이용하여 터널식으로 만들었고, 아궁이의 너비는 70㎝ 내외의 규모로 평면이 '冂'자 형의 구조를 보이는데, 아궁이 중앙에는 지름 7~10㎝ 내외의 받침돌이 1개씩 세워져 있었다.

고래의 너비는 20㎝ 내외이다. 연통부(굴뚝)는 주거지 바닥에서

그림 77 충남 서천 지산리 60호 유적

약 20~30㎝ 높은 지점에서 확인 되었는데, 대부분 원형이었다. 고래가 주거지 벽면을 따라 길게 설치되어 있는 것으로 보아 난방의 효과가 높았을 것으로 추정되며, 주거지 내 아궁이의 위치에는 규칙성이 없는 것이 특징이다. 이 유적은 구들이 아궁이의 연장 과정을 거쳐 발전했다고 보는 데 있어서 중요한 자료이다. 특히 직선형 또는 'ㄱ'자형 연도(고래)가 함께 발견되고 있다는 점이 주목되며, 미사리, 파주 주월리, 포천 자작리 등의 유적과 함께 1~3세기경의 구들의 발전을 파악하는 데 도움이 된다.[39)]

파주 주월리 유적(3~4세기경)

경기도 파주군 적성면 주월리

주월리(舟月里) 주거지는 다음에 소개되는 포천 자작리 유적과 함께 대체로 3~4세경의 중부 지방의 독특한 주거 유형으로 평가되고 있다. 이 주거지 내부에서 부뚜막 시설과 판재로 만든 벽체 시설, 대형 항아리 등이 발굴되었다. 특히 부뚜막은 이 유적에 이어서 소개되는 포천 자작리 유적과 비슷하게 고래 중심을 따라 돌로 받쳐 결과적으로 두줄 고래가 형성되었다는 점에서 주목된다.

보고서를 토대로 좀더 살펴보면 다음과 같다.

96-7호 주거지

장방형의 '凸'자형 주거지로 긴 축이 17.5m, 짧은 축이 10.85m, 깊이 42cm였다. 출입구와 부뚜막을 갖추고 있었다. 주거지 깊이는 35~45cm, 바닥은 3~5cm의 불먹인 점토로 되어 있었다. 주거지 벽은 어깨선을 파고 두께 1cm, 너비 10~20cm의 판재를 세로로 잇대어 세우고 판재와 굴광선 사이를 흙으로 채웠는데 서북쪽 긴 벽과 서남쪽 짧은 벽에 그 일부가 완벽하게 남아 있었다.

부뚜막 시설은 북동쪽 짧은 벽 중앙에서 북쪽으로 약간 치우쳐 설치되어 있고, 출입구와는 거의 일직선 상에 위치한다. 크기는 길이 3m, 안너비 50~60cm, 바깥너비 96~122cm, 깊이 30~40cm이다. 아궁이 쪽이 가장 넓고, 굴뚝으로 갈수록 좁아지는 사다리형이다. 내부에는 소토와 숯이 채워져 있었으며, 적색 연질 시루가 출토되었다. 양측 벽은 강돌과 현무암을 세로로 세우고 점토를 두텁게 발라 벽을 만들었다. 내부 중앙에는 일렬로 양측 벽의 강돌과

그림 78 파주 주월리 유적 96-7호 주거지

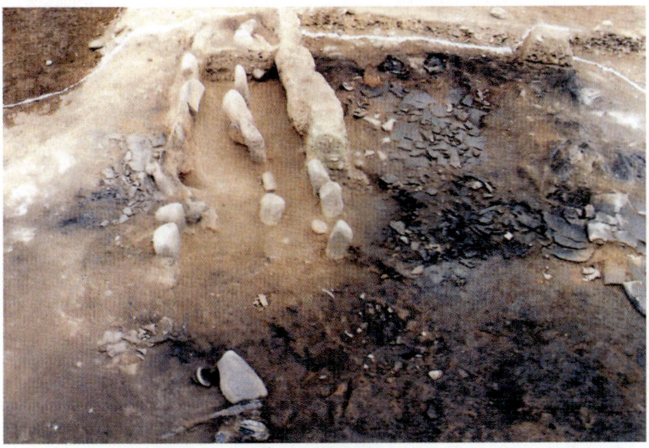

그림 79 파주 주월리 유적 96-7호 주거지의 부뚜막

비슷한 크기의 강돌 7개를 10~20cm 간격으로 세로로 세워 연도(煙道)를 2등분하고 있다. 이 강돌은 받침돌 역할을 한 것으로 보인다. 아궁이에서 굴뚝으로 완만한 경사를 이루며 올라간다. 굴뚝은 파괴되어 확인되지 않았다. 토기류가 다량 출토되었는데 특히

대형 항아리가 양쪽 긴 벽에 인접하여 2~3m 간격으로 4개씩 8개가 출토되었다. 이 토기들은 분석 결과 그 내부에서 콩과 조가 검출되어 저장용 항아리였던 것으로 확인되었다. 토기류가 다양하고 숫적으로 많이 출토되었는데 비해 철제품으로 쇠낫[鐵鎌 : 철겸] 하나만 발견되어 이 주거지는 일상 생활용이 아닌 공동체의 공동 창고 역할을 하였던 것으로 보고서는 보고 있다.

97-4호 주거지

출입구와 부뚜막을 가진 원형 주거였다. 집의 규모는 직경 7,3m 깊이 94cm 정도 되었다.

부뚜막은 길이 210cm, 안너비 70cm, 바깥너비 106cm로 주거지 북동쪽 중앙 벽에 붙어 있는데 출입구와 일직선 상에 위치한다. 부뚜막은 강돌과 산돌를 함께 사용하여 만들었는데, 강돌은 세우고 산돌은 눕혀 놓았고 이 돌들을 골격으로 삼아 점토를 두텁게 싸 발랐다. 평면 형태는 96-7호 주거지와 마찬가지로 아궁이 부분이

그림 80 파주 주월리 97-4호 주거지

그림 81 파주 주월리 97-4호의 부뚜막 시설

넓고 굴뚝 쪽으로 갈수록 좁아졌다. 부뚜막 바닥은 굴뚝으로 갈수록 완만한 경사로 높아졌다. 굴뚝은 확인되지 않았지만 벽체의 점토가 끊임없이 주거지 벽을 타고 올라갔으므로 그 끝 집 외부에 굴뚝이 있었을 것으로 추정된다. 부뚜막 내부는 숯과 소토가 채워져 있었고, 아궁이 쪽으로 강돌 하나가 중앙에 세워져 있었는데 이것 외에도 더 있었을 것으로 추정되고 그 위를 덮었던 덮개돌의 받침 역할을 하였던 것으로 추정된다. 남아있는 부뚜막의 깊이는 30cm 내외이다.[40)]

여기서는 뒤에 소개되는 포천 자작리 사례에서보다 두터운 돌로 중심둑을 형성하며 고래를 사실상 두 줄로 나누고 있다. 근대의 고래둑들이 대부분 돌로 되어 있는데 이곳은 그런 경우보다는 얇은 돌로 되어 있지만 두줄고래로 발전하는, 그리고 여러 줄의 고래로 발전하는 중간 단계의 성격을 보여주고 있다는 점에서 흥미롭다. 특히 앞의 96-7호 주거지의 부뚜막은 길이가 3m나 되어 필자는 사실상 구들이라고 하는것이 더 적절하다고 생각한다.

포천 자작리 유적(삼국 시대, 4~5세기)

경기도 포천군 자작리

포천의 자작리(自作里) 주거지는 홍수와 같은 자연 재해 및 지역 개발로 훼손되어가는 문화 유적이 많음을 염려하여 단국대 사학과에 의해 1998년 지표 조사가 이루어지고 2000년 경기도박물관이 발굴 조사를 하게 된 곳이다.

보고서를 토대로 살펴보면 이 유적은 원삼국 시대의 주거지와

그림 82 포천 자작리 제2호 '몸(려)' 자형 주거지 전경. 멀리 맞은편에 부뚜막이 보인다.

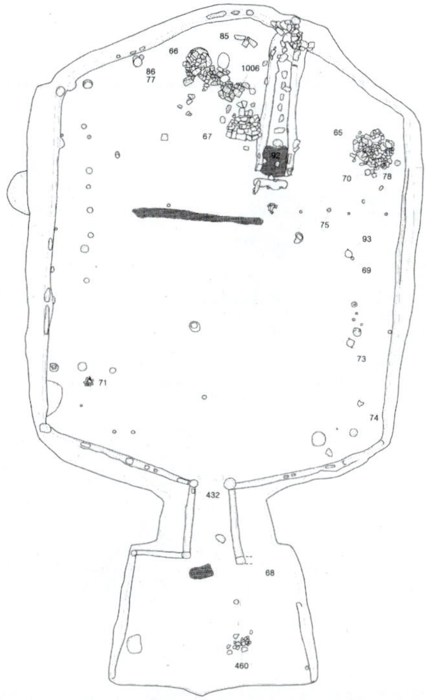

그림 83 포천 자작리 제2주거지 평면도

한성 백제 시대 주거지가 밀집된 마을 유적으로 판단되고 있다. 이들 가운데 '呂(려)'자형 모양을 하고 있는 제2호 주거지는 전체 길이가 23.8m에 이르고, 동서 폭은 12.4~13.4m 가량으로 국내에서 조사된 수혈 주거지 가운데 가장 큰 것이다. 작은 방은 주거지 내부로 경사져 있으며, 출입구를 2중으로 마련한 것으로 판단된다.

사진의 위쪽에서 볼 수 있듯이 출입구 반대쪽에는 약간 동쪽으로 치우쳐 부뚜막이 설치되어 있다. 부뚜막의 길이는 5m 가량이며, 폭은 1.2m 가량 된다. 부뚜막의 높이는 아궁이 부분이 30cm 가량

그림 84 포천 자작리 제2호 주거지 부뚜막

이나 올라가면서 점차 높아져 북쪽 벽면에서는 54cm 정도 된다. 부뚜막은 지푸라기와 같은 것을 섞어 만들었으나 부분적으로 할석이 노출되어 있는 것이 확인되었다. 부뚜막 벽체가 매우 양호하게 남아 있기 때문에 드러나지는 않지만 그 속의 골조는 할석을 이용하여 만들었을 가능성이 높다. 아궁이의 끝 양쪽에는 장방형의 할석으로 각각 마감하였는데 이맛돌을 받치는 봇돌로 판단된다. 봇돌의 높이는 30cm 가량 되므로 이 높이가 아궁이의 높이로 판단된다.

아궁이 앞은 아궁이를 중심으로 높이 5cm 정도의 점토둑이 형성되어 있었는데 그 흔적은 아궁이 양쪽의 봇돌로 연결되었다. 이

그림 85 포천 자작리 제2호 주거지 부뚜막

점토 둑은 단단하게 구워져 밝은 회백색을 띠고 있었다. 부뚜막 바닥은 뒤로 갈수록 5° 가량의 경사를 이루며 완만하게 올라간다. 연도 중앙을 따라 12~20cm 간격으로 7개의 할석이 땅에 박힌 채로 세워져 있었는데 강돌 1개가 그 위에 걸쳐 있는 채로 발견되어 가운데의 돌들은 부뚜막을 덮고 있던 돌들을 지지하고 있었던 것으로 보인다. 연도 끝 부분에는 강돌을 쌓고 바깥쪽으로 황색 점토를 발라 굴뚝 시설을 마련하였다.[41)]

이상은 보고서에서 부뚜막 시설에 대한 부분을 요약한 것이다. 사실 보고서에서는 이와 같이 부뚜막이라 칭하며 설명하고 있지만 필자는 이 자작리 2호 주거지의 시설을 부뚜막을 겸한 구들 시설로 생각하고 있다. 어떤 상태부터 구들이라 보느냐는 애매한 점이 있기는 하지만 길이가 5m 가량이나 되므로 솥을 얹고도 남는 길이가 상당하므로 난방 목적이 두드러져 보이고 외줄고래로 되어 있는 구들이라 해도 전혀 무리가 없기 때문이다. 북한 세죽리 것은 이보다 더 짧아도 구들이라는 용어로 설명하고 있다.

특히 중심선을 따라 받침돌을 세우는 것은 앞에서의 파주 주월리 96-7호 유적에서도 보았지만 이렇게 함으로써 큰 구들장을 얹을 수 있기도 하지만 한 줄의 고래를 두 줄로 나누는 결과를 가져와 두 줄 또는 세 줄, 나아가 전면 바닥 난방의 구들로 발전하는 중간 단계의 의미를 부여할 수 있다는 점에서 주목할 만하다.

청원 남성골 유적(3~5세기)

충북 청원군 부강리 남성골

충북대 박물관은 청원군 부용면 부강리(芙江里) 남성(南城)골에서 고대 석축 산성을 발굴하여 2002년 보고하였는데 내외 이중의 성채 형식, 토기 등 여러 상황으로 미루어 보아 고구려의 유적지로 믿어지고 있다. 이는 지리적으로 아차산, 몽촌토성, 중원 지역 등과 연계하여 고구려가 금강 유역까지 진출했던 것을 보여줌과 동시에 현재까지 알려진 고구려의 유적지 중 최남단의 것으로 주목받고 있다.

그림 86 충북 청원 남성골 고구려 구들

그림 87 충북 청원 남성골 고구려 구들

그런데 이곳 외곽 성체 내부에서도 고구려식 구들고래를 갖춘 집터가 몇 구 발견되어 우리의 관심을 끌고 있다. 보고서[42]를 바탕으로 살펴보면 다음과 같다.

구들고래를 갖춘 집터는 경사면을 따라 남서향하여 있고 경사면을 'ㄴ'자로 파내서 평평하게 터를 만들었는데 경사면에 직교하여 길이 최소 9m, 최대 13m, 너비 6m가 남아서 일그러지고 기다란 마름모꼴 평면을 보이고 있다.

이 집터 내에 2개의 구들 시설이 경사면 위를 향하여 놓여 있었다. 좌측의 구들은 거의 직선으로 길이가 3.6m, 우측 구들은 위로 올라가 서쪽으로 약간 꺾이어 굴뚝 자리에 이르고 있다. 일부 일그러져 있는 상태인데 길이가 5.5m까지 남아 있다. 각각의 구들은 너비 30~40cm의 판석을 길이 모로 높이가 15cm 정도가 되게 세우고 그 위에 판석을 얹었다. 구들의 아래 바닥은 소토와 암회흑색 흙이 숯이 포함된 재 층으로 채워져 있었다. 구들 사이의 간격은 가운데에서 5.2m 정도 되었다.

보고서는 이 집터가 두 개의 집이 이어진 것이거나 한 차례 개수된 것일 가능성이 있어 보인다고 한다. 또 이들 주거지의 구체적인 시기는 아직 추단하기는 어려우나 일부 숯 시료 측정 결과 가장 빠른 것은 연대가 210~340년으로 나오고 있긴 하지만 한성(漢城) 함락(A.D. 475년) 이후에 속하는 주거지일 가능성이 높은 것으로 보인다고 한다.

한편 이곳 내성(內城) 내부의 집터들은 기둥을 그냥 땅에 박은 굴립주(掘立柱) 지상 가옥이 일반적이고 여기에도 아궁이 시설들이 설치되어 있었다고 한다. 오랫동안 북한 지역에서만 보아오던 구들의 모습을 아차산 보루, 몽촌토성, 그리고 한강을 지나 한참 아래인 금강 유역에서 만난다는 것은 매우 흥미로운 일이다.

부여 부소산성 내 움집터 유적(4~5세기)

충남 부여군 부여읍 쌍북리

부여(扶餘)의 부소산성(扶蘇山城)은 백마강 남쪽 부소산을 감싸고 쌓은 산성으로 사비 시대의 도성(都城)이다. 『삼국사기』의 「백제본기」에는 사비성(泗沘城)·소부리성으로 기록되어 있으나, 성이 위치한 부소산(扶蘇山)의 이름을 따서 부소산성이라 부른다. 이곳의 산성 내에서 1980년 움집터가 3개 발굴되었다.

이 중에서 특히 우리의 관심 대상이 되는 것은 부뚜막을 겸한 구들 시설이 발견된 제3호 건물터이다. 제3호 움집은 한 변이 약 4m인 정방형이며, 집안의 바닥이 주변의 지표보다 약 70~80cm

그림 88 부여 부소산성 내 제3호 주거지 구들 시설

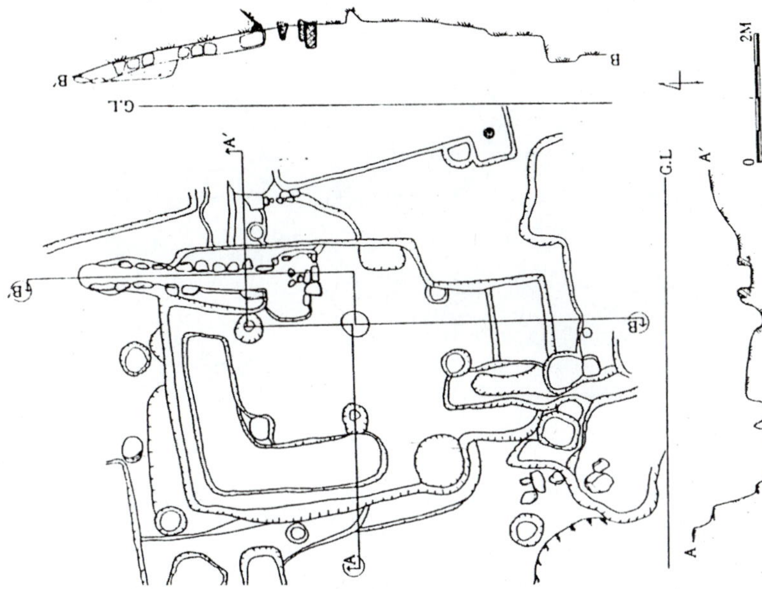

그림 89 부여 부소산성 제3호 주거지 평면도

낮은 반 수혈식 주거였다. 남측면 중앙에 단(段)이 진 출입구가 있고, 집안에 들어서면 입구 우측 벽 중간쯤에서 시작되는 구들이 동벽에 연하여 북쪽으로 뻗어 북벽 외부로 나간다. 구들은 두줄고래 형식이며, 돌과 이긴 흙을 써서 만들었다. 이 구들은 길이가 3.7m였는데 북벽 밖으로 경사져 올라가 고래가 끊겼다. 아궁이의 열린 방향이 고래 방향에 직각으로 내부로 향하고 있음을 잘 볼 수 있는데 한반도 북부 지역에서 흔히 보는 고구려의 고래와 아궁이 형식과 같다. 또한 고래는 두께 15~20cm 되는 할석을 써서 만들었고 안쪽 폭이 25~30cm, 양 벽면의 깊이는 20~30cm 되었다. 고래를 덮는 구들장은 모두 없어져 있었다. 아궁이는 평면상으로 길이 90cm, 폭이 60cm 정도 되며, 그 중앙에 솥을 받쳤던 것으로 추정

그림 90 부소산성 주거지의 발굴 후 복원된 모습

되는 받침돌이 있었다. 아궁이에서 백제 토기가 출토되어 이 유적은 4~5세기의 것으로 추정이 되고 있다.

집터 중앙부에 네 개의 기둥 구멍이 있고, 사진 아래 부분에서 보는 것처럼 서벽과 북벽에 연해 'ㄴ'자형으로 파서 낮춘 부분이 있는데 그 위로 나무를 걸쳐서 침상으로 쓰던 곳으로 추정되고 있다. 주변의 목책 구멍이나 성곽 시설로 보아 병영 시설로 추정되고 있다.[43]

몽촌토성 내의 고구려 유적(5~6세기)

서울 송파구 방이동

몽촌토성(夢村土城)은 현재 '올림픽 공원'으로 조성되어 있는 곳이다. 이곳은 백제의 하남위례성(河南慰禮城) 자리로 추정되는 곳 중의 하나로 주목받아왔는데 88년 올림픽 체육 시설 부지로 확정되어 서울대 박물관을 중심으로 1980년대에 모두 6차례 발굴 조사가 이루어졌다. 그 결과 백제가 한성(漢城)을 수도로 한 시대(B.C. 18~A.D. 475)에 사용된 중요한 성(城)의 하나로 추정되고 있다.

그런데 이 몽촌토성이 백제 초기 유적인 것은 분명하지만 이 성(城) 내에서 고구려 토기가 적지 않게 발굴되었고, 또한 고구려식

그림 91 몽촌토성 내 고구려 구들 유적

건물터와 고구려식 구들(온돌) 시설을 갖춘 집터 하나가 1989년 발견되어 고구려 사람들도 이 토성에 한동안 머물렀던 것으로 판단되는 곳이다.

이 구들 시설 건물터(온돌 건물지)는 방형(方形)이며, 서남 고지대에 위치하고 있는데 침식이 심하여 원래의 구조가 많이 유실되었지만 판석을 두 줄로 세우고 구들장을 덮은 고래가 'ㄱ'자형으로 뻗어 있고, 그 북쪽 끝에 자갈을 둥글게 돌린 굴뚝 자리가 남아 있었다. 이러한 구들 모습은 압록강 건너편의 집안(集安) 동대자 유적과 서울 구의동 아차산 4보루의 제3건물지의 구들과 매우 흡사하며, 여러 정황으로 볼 때 이 집터의 규모는 3.7×3.1m 이상이었던 것으로 추정되고 있다.

그리고 이 집터는 고구려가 백제 한성을 함락한 475년에서 6세기 이전까지 짧은 기간 사용하였던 것으로 판단되고 있다. 이 유적은 시기나 위치적으로 아차산 유적과 충북 청원 남성골 유적의 구들과 함께 살펴볼 가치가 있는 유적이다.[44)]

● 구의동 보루 유적(삼국 시대, 5~6세기)

서울시 광진구(전 성동구) 구의동

구의동 보루(堡壘)는 서울시 광진구(전 성동구) 구의동 주택가 뒷산에서 1977년 발굴된 유적지를 말하는데 발굴 당시에는 '화양지구(華陽地區) 유적'으로 소개되었다. 화양택지개발계획의 일환으로 벌어진 발굴 작업이었으므로 현재는 구의동 한양아파트 단지가

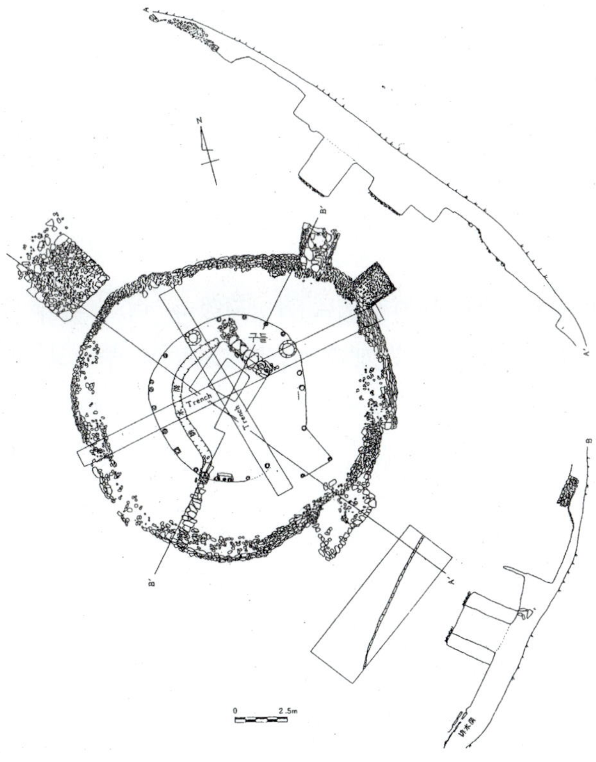

그림 92 서울 구의동 고구려 보루와 구들(평면과 단면도)

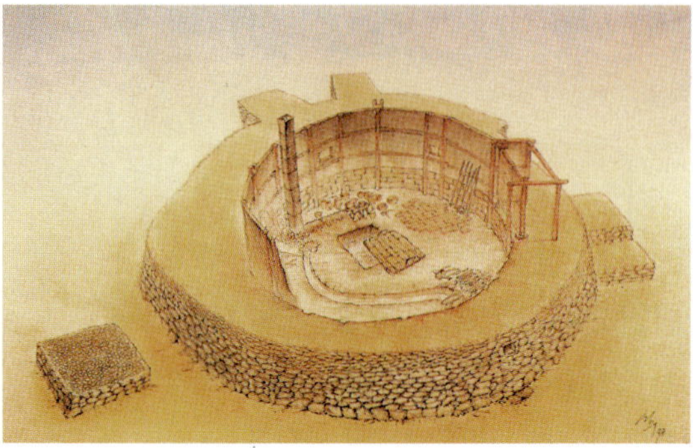

그림 93 서울 구의동 보루 복원도 내부

그림 94 서울 구의동 보루 복원도

들어서 있어서 아무런 흔적을 볼 수 없다.

이 발굴에서 구들 시설을 갖추고 있는 원형 주거지가 발굴되었는데 구들 시설은 당시만 해도 남한에서 흔치 않았으므로 학계의 관심이 집중된 곳이다.

이후 1988년을 전후한 몽촌토성 발굴과 2000년 이후의 아차산 발굴로 이 일대는 백제, 고구려 신라의 각축장임과 동시에 고구려 남하 정책의 전초 기지였던 것으로 확인되었다. 이와 함께 '화양 지구 유적'이란 명칭 대신 오늘날에는 '구의동 보루'로 부르고 있다.

이 유적지는 원형으로 석축 구조물을 두른 안에 집터를 고르고 원형 평면의 집을 지었던 것으로 지름 6m 정도 된다. 기둥 구멍으로 보아 집의 내벽 원주를 따라 기둥이 있었고, 기둥과 기둥 사이에 널판을 가로대어 밖의 토벽을 막아주는 벽체가 일부 남아 있었다. 서남쪽으로 배수구가 호를 그리며 돌아나가게 되어 있었고, 집 안의 북쪽 편에 길이 3.4m 정도 되는 구들 시설이 설치되어 있었다. 고래는 폭 40cm 정도로, 역시 높이 40cm 정도의 돌을 세우고 구들장을 덮은 것이었다.

불을 때는 아궁이는 구들의 고래가 시작되는 부분에 측면 방향

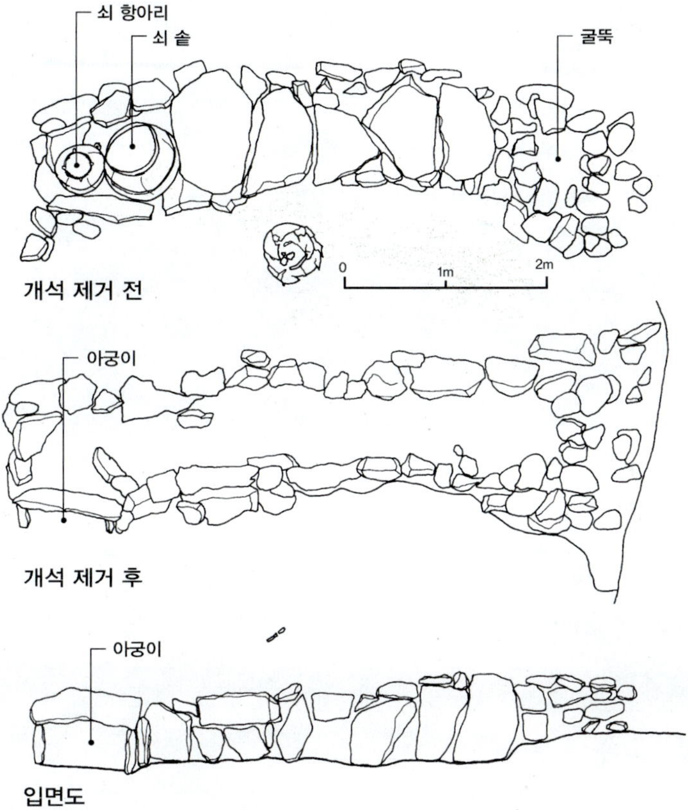

그림 95 구의동 보루 구들 평면 및 입면도

으로 뚫려 있어 고구려의 부뚜막 시설과 같았다.[45] 특히 이곳에서는 철제 항아리 하나와 철제 솥 하나가 아궁이 위에 나란히 '얹혀 있는 채'로 발견되었고 시루도 발견되어 주목된다. 솥을 어떻게 설치하고 썼는지 확실히 알 수 있게 하기 때문이다. 한강 건너편 풍납토성이나 미사리에서도 고래의 초기 형태인 부뚜막이 다수 발굴되었지만 모두 솥은 없이 발굴되었는데 이 구의동 유적 사례는 좋

그림 96 서울 구의동 고구려 보루 구들 시설

그림 97 서울 구의동 고구려 보루 구들 유적. 솥 2개가 아궁이 위에 얹힌 채로 발견되었다.

은 참고가 된다. 대개 솥이나 쇠붙이는 귀할 때이므로 집을 포기할 때는 가져가거나 집이 불에 타버리더라도 나중에 수습해가므로 그 자리에 엎혀있는 채 발견되기 힘들다. 그런 점에서 구의동 보루는 고구려 군사들이 백제군의 공격을 받고 매우 급박한 상황에서 도망치듯 떠난 후 방치되어 오랜 세월 속에 땅속에 묻혀 버렸던 것으로 추정할 수 있다.

그림 98 구의동 보루 출토 솥에 함께 출토된 시루를 앉혀본 모습

그림 99 서울 구의동 고구려 보루 구들 유적 발굴 당시 모습. 지금은 한양아파트가 들어서 있다.

아차산 고구려 유적(5~6세기)

경기도 구리시 아천동

아차산(峨嵯山) 유적은 행정 구역상 경기도 구리시 아천동 산 49-4번지 일원을 말하며, 간단히 말하면 워커힐 호텔 뒤편이 된다. 이곳에서는 모두 15개의 고구려 보루(堡壘) 유적이 확인되어 앞에서 다룬 구의동 보루와 함께 고구려의 남진(南進) 전초 기지로 확인되고 있는 곳이다. 온달 장군이 전사한 곳으로 전해지기도 하는 이곳 아차산 유적은 1916년경부터 알려지기 시작하였는데 오랫동안 백제나 신라의 고분으로만 추정되어 오던 곳이다. 그러다가 1994년 구리시와 구리시 문화원이 실시한 지표 조사에서 여러 점의 고구려 토기가 수습되면서 구의동 유적과 유사한 성격의 군사

그림 100 아차산 제4보루 남쪽 전경(남에서)

그림 101 아차산 제4보루 복원도

유적으로 추정되기 시작하였고, 이어서 서울대학교 박물관과 동 대학 인문학 연구소가 1997년과 1998년 2차에 거쳐 우선 아차산의 가장 중심에 위치한 '제4보루'를 본격적으로 발굴하여 고구려의 군사 시설이었던 것으로 최종 확인하였다.

발굴이 이루어진 이곳 아차산 제4보루에서는 총 7개의 건물 자리가 확인되었는데 7개의 건물 자리 속에서 모두 12기나 되는 고구려 구들(온돌)이 발굴되어 구의동 구들 유적, 몽촌토성 내에서 발굴된 구들과 함께 구들 연구에 있어서도 중요한 곳이 되고 있다. 발견된 구들 수가 12개나 되어 그 모두를 여기에서 상세히 다룰 수는 없으므로 발굴 보고서를 토대로 그 개요를 정리하고 제1호 구들 하나만 자세히 소개해 보면 다음과 같다.

이곳에서의 건물들은 모두 장방형의 평면을 하고 있었다. 벽체는 일부를 제외하고는 돌과 점토를 섞어 담장식으로 축조하였으며, 그 위에 맞배지붕이 덮여 있었던 것으로 추정되었다.

건물지 내부에서는 구들 시설과 배수구 및 저수 시설로 추정되

그림 102 아차산 제4보루1호 구들 전경(서쪽 아궁이가 있는 곳에서)

그림 103 아차산 제4보루 1호 구들(동쪽 굴뚝자리 쪽에서)

는 방형 수혈 유구(方形竪穴遺構) 등이 발견되었는데 대형 건물의 내부는 구들을 중심으로 돌을 쌓아 방형의 구획을 하고 있었다.

가장 큰 건물인 3호 건물지의 경우 내부에 3기의 구들(온돌)과 저수조로 추정되는 2기의 방형 수혈 유구가 설치되어 있었는데, 각각의 구들 주변은 다듬어진 석재를 이용하여 방형으로 구획을 하고 있었고, 유물은 주로 방형 구획 내부에서 출토되었다. 이들 구획선은 석재를 1~2단 쌓은 것으로 일종의 칸막이 기능을 한 것으로 보인다. 이러한 방의 규모는 13~16평으로 한 구획 내에 약 10명의 군사가 거주했던 것으로 추정된다.

이곳 제4보루에서의 구들 시설은 'ㄱ'자형과 직선형 두 종류가 있으며 모두 외줄고래 형식으로 길이 30cm, 폭 10~15cm 가량의 판석을 세워서 벽체를 만들고, 그 위에 역시 납작하고 긴 판석을 구들장으로 덮은 형태이다. 일부는 구들 벽체의 상단부를 20cm 안팎의 할석과 점토를 섞어서 쌓은 경우도 있었다.

아궁이는 구들고래와 직교하는 방향으로 설치되어 있었는데 아궁이 좌우에 좁은 판석을 세우고 그 위에 이맛돌을 올려서 아궁이

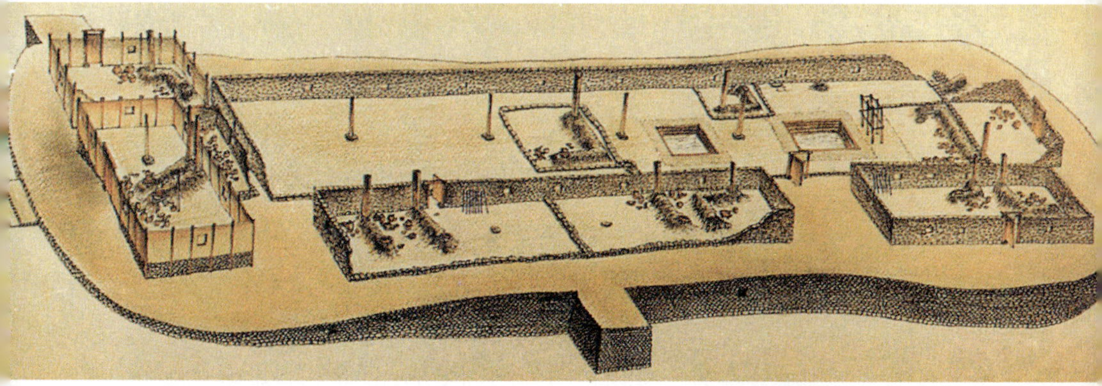

그림 104 아차산 제4보루 복원도(내부)

를 만들고 있었다. 아궁이 가운데에는 좁고 긴 돌을 세워놓은 경우가 많은데 아궁이에 걸린 솥의 밑바닥을 받치기 위한 장치로 추정되었다.

구들 시설 중에서 규모로는 3호 건물 자리 내부의 북쪽에 위치한 제1호 구들이 가장 크다. 'ㄱ'자 형으로 전체 길이가 9.2m 가량 되었다. 발굴 당시 다른 구들에서는 구들장이 부분적으로 남아 있었지만 이곳 제1호 구들의 구들장은 모두 없어진 상태였다. 벽체 주변에는 벽체와 구들장에 발랐던 점토 덩어리들이 흩어져 있었으며 점토 속에서는 짚을 섞어 사용한 흔적이 남아 있었다. 구들의 벽체는 납작한 할석을 쌓고 할석들 사이의 공간은 점토를 이용하여 메웠다. 벽체의 축조에 사용된 할석은 크기가 일정하지 않으나 보통 길이 20~30cm, 폭 10~20cm, 두께 10cm 안팎이었으며, 이를 점토와 섞어가며 3단을 쌓았다.

고래의 장변 동쪽 끝 부분에는 굴뚝이 설치되어 있었는데 다른 부분보다 약간 넓게 방형으로 할석을 쌓은 후 내부는 둥글게 마무리하였다. 굴뚝 내부와 주변에서 대형 토제 연통이 깨어진 채 출토되어 굴뚝은 토기를 이용하였던 것으로 확인되었다. 또 연통

그림 105 아차산 제4보루 출토 굴뚝(토기, H. 81.0cm)

그림 106 아차산 제4보루 출토 굴뚝(토기, H. 49.7cm)

(煙筒)이 세워졌던 곳 바로 밑의 바닥은 고래 바닥이나 다른 곳보다 약 20cm 가량 깊었고, 이를 에워싸고 있는 석축의 동쪽 중앙에는 쐐기 모양의 돌 하나가 밖으로 약간 튀어나와 있었고 그 좌우에는 납작하고 면이 고른 돌을 하나씩 세워서 마감하였다. 이것은 사용 중 굴뚝 밑에 쌓이는 재를 쳐내기 위한 시설로 보인다고 하였다. 그렇다면 이때 사람들이 벌써 '굴뚝개자리'를 사용하고 있었다는 것이 되므로 흥미롭다. 쐐기 모양의 돌은 재를 쳐내는 데 사용되기도 했겠지만 날씨와 집 밖의 바람 정도에 따라 고래 속에서의 연기의 흐름을 조절하는 데 사용되지 않았을까 추측되기도 한다.

아궁이는 단변의 동쪽에 설치되어 있는데, 특이한 점은 다른 구들과 달리 두 개가 나란히 설치되어 있었다. 2개의 아궁이 모두 좁고 긴 판석 2개를 좌우에 세우고 그 위에 하나의 이맛돌을 얹은 형태인데, 규모는 폭이 40cm, 높이 35cm 가량 되었다. 아궁이 옆 구들의 단변이 끝나는 지점에 할석을 둥글게 돌려 만든 지름 65cm 가량의 공간이 있는데 이는 아마도 불씨를 저장하던 곳이 아닌가 생각된다.

구들고래의 내부 폭은 장변이 40~50cm, 아궁이 쪽의 단변이 60cm 가량 되고, 외부 폭은 장변이 70~80cm, 단변이 90cm 가량 되며, 뚜껑이 없는 상태에서의 높이는 35~40cm 가량 되었다. 이것은 남아 있는 구들의 골조 규모이므로 사용 당시는 이 골조 위에 짚을 섞은 점토를 발라 마감하여 사용하였으므로 이보다 훨씬 컸을 것으로 짐작된다. 그런데 이 구들은 3호 주거의 북벽과 동벽에 바로 연접해 있어서 구들 시설에 점토 바르기는 건물 벽체에 붙여 마감했을 가능성이 컸으므로 사용 당시의 구들의 폭은 150cm, 높이는 60cm 가량 되었던 것으로 추정된다.

이곳에서 발굴된 구들의 형태는 북한 지역에서 발굴된 고구려 구들 유적과 매우 흡사하다. 시루, 항아리 등 대표적인 고구려 토기와 화살촉, 창 등 각종 철제 무기류가 발굴되었다. 그 중에는 구들과 관련하여 의미가 있는 철제 솥 파편 조각과 토제 굴뚝들도 발견되었다. 굴뚝은 원통형과 항아리형, 끝이 좁아든 원통형 등 그 형태가 다양하였다. 이 중 가장 큰 굴뚝은 높이가 81cm, 지름이 47cm나 되며 몸 전체에 4개의 띠고리 손잡이가 부착되어 있다. 굴뚝은 발달된 고구려 토기의 제작 기술을 보여주는 좋은 예가 되기도 하지만 이로서 구들의 3대 요소인 아궁이, 고래, 굴뚝에 관계되는 장치들을 한 곳에서 모두 발견한 것도 의미가 있다.

이 아차산 제4보루의 구들 유적은 점토에 짚을 섞어 사용하여 결속을 높였던 점이나 (더 오래된 수원 서둔동 유적에서도 보고되었다.) 특히 제1호 구들에서는 더 깊이 낮춘 '굴뚝개자리'와 쌓인 재를 청소하거나 고래 속의 연기의 흐름을 조절하는 데 사용되었을 개폐 장치가 발견되어 조선 시대나 그 이후의 구들에서 의례 볼 수 있는 구들(온돌)의 세부 기능이 이미 오래 전부터 사용되고 있었음을 보여준다는 점에서 흥미롭다.

아차산 유적은 구의동 보루, 몽촌토성 내의 고구려 유적과 서로 연관된 고구려의 군사 시설로 믿어지고 있으므로 함께 살펴보면 더 의의가 있다.

이 지역을 가장 먼저 차지한 것은 백제(百濟)로서 『삼국사기(三國史記)』에 따르면 기원전 18년에 고구려에서 남하한 온조(溫祖) 집단이 이곳에 정착하여 475년 웅진(雄津, 지금의 공주)으로 천도할 때까지 500여 년간 이곳에 정착하였다. 그 후 고구려의 남진 정책으로 475년 한강 유역은 고구려의 수중에 들어가게 되고, 551년 백제와 신라의 연합군이 한강 유역을 되찾을 때까지 한강 유역은 고구려의 관할 하에 놓이게 된다. 551년 백제와 신라의 연합군이 한강 유역을 되찾을 당시 백제는 한강 하류 지역을 수복하였으나, 2년 후인 553년 신라의 공격을 받아 이후 한강 유역은 신라의 영토에 포함되며, 그 후 삼국의 통일 전쟁을 통해 경기 북부 지역은 신라의 영역에 포함된다.

이 아차산 유적은 이 삼국의 각축이 벌어지던 시기 고구려의 군사 시설이었던 것이다. 따라서 아차산 제4보루는 구의동 보루, 몽촌토성 고구려 구들과 함께 5세기 중반에서 6세기 중반까지 약 100년 사이에 형성된 유적이다.[46] 이후 인근의 시루봉이 발굴되었는데 그 곳에서도 구들이 발굴되었고, 나머지 보루들도 발굴되면 더 많은 고구려 구들도 발견될 전망이다. 또 앞에서 보았듯이 한강에서 남쪽으로 멀리 떨어진 충북 청원 남성골에서도 유사한 고구려 구들이 발굴되었으므로 서로의 관련성을 염두에 두면서 살펴볼 유적이기도 하다.

헬기장 표시가 된 고구려의 구들장

이곳 아차산 제4보루는 발굴되기 전에 평평하게 정지되어 군용 헬리콥터장이 설치되어 있었고, 시민들이 운동 공간으로 활용하고 있었으므로 훼손이 심각하여 우선 발굴되었다고 한다. 발굴팀은 발굴을 시작할 때 돌로 만든 'H'자에 원을 두른 헬기장 표시를 제거하면서 그에 쓰인 돌의 바닥에 그을음이 묻은 것을 여러 개 발견하였었는데 나중에 생각해보니 그 돌들의 대부분이 구들을 덮고 있던 구들장이었고 그래서 제1호 구들이 구들장이 없이 발굴되게 된 것으로 추정된다고 하였다.

구들장은 납작하니 산 위에서 헬기장 표시하는 데 매우 적절한 재료였을 것이다. 헬기장 설치 역시 군인들이 하였는지는 알 수 없으나 그렇다 치면 1400여 년 전 고구려의 선배 병사들이 힘들게 구들을 설치한 덕분에 오늘날의 병사들은 그것을 벗겨 손쉽게 헬기장을 표시하는 데 쓴 셈이 된다. 그것이 어떤 돌인지도 모른 채. 구들장이 가끔 고급 식당이나 주택의 정원 잔디밭에 디딤돌로 쓰인 것을 본다. 어디서 왔는지 모르지만 저마다 오래된 역사와 숨겨진 이야기를 담고 있으려니 생각하면 다시 보아지고, 헬기장 표시처럼 본래의 역할은 아니지만 사람들은 여전히 구들 덕을 보고 있다는 생각을 하게 된다.

집안(集安) 동대자 유적(7세기, 고구려 후기)

압록강 건너편 현 중국의 집안(集安: 중국어로 지안)에 있는 동대자(東臺子) 유적은 궁성이거나 사직(社稷)에 제사 지내던 건물로 추정되는데, 고구려 후기의 구들 시설의 모습을 잘 보여준다.

여기서는 4개의 방이 드러났다. 제1실(동쪽)은 동서 15m, 남북 11m의 좀 큰 방이다. 방바닥 한가운데는 진흙과 둥근 강자갈로 다져 만들었다. 그 밑으로 기초 공사를 하였는데 1.5~2m의 너비로 30~35cm 정도 깊게 강돌과 진흙을 다져넣은 다음 그 위에 큰 돌을 올려놓았다. 이것은 마치 절간의 불좌의 밑돌같이 보여 이 방의 성격이 보통 살림방이 아님을 알 수 있게 한다.

그런데도 이 방에는 구들고래가 마련되어 있다. 그것은 방 안에서는 'ㄱ'자로 되어 있고 그 끝에서 직각으로 꺾여 방밖으로 나가 굴뚝으로 연결되고 있다. 아궁이 부분으로부터 구들골 바닥에 이르기까지 잔 강돌과 기와 조각을 엎어서 깔았다. 구들고래의 너비는 70cm이며, 깊이는 25cm이다. 그 길이는 방안 부분만 해도 10여 m나 되는 긴 고래이다. 방 안 부분은 얇은 구들장을 썼고 굴뚝에 이르는 방 밖의 고래 위에는 두꺼운 판석(板石)을 덮은 것을 보면 열이 퍼지게 하는 데에 머리 쓴 것이다. 방 주변에는 강자갈과 기와 조각을 폈다.

제1실(평면도의 우측)의 구들 시설은 요컨대 토성리와 노남리의 'ㄱ'자형 구들과 기본 구성 원리를 같이 하면서 그대로 그것을 발전시킨 것이다. 굴뚝이나 아궁이 시설, 구들장들은 물론 이전의 것보다 훨씬 발전하였으나 방안에 'ㄱ'자형 구들을 놓고 그것도 외줄의 고래를 만든 구들이라는 점에서는 같다.

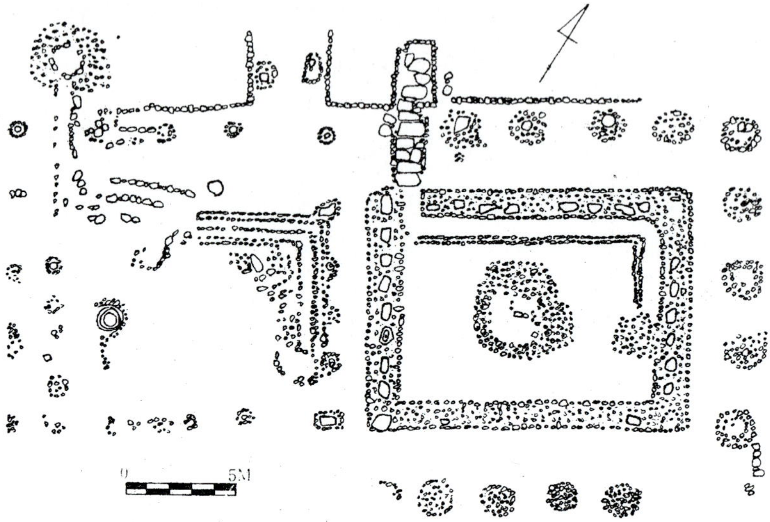

그림 107 집안(集安) 동대자 유적의 구들(고구려 후기)

제2실(평면도에서 좌측)의 구들은 그 남쪽 부분이 교란되어 잘 알 수 없으나 기본적인 모습을 볼 수 있다. 우선 이 구들은 토성리 제5구의 구들처럼 두 줄로 되었고 한 개의 구들고래 폭이 30cm이며 고래와 고래 사이는 25cm로 기와 조각 등으로 덮었다. 구들고래는 역시 방바닥보다 높다. 구들장으로는 30~50cm의 두꺼운 판석을 썼다.

제2실의 서쪽 부분에는 이 구들을 잘라먹은 또 하나의 구들이 있다. 이것 역시 'ㄱ'자로 휜 구들고래인데 구들고래의 구조는 대개 제2실과 비슷하나 구들고래가 셋이며 만든 솜씨가 좀 거칠게 되어 있다. 이 구들은 굴뚝 부분만은 제2실의 그것을 이용하고 있는 점으로 보아 건물이 파괴된 이후 얼마 안가서 그 터에 남은 굴뚝을 그대로 이용하여 만든 것으로 보인다.

제1실과 제2실은 원래 한 지붕 아래 두 개의 방이었다. 이것은 노남리 유적 제2집터 경우와 같다. 이런 것은 발해 동경성의 궁전들에서도 볼 수 있는데 고구려 사람들의 전통적인 생활 풍습과 관계되는 것이다. 이곳 동대자 유적의 집터에서는 벌써 구들고래가 단순히 열을 퍼뜨리는 작용을 하였을 뿐 아니라 경우에 따라서는 그 위에 앉거나 자거나 할 수 있을 정도로 넓다는 사실도 주목된다. 즉 제1실의 구들의 너비는 70cm에다가 길이가 10여 m나 되므로 외구들이라 하더라도 능히 여기서 잘 수 있다. 제2실의 경우에는 너비 2m, 길이 3m로 6㎡에 달하므로 이것은 제1실보다 더 오늘의 구들에서처럼 살 수 있었을 것이다. 또 제2실 서쪽을 잘라먹은 구들은 세 고래이며 그것은 오늘날 흔히 보는 전면 구들에 더 가까웠음을 의미한다.47)

발해 상경용천부 궁성 침전터 유적(8~10세기)

현 중국 흑룡강성 영안현 발해진

발해(渤海) 상경용천부(上京龍泉府)는 현재 중국 흑룡강성(黑龍江省) 영안시(寧安市) 발해진(渤海鎭)으로 755년부터 785년까지 30년간, 그리고 794년부터 926년 멸망할 때까지 132년간 두 차례 발해의 수도였다. 이곳의 궁성 침전(寢殿)터에서도 많은 구들 시설이 발굴되었는데 발해가 고구려를 이은 나라의 하나로 믿어지듯이 드러난 구들 시설의 모습 역시 고구려의 문화를 계승하고 발전시킨 모습을 보여준다는 점에서 중요한 유적이 된다. 발해가 이곳을 1차로 수도로 삼은 것은 30년밖에 되지 않으므로 여기서 발굴된 구들 유적은 아마도 9세기 이후의 것으로 추측되고 있다.

이곳의 궁성 침전터의 기단 규모는 동서로 약 30m이고 남북 방

그림 108 발해 상경용천부 궁성 서구 침전터 전경

그림 109 발해 상경용천부 궁성 서구 침전터 전경

향으로 17.3m에 달하며 주위에는 회랑과 같은 복도를 두르고 있다.[48] 그 안쪽에 3개의 방을 구획하고 이들 각각에 벽체에 붙여 구들을 설치하였는데 어떤 것은 회랑을 거치고, 어떤 것은 회랑 전용으로 총 5개의 구들 시설을 보여준다. 대부분은 'ㄱ'자형 쌍줄고래(두줄고래)로 되어 있다. 또한 어떤 것은 중간에 아궁이를 하나 더 두어 그 용도는 확실하지 않으나 조선 시대나 현존하는 전통 민가에서 볼 수 있는 '보조 아궁이'의 선례를 보는 듯하다. 보조 아궁이의 존재도 그렇지만 이들 구들 시설은 위치에 따라 뒤편에 있는 두 개의 굴뚝과 연결되어 있는데 두 개의 구들, 즉 두세 개의 아궁이에서 불을 땔 때 발생하는 연기를 하나로 모아서 굴뚝으로 연결함으로써 굴뚝 수를 적게 하였다는 점에서도 이곳 이전의 유적에서 보여주는 구들보다는 발전된 요소들을 보이고 있다.

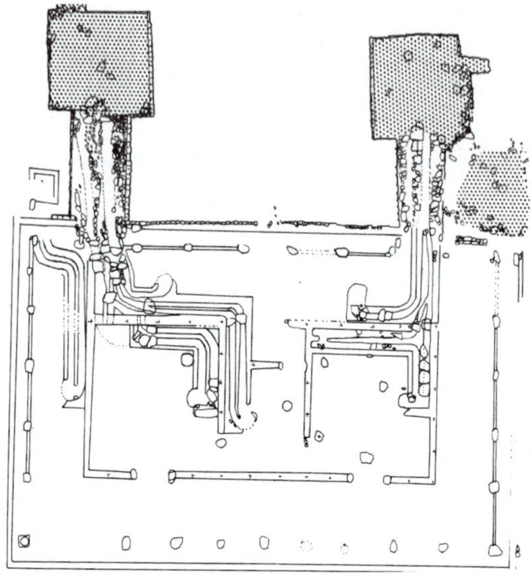

그림 110 발해 상경용천부 궁성 침전터

그림 111 발해 상경용천부 궁성 침전터 서쪽 구들 모습

그림 112 발해 상경용천부 궁성 침전터 서쪽 굴뚝 모습

그림 113 발해 상경용천부 궁성 침전터 동쪽 굴뚝 모습

그림 114 발해 상경용천부 궁성 서구 침전터

청해토성 유적(8세기경)

함경남도 북청군 북청읍 하호리(북청 동남쪽 14km)

발해 5경(京) 중 남경(南京)이었던 곳으로 알려진 이곳 청해토성(靑海土城)은 1980년부터 10여 년간 발굴되었다. 토성 안에서는 작두, 쇠삽, 낫 등이 발견되었고, 관청터, 절터, 병영터와 함께 구들이 달린 집터가 발견되었다. 보고서가 확보되지 않아 자세히 설명할

그림 115 함남 북청 청해토성 터 1호 주거지

그림 116 함남 북청 청해토성 터 2호 주거지 구들 모습

수 없으나 이 구들 시설들은 세 줄의 고래를 두고 있고 바닥을 다지고 골을 파내서 고래를 만든 것으로 보인다. 그리고 방열 면적이 그만큼 컸고 구들이 방 전체를 차지하지 않았나 생각된다. 사진으로만 보아도 만든 방법이 독특하고 사례가 많지 않은 북한 동부 지역에서 발굴되었다는 점과 8세기 것이라는 점에서 참고가 될 수 있을 것이다.[49]

● '문제'의 웅기 송평동 유적

함경북도 웅기군 웅기면 송평동

이쯤에서 필자는 함경북도 웅기(雄基) 송평동(松坪洞) 유적에 대하여 말하고자 한다. 이 유적은 우리가 역사 시간에 배우는 웅기패총(雄基貝塚 : 조개무지)으로 이미 유명하지만, 사실은 패총 자체보다도 패총 밑에 있던 주거지의 구들의 발견이 더 놀랄 만한 것이었다. 왜냐하면 이 유적은 신석기 시대에 속하는데도 이미 여러 줄의 고래를 갖추고 있어서 방 하나 전체를 난방하는, 우리가 흔히 '전면 구들'이라 부르는 규모를 보여주고 있었기 때문이다.

그런데 이곳의 구들은 사진과 함께 한동안 중고등학교 역사 교과서, 대학의 한국 건축사 등에 소개되다가 슬며시 사라지고, 지금

그림 117 함북 웅기패총에서 발견된 것으로 추정되는 '문제'의 구들 모습

은 구들의 역사 연구에서 거의 언급조차 하지 않게 되었다. 그렇게 된 가장 큰 원인은 이곳의 구들 모습이 시대에 너무 앞서가는 모습을 하고 있고, 이 유적의 자세한 발굴 보고서가 - 있었는지도 모르지만 - 제대로 전해지지 않아 확실한 근거로 말할 수 없게 되었다는 데 있다. 구들의 초기 형태에 속하는 고구려 시대의 대부분의 유적이 벽체를 따라 설치한 'ㄱ'자 형태인데다가 고래수도 많아야 두세 줄 정도밖에 되지 않는데, 이곳의 구들은 고려 시대 이후에나 볼 수 있는 수준이기 때문이다. 그리고 함께 소개되던 사진도 현재 원본은 어디에 있는지 확인되지 않고, 복사되어 돌아다니다가 더 이상 이용되지도 않아 이제는 그것이 웅기패총 밑에서 발굴된 구들에 속하는 사진인지 조차도 아무도 자신할 수 없는 상황이 되고 말았기 때문이다.

그런데 필자는 이곳의 유적이 그렇게 불신하고 무시할 사례만은 아니지 않는가 하고 생각해 왔다. 왜냐하면 그것이 비록 시대에 비하여 발전된 모습을 하고 있어도 훨씬 후대의 것이라고 말할 수 있는 근거 또한 없고, 구들이란 것은 근본적으로 흙과 돌, 그리고 불 만드는 기술만 있으면 만들 수 있는 것이므로 그런 상태의 구들이 불가능할 것도 없다는 생각 때문이었다. 그래서 필자는 수년 전 이에 대해 좀더 알아보려 노력하던 중 건축 고고학자 김정기 선생의 도움으로 자료를 하나 입수하게 되었다. 그것은 발굴을 주도한 당사자인 일본인 후지타 료샤크가 청구학총(靑丘學叢)에 기고한 것이다. 입수된 자료의 내용도 모든 의문을 해소할 수 있는 정도는 아니어서 하나의 '약식 보고서' 성격으로 추측되는 것이다. 하지만 웅기 송평동 유적에 대하여 전향적으로 해석이 가능한 자료라고 생각되고, 이 자체도 구하기 힘든 자료라고 생각하여 본래 일본어로 된 전문을 번역하여 여기에 게재한다.

웅기 송평동(雄基松坪洞) 석기 시대 유적의 발굴

출처: 후지타 료사크(藤田亮策)
청구학총(靑丘學叢) 2号 昭和 5年(1931) 11月15日

조선(朝鮮) 최북단의 유적으로서 유명한 함경북도 경흥군 웅기면 송평동(咸鏡北道 慶興郡 雄基面 松坪洞)의 패총(貝塚)은 전년도에 이어서 금년 여름 7월 17일부터 8월 18일까지 30여 일간 조선총독부 박물관원의 손에 의해서 발굴 조사가 행하여 졌으며, 그 결과 많은 좋은 성과를 올려서 조선 고고학회에 큰 자극을 주었다.

유적은 웅기(雄基)의 서쪽 20정(町)여 (약 2,182m)에 있는 용수호(龍水湖)의 동안(東岸) 모래언덕(砂丘) 형의 낮은 고지(高地)와 그 경사면에 있으며, 10정여(3만 평, 약 997a)의 넓은 범위의 지역 일대에 유적이 산포(散布)하고 있으며, 포함층(包含層)과 패총이 여기저기 분포되어 있다.

금년에도 작년도에 이어서 용수호의 동안(東岸)을 거의 평행하여 40m 떨어진 곳에 남북으로 간선(幹線)의 트렌치(trench)를 만들고, 이것과 직각의 도랑(溝)을 만들어서, 주요한 점을 발굴했다. 간선의 길이는 190m, 직각 도랑은 40m를 한도로 하여 순굴 방법(順堀方法)으로 발굴을 진행하였다.

유적은 모두 사층(砂層)이지만 표면에 부식된 담흑층(淡黑層)이 있고 그 밑에 흑갈색의 조개껍질을 포함한 층이 있으며, 그 밑에 흑색층이 있다. 이들은 다수의 석기(石器)·골각기(骨角器)·토기(土器)·수골(獸骨)을 함유하고 있으며, 석구(石溝)·온상(溫床)으로 보이는 석조물(石造物)도 이 흑색층의 하저부(下底部)의 황갈색의 처녀층에 접한 곳에 있었다. 흑토층은 장소에 따라서 두텁기도 하고 얇기도 하지만, 가장 두터운 곳은 표면하 1m 80에 달하며, 그것은 1m 이상의 포함층(包含層)을 이루고 있다. 패층(貝層)의 두께도 30cm 내지 50cm가 되며, 이들은 가장 많은 유기질(有機質)을 보유하고 있었다.

유물중 석기(石器)는 대형의 정자(丁字)형 타석부(打石斧)·마제석부(磨製石斧)・마석침(磨石針)・마석족(磨石鏃)외에 흑요석(黑曜石)・타제석족(打製石鏃)・타제석창두(打製石槍頭) 등이 발견되었으며, 특히 14, 5cm의 긴 마석족(磨石鏃)은 제작이 우수하고 아름다운 것이다. 골기(骨器)로는 골족(骨鏃)과 골침(骨針) 및 완전한 골제 낚시바늘(骨製釣針)이 발견되었으며, 각종 골기(骨器)의 미완성품도 많이 발견되었다. 수각제(獸角製)의 장식품 외에 조개로 만든 팔찌(腕輪)와 조개 목걸이(貝輪)가 한 묶음이 되어서 나타난 것도 흥미를 끈다. 조개껍질에 구멍을 뚫고, 끈으로 낀 장신구도 있었다. 토기(土器)는 매우 풍부하였으며, 표면을 닦고 붉은 칠을 하고 있는 토기 조각도 적지 않았으나, 작년도에 본 것과 같은 흑갈색의 문양(文樣)을 그린 아름다운 것은 발견되지 않았으며, 즐목문 토기(櫛目文土器)도 금년에는 적은 것같이 보였다. 다만 무문 굴뚝형 토기는 상당히 많이 발견되었다. 깊은 흑토층(黑土層)의 밑바닥에 2개 내지 3개 겹친 것을 몇 개 감추어 둔 것도 재미있는 일이며, 대형 화분 모양도 다수 발견되었다.

인골(人骨)로는, 작년의 거의 완전한 몇 개의 체구에 비해서, 몹시 보존 정도가 나쁜 4개의 체구가 발견되었으며, 그것을 경성제국대학 의학부(京城帝國大學 醫學部) 이마무라(今村) 교수는 스스로 채굴 채집하여 가지고 돌아갔다. 이외에 패층(貝層)의 하저부(河底部)에서 발견된 유아의 유해는 상당히 완전한 것이며, 지골(指骨)까지 잔존하고 있는 것은 드문 일이다.

그리고 이들 인골(人骨)은 모두 신전장(伸展葬)이라는 점이 주목되며, 만주(滿洲)에서 발견된 것도 모두 신장(伸葬)이고, 일본내지(日本內地)의 패총에서 보이는 것과 같은 굴장(屈葬) 시체는 한 건도 없다. 동물의 유골은 그 양도 종류도 매우 많으며 노루・소・개・멧돼지 등이 대부분이며 새와 물고기의 뼈도 섞여 있다.

이 유적에서는 또한 수종(數種)의 화로(爐)와 온상(溫床)으로 보이는 것이 발견되고 있다. 난로(火爐)는 돌로 둥글게 쌓은 것과, 점토(粘土)를 원형 또는 타원(橢圓)의 오목형(凹形)으로 발라서 내부에 몇 개의 돌맹이(塊石)를 둔 것이 있으며, 안에서 불을 피워서 부글부글

끓게 하는 데 이용한 것이 분명하다. 이외에 돌을 원형으로 세워서 직경 2m 내지 3m의 원진(圓陣)을 만들어서 그 내면(內面)에 점토를 고루고루 바르고 나서 불을 피운 것과, **직각형의 석실형(石室形)으로 돌맹이(塊石)를 늘어놓고, 그 한쪽에 수도(隧道)를 만들어서, 내부에 화기(火氣)를 보내거나 또는 불을 피운 것이 확실하며, 또한 몇 줄의 석구(石溝)를 병렬하여 그 위에 판석(板石)을 늘어놓고 있어, 오늘날의 온돌(溫突)과 동형(同形)·동구조(同溝造)의 것을 몇 개 발견한 것은 몹시 흥미 있는 일이다. 마지막의 온돌형을 제외한 다른 것은 1m의 처녀층의 밑에 있었으며, 그것은 분명히 이 유적 축성 당시의 것이다. 냉한한 이 지방에는 일찍부터 난방 시설도 고려되었을 것이다.**

이 유적에서는 쇳조각·쇠 찌꺼기도 발견되었으며, 그것은 적어도 철기 이입(鐵器移入)의 초기까지 계속된 유적이라는 점에는 의문의 여지가 없으며, 이는 북선(北鮮)의 석기 시대가 비교적 늦은 연대까지 존재한 것을 나타내고 있다고 할 수 있을 것이다. 다만 철기(鐵器) 조각이 있다고 하지만, 그것은 김해(金海)·동해(東海)의 유적과는 전혀 모양을 달리하고 있다. 북선에서는 석기(石器)가 대부분이며 도질기(陶質器)는 보이지 않으며, 순석기 시대(純石器時代)의 상태가 지속되고 있는 것이다.

요컨대 웅기(雄基)의 유적은 북선(北鮮)의 석기 시대를 대표하는 것이다. 인골(人骨)·구옥(勾玉)·채문 토기(彩文土器)의 출토에 의해서 고고학상 중요한 연구 자료를 제공하였고 또한 대규모의 발굴에 의해서 조선의 고적 조사 방법상에서의 참고가 된 점이 적지 않다.

후지타(藤田)

앞에서 말하였지만 이 보고서의 내용은 자세하지 않다. 그러나 후지타는 "몇 줄의 석구를 병열하여 놓았다"는 것과 "오늘날의 온돌(溫突)과 동형(同形)"이라고 분명히 언급하여 발굴 당시인 1931

년대의 온돌(溫突)에 비유하여 이해를 돕고 있다. “몇 줄의 석구를 병열”하여 놓았다 하는 점에서 웅기의 구들 사진으로 소개되던 사진도 진짜일 확률이 높아 보인다.

이 보고서에 의하면 이곳에서는 전면 구들형 외에도 구들의 시작 형태인 한 줄로 된 부뚜막 연장형 구조물도 발견되었고, 춘천 중도(中島) 유적에서 보는 것과 유사한 원진(圓陣)을 이루는 불자리도 함께 발굴된 것으로 이해된다. 다만 “마지막의 온돌형을 제외한 다른 것들은 1m의 처녀층 밑에 있었으며, 그것은 분명히 이 유적의 축성 당시의 것이다”라고 하여 온돌형은 조금 늦은 문화층에 속하는 듯하게 기술하였는데 그렇다고 유적 전체의 시대에서 크게 벗어나는 것은 분명 아닌 것 같다.

문제는 이 ‘전면 구들형’ 유적의 시대를 좀더 구체적으로 규명하는 일인데 이 자료만으로는 확실하게 말할 수 없지만 신석기 시대의 유적이라 볼 수도 있지 않은가 한다. 웅기는 한반도 우측 북단으로 추위가 맹렬한 곳이어서 구들 같은 난방이 어느 곳보다 유익하게 쓰였을 것이며, 이쪽 지역에서의 많지 않은 구들 유적 사례가 된다. 필자도 다른 지역의 고대 구들 유적의 모습을 고려할 때 여기서의 발견은 시대에 너무 앞선 발전적 모습이라고 생각은 하지만 이 유적이 구들의 전체적인 발전 계통에서 벗어난다고 해서 다시 망각 속으로 묻어버릴 일이 아니라고 생각되기에 함께 생각해 보자는 취지에서 여기에 후지타(藤田)의 글을 소개하였다.

아무튼 이 보고서는 일본인 학자에 의한 보고서란 점도 참작할 만한 일이 아닌가 한다. 굳이 무리한 해석으로 연대를 끌어 올리려 하거나 발굴 성과를 과장할 이유가 없지 않겠는가 하는 것이다.

그리고 시대를 낮추어 본다면 어디까지 낮추어 볼 것인가도 문제이다. 전면 구들이 흔히 나타나는 시기는 고려 시대라 할 수 있는데 고려 시대까지 시기를 임의로 낮추어 볼 수 있는가도 문제이다.

후지타(藤田)는 이듬해(1932)에 같은 청구학총(靑丘學叢) 6호에 송평동 유적에 대하여 기고하였는데 우리의 문제와 직접 관련이 적어 보여 여기에는 소개하지 않는다.

"문제의 빛바랜 사진 원본은 어디에?"

김정기 선생은 위의 자료를 보내주며 다음과 같이 메모하였다.

웅기 송평동 패총(즐문 토기 시대-신석기 시대)에서 발견된 수혈 주거지에서 나타난 온돌 유구에 관한 보고는 후지다 료샤크(藤田亮策)의 글에 있는 것은 분명하나 그 원전을 확인하기 어렵습니다. 金元龍 선생의 말씀으로는 "발굴 경위를 설명하는 데 간단히 언급되어 있으나, 그 책은 『古代の 文化』 또는 『朝鮮の 文化』-공히 藤田 著-에 있을지 모르겠다"고 하셨고, "사진이 한때 돌고 있었는데 그 원판은 국립중앙박물관에 있을 것 같다"라고 하셨습니다.

이런 메모까지 소개하는 것은 이 웅기 유적의 중요성을 다시 한 번 부각하고 관심을 공유하고자 하는 것이며, 자료와 자문으로 도와주신 두 분께 감사를 표함과 동시에 혹 국립중앙박물관 관계자들이라도 이 글을 보면 한 장의 사진이라도 그 중요성을 인식하고 원본을 찾는 데 관심을 가져주지 않을까 해서이다.

오매리 절골 유적(8세기경)

함경남도 신포시 오매리

청해토성 유적에서 서남쪽으로 약 10km 떨어진 오매리(梧梅里) 유적은 청해토성과 함께 발해(渤海) 유적지로 알려지고 있다.

절골은 압해산 앞 봉우리에서 흘러내린 금산을 비롯한 가지 줄기에 둘러싸인 한 골짜기의 이름이다. 북쪽 1호 건물터로 명명되는 이 주거지는 두줄고래로 된 'ㄱ'자형 구들이다. 청해토성 주거지, 그리고 발해 상경용천부 침전터에서와 같이 고래 수가 늘어난 것을 보여 주는 유적으로 아궁이의 위치와 굴뚝까지 비교적 양호한

그림 118 함남 북청 오매리 절골 북쪽 1호 건물터 구들

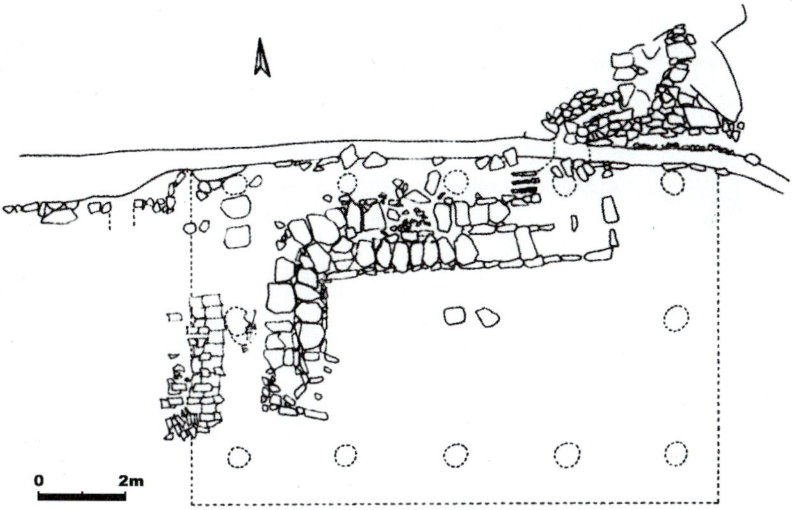

그림 119 함남 북청 오매리 절골 북쪽 1호 건물터 구들

상태를 보여주고 있다. 여기에는 고구려 문화층도 있어서 고구려 시대 이후 발해가 이어서 사용한 곳으로 판단되며 구들 시설이 있는 건물은 고구려 문화층 위에 형성된 발해 문화층에서 발굴되었으므로 발해 시대의 구들 모습을 보여준다.

또한 이곳에서는 세발솥이 발굴되었는데 아궁이에 얹었던 것인지는 확실하지 않지만 구들이 취사를 겸한 난방 시설이며 부뚜막과 밀접한 관계에 있으므로 흥미롭다.

그림 120 오매리 절골 발굴 세발솥

1호 건물터와 함께 금산 건물터에서도 구들 시설의 유구가 발굴되었는데 직선형 두줄고래로 되어 있다.[50]

그림 121 함남 북청 오매리 절골 북쪽 1호 건물터 구들

익산 미륵사 제10호 건물터(10세기, 고려 초기)

전북 익산시 금마면 기양리

익산(益山) 미륵사지(彌勒寺址)는 백제 때의 절터로 백제 무왕 때 지어져 조선 시대에 폐사되었던 것으로 알려져 있다. 고려와 조선 시대에 속하는 건물터에서 여러 개의 온돌 시설이 발견되어 구들의 발전 과정을 연구하는 데 중요한 자료가 되는 곳이다.

제10호 건물지로 명명된 방의 구들(도면의 맨 좌측)을 보면 전체

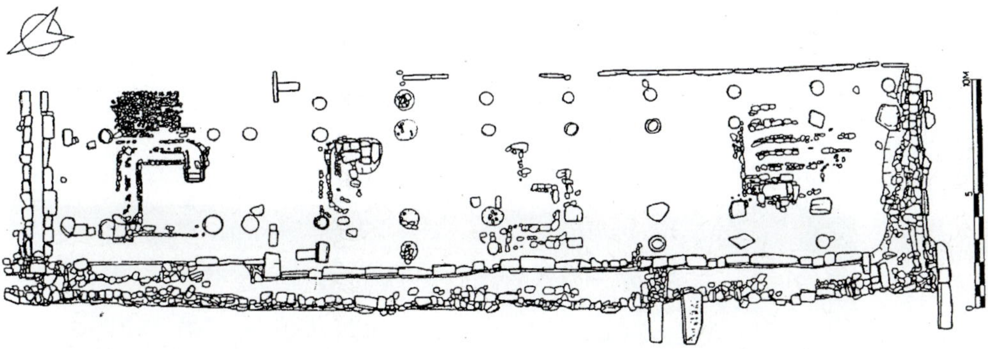

그림 122 익산 미륵사지 제10호 건물터

적으로는 'ㄱ'자형 구들을 이루고 있다. 서쪽 방향에서 불을 지피도록 아궁이는 서쪽으로 열려 있지만 고래는 동벽을 따라 전개되다가 좌로 꺾이어 다시 북벽을 따라 전개되고, 북벽 끝 모퉁이에 이르러 밖으로 나가고 있다. 고래는 우선 두줄고래(쌍줄고래)로 시작되어 있으나 그 중 한 줄은 꺾이는 부분 이후에서 어떻게 되었는지 알 수 없다. 대신 안쪽의 고래는 꺾이는 부분에서 두 줄로 나뉘

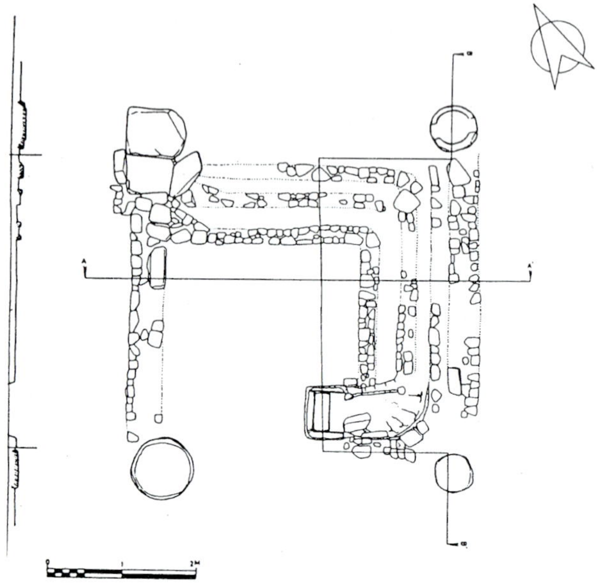

그림 123 익산 미륵사지 제10호 건물터

그림 124 익산 미륵사지 주변 조선 시대 건물터와 아궁이

고 있음을 볼 수 있다. 꺾인 부분 이후의 상태가 불확실한 오른 쪽 고래가 어디까지 뻗어 있었는지 알아보기 힘드나 북벽 끝가지 함께 갔다면 꺾인 부분 이후에서는 세줄고래가 되고, 그렇지 않고 중간에서 끝났다면 두줄고래가 되는 셈이다.

이 유구에서 주목되는 것은 아궁이 부분이 함실 형태로 두 단을 두며 좁혀지고 낮추어져 있다는 점이다. 그리고 구들 골이 시작되는 곳에는 부넘기 턱이 있었다고 한다. 그것은 나중에 조선 시대의 구들에서 보통 등장하는 요소로 이 구들을 만든 시대에 연기(화기)의 역류를 방지하고, 불기가 안으로 잘 빨려 들어가게 하는 기능을 이미 생각하였음을 의미하고 구들이 한 단계 더 발전되었음을 의미한다. 고래의 폭은 20cm와 30cm이고 고래둑의 폭은 20~26cm였다. 이 고래둑은 지표면을 파내어 돌로 기초를 한 다음 그 위에 기와 조각과 돌을 섞어 2열로 쌓고 외부는 진흙으로 마무리하였는데 남아 있는 둑의 높이가 12cm 정도였다고 보고되고 있다.[51)]

북서쪽 귀퉁이에 있는 굴뚝은 60×45cm의 공간을 이루었는데 바닥에 진한 갈색 진흙과 재가 있었다. 이 유적은 함께 발견된 '太平興國 五年(태평흥국 5년)'이라 새겨진 토기 조각과 고려 시대의 기와 조각 등에 의하여 고려 시대 초기 것으로 추정되고 있다.

앞에서 언급한 것처럼 이곳 미륵사지에서는 남아 있던 기와집을 해체하는 과정에서 조선 시대에 속하는 구들 유적도 발굴되었다. 이에 대하여는 뒤에서 언급하기로 한다.

완도 청해진 법화사지 유적(고려 시대)

전남 완도군 완도읍 장좌리

전남 완도(莞島)는 '해상왕국 건설자' 장보고(張保皐 : ?~846)의 유적지로 유명한 곳이다. 장보고는 신라 흥덕왕 3년(828) 완도 앞바다의 작은 섬인 장도(將島)에 해군 기지이자 무역 기지로 청해진(淸海鎭)을 설치하였는데 오랜 세월 버려져 섬 전체가 계단식 성(城)을 이루었던 흔적만 남아 있었다. 1989년부터 비로소 발굴이 시작되어 2001년까지 10여 년에 걸쳐 발굴됨으로써 장보고에 대한 많은 사실들이 새로이 조명된 곳이다.

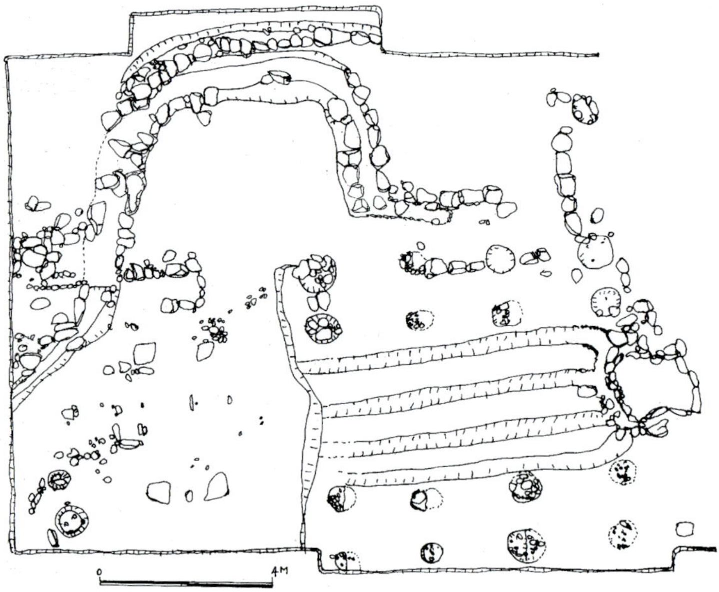

그림 125 전남 완도 '법화사' 건물터 3호 평면도

그런데 이곳 장도에는 역시 장보고가 창건한 것으로 전해지는 법화사(法華寺)로 추정되던 터가 남아 있었는데 국립문화재연구소에 의해 1989년과 90년 두 차례 발굴되는 과정에서 몇몇 건물에서 구들의 존재가 확인되었다.

그림 126 전남 완도 '법화사' 구들

이곳에서 구들 시설이 가장 잘 남아 있는 것은 건물터 3호이다. 법화사 자체는 통일신라 말 9세기 초반에 창건된 것이나 구들 시설은 고려 시대의 당초문(唐草文) 기와 조각 등이 함께 출토되고, 건물의 기단층 속에서도 고려 시대의 기와 조각과 청자, 백자, 옹기 조각 등이 나와 절의 창건 당시의 것으로는 볼 수 없어 고려 시대의 것으로 추정되고 있다.

건물터 3호는 동쪽에서 서쪽으로 긴 구들 고래가 남아 있는데 모두 4줄의 고래로 되어 있다. 고래는 지표면에서 5~10cm 깊이에서 노출되어 고래둑의 밑 부분만 남아 있으며, 남은 부분은 검게 타 단단한 흙[燒土]이 되어 있었다. 고래의 서쪽끝 부분은 다른 건물터에 의해 사라져 얼마나 더 연장되었는지 알 수 없다. 그러나 그 끝에 적어도 방 한 칸은 더 있었을 것으로 판단되고 있다.

아궁이는 180×140cm, 깊이 50~65cm 크기이며 아궁이의 네 벽은 납작한 돌이나 보통의 돌을 아궁이의 안쪽 면에 맞추어 세우거나 2~3단으로 쌓았고, 아궁이 내벽과 바닥에는 불에 타 검게 그을린 적갈색 소토(燒土)가 남아 있었다.[52]

문경새재 원터 유적(고려 시대)

경북 문경군 주흘산(主屹山)

문경새재 일대는 TV 사극 태조 '왕건(王建)'의 촬영 무대장이 설치되어 근래에 더 유명해진 곳이다. 그런데 이곳에서 오래 전에 고려 시대의 구들이 발견되었는데 당시에는 고려 시대의 것으로 드문 사례여서 주목되던 곳이다.

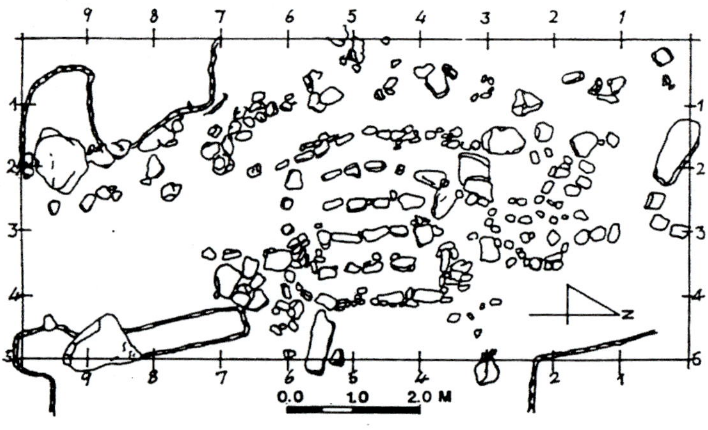

그림 127 문경새재 원터(조령 원터)의 구들 유적

1977년 문경군의 요청에 따라 문경새재의 제1관문 안에 전부터 원터[院址]라고 전해 내려오는 건물터가 발굴되었다. 원터는 제1관문에서 제2관문에 이르는 길의 계곡 속에 자리 잡고 있다. 새재는 한문으로 鳥嶺(조령)이므로 문경 조령 원터(聞慶鳥嶺院址)라고도 하는데 발굴 전까지만 해도 이 유적지는 조선 시대의 것으로 알려져 왔었다. 발굴 결과 고려 시대와 삼국 시대, 통일신라 시대의 것에 속하는 유물들이 드러나 조선 시대보다 훨씬 이전부터 이 터가 사용되었던 것으로 판명되었다.

그런데 이 발굴 조사에서 고려 시대의 건물터로 판정된 곳에서 구들 고래의 시설이 드러난 것이다. 유적은 6줄의 고래를 가지고 있었고 아궁이의 위치도 확연하여 원래의 모습을 그대로 짐작할 수 있었다. 아궁이 부근과 부엌 바닥으로 추정되는 자리, 그리고 이를 이웃한 방의 자리에서 숟가락, 여인용 머리뒷꽂이, 철제 가위, 방울 등이 출토되었고, 구들 자리에서는 고려 시대의 기와 파편들이 무수히 출토되었다. 그 외에도 주변에서 말발굽쇠, 말발굽을 박거나 수리하는 데 쓰는 연장들, 화살촉, 부싯돌, 담뱃대, 엽전, 토기 파편들이 수습되었는데 모두 고려 시대에 속하는 것들이었고, 구들이 만들어진 시대를 입증하여 주는 출토품이었다.[53]

발굴 당시만 해도 고려 시대의 구들에 관한 유적으로는 별로 알려진 것이 없었던 데다가 문경새재에서 고려 시대의 구들 시설이 발견되었다는 것은 이미 이 시대에 소백산맥 남쪽 지역에까지 구들이 전파되어 있었다는 것을 보여 준다는 점에서 특히 의미 있는 발굴이었다. 더욱이 이 유적은 여러 줄의 고래를 설치하여 방 전체를 바닥 난방으로 하고 있다는 점에서도 고려 시대의 구들의 발전 과정을 잘 설명해 주는 주요 자료가 된다. 하지만 애석하게도 이 구들 유적은 발굴 후에 잘 관리되지 못하여 구들 시설인지도 모를 정도로 돌만 몇 개 남은 상태가 되어 방문자들을 실망시킨다고 한다.

강화도 선원사지 유적(고려 시대)

인천광역시 강화군 선원면 지산리

선원사(禪源寺)는 고려 시대에 몽고의 침입에 항쟁하기 위하여 강화도에 도읍하고 있을 때, 당시 최고 집권자였던 최우에 의해 대몽 항쟁의 정신적 지주로 삼고자 1245년에 창건되었다. 이 사찰은 대장도감에서 만들어지기 시작한 대장경을 체계적으로 봉안·관리하며, 이 대작불사를 원만히 회향하기 위하여 대장도감 옆에 세워진 것으로 보인다. 그리고 선원사는 당대의 제일 고승인 진명국사

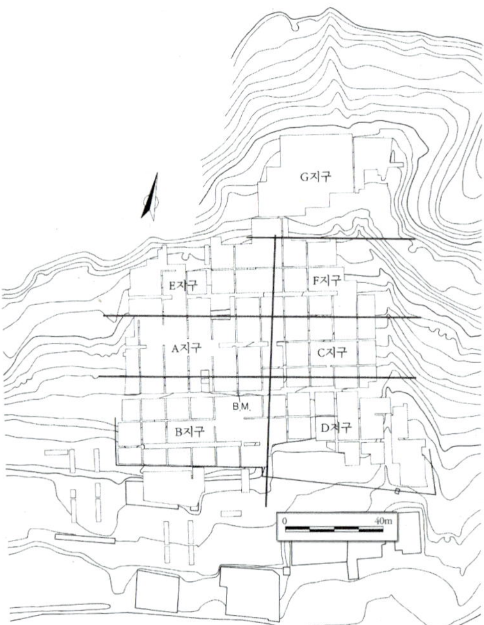

그림 128 강화 선원사지 발굴 구역 설정도

가 초대 주지로 취임한 이후, 여러 명의 국사가 선원사에 주석하였다. 그들에 의해 선원사는 법보를 봉안한 국찰(國刹)로, 또 국사를 배출한 선찰로 발전을 거듭하였다. 충렬왕 때에는 임시 궁궐로 사용될 만큼 규모가 웅대했지만, 조선 태조대에 대장경이 서울의 지천사로 옮겨진 후 점차 쇠퇴하였다.

그러나 오랜 세월이 흘러가면서 절은 없어지고, 선원사로 추측되는 자리만 남았다가 동국대 박물관에 의해 1996년부터 2001년까지 4차에 걸쳐 발굴되었다. 아직 확실히 선원사임을 입증하는 명문 기와나 금석문 같은 것은 찾지 못하였으나 선원사가 존재했던 시기(1245~1398년)에 해당하는 다양한 유물들이 출토되어 유적이 속했던 시대는 밝혀졌다.

이 유적지에서는 총 5개 건물터에서 온돌 시설이 발굴되었다. A지구 서건물지, B지구 서건물지, E지구 제2건물지, F지구 제1건물지, G지구 동건물지로 명명된 건물터이다. 보고서를 토대로 구들 시설 관련 사항을 살펴보기로 한다.[54]

A지구 서건물지

이 건물지는 금당지의 서편에 인접하여 남북 방향으로 길게 조성된 부속 건물지로 전면 5칸 측면 3칸의 규모를 보이고 있다.

이곳에서 발굴된 구들 시설의 특징은 우선 고래의 길이가 12m에 이른다는 점이며, 기와 조각[瓦片]과 작은 할석(割石)으로 고래둑을 만들었다는 점이다.

3줄의 고래둑이 2줄의 고래를 만들고 있는데, 이 건물의 남쪽 2번째 칸에서부터 북으로 4번째 칸까지 중앙부 3칸에 걸쳐 설치되어 있다.

기와 조각으로 되어 있는 고래둑(고랫등이라고도 함)은 폭이

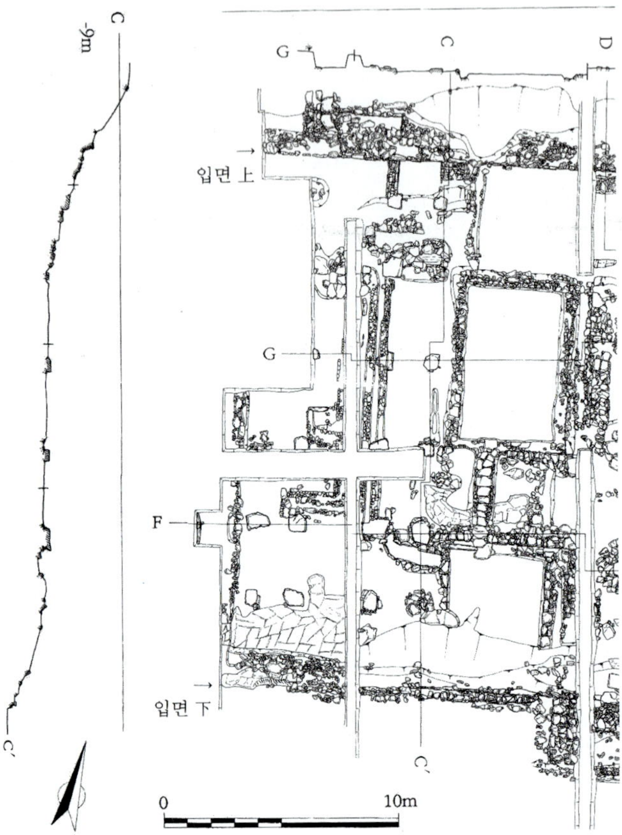

그림 129 강화 선원사지 A지구 서건물지의 구들

58cm, 그리고 고래는 폭 27cm, 깊이 8cm로 이루어졌다. 고래둑은 인위적으로 자른 듯한 20cm 내외의 크기로 조각낸 기와 조각[瓦片]으로 되어 있었다.

아궁이는 지형상 아래쪽인 남쪽으로부터 이 건물지의 두 번째 칸의 서남단에 위치하고 있다. 아궁이의 크기는 130~100cm로 소형 할석을 이용했는데 동쪽으로 쓰러져 교란된 채 드러났다.

그림 130 강화 선원사지 A지구 서건물지의 구들. 사진의 가운데 세로로 남겨진 둑 좌측에 세로로 길게 둑을 따라 뻗은 줄(북→남)

굴뚝은 고래둑이 이 건물의 북단 5번째 칸에서 서쪽으로 꺾여 있으므로 그 서편에 위치했을 것으로 보이나 조사 구역을 넘어선 지역인 까닭으로 조사되지 못했다고 한다.

이 구들 시설에서 다소 의문스러운 점은 12m나 되는 고래의 길이에 비하여 연기가 지나가는 고래의 크기는 폭 27cm와 깊이 8cm로 너무 작은 것이 아닌가 하는 것이다. 특히 깊이는 8cm밖에 안 되는데 그것으로는 오래가지 않아 막힐 수 있기 때문이다. 고래둑의 윗부분이 없어지고 남은 부분이 8cm밖에 되지 않는 것인지 고래의 골 부분이 메워진 것인지 보고서만으로는 알 수 없다. 다만 서건물지의 고래의 깊이도 8cm였던 것으로 보고하였는데 그와 관련하여서는 '현 8cm'라 하여 지금 상태가 그렇다는 것을 암시하고 있다.

그림 131 강화 선원사지 A지구 서건물지 북쪽 두 칸 부분의 구들. 둑 위 통나무가 누워있는 좌측으로 굴뚝이 추정됨(남→북)

그림 132 강화 선원사지 A지구 서건물지 구들(뒤 뚝 밑으로 보이는 부분, 12m). (동→서)

아무튼 보고서는 담수 시설이 있고, 주변에 풍류와 연결될 만한 인공 폭포 시설이 있으며, 난방을 위한 구들이 설치되어 있는 점 등을 들어 이 터에 있었던 건물은 절 내에서 어느 정도의 지위를 가진 스님들이 기거했던 주거 시설로 보고 있다.

B지구 서건물지

B지구 서건물지는 중앙축선을 중심으로 동건물지와 대칭적인 위치에서 노출된 건물지로, 사적 보호 철책 때문에 서쪽 단부는 조사되지 못하였지만 전면 21m, 측면 14m 이상으로, 동쪽을 바라보는 건물지로 보인다. 건물 전면은 5칸, 측면은 2칸이 확인되었으나 서쪽 주초석 옆으로 약간의 구들골이 보이는 점으로 보아 아마 3칸이었던 것으로 추정되고 있다.

이 B지구 서건물지는 여러 줄의 고래를 가진 구들 시설이란 점에서 주목된다. 대부분의 고려 시대의 구들은 고래의 수가 5줄을 넘지 않은 것으로 알려져 있지만 이 건물지에서는 중앙 칸을 중심으로 확인된 것만 8줄이다. 그러나 좌측(서쪽)으로 고래가 약간 확인되었고, 중앙 칸을 넘어 서쪽의 철책 때문에 발굴되지 못한 지역까지 감안하면 측면 3칸 전체에 고래가 설치된 것으로 보여 아마도 15줄 이상의 고래가 이 건물에 설치되어 있었을 것으로 추측할 수 있다.

물론 고래는 방바닥 밑에 있고, 방은 그 위에서 기둥과 기둥을 연결하는 수평재(인방, 도리 등)에 의해 벽체를 만들어 여러 칸으로 구획되기도 하고, 한두 방을 터서 하나의 공간이 되기도 하므로 고래 수가 많다는 것과 그 위의 방이 크다는 것과는 별개의 문제이다. 그리고 오히려 한 아궁이가 몇 줄의 고래를 담당하는가, 그리고 한 아궁이에 접속된 고래의 길이가 얼마나 긴가 하는 것이

그림 133 강화 선원사지 B지구 서건물지 항공 사진

그림 134 강화 선원사지 B지구 서건물지 구들(북→남)

그림 135 강화 선원사지 B지구 서건물지 평면도

구들의 성능과 관련하여 중요하다. 그러므로 여기에서 보여주는 구들의 고래는 아궁이에서부터 방 세 칸에 걸치는 길이라는 점에서 의미가 있고, 고래수가 15줄 정도로 추정되는 것은 그렇게 넓은 면적을 모두 바닥 난방인 구들로 하였다는 점에서 의미를 부여할 만하다. 뒤에 소개되는 양주 회암사지에서도 10줄의 고래를 보여주는 사례가 확인되고 있는데 비교해볼 만한 사례이다.

아궁이와 굴뚝 시설은 확인되지 않았는데 아마도 아궁이는 남단의 유실이 심한 부분에, 그리고 굴뚝은 서북쪽의 조사가 이루어지지 않은 곳에 있을 가능성이 많다.

고래둑의 폭은 62cm, 고래의 폭은 32cm, 현재의 깊이 8cm 정도이며, 20cm 크기의 기와 조각을 이용하여 고래둑을 만들었다. 주거용 건물로 추정되고 있다.

E지구 서 제2건물지

E지구 서 제2건물지는 전면 3칸, 측면 3칸 건물의 터이다. 주 향(向)은 동쪽이고, 동쪽에서 보았을 때 가운데 칸과 우측 칸(북쪽)의 기둥간 거리는 각각 4.2m인데 좌측 칸 기둥간 거리는 2m에 불과하다.

측면에서는 가운데 칸만이 3.6m이고, 좌우의 칸은 2m 안팎이다. 또한 이 건물은 중앙축 방향인 동쪽을 전면으로 하여 첫 칸은 툇간으로 하고, 전면 중앙 2칸에 구들을 설치하고 있는 것으로 판단되며, 고래는 전체적으로는 ‘] ’와 같은 꺾쇠 모양을 하고 있고, 북단과 서남단에 아궁이 내지 굴뚝으로 보이는 시설과 연결되어 있다. 고래는 여기서도 기와 조각으로 둑을 쌓아 만들었고, 고래둑 폭이 62cm, 고래의 폭이 31cm, 깊이는 34cm 정도이며, 남북으로 길이가 9.2m 정도 길게 뻗어있다.

고래의 서북단에서 판석 4장이 동쪽으로 쓰러진 채 발견되었는데 본래 60×110cm의 아궁이를 구성하였던 것으로 보고서는 추측하고 있다. 그 이유는 이쪽의 고래 깊이가 상대적으로 깊고 검댕이가 더 많이 남아 있어서이다. 그렇다면 서남단 끝이 굴뚝이 되어야 하는데 그 쪽은 금당에 가깝고, 주변 지세가 오히려 낮은 쪽이어서 보고서에서도 그곳을 굴뚝으로 보는 데 의문점이 있다고 적고 있

그림 136 강화 선원사지 E지구 서 제2건물지의 구들. 멀리 둑 너머까지 고래가 이어짐(북→남)

다. 이 서남단의 유구는 32×37cm의 크기인데 북쪽의 고래 깊이가 깊다는 점 외에도 북쪽의 것보다 유구의 범위가 작다는 점도 남서쪽의 유구가 굴뚝일 가능성을 더해주는 점이라 할 것이다.

서북쪽의 유구를 아궁이로 보고 설명한다면, 고래는 일단 2줄의 고래로 시작되어 남쪽으로 꺾이기 전에 고래둑 하나를 더하여 3줄의 고래로 바뀌고 있다. 발굴 조사를 위해 남겨진 둑에 일부 가려지고 그 남쪽의 고래 유구는 분명치 않으나 3줄 고래로 남쪽으로 연장되다가 어떻게 되었는지 알 수 없고 보고서에서도 더 이상 파악할 수 없다.

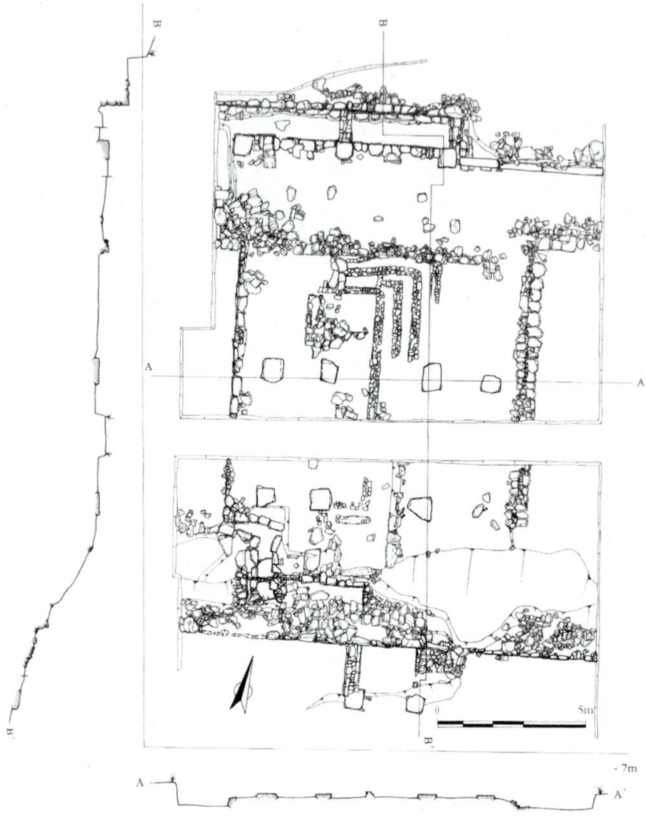

그림 137 강화 선원사지 E지구 서 제2건물터

F지구 제1건물지

이 건물터는 남향을 하고 있고, 동서 방향으로 긴 전면 5칸, 측면 3칸의 건물이 있었던 것으로 추정된다. 발굴에서 측면은 2칸만 확인되었으나 남쪽 기둥열이 유실된 것으로 판단하고 있다.

종종 그러하듯이 발굴 도면만으로는 쉽게 알아보기 어려운데 보

그림 138 강화 선원사지 E지구 서 제2건물지 중앙칸(남→북)

고서의 해당 부분의 설명을 참조하면 대략 그림과 같은 건물로, 구들 시설은 가장 서쪽 칸 중앙 칸에 설치되어 있다. 구들은 북쪽 절반이 잘린 채 일부만 발굴되었는데, 5줄의 고래둑이 있고, 양측의 고막이돌이 고래둑 역할을 하며 막아주어 총 6줄의 골이 형성되어 있다. 아궁이는 남쪽에 있는데 오른 쪽 두 고래는 일단 동쪽으로 향하다가 북쪽으로 꺾여 있고, 왼쪽 세 고래는 그대로 북쪽으로 뻗어 있다. 고래는 조사용으로 남겨둔 둑 넘어 북쪽으로 더 연장되었을 것인데, 보고서에 의하면 그 부분의 구들은 조사단이 조사 과정에 제거해 버려 이 방만 구들이 있었는지 아니면 그 다음의 북측 방에도 구들이 있었는지 알 수 없다고 한다.

사진이나 발굴 평면도 상에서 이곳의 구들은 얼핏 보면 고구려 시대의 유적에서 많이 보아온 두세 줄의 고래를 갖는 꺾인 구들('ㄱ'자 구들)같이 보이지만 유의해서 보면 그렇지 않고 6줄의 고래

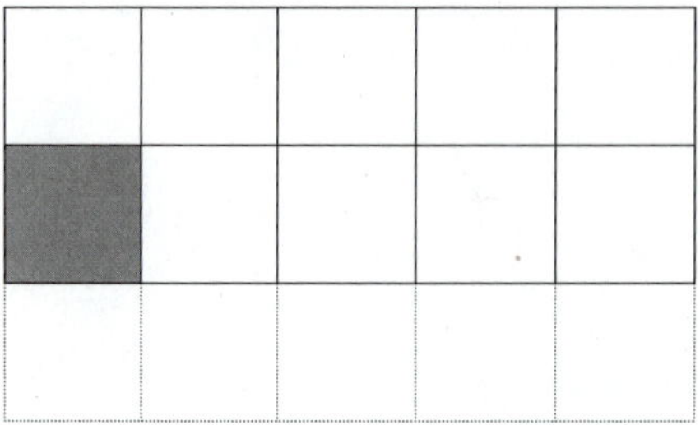

그림 139 강화 선원사지 F지구 제1건물지 개략 평면(점선 부분은 추정)

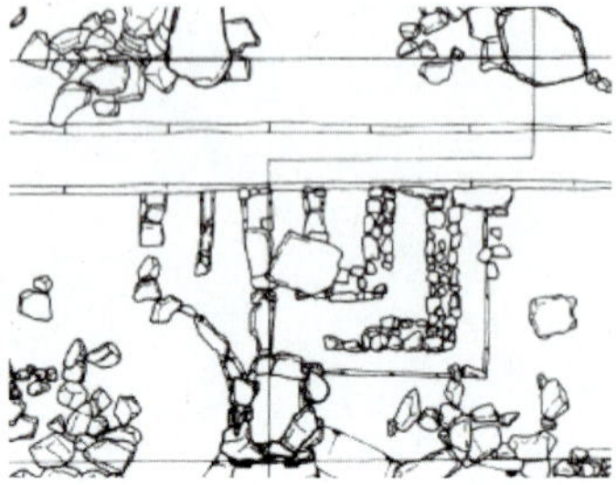

그림 140 강화 선원사지 F지구 제1건물지의 구들 부분과 아궁이

를 갖추고 있고, 최소한 방 한 칸 전체를 구들로 난방하였음을 알 수 있다. 고래둑은 기와 조각과 판석 조각을 사용하여 만들었고, 고래둑의 폭은 35cm에서 14cm까지 일정하지 않다. 그러나 고래골의 폭은 대체로 40~45cm이며, 발굴 당시의 고래 깊이는 18cm

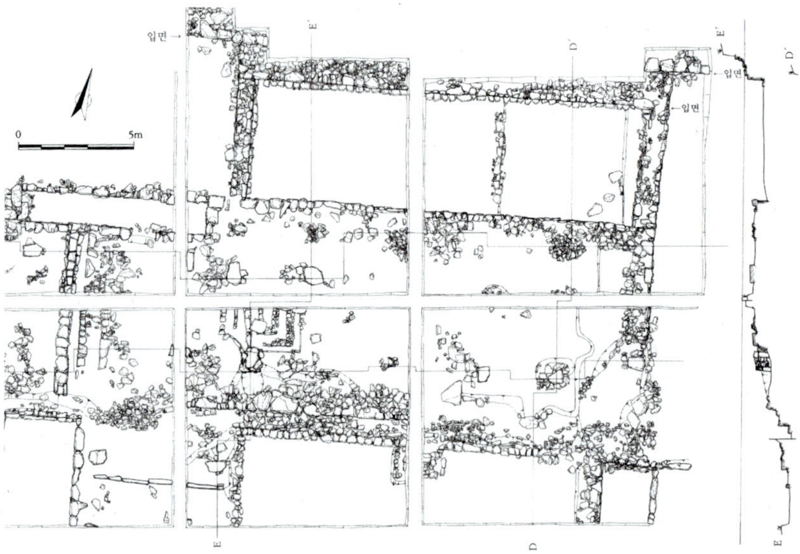

그림 141 강화 선원사지 F지구 제1건물지의 구들

로 앞에서 본 사례보다는 깊었다.

그림 142 강화 선원사지 F지구 제1건물지 아궁이 입구(남→북)

이 건물지는 구들의 일부만 알 수 있어 앞의 사례들보다 관심을 덜 끌 수 있으나, 대신에 이 건물지는 아궁이의 모습을 비교적 뚜렷하게 보여주는 사례가 된다. 방의 남쪽에서 드러난 아궁이는 그 입구를 다듬은 돌로 받치고 그 위에 장대석을 얹었다. 위에 얹은 돌을 '이맛돌'이라 부르거니와 그 모습을 보충하여 온전했을 때로 상상해보면 조선 시대 궁궐 구들의 아궁이 수준임을 볼 수 있다. 아궁이 입구의 폭은 36cm이고 이맛돌 밑까지 높이는

그림 143 강화 선원사지 F지구 제1건물지 내의 구들(동→서)

40cm 정도인 것으로 기록되었고, 아궁이 내부의 폭은 50cm, 남북 깊이는 90cm 정도로 측정되었다.

아궁이 천정부는 없이 발굴되었는데 보고서에서는 유실되었다고 하였으나 솥을 걸었었다고 상정하면 몇 개의 돌은 없어졌을지 모르나 구멍으로 남았을 것으로 생각된다. 아궁이 내부는 북쪽으로 45° 정도 경사져 1.4m 올라가서 방고래와 연결된다고 보고 되었다.

G지구 동건물지

이 지구에서는 본래 건물이 있었던 곳으로 큰 기대를 하지 않았던 곳인데 선원사지에서 금당지 다음으로 큰 건물터가 드러났고, 일부는 구들 시설을 갖추고 있었다.

이 동건물지는 전면 5칸, 측면 3칸 규모에 남향 배치를 하고 있다. 주칸의 간격은 전면의 경우 서쪽 2칸은 3m이고 중앙부는 3.3m 그리고 동단부는 주칸이 2.5m로 간격이 조금씩 다르다.

이 건물의 동쪽 2칸이 구들이 설치된 주거 공간이었다. 측면의 주칸은 첫 칸이 1.8m, 둘째 칸이 3.3m, 셋째 칸은 2.1m로 역시 주칸 간격이 모두 다르다.

동쪽 2칸은 할석(쪼갠 돌)과 기와 조각을 이용한 구들 시설인데, 대체로 기와로 된 고래둑의 폭은 35cm~60cm로 부분적으로 다양하고, 골의 폭은 25cm~35cm, 깊이 40cm 정도이다. 그런데 이곳의 구들은 다른 곳에서는 보기 드문 독특한 형태를 하고 있어서 흥미로운 사례가 되고 있다. 다른 건물지의 구들이 남북 방향으로 길게 나란히 뻗은 데 비해 여기의 고래는 사진에서 보는 바와 같이 이리 저리 꺾여서 미로를 형성하고 있다. 보고서에서는 이것을 '甲(갑)'자 모양을 하고 있다고 표현하고 있는데 고래가 남쪽으로 더 뻗은 것이 약간 보이는 것으로 보아 남쪽에 아궁이가 있고, 3줄 정

그림 144 강화 선원사지 G지구 동건물지 동쪽칸의 구들 원경(북→남)

도로 북으로 올라와 동쪽 어디로 빠져나가 굴뚝으로 연결된 듯하다. 유감스럽게도 도면에 보이는 범위만 발굴되어 몹시 궁금하게 하는데, 보지 못하는 동쪽 부분은 조사 영역을 넘어섰기 때문에 발굴을 못한 것이라고 보고서에 언급되어 있으니 곧 이 기이한 고래의 배치에 대하여 궁금함을 해소할 기회가 오지 않을까 기대해 본다. 고래의 배치 형상은 연기의 흐름과 밀접한 관계에 있고, 방을 골고루 따듯하게 하거나 연료를 적게 소모하고도 오래 따듯하게 하는 데 결정적 요소가 되기 때문에 남은 부분을 마저 발굴하여 살펴볼 가치가 있기 때문이다.

보고서는 건물의 용도는 동쪽 편의 두 칸만 구들이 설치된 것을 볼 때 동단부는 주거 공간이고, 중앙의 칸부터 서단부는 다른 용도로 사용한 복합 건물이 아닐까 생각한다고 하였고, 구체적 용도는

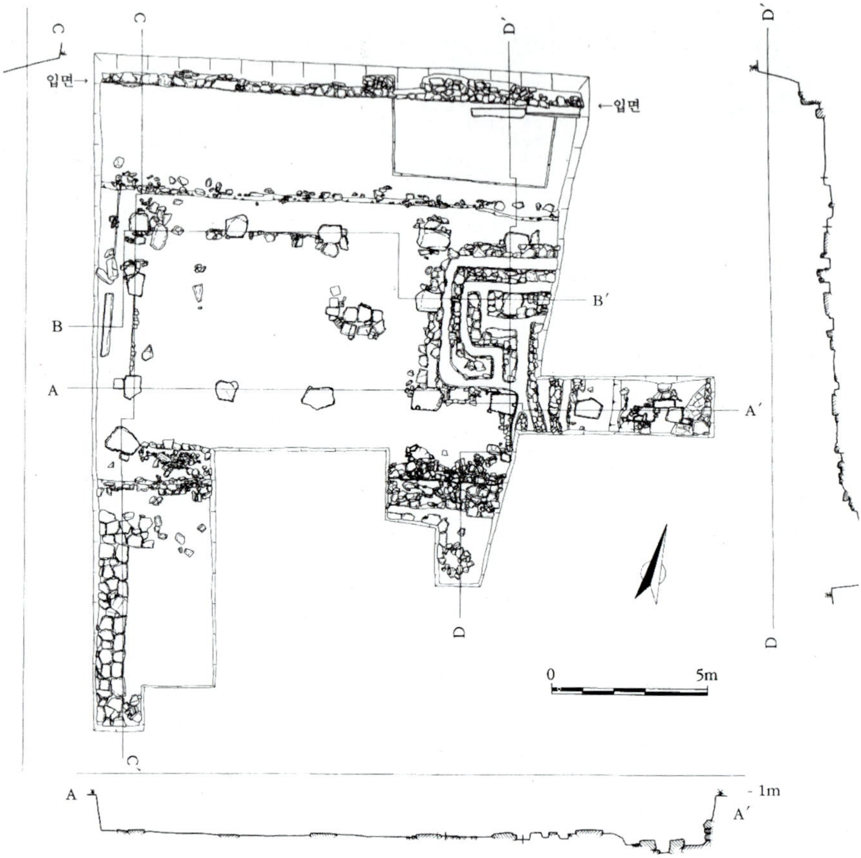

그림 145 강화 선원사지 G지구 동건물지 전체 평면도

알 수 없지만 단순한 주거나 생활 공간은 아니었던 것으로 여겨진다고 했다.

이곳이 선원사지인지는 아직 판명되지 않았다. 하지만 최소한 이 '선원사지'가 속하는 시기는 고려 후기에 속하는 것으로 판명되었으므로 선원사 여부를 떠나서 고려 후기의 구들 시설이 어떠하였

그림 146 강화 선원사지 G지구 동건물지 동쪽칸 구들 시설(북→남)

는지를 밝혀주는 데 중요한 자료가 된다고 할 수 있다.

여기서 보여주는 사례들은 비록 일반 백성의 시설은 아닐지라도 이 시기에 이미 방 전체를 난방하는 구들 시설로 발전돼 있었다는 점과, 두세 칸 이상에 걸치는 긴 고래를 써서 하나의 아궁이로 두세 칸의 방까지 난방을 하였다는 점, 그리고 바로 앞에서 본 'G지

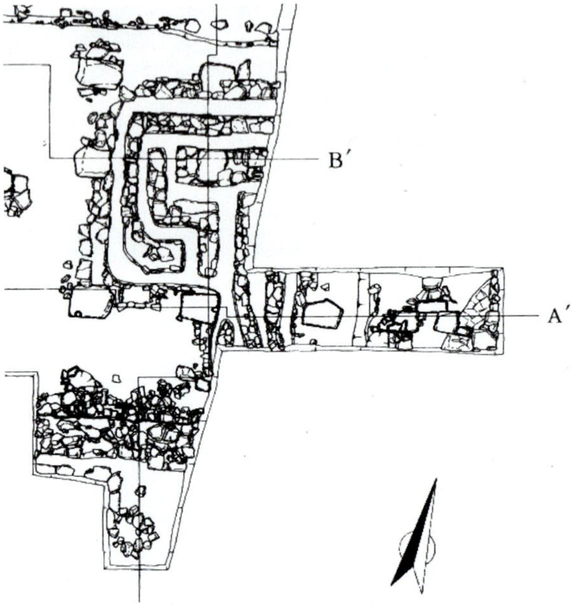

그림 147 강화 선원사지 G지구 동건물지 동쪽칸 확대 평면도

구 동건물지'에서와 같이 독특한 고래를 쓰기도 하였다는 점 등은 잊혀졌던 구들의 발전 과정의 중간 마디들을 찾아주고 이어주는 의미가 큰 것으로 평가된다.

한편 이 선원사지에서 보여주는 구들의 수준은 규모도 규모려니와 모두 실(室) 전체를 난방하는 것으로 구들이 고려 시대에 어느 정도까지 발전되어 있었는가를 보여주는 중요한 사례라 하겠다.

과천 관악산 일명사지 유적(14세기 말, 고려 말)

경기도 과천시 중앙동 (관악산)

일명사지(逸名寺址)는 관악산 정상에서 약간 벗어난 남부 능선 중턱에 있다. 단국대 사학과의 지표 조사에 이어 충청대학 박물관에 의해 발굴이 이루어진 곳이다.[55)]

이곳은 오랜 세월 잊혀져 있었던 관계로 석축과 같은 약간의 인공 구조물을 빼면 그곳에 옛날에 절이 있었던가 싶을 정도로 수목이 우거져 있었다.

수목을 제거하고 지표를 수십 cm, 또는 곳에 따라 2m 가까이 걷어내자 구들 시설을 갖춘 건물터들이 들어났다. 전체적으로는 규모가 작은 편이나 비교적 원형을 잃지 않은 건물지도 확인되었고, 특히 구들 시설은 고래를 비롯하여 양호한 상태로 발견되었다.

일명사는 통일신라 하대(下代)에 창건되고 고려를 거쳐 17세기 후반이나 18세기 초까지 존속했던 것으로 판단되고 있다.

그림 148 과천 관악산 일명사지 조사 전의 전경

일명사 제1건물지

제1건물지는 이곳 일명사의 금당(金堂)이었던 것으로 추정되는 곳이다.

평면도 상으로는 맨 '돌바다'처럼 보여 어느 것이 초석인지 구들

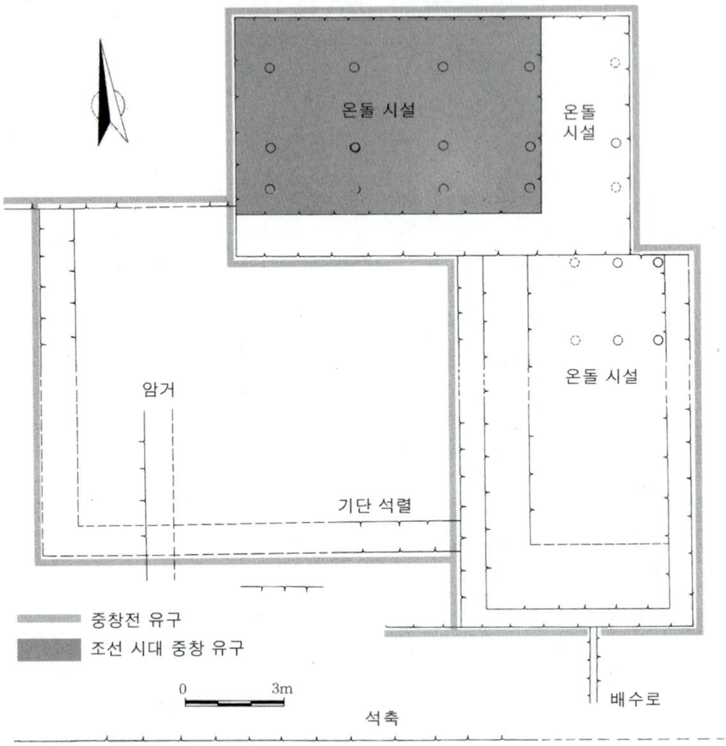

그림 149 과천 관악산 일명사지 유구 현황도

장인지 알아보기 힘들다. 보고서 또한 이해하기 쉽지 않게 되어 있지만 꼼꼼히 살펴보면 다음과 같다.

확인된 건물 규모는 정면 4칸 측면 3칸(동서 11×남북 6.2m)의 건물이고, 이 중에 동편 정면 1칸 측면 3칸은 중창(重創)할 때 덧붙인 것으로 추정된다.

이 제1건물지에는 서쪽과 동쪽에 2조의 구들이 서로 붙어 있는데 동쪽의 중창 때 추가된 것으로 보이는 부분은 고래 방향을 달

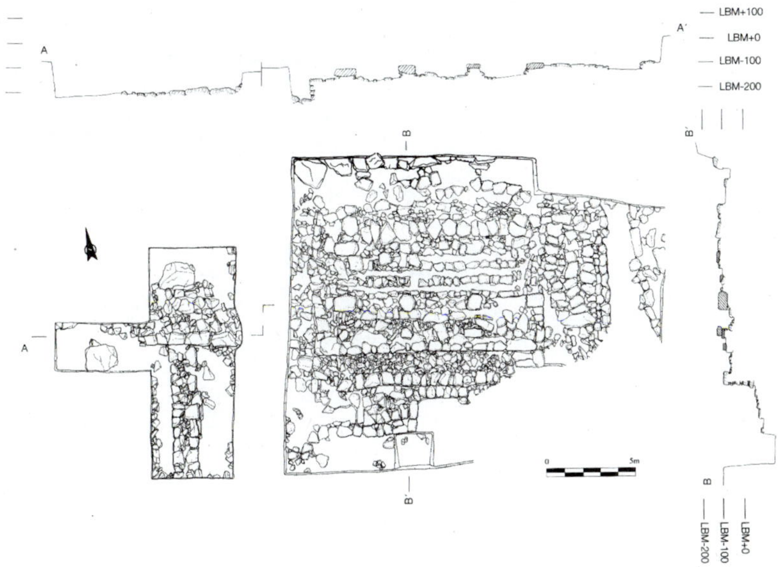

그림 150 과천 관악산 일명사지 제1건물터

리하여 남쪽으로 고래가 뻗으며 별도의 아궁이에서 불을 지핀 것으로 보인다.

서쪽 구들부터 설명하면 구들은 제2초석열 뒤 부분에 붙여서 만들어졌고, 고래는 5열로 동서 방향으로 뻗어 있다. 고래둑은 남쪽에 3열이 있고 북쪽의 2열은 초석간의 고막이돌과 벽체의 기단부를 이용하였다.

고래의 끝 부분에서 뒷벽, 즉 북쪽으로 연결된 폭 35cm 정도의 연도(煙道)가 발견되었고, 구들장은 북쪽으로부터 3줄에 남아 있는데 대개 평평하게 쪼갠 돌이다. 석재들 사이에는 회청색 무문 기와를 끼어 넣은 것도 있고 고래 바닥에는 소토(燒土 : 탄 흙)가 두껍게 남아 있었다. 아궁이는 서쪽 중앙칸에 있었는데 기단의 돌들이 밀리면서 제 형태를 잃어버려 완전하지 못하다. 남아 있는 상태를

그림 151 과천 관악산 일명사지 제1건물터(서쪽에서 본 모습)

그림 152 과천 관악산 일명사지 제1건물터(동쪽에서 본 모습)

감안할 때 안쪽 폭이 약 70cm, 바깥쪽 폭이 약 120cm 되며, 윗부분에는 부넘기와 덮개돌, 즉 구들장이 남아 있었다. 아궁이 바닥면에서 구들장까지의 높이는 약 65cm 정도였다.

동편 구들은 고래가 남북 방향으로 뻗어 있어 서편의 고래와는 직교하는 입장이다. 앞에서도 말했지만 이 부분은 중창 시에 덧붙인 것으로 추정되는데 고래는 3열이며 북쪽으로 약간 경사져 있어 남쪽에서 불을 땐 것을 알 수 있다. 고래둑은 중앙 2열은 순수한 고래둑이지만 동쪽과 서쪽 가장자리 둑은 건물 기단열에 덧대어 둑을 형성하여 구들장을 얹을 수 있게 하였다. 고래둑의 길이는 3.2~3.5m이며, 고래의 폭은 34cm~39cm, 높이는 12~18cm였다. 구들장은 서쪽 구들에서 쓰인 것보다 작은 편이었으며, 구들장의 긴 방향이 양 두둑에 걸치고 있었다.

그림 153 과천 관악산 일명사지 제1건물터 고래와 구들장(동쪽에서 본 북쪽 고래 위의 구들장 모습)

일명사지 제2건물지

이 제2건물지는 제1건물지 우측 아래에 제1건물지 기단보다 한 단(55~80cm) 낮게 있다. 제1건물지와 함께 보면 'ㄱ'자형을 이룬다. 건물 규모는 정면 3칸 측면 2칸으로 규모나 형태로 보아 요사체로 추정되는 곳이다.

북쪽 부분에만 온돌, 즉 구들이 설치되어 있고, 남쪽 부분은 80cm 정도 낮고 바닥만 남아 있는데 부엌으로 추정된다. 그러나 부엌으로 입증할 유구는 발견하지 못하였으며 다만 구들 시설 남

그림 154 과천 관악산 일명사지 제2건물터

그림 155 과천 관악산 일명사 제2건물지의 구들. 사진 뒤편 좌측에서 뚝 밑을 지나 우측으로 뻗은 구조물(서쪽→동쪽)

쪽에서 불탄 흙만이 발견되었다.

고래는 4줄의 고래를 이루고 있는데 동서 양쪽 가장자리의 둑은 주춧돌 사이의 고막이돌이 둑을 대신하여 순수 고래둑은 가운데 2열이다. 고래는 북쪽으로 갈수록 높아졌다. 굴뚝으로 연결하는 연도(煙道)는 건물의 북동쪽 끝에서 2m 정도 북쪽으로 더 나아가다가 오른쪽으로 꺾이는데 그곳 바닥에서 많은 재가 발견되어 굴뚝개자리일 가능성이 있으나 굴뚝은 확인되지 않았다.

일명사는 여러 유구와 출토품에 의해 통일신라 말경에 창건된 것으로 추정되고 있다. 그러나 중창이 있었고, 제1건물지 구들 시설과 제2건물지의 구들 시설은 중창 시의 것으로 판단되며 출토된 유물과 유구, 특히 분청사기와 고려 초기에 제작된 기와편을 통해 볼 때 14세기 말경의 시설로 판단되고 있다.

과천 관악산 관악사지 유적(조선 시대)

경기도 과천시 중앙동(관악산)

관악사지(冠岳寺址)는 관악산 정상 부근에 있다. 인근에 일명사지(逸名寺址)가 있고 이 두 절터는 단국대 사학과에 의해 1993년 지표 조사를 거친 후 관악사지는 단국대 매장문화재연구소가 맡아 1999년부터 2000년에 걸쳐 발굴 조사를 한 곳인데 두 절터 모두에서 다수의 구들 시설이 양호한 모습으로 드러나 우리의 관심을 끈다.[56)]

관악사지는 15세기에 창건되어 18세기까지 존속했던 것으로 추정되고 일명사지는 통일신라 후반에 창건되어 17세기 후반이나 18세기 초까지 존속되었던 곳이나 14세기 말의 구들 유적을 보여주는 곳이다.

관악사지 '가'지구 북쪽 건물터

건물은 동쪽을 향하고 있었다. 석축을 쌓아 평탄한 대지를 조성하고 정면 5칸, 측면 4칸 규모의 건물을 세웠었다. 장대석으로 기단을 조성한 흔적이 보인다.

구들은 남북 방향으로 4칸(동쪽), 그리고 서쪽 편에 한 칸 규모로 설치되었다. 동쪽의 구들은 남에서 북으로 뻗다가 서쪽으로 90° 꺾이고 있다. 이 남북 방향으로 뻗은 고래는 4줄이나 남북으로 뻗은 기둥 중심선에 연하여 둑을 쌓아서 결과적으로 둑 양쪽으로 고래를 2줄씩 두었다. 이들 고래가 꺾여서 서쪽으로 연장된 부분은 툇간으로 보인다. 둑의 우측 두 줄의 고래는 꺾이는 부분에서 한 줄로 합쳐지는 반면 둑의 왼쪽 두 줄의 고래 중 한 줄은 꺾이기

그림 156 관악산 관악사지 '가' 지구 북쪽건물터(서쪽→동쪽)

전에 두 줄로 나뉘었다가 서쪽 끝에서 결국 둑 우측의 두 열과 하나로 합쳐져 굴뚝으로 연결된다.

건물 서쪽으로 있는 구들은 사각형 평면의 한 칸 규모로 약 6.25㎡(2.8평) 정도이며 고래는 5줄로 되어 있다. 고래의 폭은 25~30cm이고 고래 깊이는 15~20cm 정도로 되어 있다. 남쪽 가장자리 고래의 끝에 구들장 2장이 남아 있었다.

아궁이 자리가 3곳에서 발견되었는데 2개는 동쪽 구들이 시작되는 남단에, 서쪽 구들의 아궁이는 그것의 동단에 있다. 이로 보면

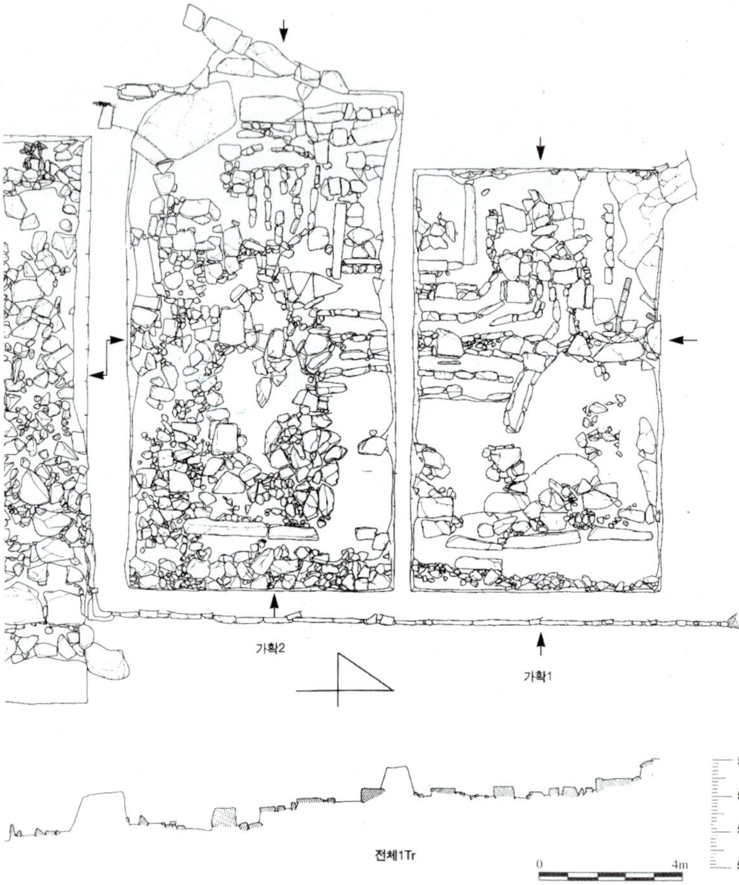

그림 157 관악산 관악사지 '가' 지구 북쪽 건물터

아궁이는 모두 한 공간에 모여 있는 셈이다. 그 중 2개는 북쪽으로 불을 지피고, 나머지 하나는 서쪽 구들의 것으로 서쪽으로 불을 지피는 것이었다고 보여 진다.

그리고 아궁이와 관련하여 주목되는 것이 하나 있다. 이곳의 3개

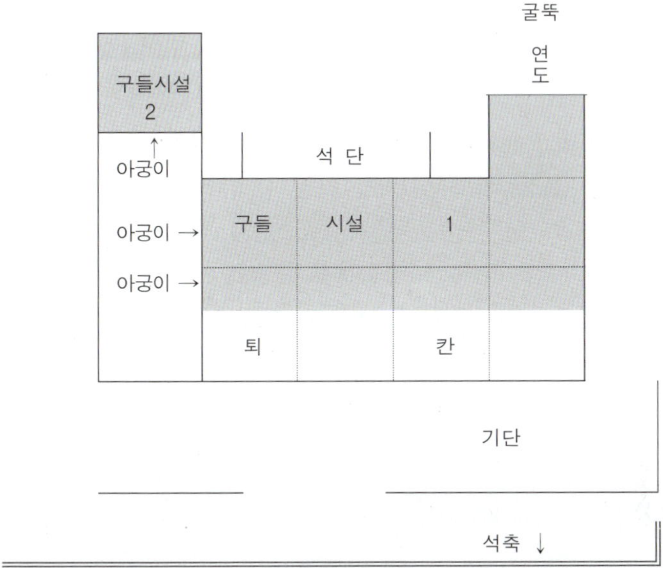

그림 158 관악산 관악사지 '가' 지구 북쪽 건물터. 남은 초석, 고래 등을 바탕으로 한 개략 방 배치도(도면 아래쪽이 동쪽임)

그림 159 관악산 관악사지 '가' 지구 북쪽 건물터 북측 부분 상세

의 아궁이 중에서 가장 동쪽의 아궁이는 입구 부분이 파괴되었으나 비교적 잘 남아 있었는데, '상하 2단'으로 되어 있다는 점이다. 불을 때는 공간을 위에 마련하고, 재는 아래로 떨어지게 하기 위한 것으로 보이는데 아궁이의 진화를 보여주는 사례로 유의할 만하다.

굴뚝은 모두 건물 서쪽 뒤편에 있었다. 남쪽 구들도 서쪽으로 꺾였기 때문이다.

관악사지 '나'지구 '상층 건물지'(17~18세기)

'나'지구는 이 절(관악사)의 중앙부에 해당한다. 이곳은 '상층 건물지'와 '하층 건물지'로 구분되는데, 상층 건물지를 발굴하고 그

그림 160 관악산 관악사지 '나' 지구 '상층 건물터' 구들 시설(북쪽에서 남쪽으로 본 전경)

밑을 일부 파본 결과 또 다른 건물터가 나타났기 때문에 상층과 하층 건물터로 구분하게 된 것이다. 하층 건물이 폐기된 후 그 위에 새로이 집을 짓기 위해 잡석과 흙으로 덮고 다져 그 이전의 건물은 땅속으로 묻혀버린 것으로 보인다.

하층 건물터는 상층 건물터를 보존해야 하는 관계로 더 이상 발굴되지 않았으나 분청사기 파편이 수습되는 점 등을 들어 15세기경의 건물터로 추정되고, 상층 건물터는 17~18세기에 세워진 건물의 터로 추정되고 있다. '상층 건물지'는 남북 방향의 대지 위에 6.5m 간격을 두고 두 건물이 남쪽과 북쪽에 마주보고 있는 형태로

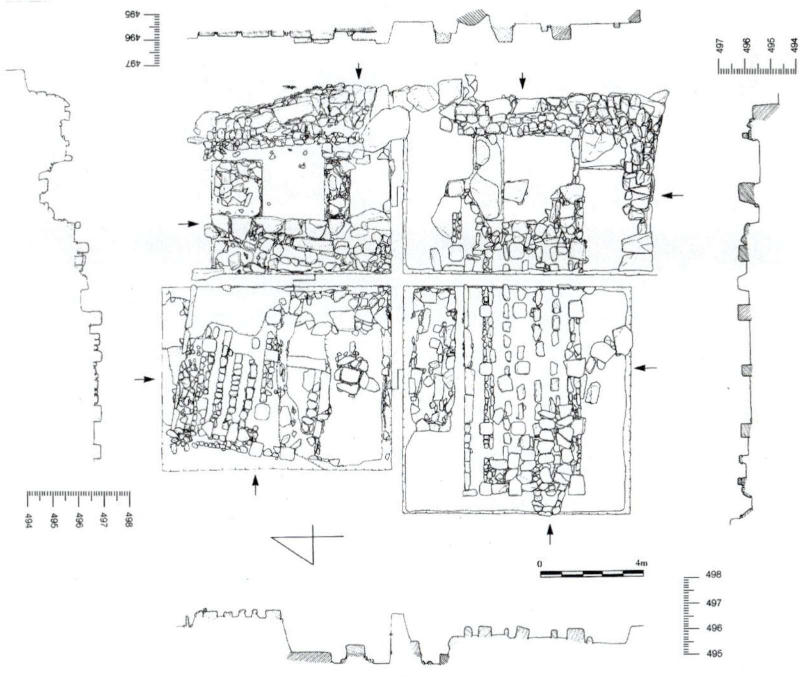

그림 161 관악산 관악사지 '나' 지구 '상층 건물터'의 북과 남쪽 건물에서의 구들 (가운데 십자형 둑은 지층 구별을 위해 남겨진 둑임)

그림 162 관악산 관악사지 '나' 지구 '상층 건물터' 구들 시설(서쪽에서 동쪽으로 본 전경)

배치되었다.

이 상층 건물 중 남쪽 건물은 북향으로 정면 5칸, 측면 2칸의 건물이며, 건물 정면에 장대석으로 기단을 조성하였다.

구들은 정면 4칸×측면 2칸에 설치되어 있다. 흔적으로 보아 본래는 정면 4칸×측면 2칸의 건물이었던 것을 나중에 개축하면서 동쪽으로 1칸을 확장한 것으로 추정된다. 확장된 것으로 보이는 동쪽 한 칸에는 내부에 별다른 유구가 없고 동쪽으로 시야가 널리 확보

그림 163 관악산 관악사지 '나' 지구 '상층 건물터' 북쪽 건물의 주춧돌, 고래와 구들장 상세

되는 위치로 보아 루(樓)마루 형태로 추정된다. 이는 초석 위에 구들 및 고래 시설이 덮여 있으며, 초석 하부와 고래를 이룬 둑을 볼 때 레벨과 토층이 구별되기 때문이다.

건물의 앞 열과 뒤 열의 초석 사이에는 고막이돌을 놓아 벽면을 구성하고 중앙부에 도랑 모양으로 장방형의 석재로 동서 방향으로 길게 두둑 3열을 놓은 후 그 위에 구들장을 놓았다. 아궁이는 동쪽에 2곳을 설치하였으며 남서쪽에 굴뚝이 있다. 고막이돌은 장방형

석재 1단을 깔고 그 위에 돌을 벽돌 모양으로 잘게 깨서 흙으로 다짐하며 놓았다. 하단의 석재는 내외면을 모두 다듬어 바깥쪽은 벽면이 되고, 동시에 안쪽은 고래둑의 역할을 하게 하였다. 고래둑의 폭은 20~30cm이고 고래의 폭은 25~40cm, 넓은 곳은 50cm 정도 되었다.

남쪽 건물터를 가로 질러 검고 굵은 케이블이 지나가고 있다. 이것은 기상대에서 설치한 송수관과 낙뢰(落雷) 방지를 위한 접지(接地) 케이블이다. 관심 분야와 목적이 다르면 이런 무관심한 일이 벌어진다.

북쪽 건물터는 남향으로 정면 3칸, 측면 2칸의 건물이며, 남쪽 건물보다 규모가 작다. 장대석으로 기단을 조성한 위에 집을 지었던 것으로 주간 거리로 보아 정면 한 칸은 비어 있는 헛간이거나 툇간일 것으로 보인다. 유물 등 여러 가지로 보아 남쪽 건물과 같은 시기에 속하는 것으로 보인다. 북쪽 편 3칸이 구들로 되어 있다. 아궁이는 확인되지 않았고, 서쪽에 굴뚝에 이르는 연도가 남아 있어 그 곳에 굴뚝이 있었던 것으로 판단된다.

고래는 3줄 고래이며, 비교적 일정한 크기로 다듬은 돌을 썼다. 고래의 폭은 28~35cm이며, 깊이는 24~30cm 정도였다.

작업둑

도면과 사진에서 둑으로 끊긴 부분을 종종 보게 된다. 이것은 발굴 작업의 편의와 토층의 층위를 알기 위해 남겨둔 둑이다. 따라서 도면이나 사진을 볼 때에는 이 부분을 가상으로 연결해 보아야 한다. 보통 사람들은 이 작업둑 때문에 건물을 서로 떨어진 별개로 보거나 끊어진 것으로 생각하여 설명을 붙여도 이해하기 어려울 수 있다. 특히 우리의 관심사인 고래는 대개 길고, 때로는 두세 칸의 방 밑을 하나로 연결하므로 발굴 도면이나 사진에서 끊겨 표현되는 경우가 많다는 점에 유의해야 한다.

또 구들, 즉 온돌 발굴 도면은 이 작업둑마저 제거된 상태에서 그려져야 이해도 쉽거니와 효과가 난다. 고고학계에서는 이런 점을 고려하여 작업둑마저 제거하는 방안을 생각해 주었으면 좋겠다.

고양 북한산성 행궁지 유적(1712~1915)

경기도 고양시 덕양구 북한동

행궁(行宮)이란 임금이 움직일 때 머무는 별궁(別宮) 또는 이궁(離宮)을 뜻한다. 조선 시대의 왕들은 지방 여러 곳에 행궁을 두고 종종 그곳에 행차하여 지냈는데, 본래부터 행궁으로 건축된 것이 아니라도 왕이 가서 일정 기간 머물게 된 곳도 행궁이라 하였고, 국가적 변란 대비, 군사 훈련, 조상의 음덕을 기리는 의식, 요양 등이 행궁의 용도였다.

북한산성 내에는 조선 숙종 37년(1712년)에 건립된 행궁이 있었는데, 1915년 8월 대홍수로 완전히 파괴되었다. 이후 100년 가까운 세월 속에 이 건물터는 잡목이 우거지고 낙엽에 덮였으나 그나마

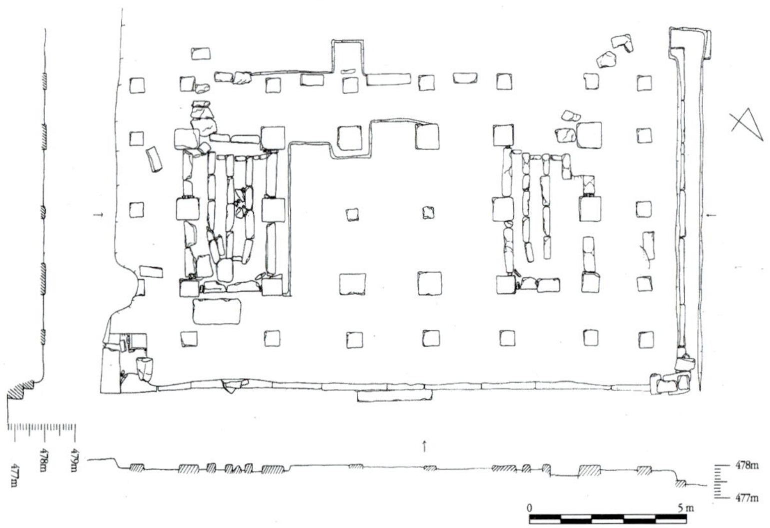

그림 164 북한산성 행궁지 정전 평면도

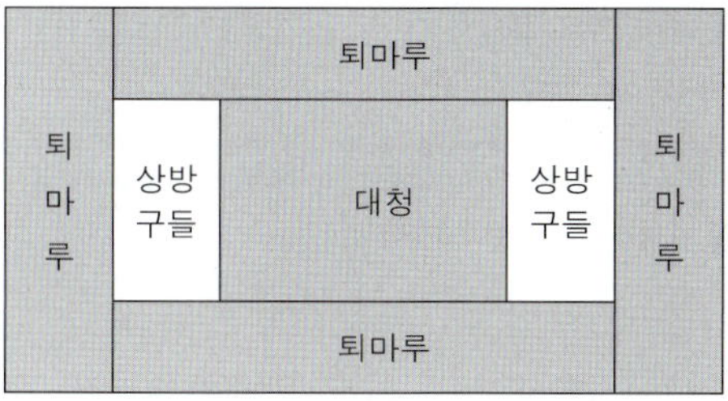

그림 165 북한산 행궁 정전 실 배치도 개략

약간의 석축과 장대석이 아직 드러나 있어서 옛날 이곳에 건물이 있었음을 암시하고 있었다.

그러던 중 단국대 매장문화재연구소가 1998년 말 이곳의 지표 조사를 진행하게 되었는데 30~50cm의 지표 흙을 걷어내자 주춧돌을 비롯하여 건물의 윤곽을 파악할 수 있는 기단이 드러났다. 일단 확인된 곳은 행궁 내전의 정전 자리이며 여기에서 비교적 양호

그림 166 북한산성 행궁지 내정전 오른쪽 상방 구들 노출 상태(북서쪽에서 본 모습)

하게 남아 있는 고래 시설을 확인하게 되어 이 행궁에서도 구들이 널리 활용되고 있음을 알 수 있었다.

성능(聖能)이 지은 『북한지(北漢誌)』의 「궁전조(宮殿條)」 기록을 보면 북한산성 행궁은 내전(內殿) 28칸, 외전(外殿) 28칸을 비롯해 여러 부속 건물과 함께 전체 규모가 124칸에 달했다. 1904년 간행된 『한국건축조사보고』에 당시의 북한산성 행궁 전경 사진이 수록되어 있는데 비록 관리가 제대로 되지 못하고 있었던 느낌을 주지만 대략의 규모를 알 수 있다. 행궁의 중심부에 팔작지붕의 건물이 2동 보이고 있는데 전체적으로 상하로 구분되어 있음을 알 수 있고, 위가 내전, 아래가 외전으로 보이며, 각기 그 주변으로 행각을 거느리고 있다.

그림 167 1904년 간행된 『한국건축조사보고』에 수록된 당시의 북한산성 행궁 전경. 1915년 대홍수로 완전히 파괴되지만 이미 이때도 관리가 제대로 되고 있지 못한 듯 보인다.

그림 168 북한산성 행궁지 지표 조사 후 전경(전면에 오른쪽 상방, 멀리 뒤에 왼쪽 상방의 노출된 구들이 보인다)

아직 본격적인 발굴은 이루어지지 않아 설명에 한계가 있지만 기초 조사인 지표 조사에서 이미 정전(正殿) 부분은 어느 정도 윤곽을 알 수 있고, 구들의 모습도 비교적 양호하게 드러나 자료로 언급하여 관심 있는 이들의 주의를 자극하고자 한다.

내정전은 내전 중앙에 위치한 건물로 조사 전부터 초석의 일부가 노출되어 있던 곳이다. 이곳은 왕과 왕비의 침실로 사용하던 상방과 왕이 정무를 보던 대청이 있던 건물이다. 조사에서 기단부를 이루는 석축열과 기둥을 받쳤던 초석 40개가 전부 노출되었다. 또한 온돌 및 고막이돌이 확인되어 평면 배치를 알 수 있었다. 정전은 정면 7칸, 측면 4칸, 총 28칸으로 동북 방향으로 향하고 있었다. 전체 면적은 18.5×10.3m로 약 64평임이 밝혀졌다. 전면에는 2단, 높이 1.1m의 기단을 놓았는데 중앙에 계단을 설치하였다. 건물은

그림 169 북한산성 행궁 내정전 오른쪽 상방 구들 노출 상태(북동쪽에서 본 모습)

전후 좌우 측면에 툇마루를 갖췄으며, 중앙에 대청을 두고 좌우에 상방을 둔 것으로 파악되었다.

상방(上房)은 좌우에 마련되었는데 좌우 모두 정면 1칸, 측면 2칸의 규모로 284×466cm로 4.4평의 규모였다. 기둥 간격은 정면 284cm, 측면 233cm로 정연하다.

아궁이는 확인하지 못하였다. 고래는 방의 측면 방향으로 다듬은 장대석을 놓아 도랑 모양으로 놓았다. 노출된 고래둑은 좌측 상방에 3열, 우측 상방에 2열이나 원래 모두 3열의 고래둑을 가졌던 것으로 추정된다. 따라서 벽체 하부에서 기둥을 따라 고막이돌이 만드는 둑을 고려하면 이 상방들은 각기 5고래로 되어 있음을 알 수 있다.

고래둑의 길이는 3.7m, 고래의 폭은 60cm이다. 고래둑을 만드는

그림 170 북한산성 행궁지 내정전 왼쪽 상방 구들 노출 상태(북서쪽에서)

장대석은 4개가 1줄을 이루며, 모두 면과 모를 다듬은 것이었고, 불에 검게 그을려 있었다.

고래의 골 끝에는 모두 온전한 수키와를 놓았다. 이 수키와들은 회청색 경질의 것으로, 등에 어골문(魚骨紋 : 물고기 뼈 모양의 무늬)과 격자문(格子紋 : 격자 무늬)이 혼합된 복합문이 찍혀 있었다. 보고서는 이 수키와가 고래의 바람막이 기능을 한 것으로 추측하고 있다. 그럴 수도 있겠으나 이 수키와가 놓인 곳은 각 고래에 대하여 가로놓인 고래(개자리) 안쪽임으로 열기를 고래 구간에 가두는 기능, 또는 일반 구들의 구조에서 기본이 되는 부넘기와 유사한 역할을 하지 않았을까 생각된다. 이 유적에서 주목을 끄는 요소이며, 앞으로 본격적인 발굴과 더불어 연구해 볼 만한 사항이다.

구들장은 일부분만 확인되었다. 사용된 석재는 두께가 20cm 내외의 얇은 판상석으로 크기가 70×60cm이다.

고막이돌은 초석과 초석 사이에 1개 또는 2개의 장대석을 써서 벽체 받침을 이루며, 안쪽으로는 고래를 만든다. 역시 면과 모서리를 다듬었고, 140×33cm의 크기이다.

좌측 상방의 뒤편 툇간 사이에서는 굴뚝으로 연결되는 연도가 확인되었다. 노출된 연도의 규모는 폭이 30~40cm, 길이 1.1m로 그 위에 덮개돌이 3장 남아 있다. 덮개돌은 70~80cm이다. 굴뚝 시설은 확인할 수 없었다.57)

일반인들의 구들은 주변에서 쉽게 수집되는 재료들을 쓴다. 그리고 대개 자력 동원을 통하여 구들을 상황에 맞게 적절히 만든다. 이 북한산성 유적은 행궁이긴 하지만 어디까지나 왕이 쓰던 곳이므로 재료, 기술자 등 모든 면에서 경복궁이나 창덕궁과 같은 궁궐에 준하는 시설이라 할 수 있다. 그러므로 구들도 여기서의 규모는 작지만 궁궐에서의 수준을 엿볼 수 있다. 앞으로 발굴이 이루어지

그림 171 북한산성 행궁지 내정전 왼쪽 상방 고래 끝의 턱

그림 172 북한산성 행궁지 내정전 왼쪽 상방 연도 덮개돌 노출 상태

면 행랑각 등 부속 건물 자리도 조사될 것이며, 더 많은 구들 시설도 드러날 것으로 기대된다.

북한산성(北漢山城) 국립 공원 관리 공단 사무소에서 북한산의 등산로를 따라 대서문과 중성문을 지나 중흥사에서 대남문 쪽으로 약 350m 정도 오르면 대남문과 청암동 암문의 갈래길이 나오고, 이곳에서 청암동 암문쪽으로 계곡을 따라 약 150여m 오르면 계곡부 경사면에 넓은 평탄지를 만나게 되는데 그곳이 행궁(行宮)이 있었던 자리이다.

인생무상(人生無常)

지표 조사에 관계했던 사람의 말에 의하면 서울시는 북한산성(北漢山城)을 복원하는 데 더 큰 관심을 가지고 있고, 고양시는 행궁을 복원하는 것이 비용 면에서나 의미 면에서 더 급하다며 이 행궁을 복원하는 데 더 큰 관심을 가지고 있다고 한다. 자치 단체간의 발전을 위한 경쟁이 느껴진다. 어느 것이 더 의미 있는 일인지는 전문가들이 판단을 도울 일이나, 100년도 안 된 세월에 건물터에 들어선 잡목을 보노라면 망각(忘却)과 시간(時間)의 힘에 대하여 다시 한번 생각하게 되고, 그곳을 밟았던 사람들을 생각하며 인생무상(人生無常)의 감상에 빠져든다.

감은사지 유적(조선 시대 중기)

경북 경주시 양북면 용당리

감은사는 삼국을 통일한 문무왕이 새 나라의 위엄을 세우고, 당시 틈만 나면 동해로 쳐 들어오던 왜구를 부처의 힘으로 막아내어 나라의 안정을 도모하고자 세운 절로 동해 바닷가인 이곳에 터를 잡았다. 문무왕은 생전에 절이 완성되는 것을 보지 못하고, 그의 아들인 신문왕이 즉위 이듬해인 682년에 완공하였다. 지금은 3층 석탑 2기와 금당 및 강당 등 건물터만 남아 있다.

1981년 감은사지를 발굴하면서 서(西)회랑터 안에서 회랑의 일부를 차지하는 구들 시설이 발굴되었다. 이 집터는 그 이전의 금당터의 초석과 기단 석재를 다수 활용하였던 것으로 보아 절이 폐쇄된 이후에 건축된 것으로 판단되어 '후대 건물터'로 명명되었다. 발굴 보고서는 다음과 같이 적고 있다.

"석탑만 덩그렇게 남아 있을 때 어느 신심이 강한 불자가 건물을 세워 동쪽 방에는 불상을 모시고 방구들이 남아 있는 서쪽 방에서 기거를 했던 것으로 판단된다. 즉, 불상을 모신 법당과 생활 공간인 요사채가 하나의 건물에 함께 존재했던 것이다. 이처럼 방구들 유구를 비롯한 전체적인 구조가 흥미로우며, 근대 건물의 온돌 형태를 잘 갖추고 있다고 생각된다. 교란이 심한 기단토와 건물에 사용한 각종 석재 등으로 미루어 보아 건물을 세웠던 시기는 조선 중기 이후로 추정된다.

건물터 내부에는 한옥의 온돌로 판단되는 방구들 흔적이 비교적 양호하게 남아 있다. 고랫둥과 방고래를 비롯하여 구들장도 일부 남아 있으며, 서단부에는 교란이 심한 편이지만 아궁이의 흔적도 남아 있다. 동북쪽 모퉁이에는 개자리 구멍이 뚫려 있으며, 연도(煙道)는 북쪽으로 길게 뻗어 있다. 방구들의 범위는 도리칸의 서측 협칸과 툇간, 보칸, 어칸에서 동서 방향으로 길게 형성되어 있다. 즉, 동서 2칸, 남북 1칸의 면적을 차지하고 있는 것이다.

평기와로 쌓은 고랫등 5열과 고랫등 사이의 방고래 4열이 약 15cm의 고저차를 두고 교대로 형성되어 있는데, 그 크기는 조금씩 차이가 있다. 남쪽으로부터 각 부위의 대체적인 너비를 열거하면, 고랫등 45cm, 방고래 45cm, 고랫등 45cm, 방고래 25cm, 고랫등 70cm, 방고래 20cm, 고랫등 40cm, 방고래 45cm, 고랫등 45cm이

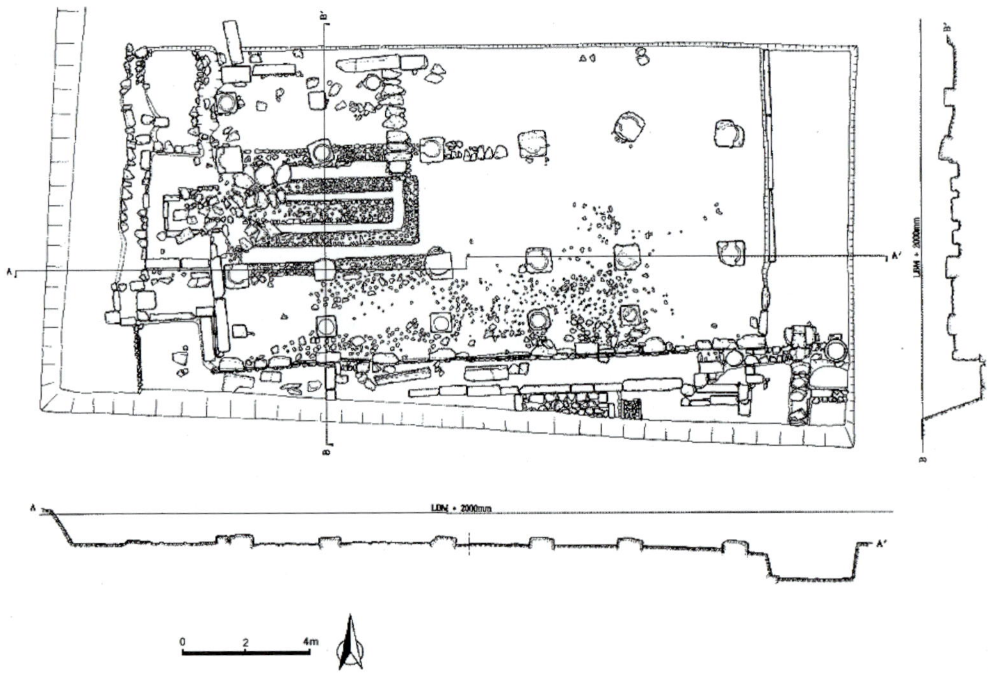

그림 173 경주 감은사지 서회랑 후대 건물터 구들 현황

다. 한편, 둘째와 넷째 고랫등 동쪽 끝은 남북으로 이어져 서로 연결되고 있는데, 약 40cm의 너비로 되어 있다. 구들장은 35~70cm 크기의 윗면이 평평한 할석을 사용하여 고랫등 사이의 방고래를 덮고 있는데, 대부분 결실되고 서단(西端)에 일부 남아 있다.

아궁이는 방구들 서쪽 끝부분에 장대석을 사용하여 설치하였으며, 중앙의 2개 방고래 사이에서 길이 130cm, 너비 100cm의 크기로 남아 있다. 아궁이와 방구들 사이에는 부넘기돌이 놓였던 것으로 보이지만 현재는 남아 있지 않다. 방구들의 불길은 동북 모퉁이[東北隅]의 개자리 구멍과 연결된 연도(煙道)로 뽑아내도록 되어 있다. 개자리 구멍은 너비 60cm, 높이 60cm의 크기로 방고래 바닥에서 50cm의 깊이로 파내어 벽을 평기와 조각으로 쌓았다. 여기서 시작되는 연도는 판상으로 쪼갠 돌로 바닥과 측벽을 만들고 역시 쪼갠 돌로 덮었다. 후대 건물터 북면 기단 갑석 아래를 관통하여 북쪽으로 길게 뻗어 있는데, 지금까지 길이 약 7m의 크기로 남아 있다."[58]

여기서 말하는 '고랫등'은 '고래둑'을 말한다.

양주 회암사지 유적(16세기 이전, 조선 시대)

경기도 양주 회천읍 회암리

양주(楊州) 회암사지(檜巖寺址)는 경기도 박물관이 1997년에 시굴 조사 한 후 중장기 발굴 조사 계획을 세워 지금까지 대대적으로 발굴을 진행하고 있는 곳이다. 그 동안 5차례에 걸친 발굴이 있었는데 5차 발굴이 이루어진 지금까지 50개의 건물 자리와 부수 시설들이 확인되었다(5차 보고서 참조). 이 회암사지는 고려 말에서 조선 시대 전기에 걸친 유적으로 무엇보다도 수많은 구들 시설이 매우 양호한 상태로 드러나 사찰 배치 연구는 물론 이 시기의 구들을 연구하는 데 획기적인 자료를 제공할 것으로 보여 학계의 비상한 관심을 모으고 있는 곳이다. 발굴이 아직 진행 중이어서 한계가 있지만 우선 5차에 걸친 발굴 중간 보고 자료들까지만 살펴보아도 회암사지는 구들 연구에 매우 중요한 곳이 될 것으로 보인다. 우선 여기서는 지금까지의 발굴 조사 보고서를 바탕으로 몇몇 사례를 소개하고, 더 자세한 것은 훗날 발굴이 완전히 끝난 후 더 많은 자료를 가지고 보충하기로 한다.[59]

서방장지(西方丈址)

정면 3칸 측면 3칸의 규모인 서방장지는 동방장지, 수좌료지, 시자료지 등과 함께 특히 거의 온전한 상태로 발굴되어 조금만 손보고 건물을 복원하거나 하면 그대로 다시 본래의 기능을 회복할 수 있을 것처럼 보인다. 실의 바닥 전면이 구들로 되어 있고 2칸 규모의 부엌이 달려 있다.

이곳 회암사지에서 흥미로운 점 하나는 외줄고래를 제외하고 두

그림 174 양주 회암사 서방장지. 총 10줄의 고래를 보이고 있다.

줄 고래에서부터 최대 10줄 고래까지 다양한 사례를 볼 수 있다는 사실이다. 즉 2, 3, 4, 5, 6, 7, 8, 9, 10줄 고래가 모두 있다. 대다수는 5~7줄 고래로 되어 있어 조선 시대 이후 민가에서 많이 사용되어온 고래수를 보여준다. 하지만 서방장 건물지에서는 비록 맨 위쪽 고래가 별도의 아궁이를 가진 것으로 보이긴 하나 고래수가

그림 175 양주 회암사지 발굴 현장 전경

10줄이나 된다. 고래 상부의 방이 어떻게 구획되어 있었는지는 현재 알 수 없으나 당시의 구들 놓는 기술이 대단하였다는 것을 보여 주므로 자세한 조사 보고서가 기대된다.

다양한 고래수가 나타난다는 점과 고래수가 10줄이나 되는 것도 있다는 점에서도 흥미롭지만 이곳 회암사터에서는 "한 번 불을 지피면 온기가 석 달 열흘을 갔다"는 전설로 유명한 경남 하동 칠불암(七佛庵)의 아자방(亞字房)과 유사한 탁상식 구들이 두 건물터에서 발견되었다는 점에서도 흥미롭다.

서승당지(西僧堂址)-탁상식 구들

서승당지(西僧堂址)로 명명된 건물터는 정면 8칸(기둥간 거리 4.1m), 측면 4칸(기둥간 거리 2.8m)으로 남북으로 기다란 정방형 건물이 있던 곳이다. 'ㄷ'자 형태의 침상 시설 2개를 남북으로 마주보게 배치한 형태의 구들 시설이다. 보고서를 좀더 쉬운 말로 풀어 옮겨보면 다음과 같다.

아궁이는 남쪽과 북쪽에 각각 2개씩 마련되어 있고 북쪽과 남쪽의 구조가 서로 다르다.

북쪽의 것은 중앙의 2칸을 수혈 형식으로 파고 벽면에 석재로 쌓아 부엌 공간을 마련하였고 여기에 아궁이를 설치하였다.

남쪽의 것은 동서 각각 1칸을 이용해 아궁이를 만들었는데 5단지에서 불을 지필 수 있도록 하였다. 아궁이의 평면

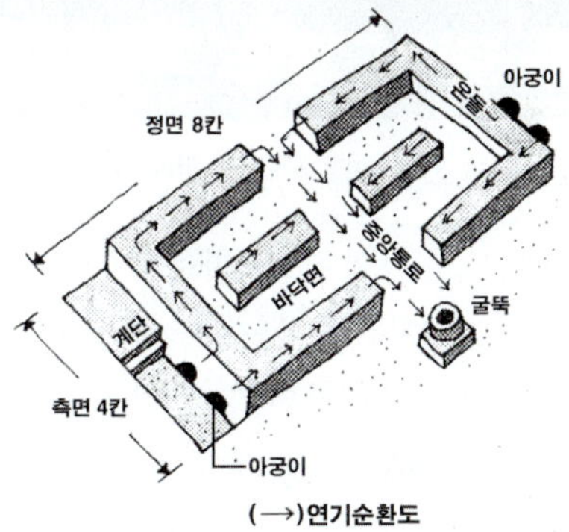

그림 176 양주 회암사 서승당지의 '탁상형' 구들 개념도

그림 177 양주 회암사 서승당지의 '탁상형' 구들

형태는 육각형에 가까운 형태를 하고 있고, 정사각형의 다듬은 돌을 쌓은 다음에 틈새를 점토로 발라 마무리하였다. 연기는 중앙에서 모여 서쪽 기단밖에 마련되어 있는 굴뚝으로 빠지게 하였다.

한편, 남쪽 아궁이의 고래(연도)는 위아래로 설치되어 있는데, 이 가운데 위의 것은 'ㅌ'자 형태에서 2줄의 구들골로 되어 있는 외곽의 'ㄷ'자형 구들로 연결되어 있고, 아래의 것은 4줄로 되어 있는

그림 178 양주 회암사 서승당지. '亞' 자 방을 연상하게 하는 탁상식 구들 구조

중앙의 '一'자형 구들 고래와 연결되어 있다.

고래둑은 기와를 쌓아 만든 부분과 장방형 석재를 놓아 만든 부분이 혼재하는데 폭은 30cm 정도이다.

구들의 구조는 특이한 형태로 유명한 하동 칠불암의 '亞字房(아자방)'처럼 바닥보다 높게 설치된 형태이며 구들 외곽으로는 바닥에 벽돌[塼]을 깔고 그 위에 목재로 마감하였다. 구들 이외의 바닥

그림 179 회암사 서승당지 외곽 2줄 고래와 기와를 쌓아 만든 고래둑

공간은 사람들이 출입할 수 있도록 바닥을 불다짐하여 단단하게 만들어 놓았다.[60]

회암사지 제4단지 제4건물지-탁상형 구들

그런데 4차 발굴(2000년)에서 서승당지와 동일 구조의 탁상식 구들 시설이 또 하나 발굴되었다. 제4단지 제4건물지로 명명된 이곳의 구들 역시 먼저 발굴된 서승당 구들과 함께 하동 칠불암의 아자방을 연상하게 하는데 이에 대한 자세한 자료가 아직 입수되지 않아 여기서는 우선 간단히 소개하지만 이곳의 탁상형 구들 시설은 칠불암의 경우보다 규모에 있어서 훨씬 크며, 그 구조도 더 정교한 건축 기술이 적용된 것으로 평가되고 있다.[61]

그림 180 양주 회암사지 제4단지 제4건물터 탁상형 구들('아자방' 식) 사례

향화료지(香火寮址)

향화료지는 6단지의 북동쪽에 위치하고 있는 건물지로 보광전지를 중심으로 북서쪽의 지장료지와 대칭을 이루는 곳에 위치하고 있다. 북쪽으로는 영당지가 있으며, 남쪽으로는 보광전 동쪽 건물지가 있고, 서쪽은 답석이 깔려 있다. 건물지의 서쪽 기단 내 초석열 외곽으로는 점토로 다진 출입로가 마련되어 있는데 출입로의 북쪽과 남쪽 끝에는 각각 7단지 및 보광전 동쪽 건물지로 연결되는 작은 계단 시설이 마련되어 있다. 건물지는 정면 3칸(주간 거리 3.2m), 측면 1칸(주간 거리 동쪽 3.4m)으로 전체적으로 남북으로 세장한 장방형 건물지이다. 기단은 다듬은 장대석을 이용하였으며, 기단의 남북 길이는 9.6m, 동서 길이는 6m이다. 초석은 건물지의 외곽을 향하여 원형 주좌를 둔 방형석을 사용하였는데, 크기는 길

그림 181 양주 회암사지 향화료지 구들 모습

이 80cm, 폭 75cm 가량이다. 초석 간의 고막이 시설은 잘 다듬은 장방형 석재를 이용하였다.

내부 시설로는 구들 시설이 확인되었다. 남쪽에 설치된 아궁이는 치석된 방형에 가까운 석재들을 쌓아 만들었는데 구들골로 연결되면서 비스듬히 경사져 올라간다. 석재 사이에는 점토를 발라 틈을 메워 놓았다. 구들골은 총 6열이 확인되었는데, 건물지 중앙에서 모여 동쪽 계단 자리 부근의 굴뚝으로 연결된다. 특징적인 것은 북서쪽 2번째 초석열에서 구들장이 사라지고 전돌이 깔려 있는 구간이 확인되는데 건물지 내부로 들어가는 출입구 시설을 위해 구들골이 동쪽으로 휘어지는 것으로 추정된다. 고래둑의 간격은 40cm, 구들골의 간격은 30cm이다. 구들장은 북서쪽을 중심으로 비교적 잘 남아 있는데 편평한 할석을 이용하였다.

그림 182 양주 회암사지 향화료지 아궁이

지장료지(知藏寮址)

지장료지는 6단지의 북서쪽에 위치하고 있는 건물지로 북쪽으로는 수좌료지가 있으며, 남쪽으로는 천랑지가 위치하고 있다. 또한 남서쪽으로는 서승당지가 위치하고 동쪽은 답석이 깔려 있다. 건물지의 동쪽 기단내 초석열 외곽으로는 전돌이 깔려 있는데 이곳의 남쪽과 북쪽 끝 부분에는 각각 작은 계단 시설이 마련되어 있다. 건물지는 정면 3칸(주간 거리 3.2m), 측면 2칸(주간 거리 동쪽

3.7m, 서쪽 1.2m)으로 전체적으로 남북으로 세장한 장방형 건물지이다.

기단은 다듬은 장대석을 이용하였으며, 기단의 남북 길이는 13m, 동서 길이는 7.3m이다. 초석은 건물지의 외곽을 향하여 원형 주좌를 둔 방형석을 사용하였는데, 크기는 길이 80cm, 폭 75cm 가량이다. 초석간의 고막이 시설은 기와를 쌓아 만들었다.

내부 시설로 구들 시설이 확인되었다. 남쪽에 설치된 아궁이는 다듬어진 방형에 가까운 석재들을 쌓아 만들었는데 구들골로 갈수록 비스듬히 경사져 올라가는 형태를 하고 있으며, 석재 사이에는 점토를 발라 틈을 메워 놓았다. 구들골은 총 5열이 확인되었는데,

그림 183 회암사지 지장료지 구들

건물지 북쪽 중앙에서 모여 동쪽 계단지 부근의 굴뚝으로 연결된다. 고래둑의 간격은 50cm, 구들골의 간격은 30cm이다. 구들장은 북동쪽에 약간 남아 있는데 편평한 할석을 이용하였다.

열중료지(悅衆寮址)

정문의 서쪽으로 연결된 건물지로 북쪽으로는 동료지와 서료지가 연결된다. 건물지는 동쪽의 정면 5칸 건물지와 서쪽의 정면 4칸의 건물지가 연결된 평면 형태를 보여주는 동서 방향의 세장한 건물지이다. 초석 배치에 있어 양 건물지가 차이를 보이기 때문에 실제 2개소의 건물지인 것으로 추정된다. 문헌에는 열중료의 규모를

그림 184 양주 회암사지 열중료지 구들 모습

7칸으로 기록하고 있어 고려말 이후 중수가 이루어지면서 2동의 건물지로 개축되었을 가능성이 있다. 서쪽 건물지의 규모는 정면 4칸(주간 거리 3.2m), 측면 1칸(주간 거리 3.4m)이며, 동쪽 건물지는 정면 5칸(주간 거리 4m), 측면 2칸(주간 거리 북쪽 3.6m, 남쪽 1.8m)이다. 초석은 모두 건물지 외부에서 보았을 때 원형 주좌를 둔 것처럼 외부에서 보이는 면만 원형으로 깎은 방형석을 사용하였다. 초석의 크기는 차이가 있는데, 서쪽 건물지의 초석 크기는 길이 75cm, 폭 60cm 가량이고, 동쪽 건물지의 초석은 길이 80cm, 폭 80cm이다.

내부 시설로 구들 시설이 확인되었는데 동쪽 건물지의 아궁이와 서쪽 건물지의 아궁이는 건물지 중앙에 인접 해 있으며, 벽체를 통해 구분이 가능하도록 하였다. 굴뚝은 각각 건물지 동서 끝 부분에 마련되어 있다. 구들골은 서쪽 건물지에서 6열, 동쪽 건물지에서 7열이 확인되었으며 고래둑의 간격은 30cm, 구들골의 간격은 20cm이다.

동료지(東寮址)

서료지의 동쪽에서 발견된 건물지로 북쪽으로 천랑이 위치하고 있고 북동쪽에는 보광전이 위치하고 있다. 남쪽으로는 열중료지의 북동쪽 부분과 연결되어 있다.

건물지는 정면 4칸(주간 거리 3.8m), 측면 2칸(주간 거리 2.6m)으로 남북으로 세장한 장방형의 건물지이다. 기단은 다듬은 장대석을 이용하였고, 기단의 남북 길이는 19.8m, 동서 길이는 8.2m이다.

이곳도 건물 내부에 구들을 설치하고 있었는데 고래는 모두 9줄이었다. 아궁이는 현재(보고서 작성 당시) 조사 중에 있기 때문에 분명치 않지만, 건물지의 남쪽에 마련되었던 것으로 생각된다. 고래는 모두 북쪽에서 모여 북동쪽의 굴뚝으로 연결된다. 고래둑의

그림 185 양주 회암사지 동료지 구들 모습

간격은 30cm, 구들골의 간격은 20cm이다.

서료지(西寮址)-추정

문헌에는 서료라는 건물 지명이 없다. 다만 보광전의 남동쪽에 있는 건물지가 동객실, 서객실로 명칭되었던 것을 고려해 볼 때, 잠정적으로 동료의 대칭되는 명칭으로 '서료'라는 건물명을 사용하지만 분명치 않다.

5단지 북서쪽에서 발견된 건물지로 북쪽 6단지에는 서승당지가 위치하고 있으며, 동쪽으로 약간의 공간을 두고 동료지가 있다. 서

그림 186 회암사지 서료지 6고래 구들 모습

쪽으로는 정료대가 쓰러져 있으며, 남서쪽에는 서쪽 석축단으로 올라가는 계단이 위치하고 있다.

건물지의 규모는 정면 6칸(주간 거리 2.5m), 측면 1칸(주간 거리 3.3m)으로 남북으로 세장한 장방형의 건물지이다. 기단은 다듬은 장대석을 이용하였으며, 기단의 남북 길이는 17m, 동서 길이는 5.6m이다. 초석은 건물지 외부에서 보았을 때 원형 주좌를 둔 것처럼 외부에서 보이는 면만 원형으로 깎은 방형석을 사용하였는데, 크기는 길이 70cm, 폭 65cm 가량이다. 한편 북쪽에서 4번째 초석의 동서 방향으로 벽체 시설을 마련하여 공간을 따로 분할하여 사용한 흔적이 있다.

그림 187 회암사지 서료지(추정) 6고래 구들

역시 내부 시설로 구들 시설이 확인되었는데 앞의 벽체 시설을 중심으로 남쪽과 북쪽에 각각 하나씩 확인되었다. 따라서 아궁이 역시 남쪽과 북쪽에 각각 하나씩 확인되었다. 고래(구들골)는 모두 6열이 확인되었는데, 건물지 중앙에서 모여 서쪽 기단 밖의 굴뚝으로 연결된다. 구들장은 북동쪽에 약간 남아 있는데 편평한 할석을 이용하였다.

회암사는 12세기 이전(고려 중기 이전)부터 존재했던 것으로 파악되며, 고려말 조선초 사이에 왕의 지원을 얻어 여러 번 중창을 하면서 사역 규모가 크게 확대되었고, 국찰(國刹 : 왕실의 사찰)로서 높은 자격을 지니고 있었다. 왕궁과 같은 시설을 갖추고 왕실용 물건들을 사용하였으므로 탁상형 구들이나 여타의 구들 시설에 그에 준하여 최고급을 적용한 것으로 보인다.

한편 승려의 이동, 교류를 감안할 때 하동 칠불암의 아자방 구들과 이곳의 착상형 구들은 서로 관계가 있지 않나 추측이 되기도 한다.

회암사는 사건 기록에 의하면 명종 때에 유생(儒生)들의 방화나 선조 때의 임진왜란 와중에 불에타 없어진 것으로 믿어지고 있으며, 그것은 1566년부터 1600년 사이에 일어난 일로 보인다.

강화도 선원사지에서 발굴된 많은 수의 구들 시설과 함께 또 하나의 구들 전시장을 방불케 하는 이곳 회암사지의 구들 유구들은 고려-조선 시대의 구들 연구에 매우 중요한 자료를 제공할 것임이 분명하다. 복원 등을 고려한다면 '구들박물관' 같은 것도 함께 고려해 볼 만하다.

칠불암 아자방(조선 시대)

경상남도 하동군 화개면 범왕리

칠불암은 쌍계사에 딸린 절이다. 가락국의 시조 김수로왕(재위 AD 42~199)의 일곱 왕자가 외삼촌인 장유보옥선사를 따라 이곳에 와서 수도한 지 2년 만에 모두 부처가 되었으므로 칠불사(七佛寺)라고 이름지었다고 전해진다.

이 칠불사에는 아자방(亞字房)이라 불리는 건물이 있는데, 이 아자방의 구들은 본래 한 번 불을 지피면 한 달 반 동안은 불을 지피지 않아도 따듯했다고 해서 유명해진 곳이다. 어떤 곳에서는 45일, 어떤 곳에서는 49일간 따듯했다 하고, 심지어 축조 당시에는 온기가 석 달 열흘간이나 갔다고 하기도 하는 곳이다. 또 동안거

그림 188 경남 하동 칠불암(좌측 아자방 건물)

(冬安居)가 시작되는 10월에 일곱 짐의 장작을 세 개의 아궁이에 지펴놓으면 이듬해 정월 해제 때까지 따뜻했다고 하기도 하고, 동안거 동안 두 번 불을 땠다고 하는 등 사람에 따라 전하는 내용의 편차가 많다.

설화에 의하면 신라 효공왕(재위 897~912) 때 김해 지방에서 '구들 도사'로도 불린 담공선사(曇空禪師)가 와서 이곳의 구들을 만들었다고 하는데, 임진왜란 때 소실되어 복원되고, 또 6·25 동란 때 불에 타버렸다가 초가로 복원되었었는데, 다시 1981년 해체되어 1982년 복원되어 현재의 건물에 이르고 있다.

그림 189 경남 하동 칠불암 아자방(亞字房) 내부의 현재 모습

지금 이곳의 아자방(亞字房) 건물은 맞배지붕으로 된 정면 5칸, 측면 2칸으로 되어 있는데, 이 중에 남쪽 두 칸은 부엌이고, 그 북쪽으로 나머지 3칸이 방이며 건물 북쪽에 굴뚝이 있다. 북쪽 3칸의 방 서

그림 190 경남 하동 칠불암 아자방 내부 모습

쪽은 툇간을 붙이고 툇마루를 이루고 있다. 이 아자방 건물은 이 절의 스님들이 머무는 승방의 하나로 쓰이고 있다. 그런데 3칸의 구들방의 평면이 방 가운데 부분을 '십(十)'자형으로 한단 낮게 꾸미고, 네 귀와 남북 변은 침상처럼 높게 만들어 걸터앉기 쉽게 되어 있어 결과적으로 'ㄷ'자 두 개가 사이에 통로를 두고 마주보고 있는 것과 같고, 한문의 '亞'자와 비슷하다 하여 아자방(亞字房)이라 불리게 되었다. 방의 규모는 보칸이 6m 되는 16평 내외의 큰 방이다.

그림 191 경남 하동 칠불암 아자방 해체 복원 시 구들장 모습(1981)

1981년에 해체, 수리되었는데 이때 조사된 바에 의하면 부엌벽 중앙부에 큰 부뚜막 아궁이를 두어 불길이 부채살 방향으로 들어가 남북으로 놓인 줄고래를 통하여 북벽 밖 중앙에 있는 굴뚝 쪽으로 유도되었었다고 한다.

그림 192 경남 하동 칠불암 아자방 해체 시 고래 모습(1981)

구들골과 굴뚝의 폭은 30cm 내외였고, 둑의 높이는 30cm 이상인데 특히 앞서 기술한 높은 부분은 더 높여 구들장이 높게 얹히도록 하였다. 둑은 기와 조각과 돌로 쌓아 만들고 구들장은 아랫목에서는 두꺼운 것을 쓰고 윗목 쪽에서는 좀 얇은 것을 사용한 듯하다. 그리고 북쪽 굴뚝으로 빠지는 골 밖에서 한 단 떨어뜨려 개자리를 둔 것 같으나 확실하지 않다. 여하튼 이 아자방은 그 동안 신비의 구들로 알려졌으나 몇 번에 걸쳐 수리가 이루어졌던 것으로 추정된다. 그러므로 본래의 구법을 찾아보기는 어려운 것으로 생각된다. 다만 부엌과 방의 높이 차가 약 1.8m나 되어 불길이 잘 들도록 설계된 것으로 믿어진다.[62)]

근래에 양주 회암사지 발굴에서 이곳 아자방과 유사한 구들 시설이 발굴돼 화제가 되고 있다. 자세한 보고와 연구를 기다려 보아야 하겠지만, 구들 발전의 전반적인 상황으로 볼 때 이곳의 복원 이전의 아자방이 전설처럼 그렇게 오래되지는 않았다고 생각되고, 조선 시대나 고려 시대말의 것이었다면, 그리고 회암사도 절이라는 점과 스님들의 왕래 등을 고려하면 이곳의 아자방 구들과 어떤 관련이 있었지 않았을까 생각해 볼 수 있다.

익산 미륵사지 조선시대 건물터(조선 시대 후기)

전북 익산시 금마면 기양리

익산(益山) 미륵사지(彌勒寺址) 주위에는 오래된 민가가 하나 있었는데 'ㄱ'자형 기와집이었다. 이 집을 철거하게 되었는데 구들이 조선 시대 후기의 것으로 의미가 있어 실측하여 기록하게 된 것이다. 조선 시대부터는 적지 않은 민가가 남아 있지만 구들은 방바닥 밑으로 감추어져 있는 시설이므로 뜯어보기 전에는 어떻게 되어 있는지 모르고, 또 사람이 대개 살고 있거나 문화재 차원에서 보존 건물에 속하므로 건물이 남아 있어도 파악하기 힘들어 자료가 흔하지 않다.

이 건물은 안방과 건넛방이 구들로 되어 있었다. 안방의 구들은 5줄 고래로 되어 있고, 아궁이를 나란히 두 개를 두어 부뚜막을 만

그림 193 익산 미륵사지 주변 조선 시대 건물터

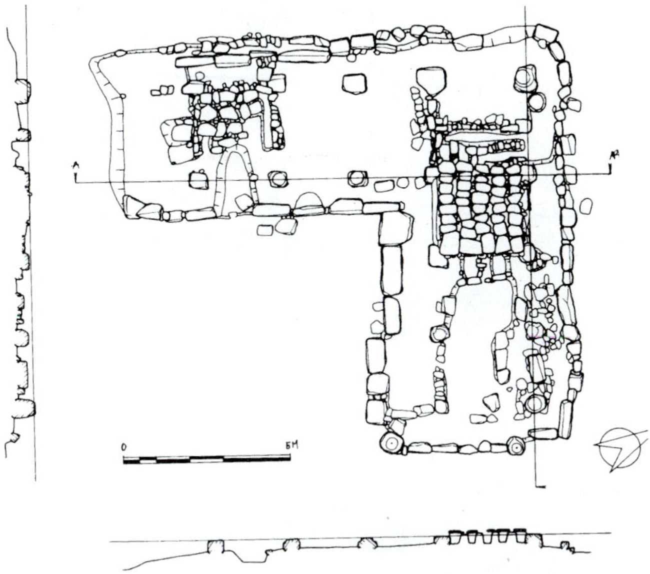

그림 194 익산 미륵사지 주변 조선 시대 건물의 구들

들고 양쪽에 솥을 두 개 나란히 걸었었다.

아궁이에서 급경사로 올라가 부넘기가 있고 이어서 고래가 시작되며, 아랫목이 되는 곳에서 윗목 쪽으로 고래가 완만한 경사를 이루며 올라간다.

고래는 윗목 부분에서 오른쪽으로 90° 꺾이며 북쪽 벽 밖의 굴뚝에 이르는데 직각으로 뻗은 이 구간은 좀더 깊은 골을 이루고 있고, 우리가 세부 명칭으로 '개자리'라고 하는 구간이다. 보통 조선 시대 후기 개자리는 하나로 되어 있는데 이 곳에서는 두 줄로 되어 있고, 각기 왼쪽의 두 고래와 오른쪽의 세 고래로부터 오는 연기를 한데로 모으는 기능을 하며, 이 두 줄의 개자리는 북쪽 벽 밖에서 다시 하나로 합쳐져 연기를 한데로 모아 굴뚝으로 보내는 점이 특이하다. 고래를 덮은 구들장은 일정하지는 않으나 두께 5~

그림 195 익산 미륵사지 주변 조선 시대 건물터

그림 196 익산 미륵사지 주변 조선 시대 건물터

9cm, 길이와 폭 50cm 내외로 쪼개고 놓일 곳에 맞추어 약간 다듬은 것들이었다. 고래둑의 목은 30cm~35cm, 둑 높이는 35cm 내외였던 것으로 보고 되었다.[63)]

보길도 세연정(17세기)

전라남도 완도군 보길면 부황리

보길도(甫吉島)의 세연정(洗然亭)은 고산 윤선도(孤山 尹善道)가 병자호란 후 은거하기 위하여 제주도로 가던 중 풍랑을 피하여 들렀다가 자연 경관에 매료되어 머물게 된 곳이다. 이곳 세연지 물가에 세연정이 터만 남아 있다가 1990년 발굴되었는데 좀 특이한 구들 형식이 보고되었다.

그림 197 복원된 세연정 모습

기록에 의하면 본래 이 정자는 방형 평면으로 사방으로 퇴를 달고 널문을 달아 그 문을 들어 올려 열도록 되어 있었다. 발굴에서 정면이나 측면이 모두 3칸 규모였던 것으로 확인되었고 중앙부를 좀 높여서 단칸방의 구들방을 설치하였던 것으로 조사되었다. 북동

그림 198 보길도 세연정터 발굴 평면도(위쪽이 아궁이, 아래쪽이 굴뚝)

쪽 면 중앙의 기단 위에 아궁이가 있고 그 건물 반대편으로 연기가 나가게 되어 있었는데 방 부분의 고래는 더 이상 남아 있지 않아 알 수 없으나 아궁이와 방 사이, 본래 툇마루가 있던 곳 밑으로 '중(中)'자형으로 고래가 놓여 있었고, 방과의 경계에서 한 구멍으로 통합되어 방 부분의 고래로 올라가게 되어 있었다. 그런데 왜 그곳에 '中'자형 고래가 설치되었는지, 무슨 용도에 쓰였는지가 궁금하게 한다. 부뚜막과 같이 흙으로 발라 그 온기로 무엇이든 건조시키는 기능을 가

그림 199 세연정터 아궁이

그림 200 보길도 세연정 복원된 모습

졌던 것이 아닌가 추측하기도 하고 그 부분 상부의 과열을 방지하기 위한 것으로 추측되기도 한다. 전남 화순군에 있는 만수정(萬樹亭)에서도 비슷한 사례가 보고되고 있는데 온돌의 다양한 변용과 관련하여 관심을 가져볼 만하다.[64)]

이상에서 우리는 지금까지 발굴된 구들(온돌)에 관련된 주요 유적들을 대체로 오래된 것부터 차례로 살펴보았다. 물론 반영하지 못한 사례들도 적지 않다. 자료 상태가 나쁘거나 미쳐 자료를 입수하지 못한 경우이다.

조선 시대에 속하는 구들들은 현존하는 건축물들이 적지 않으므로 옛 구들도 많이 남아 있다고 할 수 있다. 그렇지만 조선 시대의 사례들이라고 해서 살펴보기 쉬운 것은 아니다. 대개 문화재로 보호된 집들 속에 남아 있어서 사람이 살고 있거나, 비어 있다 하더라도 수리하는 일이 없으면 속을 들여다 볼 수 없기 때문이다.

사라지는 구들 유적들

구들 유적 관련 발굴 보고서들을 검토하다보면 새로운 유적들은 의외로 고속도로 신설이나 도로 확장 공사를 계기로 세상에 많이 들어나는 것을 볼 수 있고, 아니면 도시 주변에서는 대규모 아파트를 건설하기 위해 터파기를 하다가 일부가 발견되어 본격적으로 발굴하게 되었던 것을 알 수 있다. 또 북한에서 발굴된 고구려 시대의 주요 구들 유적도 댐 공사에 따라 수몰될 지역을 발굴하면서 드러난 것도 적지 않다. 그렇게 보면 발굴되어 드러난 사례보다는 땅 속에 묻혀 있는, 어쩌면 영원히 빛을 못볼 옛 사람들의 흔적이 더 많을 것이라는 생각을 하게 된다.

지금까지 드러난 고대 구들 유적은 많다면 많고 적다면 적을 수도 있으나 대체로 한반도 전역에 흩어져 있고 구들장은 예나 지금이나 재사용하기 좋아 그대로 버려지지 않고 다시 사용되어 근본적으로 유적이 많이 남아 있지 않을 수도 있다. 이런 점을 감안하면 지금까지 각 지역에서 발굴된 사례들만 해도 그 보급이나 전파 정도를 파악하는 데 상당한 자료가 된다고 하겠다.

문제는 귀중한 자료가 되는 구들 유적들도 이와 같이 건설 공사와 관련하여 시간에 쫓기며 시급하게 발굴되고, 또 발굴이 끝나면 현장은 보존되지 못하고 대부분 흔적도 없이 사라지고 있다는 현실이다. 이 책에 수합된 유적들도 이미 발굴된 현장에서는 사라진 것이 대부분이다. 대안이 없는 경우가 대부분이겠지만 구들은 우리의 중요한 전통 문화이므로 좀 더 많은 현장이 보존되어 후손들의 학습장이 되었으면 한다.

제4장

문헌과 유적을 함께 보는 구들 이야기

구들 관련 문헌·327
구들과 유적·328
구들의 기원과 전파 과정·331
구들과 캉(炕)과의 관계·333
구들의 명칭·334
구들(온돌)의 형태적 변모·336

지금까지 우리는 우리의 전통 바닥 난방법인 구들(온돌)에 관한 다수의 문헌(文獻)과 유적(遺蹟)을 살펴보았다. 그리고 오늘날 외관상으로는 다소 다르지만 그 뿌리가 구들에 있고 구들과 역사적으로 얽혀 있는 중국 지역의 캉(炕 : 항)에 관한 문헌도 살펴보았다. 이로써 우리는 구들의 기원, 구들의 형태적 변화, 사용된 다양한 재료, 여러 가지 이름 등에 관계되는 자료들을 두루 섭렵하였다.

우리가 구들을 살펴보는 것은 구들이 단순히 하나의 전통 요소이기 때문이 아니고 그것이 여타의 난방법과는 상당히 다른 특성들을 많이 지니고 있고, 우리의 주거 건축과 주거 생활에 오늘날까지 다양한 형태로 영향을 미쳐온 요소이기 때문이다. 또한 구들을 제대로 이해한다는 것은 우리의 주거 문화를, 나아가 우리 문화 전체를 쉽게 이해하는 지름길일 뿐만 아니라 바로 이해하는 데 꼭 필요한 일이기 때문이다. 그러나 그들의 특성이나 의미를 파악하려면 다른 문화도 참고하고 특히 서양의 각 시대적 사정, 유사한 또는 다른 난방법 등 아직 몇 가지를 더 살펴보아야 한다. 그러나 구들 자체의 발전 과정 전반에 대한 자료들은 대개 다루어졌으므로 이 장에서는 지금까지 따로 살펴본 문헌과 유적을 한꺼번에 회고하며 구들 자체의 발전 과정 부분에 대한 몇 가지 사항들을 일단 정리하고 넘어가고자 한다.

구들 관련 문헌

구들과 관련하여 문헌상으로는 대체로 500~513년에 씌어진 『수경주(水經注)』의 관계사(觀雞寺) 기록이 가장 오래되고, 그 다음으로 940년에 간행된 『구당서(舊唐書)』의 장갱(長坑) 운운하는 기록이 된다. 따라서 기록상은 『수경주』부터 시작되지만 『구당서』의 경우는 고구려에 관한 기록이므로 7세기 이전의 시대상을 반영하고 있고 구들이 최소한 고구려 시대에 이미 널리 퍼져 있었음을 알게 한다.

다만 『구당서』 기록은 아마도 한두 줄의 고래를 묘사한 듯 보이고, 『수경주』의 관계사 관련 기록은 실 전체를 바닥 난방법으로 난방하는 것을 묘사한 것으로 믿게 하는데 『수경주』가 기록은 『구당서』보다 앞서지만 난방 형태는 오히려 더 발전된 것을 묘사하고 있다고 하겠다. 『구당서』는 『수경주』보다 훨씬 뒤에 간행되었지만 『수경주』보다 앞선 시대의 상황을 적고 있다고 상정해 본다면 일반적으로 생각하는 구들의 발전 과정, 즉 외줄고래에서 점차 고래수와 규모를 넓혀 전면 바닥 난방으로 발전해 가는 순서에는 맞게 된다.

한편 문헌상으로는 6세기경까지 구들의 역사를 추적할 수 있다. 그리고 그것이 문헌상으로만 구들의 역사를 살필 때의 한계이기도 하다. 손진태 선생이 「온돌고」에서 구들의 발생 시기와 지역을 '5세기경의 고구려'로 정리하게 된 것도 이에서 연유한다. 당시에는 고고학이 발전되지 않았을 때이고, 더 거슬러 올라가는 유적이 알려지지 않았던 때이기 때문이다. 하지만 이제는 사정이 다르다. 이제는 발굴 유적을 통하여 그 역사는 문헌으로 알 수 있는 것보다도 훨씬 더 거슬러 올라간다.

구들과 유적

현재까지 발굴된 유적 상황으로 보면 구들(온돌)의 역사는 문헌상으로 추정할 수 있는 역사보다 훨씬 오래되었다.

지금까지 가장 오래된 구들 유적으로는 기원전 3세기까지 거슬러 올라가는 북한의 세죽리 유적이 있다. 그리고 노남리, 대평리, 토성리 유적 등으로 이어진다. 이들 대부분은 'ㄱ'자 형태를 취하고 있고, 외줄고래에서 2줄, 3줄 고래로의 고래수 증가가 나타난다.

이들 유적과 때를 거의 같이하여 남한에도 기원전 3세기까지 올라갈 수 있는 수원 서둔동의 직선형 구들 고래가 있다. 또한 이들 유적보다 시대적으로 조금 뒤지고 형태적으로는 더 초기의 단계인 미사리, 풍납토성 등의 부뚜막들이 있다. 다만 미사리 한양대 발굴팀 구역에서 나온 'ㄱ'자형 구들과 서울 구의동 아차산의 구들들은 북한 지역에서 발굴된 기원 전후 세기의 고구려 구들들과 거의 같은 형이라 할 수 있고, 그 외 청원 남성리 고구려형 구들, 부소산성에서의 구들 등도 'ㄱ'자형으로 고구려 유적의 구들과 비슷한 형태를 보여준다.

그런데 사천 늑도 유적은 여러 가지 관점에서 예외적인 사례라 할 수 있다. 이는 기원전 2세기까지도 거슬러 올라가고 있고, 원형주거의 벽체를 따라 구들 고래를 설치하였다는 점이나 집 내부 쪽으로 아궁이 방향을 두고 있다는 점에서 고구려식 구들과 큰 차이가 없다. 얇은 판석을 쓰는 점 등은 구조상으로는 덜 안정적이지만 오히려 고구려 유적에서 흔히 보는 것들보다 세련되고 발전된 모습을 보이기조차 한다. 또한 늑도 유적 외에도 인근의 사천 봉계리, 진주 내촌리, 승주 대곡리, 거창 대야리, 김해 부원동, 창원 남산, 경주 황성동, 울산 늠네, 포항 호동, 서천 송내리 유적 등에서도 비슷한 사례들이 발굴되었다. 이들은 모두 3세기 이전 초기 철기 시대, 어떤 것들은 기원전 세기로 올려 볼 수도 있는 것들이다. 그러므로 구들은 지금까지 추정되던 것보다 훨씬 이전에 한반도 남쪽 끝에까지 전파되어 있었던 것을 보여준다.

백제 지역에서의 구들은 백제의 시조 온조왕이 북방과 무관하지 않고, 그 백제의 지배층이 북방의 유이민(流移民)을 모체로 하였다는 점이나, 그리고 고구려와 이웃하였다는 점에서 고구려의 문화 요소인 구들도 일찍 백제 지역에 전해졌다 해도 크게 이상할 것이 없다. 그러나 반도의 남쪽 끝 사천의 늑도, 그리고 다른 남해안 지역 여러 곳에서 어떤 것은 백제의 건국 시기보다도 앞선 시대에 속하는 구들이 발견된다는 것은 매우 예외적이고 흥미로운 일이다. 아마도 해상을 통하여 이 지역이 일찍부터 고구려 지역과 교류를 가지고 있었거나 의외로 일단의 고구려 집단이 이곳에 정착하였었는지도 모른다.

좀더 자세한 것은 최종 발굴 보고서와 앞으로의 연구들을 기다려 봐야 할 것이지만 이 늑도 유적과 남해안 지방에서의 초기 구들 유적들은 구들이 반드시 북한이나 만주 지역에서만 발생하여 한반도 전체에 퍼졌다는 기존의 지배적인 견해를 수정하게 할지도 모른다. 가령 구들이 북부 추운 지역과 별도로 이 곳에서도 동시에 발전했다고 생각해 볼 수도 있는 것이다. 아직까지는 유적의 시기로 보아 그렇게까지 볼 정도는 아니지만 기원전 3세기 이전으로 분명히 거슬러 올라가는 유적이 몇 개라도 추가로 발굴되면 기존의 구들의 발전과 전파 경로 자체를 뒤흔들 수도 있다.

이러한 엉뚱한 가정을 해 볼 수도 있는 것은 뒤에 살펴보게 될 고대 로마의 하이퍼코스트의 예로 기후가 온화한 지역에서 발생하여 일시적이나마 유럽 북부로 전파된 경우를 보여준다. 물론 늑도 등 한반도 남부의 구들 유적들이 워낙 예상 밖의 지역과 시대에 속하기 때문이지만 어쨌든 발굴한 이들이나 향후의 연구에 관심 있는 이들은 이러한 문제에 대하여 좀더 구체적인 답을 찾아볼 만한 일이다.

한편 파주 주월리 유적이나 포천 자작리 유적은 부뚜막 형태 내에서의 진화를 볼 수 있는 자료가 된다. 고래, 즉 부뚜막의 연도를 키우며 넓은 폭을 구들장으로 덮는 데 한계가 있으므로 갱도 중앙선을 따라 돌을 받친 것일 테지만 이는 고래가 나누어지고 두줄 고래로 발전하는 과정을 보여주기 때문이다. 물론 이들 유적은 고구려의 'ㄱ'자형 구들이나 여러 줄의 고래보다 시대는 조금 뒤져 보이지만 고구려의 구들도 초기에는 이런 단계를 거쳐 발전한 모습이라고 생각해볼 수 있으며, 미사리나 풍납토성, 그리고 파주 주월리 등에서 보여주는 부뚜막 사례들은 적어도 형태적으로는 북한에서 발견된 고구려 시대의 구들의 전단계(前段階), 즉 단순히 강돌을 둘러 주거의 중앙에 만든 원시 시대 노지(爐址) 다음의 단계로 유추해 볼 수 있는 자료들이기도 하다.

문헌과 유적을 종합적으로 보면 구들의 발전은 지금까지 대체로 알려진 것과 큰 차이는 없다. 다만 구들은 그 동안 주로 문헌에 의존하여 유추되던 것이 이제는 많은 유적 발굴을 통하여 보완되어 발전 과정을 이해하는 데 좀더 확실해졌다고 할 수 있을 것이다.

그리고 문헌상으로는 그 시작을 5~6세기까지 추적할 수 있었지만 발굴 유적을 통해 그 역사를 기원전 3세기 이전까지 확인할 수 있게 되었고, 그 분포 상황을 한반도 전역으로 확대 파악할 수 있게 되었다.

구들의 기원과 전파 과정

문헌과 유적을 합하여 구들의 역사를 다시 한 번 정리해 보면 다음과 같다.

구들은 한반도 북부나 우리 민족의 활동 무대였던 만주 일대에서 기원전 3세기 또는 그 이전에 시작되었다. 그리고 구들은 고구려와 함께 주변 이웃나라로 전파되고 한반도 전역으로 보급된 것

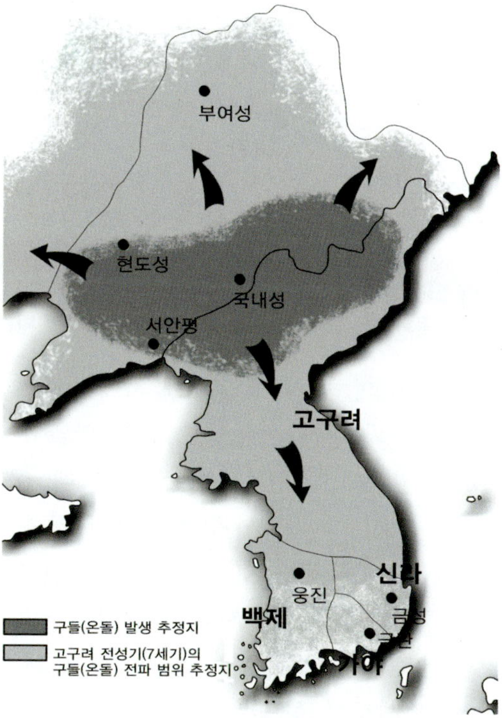

그림 201 추정 구들 발상지(짙은 색 부분)와 고구려 전성기(7세기)까지의 구들 전파 범위 추정도

그림 202 전면 바닥 난방인 구들(온돌)과 부분 바닥 난방인 캉 문화권. 캉도 구들의 한 형태이므로 구들 문화권은 중국 대륙의 상당 부분을 포함한다(현재 기준)

으로 보인다. 비록 구들의 초기 형태이긴 하지만 기원후 1~3세기에 속하는 것들이 남한의 여러 곳에서도 속속 발굴되고 있고, 특히 남해안 지역에서도 발굴되고 있는 것으로 볼 때 구들은 늦어도 A.D. 3세기경까지는 이미 한반도 남쪽 끝에까지 전파되어 있었다.

익산 미륵사지, 문경새재 원터, 강화 선원사지, 관악산 일명사지 등 고려 시대의 유적들은 구들이 고려 시대에는 전면 바닥 난방으로 전환되어 있음을 좀더 구체적으로 알 수 있게 해주고 있다. 발해 상경 용천부나 청해토성 등에서의 여러 줄 고래 유적은 그에 이르는 중간 단계 성격으로 볼 수 있다.

구들과 캉(炕)과의 관계

중국 지역에서 오늘날까지 쓰이고 있는, 실(室)의 일부분을 구들로 하고 있는 캉(炕)은 고구려의 구들이 만주 일대에서 계속 사용되면서 구들의 초기 단계에서 중국 주거 문화에 접목되어 계속 발전된 것이라 할 수 있다. 특히 기록상으로 금(金)나라 때부터 캉(炕)에 대한 기록들이 집중적으로 나타나고 있는 것으로 보아 북만주 지역에서 세력을 키운 금나라 사람들이 정복 왕조로서 중원 일대에까지 퍼뜨린 것으로 보인다.

금나라 사람들은 북만주 일대에서 세력을 키워 금나라를 세웠고, 이 지역도 옛 고구려 땅에 속하므로 금나라 사람들은 금나라 건국 이전에도 고구려, 발해 등으로부터 다른 문화 요소와 함께 구들을 그대로 이어받아 써오다가 중원을 정복하면서 북경 쪽으로도 전파한 것으로 보인다. 그러므로 중국에서는 캉(炕)이라 불리더라도 '캉'은 구들의 한 형태로 보아야 하고 구들 역사의 한 부분으로 이해하여야 한다.

한편 회암사지에서 발견된 탁상식(卓上式) 구들이나 하동 칠불암의 아자방(亞字房)도 높낮이를 달리하여 단(壇)을 이룬다는 점에서 캉과 같고, 시장 통의 포목점이나 오늘날의 일반 대중 식당에서도 유사한 응용 사례를 많이 볼 수 있으므로 공간의 일부를 높여 바닥 난방을 하는 캉(炕)과 같은 것은 우리 문화 속에서도 일반적인 전면 구들과 함께 늘 존속되어 온 구들의 한 형태라고 하여야 할 것이다.

구들의 명칭

구들은 곧 온돌(溫突)이고 온돌은 곧 구들이다. 구들은 본래부터 '구들' 또는 그와 유사한 이름으로 불린 것으로 믿게 하며, 한글이 창제된 이후부터는 기록으로도 나타난다. 현존하는 문헌 중에서 '구들'이란 우리말 이름이 등장하는 최초의 기록은 1489년에 간행된 『구급간이방언해(救急簡易方諺解)』인 것으로 보인다. 이후 『번역박통사(飜譯朴通事)』(1517), 『박통사언해(朴通事諺解)』(1677), 『훈몽자회(訓蒙字會)』(1527), 『구황촬요(救荒撮要)』(1660) 등 다른 문헌에서 '구들'이란 이름들이 증가하며 자주 나타난다.

하지만 한글이 없던 시대에는 물론, 한글이 창제된 이후에도 구들은 기록에서 한자로 많이 기록되었는데 '坑(갱)', '㷜(돌)', '堗(돌)', '돌(突)', '暖堗(난돌)' '煖突(난돌)', '煖堗(난돌)', '煖㷜(난돌)', '暖突(난돌)', '溫突(온돌)', '溫堗(온돌)' 등으로 다양하게 나타난다. 때로는 구들이 '溫房(온방)'이나 '房堗(방돌)'로 표현되기도 하였고, 따듯한 방이라는 의미인 '燠室(욱실)'이라고도 불리다가 점차 '溫堗(온돌)'과 '溫突(온돌)'로 정착되어 왔다.

불을 때지 않아 구들이 찰 때는 '빙돌(氷突)'이라 하기도 하였고, 다 같은 뜻으로 쓰였지만 '溫房煖突(온방난돌)'과 같이 구들로 따듯해지는 공간(空間)과 따듯한 구들 시설(施設) 자체를 염두에 두는 표현들도 보인다.

그러나 한글 창제 이후 이러한 이름들을 한글로 옮길 때는 모두 '구들'로 옮기고 있으므로 ('구돌'이라 한 기록도 있음) 한자(漢字)로는 조금씩 다르다 하더라도 일상에서는 늘 '구들'이라고 불렀던 것으로 보인다.

표 1 구들(온돌) 관련 주요 문헌에 나타나는 주목할 만한 용어

문헌 이름	연대	주목할 만한 용어
구당서(舊唐書)	940~945	長坑
수경주(水經注)	500~513	문맥 관계
삼국유사(三國遺事)	1281~83	堗石
고려도경(高麗圖經)	1123 ?	土榻 火坑
동문선(東文選)	1200 전후	燠室 凉廳
동국이상국집(東國李相國集)	1241~1242	溫房 暖堗 氷堗
보한집(補閑集)	1254	氷堗 溫其堗 塡堗口
구급간이방언해(救急簡易方諺解)	1489	突 구듨
청파극담(靑坡劇談)	1490년대	溫突
용천담적기(龍泉談寂記)	1515년경	堗油牋
번역박통사(飜譯朴通事) 박통사언해(朴通事諺解)	1517 이전 1677	炕-구들
용재총화(慵齋叢話)	1525	溫房 煖突
훈몽자회(訓蒙字會)	1527	炕-구들 강
패관잡기(稗官雜記)	1542 전후	炕房
명종실록(明宗實錄)	1571	暖(其)堗 煖堗 溫堗
탐라지(耽羅志)	1653	溫堗
구황촬요(救荒撮要)	1660	堗-구들 溫突-구들 溫堗-구들
노걸대언해(老乞大諺解)	1670	土坑-ᄒᆞᆰ구들(흙구들)-토강-투캉
역어유해(譯語類解) 역어유해보(譯語類解補)	1690 1715	구들드리다, ᄒᆞᆰ구들(흙구들), 블ᄯᅵᆺᄂᆞᆫ 구들(불 때는 구들), 블못ᄯᅵᆺᄂᆞᆫ구들(불 못 때는 구들), ᄒᆞᆰ닉이다(흙 이기다), 구돌아ᄅᆡᆺ목(구들 아랫목), 구돌골애(구들고래), 구돌ᄭᅥ지다(구들 꺼지다), 숫 픠오ᄂᆞᆫ 구돌(숯 피우는 구들)
성호사설(星湖僿說)	1740 이전	房堗 煖堗 煖燦
증수무원록언해(增修無寃錄諺解)	1792	土炕-토강-ᄒᆞᆰ구들이라 炕-강
오주연문장전산고(五洲衍文長箋散稿)	1800년대	溫突 土炕 土坑 暖突 溫堗 煖堗 房堗 炕

그리고 오늘날 일반적으로 쓰이는 '온돌(溫突)'이란 형태로 최초로 나타나는 문헌은 『청파극담(靑坡劇談)』(1494년대)이다.

『삼국유사(三國遺事)』의 왕흥사 이야기와 함께 등장하는 '堗石(돌석)'은 오늘날의 구들돌, 구들장의 한자 표현으로 볼 수 있으며, 『용천담적기(龍泉談寂記)』(1515년경)의 '堗油牋(돌유전)'은 당시의 장판지의 존재를 알려주는 첫 기록이 될 것이다.

한편 중국 지역에서 사용되는 구들 또는 그와 유사한 시설을 중국 기록들은 주로 '炕(항)', '土炕(토항)' 등으로 기록하여 왔고, '캉' 또는 '투캉'으로 오늘날까지 부르고 있다. 때때로는 '土床'으로 표현되기도 하였다. 이들 역시 우리말로 번역될 때는 모두 '구들' 또는 '흙구들'이라 하여 우리 조상들은 중국의 '캉(炕)'도 구들로 인식하였다.

구들(온돌)의 형태적 변모

형태적으로 보면 구들은 집 한 가운데의 노지에서 부뚜막형으로, 그리고 부뚜막을 더 연장하여 직선형 구들(고래)로, 그리고 'ㄱ'자형 구들로, 그 다음에는 여러 줄의 구들로, 그리고는 드디어 실(室) 또는 방 전체를 구들로 하는 형태로 발전하여 왔고, 또 방 한 칸을 구들로 난방하기 시작한 때부터는 방 단위로 난방 면적을 늘리는 형태로 발전하여 왔다.

또 땔감, 즉 연료(燃料)나 에너지원(源)에 따라 구들의 구조 방식도 바뀌어 나무+연기+고래, 연탄+연탄가스(연기)+고래, 연탄+보일러+온수 파이프, 오일 또는 가스+보일러+온수 파이프 방식으로 발

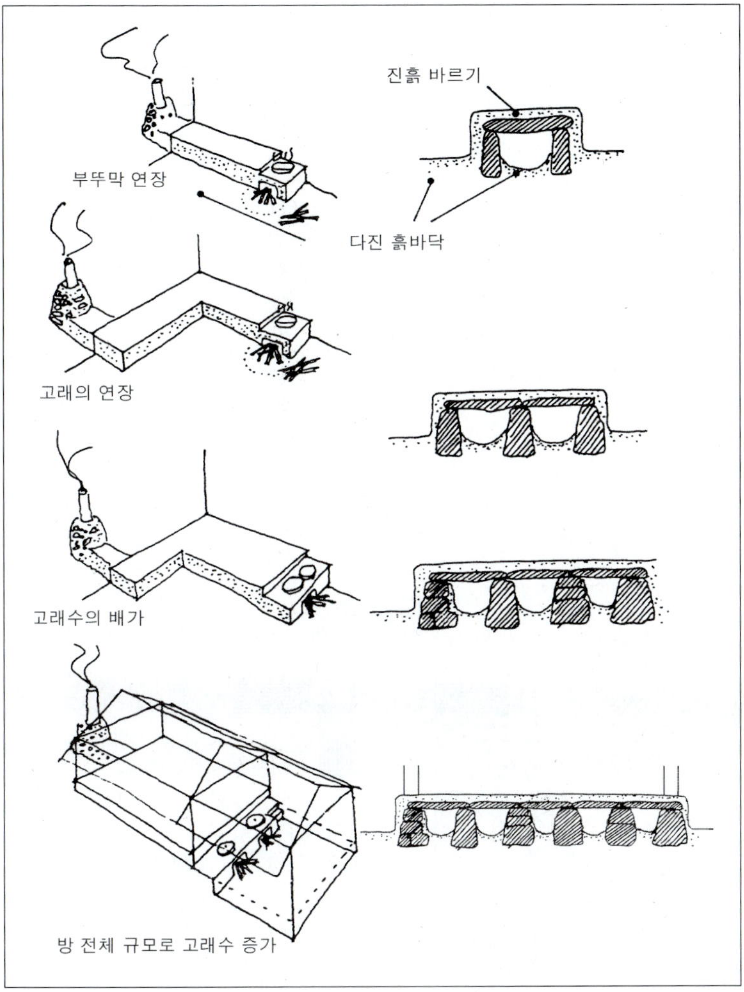

그림 203 구들(온돌) 발전 단계도

전하여 왔다. 최근에는 전기(전열선) 또는 온수+히트 파이프, 전기+탄소필름 등 여러 가지 새로운 기술이 개발되어 세대 교체(世代交替) 가능성을 엿보고 있다.

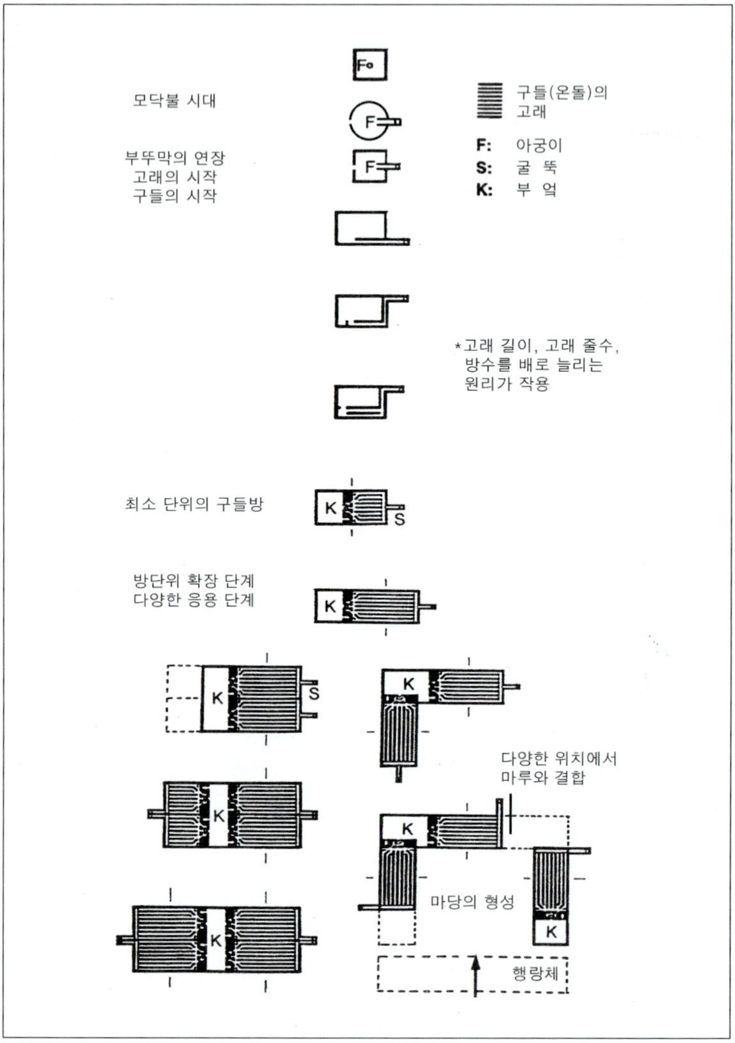

그림 204 방밑 고래 레벨에서 본 한국 주거의 발전 과정. 따뜻한 바닥을 더 얻기 위해 매 단계마다 마치 고래의 길이나 고래의 수, 나중에는 방의 수에 곱하기 2를 하듯 함

제5장

구들 특공

오늘날의 구들 이야기

연탄 구들(온돌) 시대·342

온수 보일러 시스템·347

구들(온돌) 관련 신기술 동향·349

우리 민족은 구들을 발명한 이래 한 번도 구들을 떠나 본 일이 없다. 연료가 바뀌고 예전 모습의 고래가 사라지기도 하였지만 방바닥을 따듯하게 하는 근본 원리는 그대로 사용하고 있다. 구들의 역사는 계속되고 있고, 그러므로 구들 이야기도 쉽게 끝을 낼 수가 없다. 그러므로 지금부터는 전통 구들 시대 이후 구들의 변화 과정을 기록한다는 의미에서 잠시 살펴보고 최근의 신기술 개발 동향을 소개해 보기로 한다.

구들은 그것이 생겨난 이래 1920년대까지 주로 나무를 땔감으로 하였다. 그리고 도시화된 지역을 제외하고는 60년대 말까지도 대부분의 농가는 나무를 땔감으로 하였다. 온화한 계절에는 솔가리(강원도 : 소갈비)를 긁어모아 두었다가 땔감으로 쓰기도 하고 그 외에

그림 205 서대문 밖 나무 시장 전경(1904년)

볏짚이나 탈곡하고 버려지는 콩나무 줄기, 콩깍지 등도 사용되었지만 주 연료는 역시 나무였다. 소나무나 참나무 장작이 으뜸이었고, 그 외에도 나뭇가지나 잡목으로 나뭇단을 만들어 함께 쓰기도 하였다. 집집마다 겨우 내내 쓸 땔감을 준비하는 일은 김장하는 것과 함께 중요한 월동 준비에 속했다.

그러던 것이 인구가 늘어나며 나무도 땔감으로 구하기 힘든 것이 되었다. 사람들은 나무하러 점점 멀리 깊은 산으로 가야 했고, 점점 높이 올라가야 했다. 도시로의 반입도 어려워졌거니와 연기 등은 도시 생활의 땔감으로 점점 맞지 않게 되었다. 서울의 경우 독립문 밖 영천 고개에는 서북 지역에서 들어오는 나무 장사가, 그리고 동대문에는 동북 지역에서 들어오는 나무 장사가 1920년대까지만 해도 줄을 이었었다. 산은 헐벗고 땔감은 부족하여 대안을 찾기 시작하였는데 새로운 연료로 떠오른 것이 연탄이었다.

연탄 구들(온돌) 시대

연탄은 1920년대 처음 선보인 것으로 알려졌는데 처음에는 벽돌만한 크기에 구멍이 2개 뚫린 2공탄이었다. 구멍이 9개인 구공탄은 1927년께 나타났는데 화로에 묻고 재로 둘러싸 보약을 달이거나 인두를 달구는 데 주로 썼지 난방용은 아니었다. 그러다가 1930년대에는 송편처럼 빚은 조개탄이 보급되기도 했다.

1953년 한국 동란이 끝나면서 국산 무연탄을 원료로 구공탄을 제조해 공급되었는데 그것이 오늘날에도 볼 수 있는 형태의 연탄이며 대략 1957년께는 서울 시민 90% 가까이가 연탄을 가정용 연료로 사용하게 된다.

60년대에는 도시 인구 증가와 함께 연탄 수요도 폭발적으로 늘어 한창 성수기에는 석탄 생산이 연탄 수요를 따라가지 못할 정도가 된다. 이때 철도역 주변이나 동네 공터마다 연탄 공장이 우후죽순(雨後竹筍)처럼 생겨나 서울 시내에만 1백여 개가 성업했다. 이때는 가루 석탄을 가져와 구멍 뚫린 형틀에 넣고 해머로 두드려 연탄을 찍어내는 가내 수공업적 형태였다. 이보다 한 단계 발전한 것으로 발로 밟는 프레스가 나오고 70년께는 국내 최초로 동력 윤전기를 장착한 단탄기가 등장하여 1시간에 800여 장을 찍어내기도 하였다. 이 무렵에는 가정용으로 19공탄과 23, 31공탄, 업소용으로 41, 42, 49공탄 등이 공급되기도 했으나 요즘은 22공탄으로 통일되었다.[65)]

1960년대 말까지 도시 지역에서는 거의 연탄이 연료가 되었다. 그러나 시골이나 산골에서는 70년대에도 여전히 나무를 땔감으로 사용하는 집이 많았다.

땔감이 나무에서 연탄으로 바뀌면서 구들도 변화하였다. 난방 원리는 그대로 유지되었지만 고래의 크기는 축소되고 아궁이도 연탄에 맞추어 개조되었다. 나무를 연료로 할 때에는 한 아궁이로 보통 방 두 개를 덥혔는데 연탄 시대가 된 이후로는 대개 아궁이 하나에 방 하나를 난방 해야 만족스러울 만큼 따듯했다. 방마다 아궁이를 두어야 했고 불을 가는(연탄을 갈아주는) 일이며 불기를 조절하는 일이나 재를 버리는 일이 그만큼 늘어났다.

연탄 아궁이의 원리 자체는 구들의 역사에서 또 한 번의 발전 단계를 의미했다. 원리상으로는 꺼지지 않는 지속 난방이었기 때문이다. 그러나 불을 꺼뜨리지 않으려면 항상 세심한 관리가 필요했다. 연탄불 살펴보는 일은 많은 가정에서 서로 미루는 일이기도 했고, 한번 꺼뜨리면 다시 불을 붙이기가 간단하지 않았다. 하숙집 같은 곳에서는 좀더 따듯하게 자려고 주인 몰래 불구멍을 더 열었다 야단맞는 하숙생도 흔했고, 다른 방 연탄불 몰래 빼내오는 얌체들도 있었다.

전에는 월동 준비에 나무 몇 단, 장작 몇 평하던 것이 연탄 100장 200장 들여 놓아야 사람들은 마음을 놓을 수 있었다. 날품팔이 영세민들은 연탄이 떨어지면 옆집에서 몇 장씩 꾸어 쓰기도 하고 매일의 수입에서 한두 장씩 사들고 지친 걸음걸이로 언덕길을 올랐다. 연탄을 낱장으로 사갈 때는 새끼줄에 매듭을 지어 연탄 가운데 구멍에 끼어서 들도록 하였는데 돌이켜보면 그것 또한 매우 적절한 아이디어였다.

그러나 연탄 온돌 시대가 되면서 또 다른 큰 문제가 생겨났다. 그것은 다름 아닌 연탄가스 중독에 의한 사고였다. 연탄은 연기도 없고 냄새도 없는 그러나 인체에 유해한 가스를 지니고 있었고, 그것이 찢어진 문구멍이나 금간 방바닥을 통해 스며들어 잠든 사이 많은 사람들의 생명을 앗아갔다. 이 시대의 신문에는 연탄가스 사고에 대한 인명 피해 뉴스가 특히 겨울이면 단골 뉴스였고, 연탄가스는 삶에 지친 사람들에게 때로는 자살 수단이 되기도 했다.

두 장의 연탄을 위아래로 얹어놓고 다 타버린 밑의 것은 버리고 불이 타고 있는 위의 것을 밑으로 내린 다음 새것을 위에 얹어서 불이 꺼지지 않고 계속 타게 하는, 그리고 연탄 한 장만으로는 무의미하고 석 장을 쓰면 오히려 비효과적이어서 두 장을 써야 하는 이 시스템은 일면 매우 획기적인 아이디어였다고 할 만하다. 그러나 방마다 아궁이를 두어야 한다든지 때에 따라 사람의 목숨을 빼앗아갈 수도 있다는 점에서는 구들의 긴 역사에서 오히려 퇴보한 때라고도 할 수 있다.

이러한 제 문제에 대응하여 등장한 것이 연탄 보일러이다. 연탄의 화기(火氣)가 직접 방을 데우고 취사에 쓰인 것이 아니라 물을 가열하여 파이프를 통해 순환시키는 방법으로 바뀌게 된 것이다. 시골에서는 옛집과 함께 고래와 나무를 때는 아궁이를 그대로 유지하면서 종래의 고래 위에 온수 파이프를 깔기도 하였다. 일부에서는 연탄 보일러로는 난방만을 해결하고, 취사에는 석유 난로나 별도의 연탄 화덕을 쓰기도 했다.

연탄 보일러 시스템은 두 가지 측면에서 전통 구들의 변화를 가져왔다. 그 첫째는 고래라는 방 밑의 빈 공간이 사라지게 된 것이고, 다른 하나는 구들, 즉 온돌이 생겨난 이래 늘 당연시 되어오던 취사와 난방 기능이 분리되게 된 것이었다. 그러나 연탄 보일러 시스템은 연탄 아궁이만큼 일반적으로 퍼지지는 못했다.

1950년대부터는 한국에도 아파트란 주거 형태가 도입되기 시작하였는데 주거 형식은 서양에서 들어온 것이지만 바닥을 따듯하게 하는 구들, 즉 온돌방은 모두 유지하고자 했다. 그래서 여러 층으로 구성되는 아파트에서도 연탄 온돌을 설치하였는데 고래를 속이 빈 블록 형태로 만들어 벽돌 위에 연결하여 얹고, 구들장도 콘크리트 규격판으로 제작하여 얹었다. 그런데 연탄 아궁이에서도 아궁이는 고래보다 낮게 있어야 하므로 이때의 아파트는 모두 밑의 집 천정으로 튀어나가는 함실 아궁이를 가지고 있었다. 그렇다 보니 서양의 아파트에서와 같이 간단히 슬래브를 칠 수 없었고 함실 개수만큼 들쑥날쑥 하는 거푸집을 쓰며 좀더 복잡한 시공(施工)이 되었다.

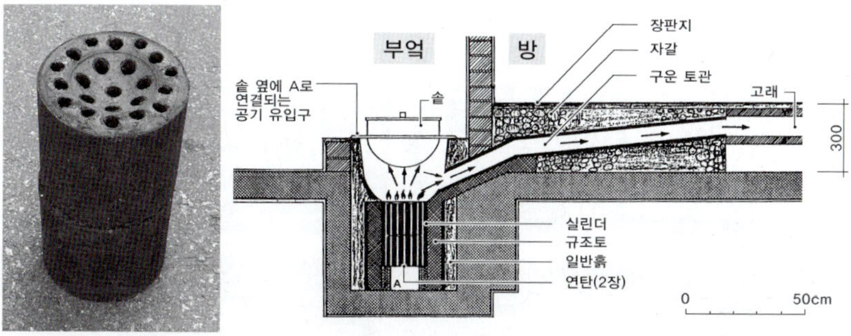

그림 206 고래가 있는 연탄 시대의 초기 아파트의 함실형 부엌 아궁이(한국주택공사의 공영아파트, 1971)

프로판 가스가 수입되어 공급되면서 취사와 난방의 분리는 점점 가속화 되었다. 석유의 수입이 늘어나고 난방은 오일 보일러와 연결하여 방바닥에 온수 파이프를 까는 시대로 넘어오게 되었다.

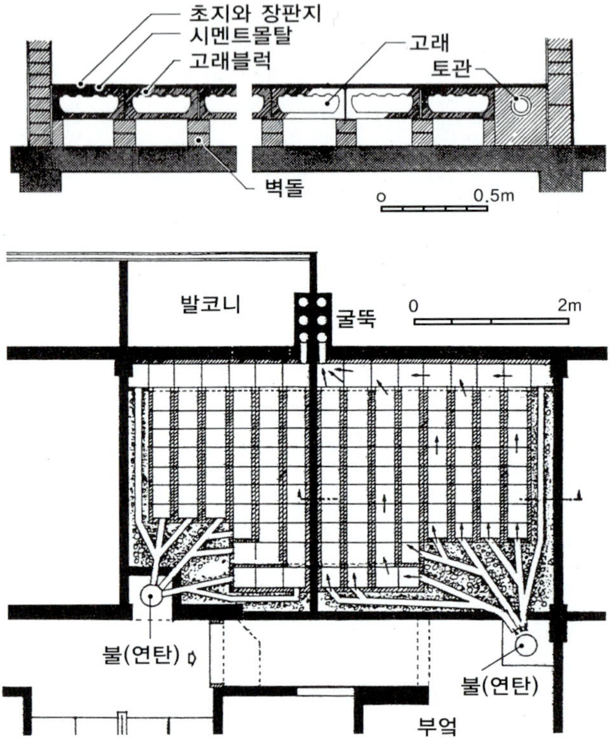

그림 207 연탄 시대의 초기 아파트. 아직 고래를 두고 있었다(한국주택공사의 공영아파트, 1971)

온수 보일러 시스템

1970년대가 되면서부터는 새로 짓는 집에 오일 보일러들이 설치되기 시작하였다. 오일 보일러는 온수를 매체로 하므로 연탄 가스 중독의 위험으로부터도 점차 해방되기 시작하였고 그와 함께 연탄가스 중독사에 대한 기사도 신문지상에서 점차 사라지게 되었다.

일부에서는 안방 정도는 온수 파이프를 깔아 온돌방을 만들고 나머지 방들은 라디에이터를 설치하여 양식 방을 꾸미고 거실 역시 마루를 깔고 라디에이터를 설치하여 양식 거실로 많이 만들었다. 또 많은 집에서는 옛날집 대청처럼 거실에 아예 난방을 하지

그림 208 현대의 아파트 건축에서 '엑셀파이프'로 온수 바닥 난방(구들/온돌)을 시공하는 모습

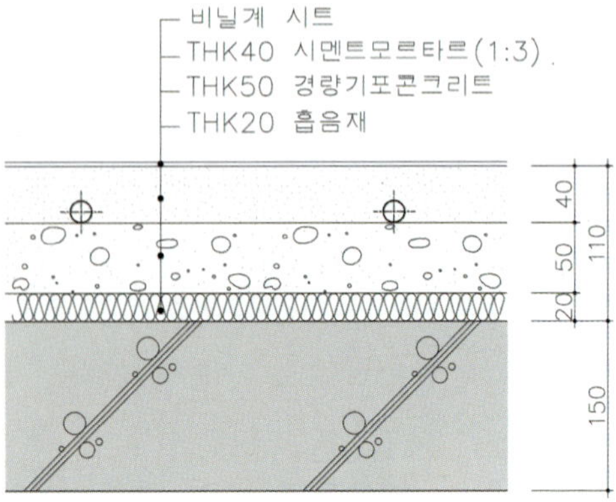

그림 209 현대의 아파트 건축 온수 파이프 바닥 난방 시공 단면 예

않았고 거실이 너무 추우면 몇 달 동안 석유 난로를 사용하였다.

각 시대마다의 난방 및 취사 방법은 그때마다의 가정 형편과 국가 경제 형편에 따라 적절하게 변하는 것이지만 보일러식 난방 방법은 몇 번의 '오일 쇼크'에도 불구하고 점차 일반 가정의 난방법으로 확산되었고 요즈음은 웬만한 시골 가정에서도 채용되어 한국의 대표적인 난방 방법으로 자리를 잡았다. 이 시스템 내에서도 몇 가지 진화가 있었는데 처음에는 쇠 파이프를 쓰던 것이 동(銅) 파이프로 바뀌고, 동 파이프에서 지금은 합성 수지 계통의 파이프로 바뀌었다. '엑셀' 파이프는 온돌용 파이프의 대명사가 되어 중국에서도 알아주는 상품이 되었다.

한편으로는 보일러의 성능도 많이 개선되었고, 취사에 쓰는 가스도 도시에서는 LPG 가스(부탄과 프로판 가스)와 LNG 가스(대부분 지역의 도시 가스)로 대체되었다. 또한 대단위 아파트 단지에서는 개별 보일러실이 사라지고 열병합발전소에서 온수를 공급받는 지역 난방이 많이 확대되고 있다.

구들(온돌) 관련 신기술 동향

오늘날 대부분의 집들에서는 온수 파이프에 의한 바닥 난방이 일반적이다. 그러나 기술의 발전은 멈추지 않고 있고 새로운 개념의 기술이 속속 등장하고 있다. 그것은 수천 년 전부터 시작된 온돌, 다시 말하면 구들의 가장 최근의 모습이기도 하며 역사이기도 하다. 그러므로 근래 또는 최근에 등장하고 있는 몇 가지 신기술을 소개하고 기록해 두는 것도 이 책의 목적에 포함되는 일이 될 것이다. 그러나 특정 기업이나 상품 선전의 장이 되어서도 안 되고 창안자의 노하우를 유출해도 안 될 일이므로 건축박람회 등에 제공되는 제품 설명서와 같은 공개된 자료를 바탕으로 기본 원리 정도만 소개하고자 한다. 그것은 바닥 난방 기술의 종주국으로서 앞으로의 후속 연구를 자극하는 일이 될 것이며, 구들 전통을 이어 우리의 기술이 첨단 기술로 거듭나고 세계를 상대로 경쟁력 있는 수출 상품으로 발전하게 하는 일이 될 것이기 때문이다.

C모씨는 일찍이 군복무 시절부터 우리 구들의 우수성에 대해 심취한 나머지 이후 수십 년 동안 구들을 연구하여 '겹구들'이란 것을 개발하였고 국제 특허를 내고 회사를 세워 운영하고 있다. '겹구들'은 전통 구들의 원리를 현대적으로 계승 발전시킨 것으로, 방바닥에 옛 고래에 해당하는 공동 공간을 위아래에 이중으로 두고 있어 '겹구들'이라 이름을 붙인 것인데 아래 공동층 바닥에 전기 발열 장치(씨즈히터)를 일정 간격으로 설치하여 이것이 공동층 내부의 공기를 데우고 그 위층의 공동층 내부의 공기와 이를 덮고 있는 바닥재를 데우는 원리이다.

비록 전기가 에너지원이기는 하지만 여기에 쓰는 전기는 산업체에서 전기를 적게 쓰는 야간 시간대의 전기(심야 전기라 함)를 활용하는 것을 기본 개념으로 하고 있고, '고래'와 바닥 전체가 열을 오래 저장하여 가정에서 필요한 시간대에 오랫동안 열을 방출하여 방을 따듯하게 하는 것이므로 오일 보일러를 가동하는 것보다 저렴한 비용으로 난방을 할 수 있으며, 남아서 버려지는 야간의 전기를 의미 있게 활용하여 국가적으로도 이익이 된다는 점이 '겹구들'

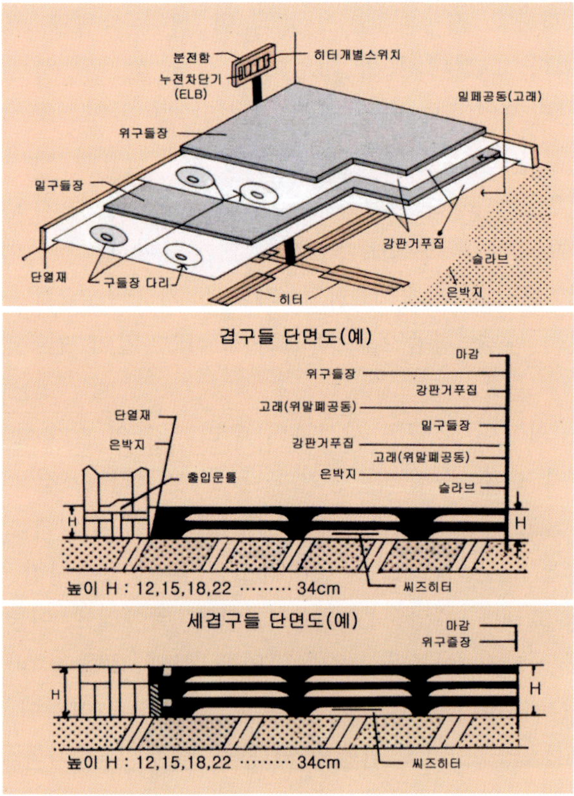

그림 210 '겹구들' 구조 개념도

의 특징이라고 할 수 있다.

또한 전기로 최초 가열을 하긴 하지만 전기는 공기를 가열하고 데워진 공기가 방바닥을 따듯하게 하는 원리이므로 근래 사람들이 많이 우려하는 전자파 발생 같은 것도 문제가 되지 않는다. 그러나 나름대로의 강점에도 불구하고 대단위 아파트 같은 데는 아직 활발히 도입되지 않고 있는데 이는 제품의 성능에 문제가 있어서라기보다 새로운 기술에 대한 충분하지 못한 믿음, 그리고 사회 구조와 신기술의 유통 구조에 원인이 있는 것으로 보인다.

또 하나의 신 개념은 온수 파이프 대신 '히트 파이프(heat pipe)'란 것을 사용하여 방바닥을 따듯하게 하는 것이다. 이 히트 파이프는 별도의 전기 히터나 온수 파이프에 접속되어 열을 공급받는다. 이 '히트 파이프'는 열전도율이 매우 높은 구리관[銅管]으로 되어 있는데 그 내부에 초전도 열매체를 넣고 완전 진공 상태로 만들어 한쪽 끝에 열을 가하면 순식간에 관 전체로 열이 퍼져 관을 덮고 있는 바닥재가 따듯하게 되고, 이어서 방안의 공기가 따듯하게 되는 원리이다.

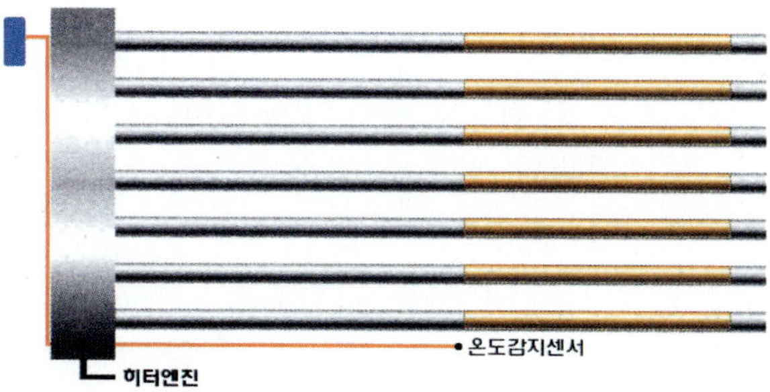

그림 211 한 회사의 'Heat Pipe' 방식에 의한 바닥 난방. 현재의 방바닥 온수 파이프를 대신할 수 있는 차세대 난방 방법으로 주목된다.

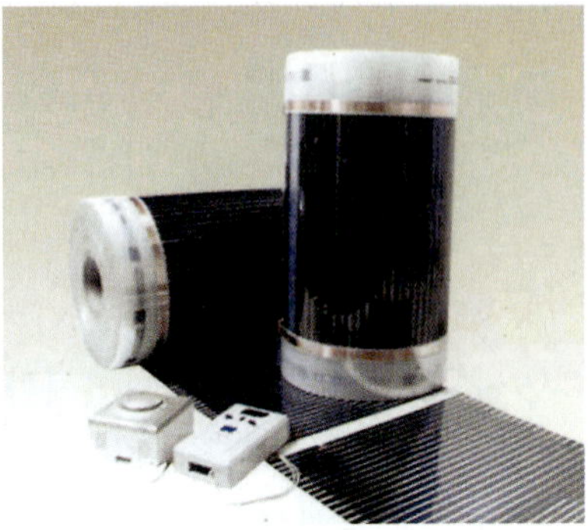

그림 212 탄소 필름을 발열체로 바닥 난방을 실현하는 개념. 역시 차세대 바닥 난방 시스템으로 주목된다.

그림 213 밴드형 온수 바닥 난방 시스템. 뜨거운 물은 양 단부의 플라스틱 파이프에서 플레이트 내의 아주 가는 관으로 공급된다(독일, 1985).

이 아이디어의 핵심은 열전도율이 아주 높은 파이프를 써서 방바닥에 전선을 직접 깔거나 파이프 속에 물이 필요 없게 한 데 있다. 그러므로 방바닥 전체에 온수 파이프를 까는 것에 비하여 건물 자체의 무게를 줄일 수 있고, 부식 등으로 파이프가 막히거나 얼어 터지는 일이 없으므로 아파트 같은 곳에서는 밑에 집에 피해를 줄 일이 발생하지 않는다. 패널 유니트화 하여 건식 조립 공법으로 대부분의 공정이 이루어지므로 계절에 관계없이 쉽게 시공할 수 있는 이점을 지니고 있고 간단히 필요한 곳만 쉽게 난방을 가동할 수 있는 등 다양한 활용 가능성을 지니고 있다.

이들과 또 다른 방법의 하나는 탄소와 토르말린, 게르마늄, 은(銀) 등으로 코팅하여 발열면을 필름 형태로 만든 것으로, 전기에 의해 작동하는 방식이 있다. 다른 방법들과 마찬가지로 난방의 경우만 보면 보일러실이 필요 없고, 물을 쓰지 않으며, 좀 간단히 말하면 벽지 바르듯 하는 비교적 쉽게 시공하는 방식이다. 방바닥은 보온, 소음 방지 등의 다른 기능 때문에 어느 정도의 두께를 갖게 되는 것이지만 이 방식은 바닥의 두께를 대폭 줄일 수 있는 이점이 있다.

국내에는 이들 외에도 여러 제품들이 나오고 있고, 외국에서도 바닥 난방 기술 연구가 활발하다.

독일의 경우 이미 1980년대 중반부터 밴드에 가깝게 얇게 만든 온수 패널 바닥 난방 시스템이 선보였고, 심지어 대형 사무실의 이중 바닥(Access floor) 구조에서도 바닥 난방법으로 난방을 가능하게 하는 제품들이 시장에 등장하였다.

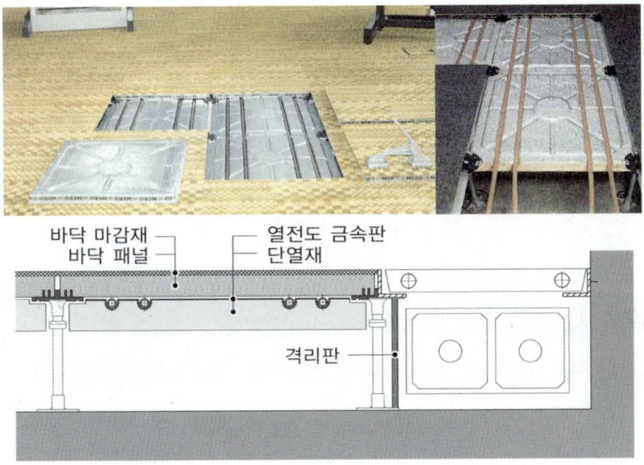

그림 214 이중 바닥 시스템(Access floor)에 온수 바닥 난방을 설치한 예(독일, 1988)

이들은 아직 온수 파이프 시스템을 대체할 정도로 일반화 되지는 않았으나 연탄 아궁이가 전통 구들을 대체하고, 온수 보일러와 온수 파이프 시스템이 연탄 시대를 후퇴시켰듯이 이들 기술 중 어떤 방식이, 또는 앞으로 등장할 또 다른 기술 중의 하나가 오늘날의 온수 파이프 형식을 밀어내고 다음 세대의 범용적 기술로 자리

잡을지는 아무도 모르는 일이다.

앞으로의 바닥 난방 기술 개발에서는 경량화와 시공의 용이성, 방별 또는 부위별 제어 용이성, 바닥 두께를 줄이면서도 방음 효과를 우수하게 하는 것, 시공의 간편성 등이 성공의 관건이 될 것이다. 아울러 냉난방(冷煖房)을 하나의 시스템으로 해결하는 방안이라든가 주거용은 물론, 사무 자동화(Office Automation), 빌딩 지능화(Intelligent Building) 등 때문에 이중 바닥이 불가피한 오피스 빌딩에서도 채용 가능한 시스템 개발에 관심을 기울려야 할 것이며, 이 시대의 새로운 패러다임으로 떠오르고 있는 '유비쿼터스(Ubiquitous)' 개념도 이에 포함되어야 할 것이다. 그것은 주거용만을 염두에 둘 때보다 엄청난 시장을 의미하며 세계를 대상으로 할 때 무한한 사업성을 내포하고 있는 일이기도 하다. 어느 정도 앞서가는 IT 기술을 잘 활용한다면 가장 한국적인 기술을 가장 세계적인 기술로 발전시킬 수 있을 것이다.

분명한 것은 그것이 어떤 방식이든 간에 방이나 공간의 바닥을 따듯하게 하는 것이면 그것은 조상들이 우리에게 물려준 구들(온돌)이 계속 변모하고 발전하는 것이며, 그것은 온돌이며 구들이고, 온돌방이며 구들방이다. 비록 연기로 따듯하게 하는 것은 아닐지라도, 같은 불로 밥을 짓지는 못하더라도, 그리고 고래란 요소가 없어졌다 하더라도…….

선교장의 새 구들

이 책의 교정을 보고 있던 중에 강릉 선교장(船橋莊)이 수리중이고 구들도 새로 놓고 있다는 정보가 입수되었다. 이제는 전통 구들 놓는 것도 보기 드문 일이 되었으므로 바쁘더라도 한번 살펴보기로 하였다. 그런데 보고나니 이 책에 포함하고 싶은 욕심이 생겼다. 전통 구들 시공 사례로는 아마 가장 최근의 사례가 될 것이고, 사진이 선명하여 관심 있는 사람들은 사진만 보고도 많은 것을 배울 수 있을 것이라는 생각이 들었기 때문이다.

그 곳을 방문하였을 때는 행랑채에 고래가 거의 완성되어 있었다. 돌로 심을 박고 진흙으로 싸 발라 고래둑을 만들었는데 매우 가지런하고 깔끔한 모습이다. 몇 년 전 고래 속의 연기 행태 실험을 위해 다른 '구들장이'가 놓은 충북 영동에서의 고래와 좋은 비교가 되었다.

이곳 선교장의 '구들장이'는 70대 중반의 할아버지로 강릉 저동(경포대 지역)에 사는 박영국씨라 했다. 그리고 이 일대의 구들은 대개 그가 놓았다고 했다. 그가 놓은 구들은 대부분 아궁이 하나로 방 2칸에 불을 때는 것이었지만 아궁이 하나에 방 3칸을 연결하는 구들도 가끔 놓아보았다고 한다. 그리고 구들은 보통 한 15년 쓰고 새로 놓는다고 했다. 이런 점들은 필자가 지금까지 알고 있는 것과 크게 다르지 않았다. 마당에는 원래의 구들에서 들어낸 구들장이 잔뜩 쌓여 있었다. 이 구들장들은 새것을 보태서 대부분 다시 쓸 것이라고 했다. 그러니 지은 지 오래 된 집에서의 구들장은 나이가 얼마나 된 것인지 잘 알 수가 없다. 집은 헐리고 불에 타 없어져도 구들장은 쓰고 또 쓰이기 때문이다.

'구들장이'들은 우리의 문화를 담는 큰 '그릇'을 만들어 온 장인(匠人)이다. 그렇지만 정말 경험과 능력을 지닌 '구들장이'를 만나는 것은 요즈음 쉬운 일이 아니다. 다른 장인(匠人)들은 인간문화재, 전통기능보유자 등으로 지정되어 보호되기도 하는데 어쩐 일인지 '구들장이'들은 별로 주목받지 못한 채 하나둘 사라져가고 있다. 그러므로 말 한마디라도 더 기록해 두는 것이 의미 있는 일이라고 생각되어 적어둔다.

그림 215 강릉 선교장 행랑채에 새 구들이 놓이고 있다(2004년). 사진은 모두 5칸의 방을 보여준다. 가운데에 마루방이 설치되고 그 양 옆으로 방이 2칸씩 마련되고 있다. 사진의 아래쪽과 마주 보이는 벽 밖에 불을 때는 아궁이가 하나씩 있고, 이들 아궁이에서 불을 때면 연기는 각기 방 2칸을 따듯하게 하며 마루방 밑에서 왼쪽으로 꺾이어 벽 밖에 있는 굴뚝으로 나가게 되어 있다.

그림 216 강릉 선교장 행랑채의 새 구들(2004년). 가까이서 본 모습. 맞은편 벽 뒤편에 아궁이가 있다. 좌우 벽체 아래인 방 밑으로 막은 것을 '고막이'라 한다. 때로는 이 '고막이' 돌을 다듬은 돌로 하고 넓게 써서 구들장을 얹을 수 있게 해 가장자리 고래둑을 대신한다.

그림 217 강릉 선교장 행랑채의 새 구들(2004년). 왼쪽에 아궁이로 통하는 구멍을 볼 수 있고, 부뚜막이 없는 '함실 아궁이'이므로 '부넘기'가 고래의 골에 설치되어 있는 것을 볼 수 있다.

그림 218 강릉 선교장 행랑채의 새 구들(2004년). 고래 끝에서의 '개자리'의 모습. 위쪽에 뚫린 밝은 구멍이 나중에 굴뚝으로 연결될 구멍이다.

그림 219 강릉 선교장 행랑채에서 나온 구들장들을 마당에 쌓아둔 모습(2004년). 본래의 구들에서 들어낸 것으로 다시 구들장으로 사용될 것들이다.

제6장

이웃나라 구들, 캉(炕) 이야기

캉의 기원·362
캉의 분포·365
캉의 종류·368

캉의 기원

중국이 개방되고 여행이 자유로워짐에 따라 많은 한국 사람들이 중국을 방문한다. 그리고 그곳에서 '캉(炕)'이라 불리는 난방 시설을 보고 그것이 우리의 구들과 비슷하여 흥미로워 한다. 그러나 많은 사람들은 그것이 우리의 구들과 밀접한 관계에 있다는 것을 잘 모르므로 우리의 온돌, 즉 구들이 중국에서 유래한 것이 아닌가 생각기도 한다. 또 그럴 수밖에 없는 것이 우리 문화 요소 중에 중국에서 전래된 것들이 적지 않고, 온돌의 역사를 다룬 학자들 중에도 구들(온돌)과 캉의 관계에 대하여 자세히 짚어주지 않고 "온돌은 만주 지방에서 널리 쓰이는 '캉(炕)'과 흡사"하다는 정도로 넘어가

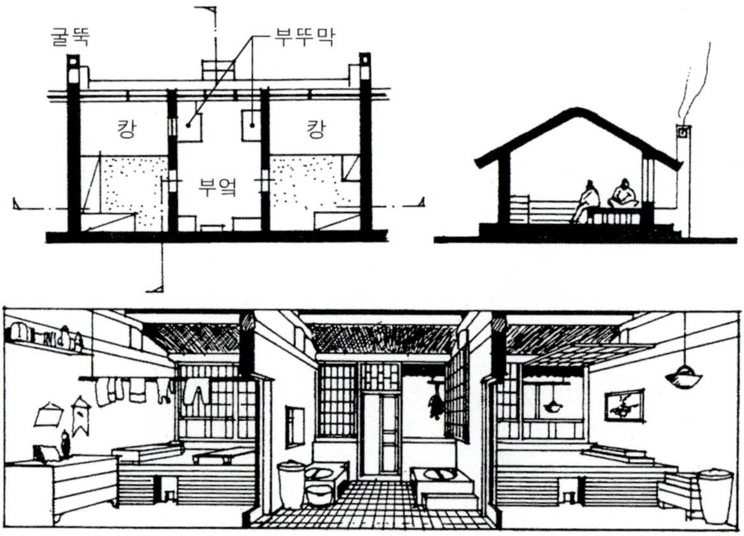

그림 220 1980년대 만주 일대에서 흔히 볼 수 있는 중국 가옥과 캉(炕) 모습

는 경우도 적지 않기 때문이다.

'캉(炕)'은 오늘날 우리말에서는 '항'으로 읽히기 때문에 우리가 문헌편에서 주로 '항'으로 지칭하며 살펴보았던 그것이다. 그리고 '캉'은 보았듯이 약 11세기까지 본래의 중국 문화, 즉 만주를 포함하지 않은 북경 지역과 그 이남 지역에는 그런 난방법이 없었던 것이 거의 확실해 보이고, 북만주에서 일어나 송(宋)나라를 남쪽으로 밀어내고 중원을 장악한 금(金)나라 때부터 캉에 대한 언급이 잦아지므로, 금나라 사람들이 캉(炕)을 북경을 비롯한 중원 일대에 보급한 것이 분명해진다. 금나라는 고구려 고토(古土)에서 세력을 규합하여 1115년 건국되었으므로 고구려의 구들을 이어받아 계속 발전시키며 써 왔던 것이다. 그러므로 중국의 캉은 결국 고구려의 구들에서 발전한 것이라고 해야 할 것이다.

그러나 여기서 유의할 것은 고구려 또는 고조선 후기에 등장한 구들이 만주 지역에서는 발해(渤海), 한반도에서는 고려(高麗) 등에 계승되었고, 금나라를 일으킨 여진족들에게도 계승되어 계속 발전시키며 사용하고 있었던 것인데 다만 금나라가 들어서기까지 만주 지역은 아직 중국에 속하지 않았던 것뿐이다. 그러므로 캉(炕)과

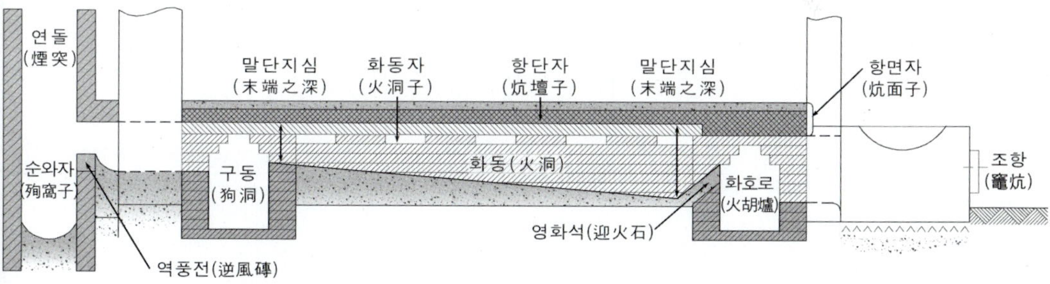

그림 221 1940년대의 캉(炕)의 구조 단면. 오하라 신지(大原信治, 한국명 : 현규환)의 논문 그림을 향상시킨 것임

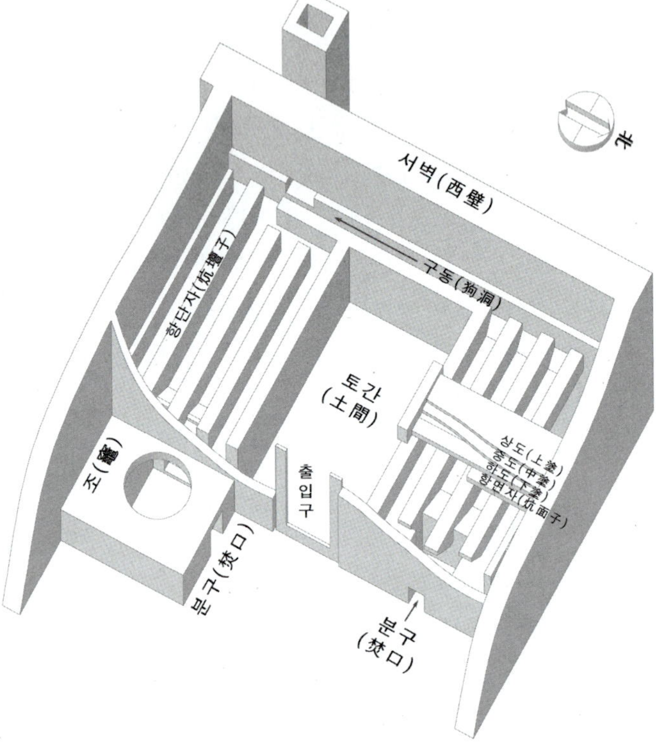

그림 222 1940년대의 캉(炕)의 구조 예. 오하라 신지(大原信治, 한국명 : 현규환)의 논문 그림을 향상시킨 것임

구들(온돌)은 조상이 같다고 하여야 하고, '오늘날의 중국' 땅에 남아 있는 구들로 보면 문헌이나 유적으로 파악되는 상황과도 맞고, 발전 형태로도 수긍이 가며 무리가 없다.

캉의 분포

오늘날 중국의 캉(炕)은 만주(滿洲) 일대는 물론, 황하(黃河)에서도 한참 남쪽으로 내려온 지역에까지 퍼져 있고, 정주화(定住化)된 몽골인들의 텐트 주거인 '게르(중국에서는 '빠오' : 包라 한다)' 속에서도 사용되고 있는데 면적으로 보면 매우 광범위한 지역에 퍼져 있는 셈이다.

구들과 캉(炕)은 원리상 차이가 없다. 그리고 대개 취사를 겸한

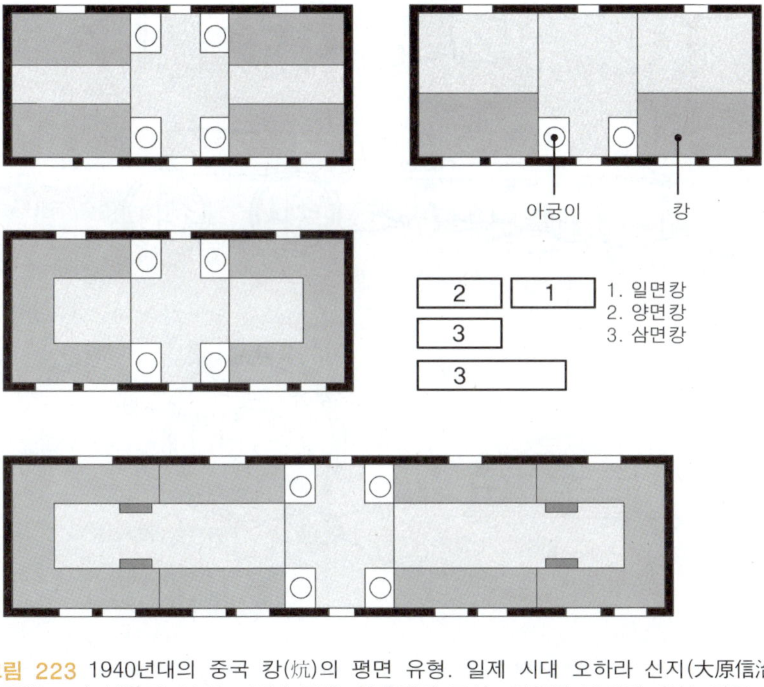

그림 223 1940년대의 중국 캉(炕)의 평면 유형. 일제 시대 오하라 신지(大原信治, 한국명 : 玄圭煥)가 1940~45년 만주 일대에서 조사, 분류한 것인데 원본 자료 상태가 좋지 않아 다시 그림

다는 점에서도 차이가 없다. 그렇지만 구들(온돌)에 익숙한 사람들에게는 상당히 달리 보일 수 있다. 앞에서도 말하였지만 중국 및 만주의 캉들은 방 하나의 일부분을 좀 높게 '캉(炕)'으로 만들고 나머지는 그냥 다진 바닥이 되거나 전(塼)을 깐 바닥이 된다. 이것은

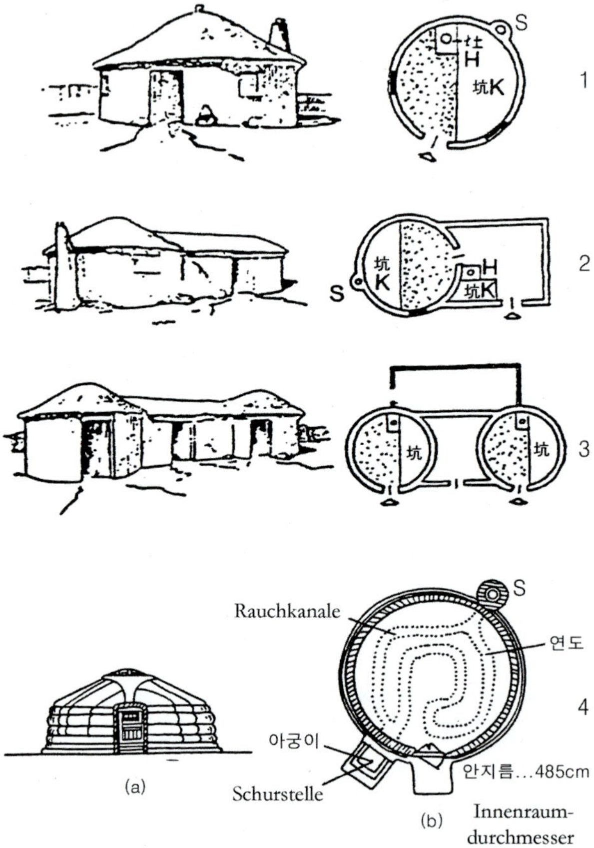

그림 224 몽고식 텐트 '게르'가 정착형으로 바뀌며 그 내부에 '캉'을 설치한 경우. 마지막 사례4는 구들과 같이 전면 바닥 난방 개념이고 고래의 배열은 청해토성 구들 유적을 연상케 한다.

실(室) 하나의 바닥이 전부 난방 되는 구들방(온돌방)과 외관상 다르다.

함경도 지역에서는 부엌과 첫 방 사이의 벽을 터서 하나의 공간으로 만들어 쓰기도 하는데 이를 '정지방'이라 한다. 또 정지방 형식은 만주 연변 지역의 조선족 가옥에서도 많이 쓰이는데 중국 속의 조선족 주거의 특징이 되기도 한다.

함경도나 연변 지방은 너무 추운 나머지 부엌도 난방이 되지 않으면 생활하기 어렵기 때문에 부엌과 첫 방의 벽을 터서 통합한 것이다. 그렇게 함으로써 방바닥의 열기를 받아 부엌도 지낼 수 있을 만큼 훈훈하게 한 형태이다. 그런데 중국의 캉은 방 하나의 일부를 난방한다는 점에서 이들 정지방 형식과도 좀 다르다. 그렇지만 캉 역시 만주와 같은 추운 지역에서 쓰기에, 그리고 하나의 공간 내에서 침식(寢食)하고 생활하기에 유리한 형태로 발전한 것이며, 고구려 시대 초기 구들 형태에 가깝다.

캉의 종류

캉의 종류는 구들을 설치한 정도에 따라 일면캉(一面炕), 이면캉(二面炕), 삼면캉(三面炕)으로 구분된다. 그리고 그러한 종류는 문헌편에서 보았듯이 금나라 시대에도 있었던 형식이다.

중국에서는 항(炕)을 만들 때 한국에서처럼 청석(靑石), 화강석(花崗石) 등을 쓰지 않고 연와(煉瓦)를 많이 사용하는데 그것은 적절한 석재가 풍부하지 않은데 기인하는 것으로 보인다.

북경 아시안 게임(1990년)을 앞두고 그에 쓸 선수촌 공사를 한국의 모 건설 회사가 수주하였다는 기사가 신문에 보도된 적이 있었다. 그 후 어떻게 되었는지는 알 수 없으나 한국의 아파트에

그림 225 중국 연변 지방의 한 '조선족' 민가의 '정지방' (1996)

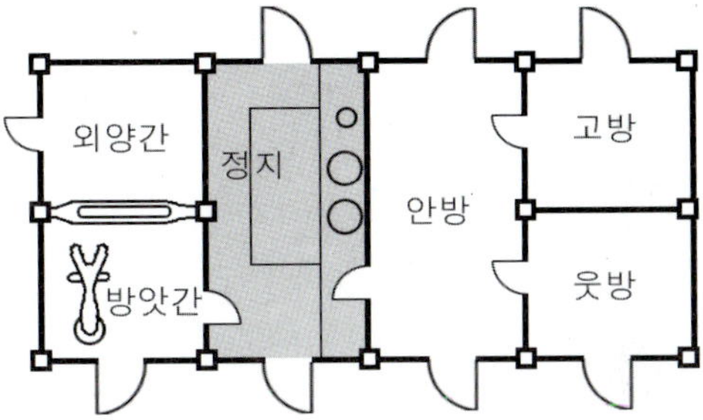

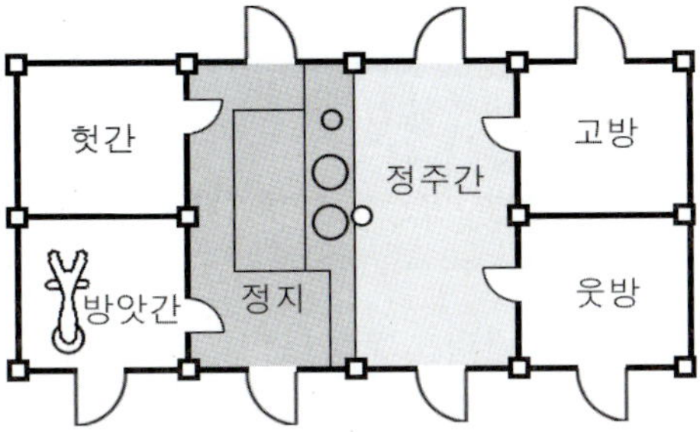

그림 226 중국 연변 지방 한 '조선족' 민가의 평면. 한반도 산간에서도 흔히 볼 수 있는 평면형으로 쓰다가 부엌과 첫 방 사이의 벽을 헐어 '정지방'으로 바꾼 경우이다.

그림 227 연변 '조선족' 가옥 '정지방'. 불을 때지 않을 때는 판자를 얹어 마루로 만들어 쓰고 있다.

서의 온돌 방식을 그대로 적용하여 전면 바닥 난방으로 공사를 하기로 하였다는 기사의 내용이 주목을 끌었다. 그리고 근래에는 중국에서도 잘사는 사람들은 점차 한국에서와 같이 바닥 전면을 난방하는 방식을 선호하고 있다고 한다. '캉'의 모습이 우리의 방식으로 바뀌어 가는 조짐이 나타나는 것으로 보여 그 귀추가 주목된다. 그것도 또 하나의 한류(韓流)로 발전할지도 모르겠다는 생각을 해본다.

제 7 장

먼 나라 구들, '하이퍼코스트' 이야기

하이퍼코스트의 발전 과정 ·374
하이퍼코스트의 동공벽 ·403
하이퍼코스트의 고래 ·421
하이퍼코스트와 구들의 차이점 ·440

지금까지 우리는 구들(온돌)을 중심으로 살펴보았다. 그런데 서양의 고대에도 구들과 매우 유사한 난방 방법이 있었다. 이를 '하이퍼코스트(Hypocaust)'라 하는데 그 원리가 구들과 매우 유사하여 구들을 갖고 있는 우리로서는 '서양의 구들', '서양의 온돌'이라 말할 수 있을 정도이다. 그러므로 '구들 이야기'를 하면서 '하이퍼코스트'의 존재에 대해 아무런 언급을 않는다면 공정하지 못한 일이 될 것이다. 그런데 여기서 하이퍼코스트를 소개하는 것은 구들과 하이퍼코스트가 비슷하기 때문에 함께 살펴보는 의미도 있지만, 사실은 하이퍼코스트를 통하여 구들의 특성을 이해하는 데에도 크게 도움이 되기 때문이다.

하이퍼코스트에 대해서는 이미 오래 전부터 구들(온돌)과 관련된 몇몇 연구에서 중국의 캉(炕)과 함께 한두 줄씩 언급되어 왔다. 그러나 '몇몇 연구'라 해도 선행 연구의 재인용에 지나지 않아 그것의 전모를 이해하는 데 한계가 있었다.[66] 또한 근래에 발표된 온돌 관련 연구에서 약간 추가적인 언급이 보이고는 있으나 여전히 오래된 자료를 참고하여 잘못 이해될 수 있는 것으로 생각되고, 심지어 어떤 곳에서는 "온돌과는 근본적으로 다른 것"으로 취급되기도 하는데[67] 사실은 그렇지 않다. 이러한 사정은 그 동안 하이퍼코스트에 대한 연구가 없었고 자료 또한 빈곤하여 접근이 어려웠던 데서 비롯된 것으로 보인다.

필자는 수년 전 유럽에서 '난방 방법과 주거 문화의 관련성'에 관하여 연구하면서 하이퍼코스트에 관심을 갖게 되었는데, 그것에 대해 이해가 깊어질수록 여러 면에서 우리의 구들, 즉 온돌과 비교해 볼 만한 점이 많음을 인식하였다. 그리고 하이퍼코스트도 이해하고 서양에서의 여러 다른 난방 방법들에 대하여 개관을 하게 되면서 조상들이 물려준 구들의 우수성을 새로이 인식하게 되었다.

그러나 '하이퍼코스트'의 전모를 파악하기는 쉽지 않다. 우리가 구들 연구를 하려면 극동 지역의 고대 역사부터 개관해야 하듯이, 하이퍼코스트를 파악하려면 서양의 고대 역사부터 잘 알아야 한다. 또 우리가 구들의 역사를 파악하려면 고문헌(古文獻)을 섭렵해야 하는데 고문헌이란 대개 한자(漢字)로 되어 있어서 보통 사람으로선 접근이 어렵듯이 하이퍼코스트에 접근하는 것도 마찬가지이다. 조금만 거슬러 올라가면 오늘날에는 읽기 힘든 옛날 활자체(古活字體)에 부딪히게 되고, 조금만 더 거슬러 올라가면 서양에서의 한자(漢字)격인 라틴어, 심지어 고대 그리스어로 된 문헌에 부딪히게 된다. 그런데 문제가 거기에서 끝나면 그래도 다행이겠지만 제대로 연구하려면 유럽 각국 언어도 어느 정도 소화해야 한다. 왜냐하면 하이퍼코스트는 로마인들에 의해 로마 제국 곳곳에 보급되었고, 따라서 로마 제국의 영토였던 곳곳에서 그 유적들이 발견되며, 그 영토는 오늘날 여러 나라로 나뉘어져 있으므로 그런 유적에 대한 연구가 있으면 각 나라의 언어로 되어 있기 때문이다.

물론 그렇다는 말이고, 필자도 모든 능력을 갖추고 접근한 것은 아니었다. 그래도 힘들게 하이퍼코스트에 대해 어느 정도 개관을 이루고 학회에 몇 편의 논문을 발표하였는데 이제 이어지는 '하이퍼코스트 이야기'는 학회에 발표된 논문을 바탕으로 하고 있다. 하이퍼코스트 이야기만으로도 하나의 별도의 책이 엮여질 수 있겠으나 여기서는 구들을 이해하는 데 필요한 정도로 한정하기로 한다.

하이퍼코스트의 발전 과정

하이퍼코스트는 언제부터 생겨난 난방 방법인가, 그리고 어디에서 시작된 것인가?

이러한 문제는 국내에서 구들(온돌)의 기원과, 그리고 구들과 하이퍼코스트의 관련 관계 여부 때문에 가끔 제기되고 있는 문제이다. 하이퍼코스트에 대하여 잘 모르면 구들은 혹시 유럽의 하이퍼코스트가 동방으로 전래되어 발전한 것이 아닌가 생각해 볼 수 있고, 그렇다면 구들의 기원 문제와도 직접 관계가 있을 수 있기 때문이다.

하이퍼코스트의 존재는 사실 유럽에서조차 19세기 초까지 거의 알려지지 않고 있었다. 이러한 사실은 서양에서의 관련 연구들을 검토해보면 드러난다. 하이퍼코스트가 주목받기 시작한 것은 서기 79년 화산의 폭발로 근 1800년 가까이 땅속에 묻혔다가 발굴되어 세상을 놀라게 한 로마 시대의 도시 폼페이(Pompeii)와 헤르쿨라네움(Herculaneum: 허큘레움)의 발굴과 때를 같이 하며, 이 두 도시의 발굴 과정에서 바닥 난방 시설을 갖춘 목욕 시설들이 발견되고 그때부터 사람들이 바닥 난방 원리에 대하여 관심을 갖기 시작했다.

그렇긴 하지만 그것은 발굴에 참여한 제한된 학자들과 그들의 보고서들을 접한 극히 제한된 지식층이었으며, 1900년대에 들어와 유럽 각국에서 자국 내의 로마 유적과 바닥 난방 시설들을 발굴, 공개함으로써 역시 제한적이나마 일반인들에게도 어느 정도 알려지게 되었다. 물론 오늘날에는 일반인들도 로마인들이 유럽 도처에 바닥 난방 시설을 갖춘 목욕 시설을 건설했다는 것을 어느 정도 알고 있다. 그러나 그것은 그 동안 꾸준한 연구와 고고학적 발굴

조사 덕분이고 폼페이의 발굴이 있기까지는 로마인들의 목욕 문화나 그와 불가분의 관계에 있는 바닥 난방 기술인 하이퍼코스트는 로마의 멸망과 함께 1400여 년 가까이 잊혀 진 존재였다.

로마 제국이 멸망하고 난 후 오래지 않아 수많은 유구(遺構)들은 헐려 각 지역에서 새로운 지배층들의 저택이나 새로운 공공 건축물의 재료로 이용되었다. 로마 시대의 공중 목욕탕들은 대개 수많은, 그리고 잘 다듬은 돌들로 지어져 있었으므로 '채석장(採石場)' 이상으로 손쉽게 건축 재료를 취할 수 있는 곳이었기 때문이다. 로마 시대의 공중 욕장(公衆浴場)들은 곧 허물어져 폐허화되고, 많은 경우에는 본래 무엇을 하던 곳인지도 알 수 없게 되었다.

또한 본래 욕장이 있던 곳 위에는 새 건물들이 들어서고 계속 변형된 경우도 많고, 건물 바닥과 그 밑의 난방 시설은 남아 있었어도 잡초나 나무로 뒤덮여 사람들의 관심으로부터 급속히 멀어져

그림 228 로마의 Palatin에서 발굴된 하이퍼코스트 유적의 고래

갔다. 한편 하이퍼코스트의 존재나 구조를 짐작케 하는 내용들이 당시의 문집이나 서간문(書簡文), 기술서(技術書) 종류에 기록되어 오늘날까지 전해져 유적들과 함께 연구에 중요한 자료가 되고 있지만 인쇄술이 아직 발달하지 못했던 시절에는 널리 전파되지 못하고 수도원 같은 곳에나 한두 편 보관되어 극히 드물게 읽힌 것으로 보인다.

하이퍼코스트의 기본 구조, 원리, 이름과 세부 명칭

하이퍼코스트는 구들, 즉 온돌과 매우 비슷한 난방법이다. 비슷하다는 말은 사실 몇몇의 특징상의 차이 때문이며, 불을 때서 그 연기 또는 화기(火氣 : 연기와 열기)를 방바닥 밑을 경유, 굴뚝으로 배출되게 하고 이 과정에서 바닥이 데워지고 아울러 그 상부의 실내 공기가 데워지게 하는 것이므로 원리상으로 온돌과 '동일(同一)'한 것이다.

하이퍼코스트의 발전 과정을 파악하기 위해서는 우선 편의상 그 구조 및 작용 원리와 주요 명칭을 이해할 필요가 있다.

한국의 온돌이 우선 '아궁이'와 '고래' '굴뚝'의 세 주요 부분으로 구

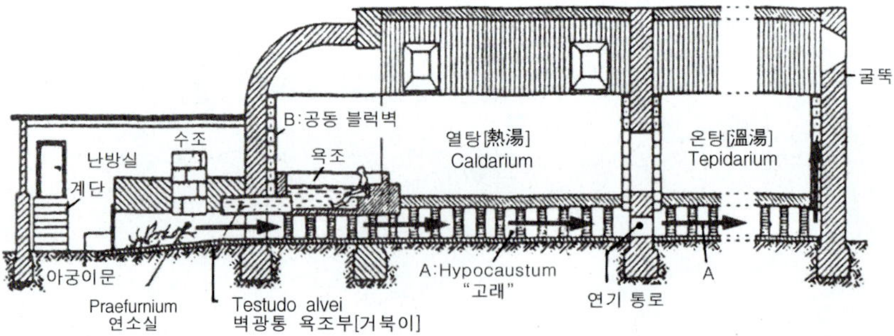

그림 229 공중 욕장의 하이퍼코스트 구조 및 기능 개념도

분되듯이 하이퍼코스트 역시 3대 중요 부위로 구분된다. 그 첫째는 온돌의 아궁이와 같이 불을 때는 곳으로 '프레푸르니움(Praefurnium)'이라 한다. 그 다음은 방 밑의 연기가 지나가는, 온돌에서 '고래'에 해당하는 부분으로 '히포카우스툼(Hypocaustum)'이 있고, 연기가 배출되는 '굴뚝'이 있다.

프레푸르니움(Praefurnium)과 방 밑의 빈 공간, 즉 히포카우스툼(Hypocaustum)은 라틴어이다. 고문헌에는 그리스식 표현인 히포카우스톤(hypocauston)으로 표현되어 있으며 때때로 히포카우시스(hypocausis)로 불리기도 하였다. 그리고 하이퍼코스트가 온돌에서의 고래 부분을 일컫는 데 반해 고래의 상부 구조, 말하자면 구들(온돌)의 경우 구들장이 만드는 실(室)의 바닥체는 수스펜슈래(suspensurae, suspensura)라고 따로 불리며 '매달린 방바닥'이라는 의미이다.

하이퍼코스트(hypocaust)란 이름은 영어(英語) 이름이고, 불어(佛語)로 이뽀꼬스뜨(hypocauste), 독어(獨語)로는 휘포카우스텐(Hypokausten)이라 부르는데 결국 모두 라틴어 hypocaustum에서 유래한 것이다. 그러나 라틴어 이름 hypocaustum(히포카우스툼)이나 hypocausis 또한 그리스어 ύπόκαυστου(히포카우스톤), ύπόκαυσις(히포카우시스)에서 온 말로 로마인들은 문헌에서 표기만 라틴어로 hypocauston 또는 hypocausis라

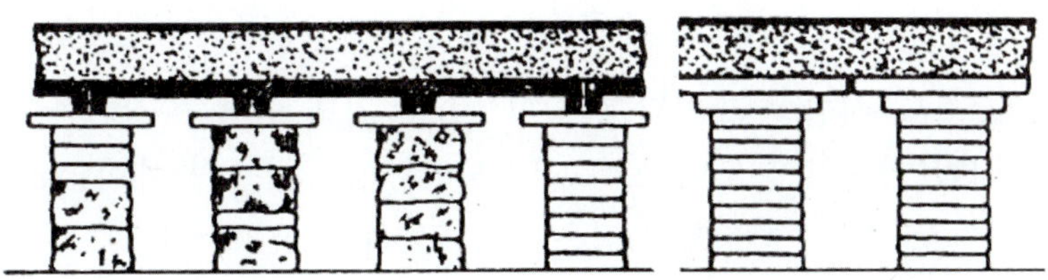

그림 230 하이퍼코스트에서의 몇 가지 고래 받침 기둥 축조 사례. 받침 기둥은 흔히 다듬은 돌이나 구운 벽돌쌓기로 형성됨(영국 Cirencester유적)

바꾸어 쓴 것이다.

고대 로마 상류 사회에서는 우리에게서 한자(漢字)가 그러했듯이 그리스어를 식자층(識者層)의 언어로 많이 사용하였는데 이 그리스어적 이름 때문에도 하이퍼코스트는 오랫동안 고대 그리스 문화권에서 시작된 난방 기술로 추측되어 왔고 그것이 나중에 그리스 문화권에 속하는 하이퍼코스트 유적 발굴에 의해 사실로 확인되었다.

한편 그리스어 히포카우스톤(ὑπόκαυστου : hypokauston)은 ὑπο(히포)와 καίειυ(카이아인)의 합성어인 ὑποκαίειυ(히포카이아인)에서 발전한 말로, '밑에서 불을 땐다', '아래에서 난방한다'는 의미를 지니고 있다.[68] 의미는 그러하지만 사실 그리스어로된 고문헌에서는 ὑπόκαυστου(히포카우스톤)이나 ὑπόκαυσις(히포카우시스)로 지칭된 것이 발견되지는 않고 라틴어 문헌에서만 hypocauston 또는 hypocausis로 나타나고 있다.

하이퍼코스트와 공중 욕장

하이퍼코스트는 로마 시대의 공중 욕장인 테르매(Thermae)와 밀접한 관계에 있다. 따라서 대개의 하이퍼코스트의 유적은 로마 시대에 공중 목욕탕이었던 곳이다. "로마인들은 가는 곳마다 욕장을 건설했다"고 할 수 있을 만큼 로마 시대의 욕장은 북아프리카, 근동, 영국의 일부 등 로마 제국이 지배했던 전역에 산재해 있었으며, 이들 중 부분적으로나마 남아 있는 대부분의 욕장 유적에서 하이퍼코스트 시설이 확인되고 있다. 또한 저택 등에는 작은 규모로 갖추어진 사적인 용도의 목욕 시설도 많았다. 이를 '발네아(balnea)'라고 따로 부르는데 크고 작은 것을 합하여 고고학적으로 확인된 숫자만 해도 적어도 800개소 이상 되는 것으로 추정되고 있다.[69]

하이퍼코스트의 대표적 유적

하이퍼코스트의 대표적인 유적지로는 화산으로 묻혔다가 다시 발굴된 고대 도시 폼페이와 헤르쿨라네움(허큘레움 : Herculaneum)이 있고, 폼페이에는 Stabiae 공중 욕장(伊 : Terme Stabiane), Forum 공중 욕장(Terme del Foro), Central 공중 욕장(Terme Centrali)이 있다.

또한 고대 로마 시대에 항구로 사용되었던 로마시 근처의 Ostia Antica에는 무려 19개의 공중 목욕탕의 존재가 확인되고 있으며, 이들 시설은 모두 바닥 난방인 하이퍼코스트를 채용하고 있었다. 그중 몇몇 곳에서는 지금도 바닥과 벽체 하부 구조를 볼 수 있다.

그 외에 로마시에도 Nero-, Titus-, Domitianus-, Caracalla-, Gallenianus-, Diocletianus-욕장 등 1-4세기에 건축된 것들이 있었고, 일부는 오늘날까지 일부분이나마 남아 있다. 특히 Caracalla 대욕장은 그 규모의 거대함으로 유명하고, 시설의 일부는 오늘날 오페라 공연 등 문화 공간으로 활용되고 있다. 따라서 하이퍼코스트를 이해하려면 고대 로마의 목욕 문화와 공중 목욕탕(Thermae) 시설을 함께 이해하여야 한다.

로마 시대의 목욕 시설로 공중 목욕탕만 해도 그 유적이 매우 많고, 배치 및 평면 구성 형식이 다양하여 일률적으로 말하기에는 한계가 있지만, 대체로 로마의 대규모 공중 욕장은 폼페이의 슈타비애(Stabiae) 욕장에서 볼 수 있듯이 남탕과 여탕이 구분되어 있었고, 각기 탈의실, 냉탕, 온탕, 열탕, 증기탕 등으로 실(室)들이 구분되어 있었다. 탈의실은 아포디테리움(Apodyterium), 냉탕은 프리지다리움(Frigidarium), 온탕은 테피다리움(Tepidarium), 열탕은 칼다리움(Caldarium), 그리고 증기탕은 라코니쿰(Laconicum)으로 불렸다.

그 외에도 큰 규모의 욕장에는 나타치오(Natatio)라 하는 옥외 수영장도 있었으며 오일 마사지실, 이용실과 공중 목욕탕 주변의

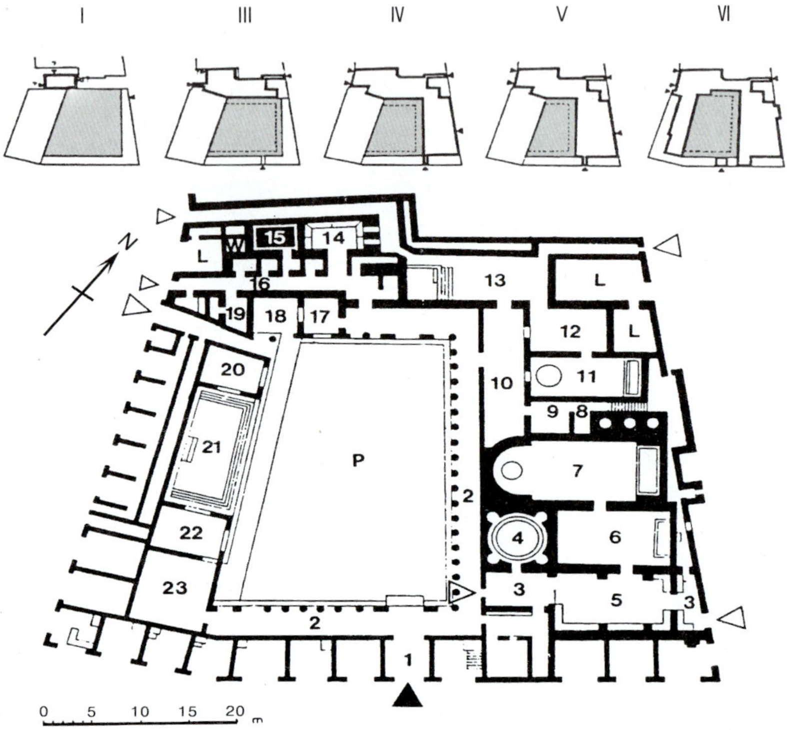

1. 주출입구
2. 열주회랑
3-7. 남성 욕장
3. 전실
4. 냉탕
5. 탈의실(Apodyterium)
6. 온탕(Tepidarium)
7. 열탕(Caldarium)
8. 난방실
9. 난방 부속실
10. 땔감 적재장
11-13. 여성 욕장
11. 열탕(Caldarium)
12. 온탕(Tepidarium)
13. 갱의실
14. 화장실
15. 암실
16. 복도와 4개의 좌식 욕실
17. Loggia
18. Exedra
19. 지하실(Hypogaeum)
20. 옥외 수영장 전실
21. 옥외 수영장(Natatio)
22. 옥외 수영장 전실
23. 옥외 수영장 탈의실
P. 중정(Palaestra)
W. 우물과 양수 시설
L. 상점

그림 231 로마 시대의 공중 욕장 Stabiae-Thermae 전체 평면도(폼페이)

가계에서 함께 사용하기도 하는 공중 화장실 등을 함께 갖추고 있어서 고대 도시의 문화적 인프라스트럭처를 이루고 있었다.

탈의실(Apodyterium)과 냉탕(Frigidarium)은 난방이 되지 않았고, 난방은 열탕과 온탕의 바닥에만 되어 있었는데 난방 원리에 맞게 난방실에 가장 가까이 인접한 실(室)이 열탕(Caldarium)이 되고, 식은 열기가 미치는 그 다음 방이 온탕(Tepidarium)이 되어 난방 원리를 합리적으로 이용하고 있음을 볼 수 있다. 폼페이의 Stabiae 욕장에서는 난방실을 중심으로 남탕과 여탕의 열탕, 온탕이 같은 순서로 대칭적으로 배치되어 있는 것을 볼 수 있는데, 평면 형태가 난방의 속성, 즉 불을 쓰는 방법에 따라 영향을 받고 있음을 볼 수 있다.

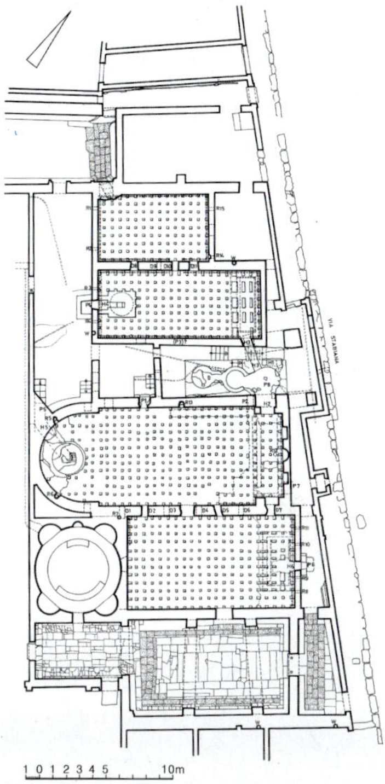

그림 232 Stabiae 공중 욕장 고래층 평면도(폼페이)

또한 칼다리움(열탕)의 한쪽, 즉 불을 때는 곳에 인접한, 한국의 전통 가옥의 아랫목에 해당하는 곳에는 욕조를 두어서 불을 땔 때 욕조의 물이 함께 데워지도록 하였다. 한편 몇몇의 예에서는 욕조가 벽체 밑으로 아궁이 쪽과 통하게 만들어 욕조의 물 일부는 화염에 직접 데워져 욕조 내부로 순환되게 하였는데 이를 '테스투도(testudo)'라 하였다. 이는 '거북이'라는 의미로 그 대체적인 단면의 형상이 거북이 같아 그렇게 부른 것으로 보인다.

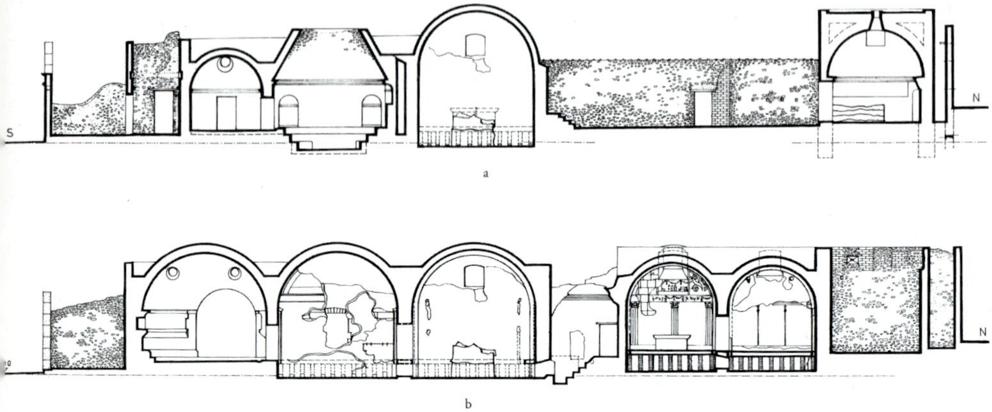

그림 233 Stabiae 공중 욕장 욕실 단면도(폼페이)

그림 234 Stabiae 공중 욕장(폼페이, 이태리)

테피다리움(tepidarium), 즉 온탕의 욕조는 별도의 아궁이에 의해 물이 데워지게 하기도 하였는데 온돌에서 방이 크거나 윗방이 부엌의 아궁이와 멀어 만족할 만큼 따듯하지 않을 때 보조 아궁이를 두는 경우와 비슷하다. 프레푸르니움(아궁이와 부뚜막) 위에는 물탱크(용기)를 설치하여 물을 끓이고, 끓여진 물은 파이프에 의해 욕장 내부로 공급된 듯한 흔적도 조사된 바 있으나 온전히 남아 있는 사례가 없어 분명히 말하기는 어렵다.

그리스식 하이퍼코스트

하이퍼코스트는 흔히 '로마 시대에의 하이퍼코스트'라 불러왔고 서양에서도 로마인들이 발명한 기술로 아직도 많이 알고 있다. 그렇게 된 동기는 폼페이와 헤르쿨라네움의 욕장들이나 그 이후 오랫동안 여러 곳에서 확인된 유적들이 모두 로마 시대에 속하는 유적들이었기 때문이다.

그러나 1950년대부터는 이를 수정해야 했다. 왜냐하면 '하이퍼코스트'는 이미 고대 그리스 문화에서 시작된 기술임을 보여주는 유적이 발견된 것이다.

1940년서부터 1941년에 걸쳐 독일 고고학자 한스 슐라이프(Hans Schleif)는 그리스 펠로폰네소스 반도에 있는 올림피아(Olympia)에서 발굴 작업을 하였다. 그러던 중 로마 시대의 공중 목욕탕 하나와 그리스 시대에 속하는 비교적 작은 규모의 욕장 하나를 발굴하게 되었다. 그런데 이 중 그리스 시대의 욕장 유적에서도 방 하나에 바닥 난방 시설을 갖추고 있는 것이 들어난 것이다. 이 건물은 출토된 유물에 의해서 기원전 약 100년경에 건축된 것으로 추정되었는데, 그림 236에서 보는 바와 같이 바닥이 벽돌을 쌓은 기둥으로 받쳐지는 '허튼고래'로 되어 있었다. 불은 우측의 작은 공간에서 때는데 우리의 '아랫목'에 해당하는 곳에 욕조가 설치되어 있었고, 그 반

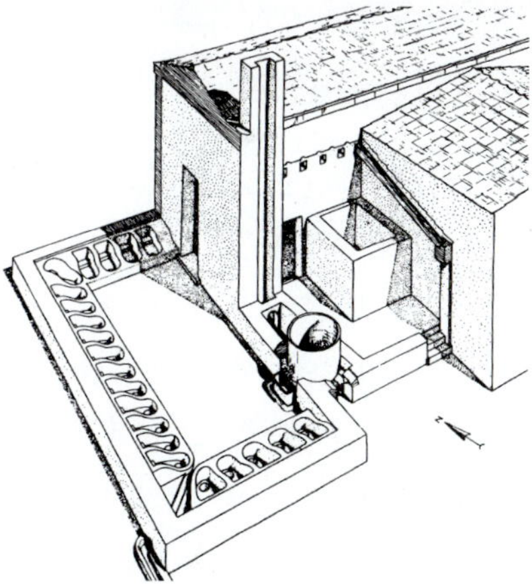

그림 235 난방이 도입되기 전의 개별 욕조식 목욕탕(Olympia, 그리스)

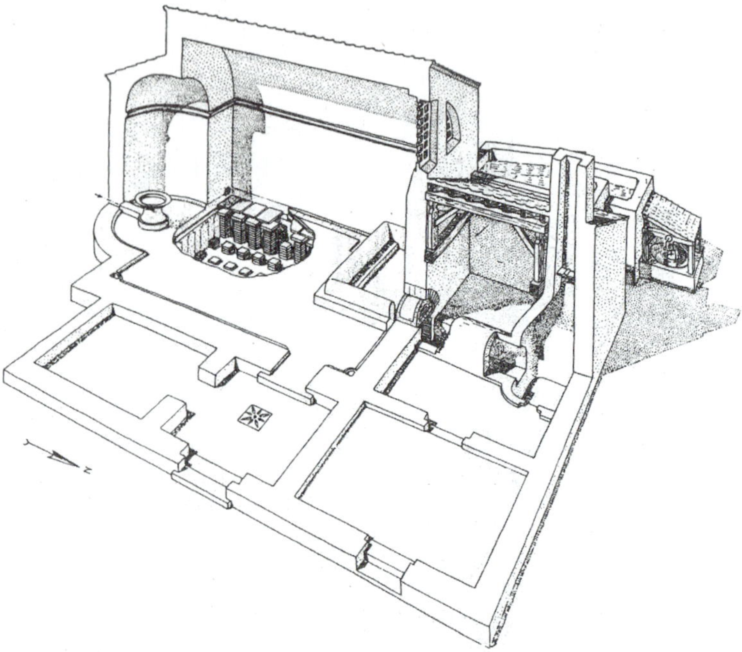

그림 236 '허튼고래'로 된 초기 하이퍼코스트 유적(Olympia, 그리스)

대편의 반원형으로 튀어나간 부분은 정확한 용도를 알 수 없고 난방이 되지 않았다.

그런데 발굴 조사단이 이 건물터 바닥을 더 파 보았더니 그 밑에는 더 이전에 지었던 건물 흔적이 나타났고, 또 그 밑을 파 보니 그보다 더 오래 전의 건물 흔적이 있었으며, 또 파보니 그 밑에서 또 더 오래된 기초 흔적이 나타나 결국 이 집터는 총 4개의 각기 다른 시대층을 이루고 있었다. 오랜 세월 동안 같은 집터를 메우고 또 집터로 쓰고 또 헐고 집터로 쓰기를 여러 번 반복했던 것이다. 결국 이 올림피아 욕장 터는 총 4개의 시대층을 이루고 있는 것이 확인되었는데, 위에서 두 번째 층에서는 여러 개의 '개별 욕조'가 설치된 것이 발견되었고, 그 밑 세 번째 층에서는 다시 개별 욕조가 발견되어 개축을 하면서 욕조를 새로 설치한 것으로 조사되었다. 그리고 맨 밑의 가장 오래된 층에서는 욕조는 발견되지 않아 간단한 창고형 건물에서 물을 데워 샤워 정도 하는 데 쓰였던 것으로 추정되었는데 기원전 400년경의 것으로 조사되었다.

그림 237 난방이 도입되기 전의 개별 욕조 (Olympia, 그리스)

그런데 이러한 겹겹의 상황은 복잡해 보이기는 하지만 또 다른 정보를 준다. 즉 처음(기원전 400년경)에는 간단한 창고형으로 목욕을 하다가, 그 다음에는 '개별 욕조'형을 여러 개 나열하는 욕실이 등장했으며, 그런 시대를 거친 다음에 처음으로 욕실과 욕조가 '난방'되는 단계로 획기적인 전환을 보여주는 것이다. 이 바닥 난방이 설치된 가장 위층은 다시 말하지만 기원전 100년경에 속하는 것으로 판명되었으므로 그러한 바닥 난방 시설이 최소한 기원전 100년 이전에 등장하기 시작하였음을 유추해 볼 수 있게 한다.[70)]

개별 욕조 형식은 폼페이의 Stabiae 욕장의 초기 시설에서도 발견되었는데, 그 곳에서도 역시 처음에는(B.C. 5세기경) 하나의 홀에 '개별 좌식 욕조'들을 여러 개 두고 칸막이 없이 나란히 앉아서 물을 끼얹는 형식으로 출발하였고, 기원전 4~3세기경에는 '개별 욕조' 하나하나마다 칸막이를 한 형식으로 발전하고 그 안에 설치된 개별 욕조도 다소 변화하여 오늘날의 일반 가정의 욕조처럼 반

누운 상태에서 목욕하는, 그 결과 몸을 물에 담그고 반쯤 누운 상태로 목욕하는 '와식(臥式) 개별 욕조'로 바뀌었다. 그리고 그 다음 단계에서 비로소 규모가 크고 수십 명이 공동으로 사용하는 욕장으로 발전하고 있음을 보여주고 있다.[71)]

그런데 같은 펠로폰네소스 반도의 내륙 고원 지역인 고르티(Gorty)에서도 또 하나 주목할 만한 욕장 유적이 발굴되었다. 이 유적은 프랑스 고고학자 르네 지누베(René Ginouvès)에 의해 1951년부터 발굴되기 시작하여 1955년에 종료되었다. 보고서에 의하면 이 유적은 올림피아 유적보다도 150년 정도 더 앞선 기원전 250년경에 벌써 바닥 난방 시설을 갖추었던 것으로 조사되었다. 이 건물도 처음에는 물만 끼얹는 정도의 시설로 시작하였는데 기원전 250년경에는 바닥 난방 시설을 갖춘 건물로 개축되었다. 이 건물은 기원전 200년경에 한 번 수리된 흔적을 보이고, 기원 후 1세기경까지 사용되다가 폐기된 것으로 조사되었다.

남은 벽선 등으로 보면 전체 규모가 14×15m 정도로 조금 큰 주택만한 건물인데 내부가 여러 종류의 공간으로 나뉘어져 있다. 그림에서 H가 난방실이며, h에 불을 때면 뜨거운 연기가 D와 E로 표기된 방밑을 거쳐 C공간 일부분을 스치고 지나간 것으로 설명되고 있다. 그런데 중요한 요소인 굴뚝의 위치가 확인되지 않아 그 다음엔 연기가 어디로 진행되었는지 알 수가 없다.

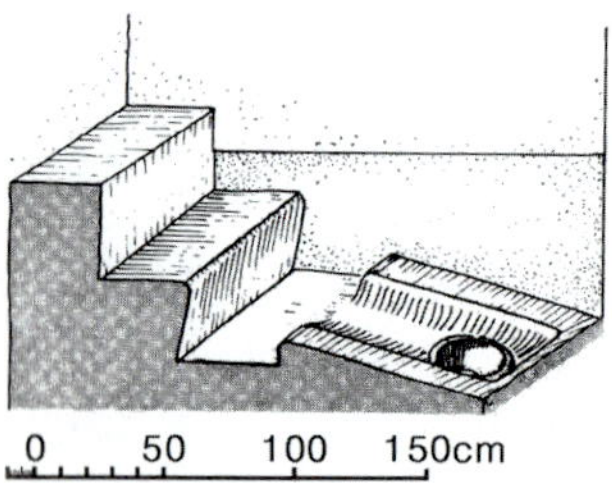

그림 238 폼페이의 Stabiae 공중 욕장 초기의 그리스식 개별 욕조

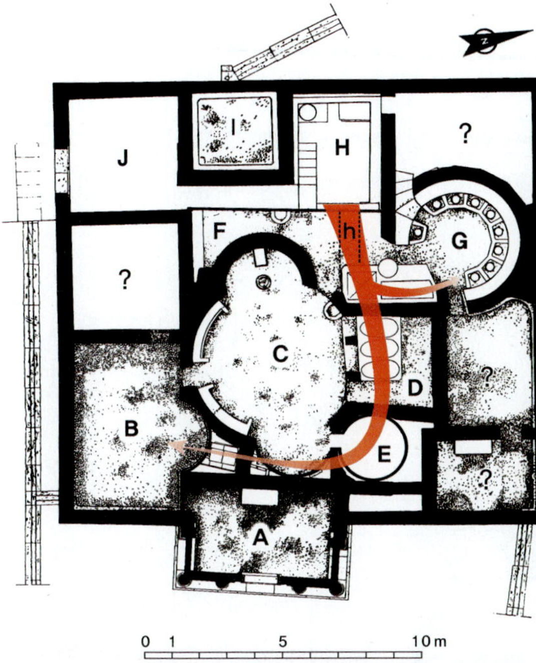

A:현관
B:탈의실
C:중심 공간
D:온욕실
E:땀 내는 곳
F:휴게실(추정)
G:몸 닦는 곳
H:불때는 곳
h:아궁이
I:저수실
J:땔감 보관실
?:미확인 실

그림 239 '그리스식 하이퍼코스트' Gorty 유적. B.C. 250년경(그리스 펠로폰네소스 반도) H에서 불을 때고 화살표 대로 연기가 지나가게 되어 있었다. 중요한 굴뚝은 확인되지 않았다. G쪽은 난방이 된 것으로 추정.

공간 G는 알코브(alcove)형 개별 욕조가 9개 설치되어 있는데 이곳에서 사람들이 몸을 닦았던 것으로 추정되었다. 또 확실하지는 않지만 하부 구조로 보아 H에서 고래 한 갈래가 이 공간 쪽으로 향하여 이 공간 G도 난방이 되었던 것으로 추정된다.72)

이들 올림피아(Olympia)와 고르티(Gorty)에서 바닥 난방을 갖춘 욕장이 발굴되고 최소한 기원전 250년 전으로 거슬러 올라가므로 로마 시대에 그 전성기를 맞는 하이퍼코스트는 기원전 250년 이전에 시작된 것으로 믿게 되었고, 이러한 난방 원리의 발명자는 로마인이 아니라 고대 그리스인들이었다는 것도 굳혀지게 되었다. 따라서 로마인들은 그리스인들이 발명한 난방 원리를 계승하여 더욱 발전시키며 로마 전역으로 보급한 역할을 한 셈이다. 따라서 앞에서도 언급되었지만 추정만 되던 하이퍼코스트란 이름과 몇몇 부분 명칭이 그리스어에서 유래되었다는 것도 이때부터는 추정을 벗어나 설득력을 갖게 되었다.

이들 올림피아(Olympia)와 고르티(Gorty) 유적들의 등장으로 서양의 학자들은 그리스 시대의 것들을 로마 시대의 바닥 난방 시설과 구분하기 위하여 '그리스식 하이퍼코스트'라 부른다. 이러한 상황으로 미루어 보면 하이퍼코스트도 우리의 구들과 대체로 비슷한 시기에 시작되었다고 할 수 있다. 다만 위의 두 유적의 위치가 펠로폰네소스 반도이므로 이 근처 어딘가에서 그러한 난방 방법이 처음으로 발생하지 않았나 추측해 볼 수 있고, 좀 더 넓게 보더라도 지중해 연안, 즉 그리스 문화권을 크게 벗어나지 않을 것으로 생각된다.

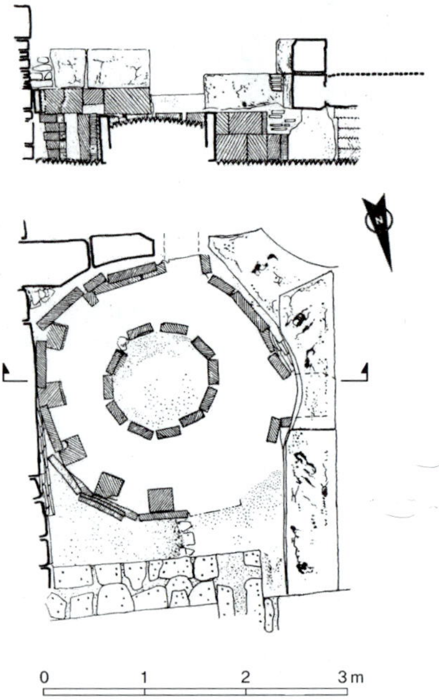

그림 240 고르티(Gorty) 유적. 공간 'E'(땀내는 곳 : 한증실) 하부 구조(발굴 당시)

* 필자는 이 Gorty 유적에 유의하지 않아 얼마 전까지 하이퍼코스트의 기원을 기원전 100년경으로 보아왔다. 이 기회에 수정한다.

그림 241 '그리스식 하이퍼코스트' 고르티(Gorty) 유적 전경. 멀리 뒤편에 개별 욕조가 보인다.

하이퍼코스트와 오라타(Orata)란 인물

근래까지 출판된 적지 않은 자료에서는 기원전 80년경에 살았던 로마인 오라타(Gergius Orata)란 사람이 '하이퍼코스트의 발명자'로 자주 기술되고 있다. 그것은 Nonius Marcellus에 의한 키케로(Cicero : B.C. 101-44)-인용문에 등장하는 Orata라는 사람에 대한 일화 때문인데, "Campania 출신으로 물고기와 굴(Auster) 양식 사업을 하는 Orata란 사람이 있었는데 그는 생산을 늘리기 위하여 그의 호화 저택의 욕조를 떠 받혀 올려 난방을 하고 양식 사업을 하여서 많은 돈을 벌게 되었다"하는 내용으로, 이것을 근거로 몇몇 오래된 서양 건축사 관련 서적에서 하이퍼코스트의 발명자로 언급된 것이 검증 없이 계속 인용되고 있기 때문이다. 그러나 Orata는

B.C. 80년경에 살았던 사람이며 앞에서 설명된 올림피아와 고르티 유적을 비롯하여 폼페이의 Stabiae 욕장 등 여러 곳의 유적이 그가 살았던 시대보다 앞서는 것이 확실시되므로 그는 "기껏해야 바닥 난방을 로마 문화권에 처음으로 도입한 사람이거나 폼페이나 헤르쿨라네움의 욕장에서 바닥 난방의 원리를 보고 이용한 사람"[73]정도로 보아야 한다.

하이퍼코스트와 주거 난방

지금까지는 하이퍼코스트를 목욕 시설과 관련하여 살펴보았다. 그러나 하이퍼코스트가 목욕 시설에만 쓰인 것은 아니다. 하이퍼코스트의 연구에 중요한 문헌 자료가 되고 있는 『플리니우스(Plinius)의 서한집』에는 그러한 난방이 주거 부분에 사용되기도 하였음을 간접적으로 짐작케 하는 내용이 담겨 있는데 관계 부분들을 옮겨 보면 다음과 같다. 특히 라틴어 원문에서는 앞에서도 언급되었듯이 바닥 난방 시설의 명칭을 그리스어를 그대로 라틴어 글자로 바꾼 형태인 'hypocauston'으로 쓰고 있는 것을 볼 수 있다.

플리니우스가 갈리우스에게 인사를 보낸다

자네는 어째서 라우렌티눔이 … 나를 그렇게 기쁘게 하는지 궁금한 모양인데, 그러나 이 장원의 자태와 그 좋은 위치, 그리고 쭉 뻗은 해변에 대해 설명을 들으면 자네도 이해가 될 것이네. 그 장원은 도시에서 17마일밖에 떨어져 있지 않아서 책무를 끝내고 하루의 일과 수고가 끝나면 거기서 하룻밤을 묵을 수 있다네. …

이 방에는 복도를 사이에 두고 하나의 침실이 인접되어 있는데 그 복도 밑은 지하실화 되어 불 때는 곳으로 되어 있고 빨려드는 뜨거운 공기는 잘 가열되어 이곳 저곳으로 분배되고 퍼지네.

그림 242 아우구스트 시대(B.C. 27~A.D. 14)에 지어진 것으로 알려지고 있는 로마의 공중 욕장 유적(Fisole, Italy). 하이퍼코스트의 '고래' 일부가 남아 있다.

adhaeret dormitorium membrum transitu interiacente, qui suspensus et tubulatus conceptum vaporem salubri temperamento huc illuc digerit et ministrat. …

그리고 다음에는 널찍한 수영장(냉탕)이 있고, 이를 중심으로 마주 보고 있는 두 벽에서는 두 개의 욕조가 반원형으로 튀어나와 있는데 바다가 지척에 있는 것을 고려하면 그것으로 충분하고 남네. 이에 이어서 오일 마사지실이 있고, 바닥 난방, 욕실을 위한 난방실, 그리고 화려하다기보다 개성 있게 꾸며진 두 개의 작은방(탈의실)이 있고 이와 연결되어 아주 근사한 욕실 하나가 있는데 그 곳에서는 목욕하면서 바다를 바라볼 수 있다네.

Inde balinei cella frigidaria spatiosa et effusa, cuius in contrariis parietibus duo baptisteria velut eiecta sinuantur, abunde capacia, si mare in proximo cogites. adiacet unctorium, hypocauston, adiacet progpnigeon balinei, mox duae cellae magis elegantes quam sumptuosae; cohaeret calida piscina mirifica, ex qua natantes mare adspiciunt.

침실에 덧붙여서 아주 작은 난방실이 있는데 하나의 좁다란 가리개로 필요한 만큼 상승하는 열기를 나오게 하거나 막아준다네.

adplicitum est cubiculo hypocauston perexiguum, quod angusta fenestra suppositum calorem, ut ratio exigit, aut effundit aut retinet. …[74]

플리니우스가 아폴리나리스에게

… 아케이드식 회랑 끝에는 널찍한 침실이 하나 있는데 식당에 대해 짝을 이루고 (…) 겨울에는 기분 좋게 따듯하다네. 여기에는 난방층이 붙어 있는데 흐린 날씨에는 열기를 방출하게 해서 햇볕을 대신한다네.

cohaeret hypocauston et, si dies nubilus, immisso vapore solis vicem supplet. …[75]

여기에서 플리니우스는 두 가지 종류의 바닥 난방에 대하여 말하고 있는데 그 하나는 순수 바닥 난방으로 보이고 다른 하나는 바닥 밑 난방실로부터 온풍(溫風)을 취하는 구조를 설명하는 것으

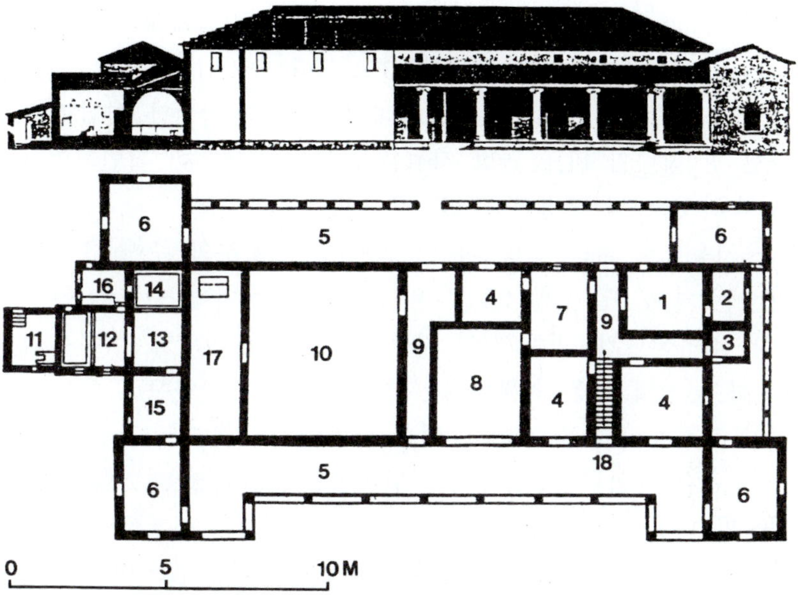

그림 243 하이퍼코스트가 주거에 사용된 예(Köln-Müngersdorf, 독일)

로 보인다. 특히 후자는 뒤에 언급될 독일 등지에서 나타나는 중세의 '온풍 난방법(溫風煖房法)'과 관련 지울 수 있는 부분이다.

플리니우스(Plinius Caecilius Secundus, Gaius, A.D. 62-114)는 고대 로마의 정치가, 작가, 변론가로 그의 『서한집』은 하이퍼코스트에 관련된 내용 외에 79년 폼페이를 땅속에 묻었던 베주비오산의 화산 폭발 목격담을 담고 있어서 또한 중요한 자료가 된다. 그의 외숙부 Gaisus Plinius Secundus(A.D. 23-79)도 학자, 정치가로 성이 같아 그와 구분하기 위하여 흔히 '젊은 플리니우스'라 부른다.

순수 바닥 난방으로 하이퍼코스트가 주거용에도 쓰였음을 보여주는 예는 이 이외에도 알프스 북부의 로마 점령지에서 상대적으로 많이 발굴되었다. 예를 들면 독일 쾰른(Köln) 근처의 뮁어스도르프(Müngersdorf)에서 발굴된 로마 시대의 저택에서는 한쪽 편에 하이퍼코스트를 설치한 욕장이 있고(그림 속의 11. 난방실, 12. 열탕, 13. 온탕) 이와 별도로 그 반대편에 아주 작지만 침실로 쓰인 듯한 방 하나가 바닥 난방 시설을 갖추고 있었음이 확인되었다(그림 속의 2. 바닥 난방이 된 방, 3. 난방실).

주거용으로 바닥 난방 시설을 가졌던 대부분의 주거 유적은 로마 제국의 중-말기의 것들로 바닥 난방이 초기에는 공중 목욕 시설에 사용되다가, 점차 개인 저택의 욕실에 도입되고, 이어서 알프스 북부 지역 추운 지방에서는 침실과 같은 방 한두 곳에도 사용되기 시작한 경향을 보인다. 바닥 난방이 주거용으로도 전파되었다는 점은 한국의 온돌이 주거의 난방이었다는 것을 고려할 때 더욱 관심의 대상이 되지만 하이퍼코스트는 목욕과는 밀접한 관계에 있으나 한국의 온돌에서처럼 취사 기능을 겸하지는 않았다.

잊혀진 하이퍼코스트

그런데 하이퍼코스트 이야기는 자꾸만 로마 시대로 돌아간다. 중세에는 하이퍼코스트가 어떻게 쓰이고 어떻게 발전하였다는 등의 이야기를 듣지 못하게 된다. 그것은 앞에서도 언급되었지만 하이퍼코스트는 로마 제국의 멸망과 함께 자취를 감추고 말기 때문이다.

그런데 하이퍼코스트와 관련지어 볼 수 있는 것이 전혀 없는 것은 아니다. 다만 몇몇 사례가 있기는 하지만 확실한 증거가 되지 못하고, 로마 시대의 하이퍼코스트에 비해 기술적으로 오히려 뒤지고 있어서 하이퍼코스트 기술의 직접적인 계승으로 보기에는 문제가 있기 때문이다. 또 분명한 것은 서양의 중세에 하이퍼코스트는 다음에 이야기할 몇몇 경우를 제외하고는 보통 쓰는 난방 방법이 아니었다는 점이다. 하이퍼코스트와 연관지어 볼 수 있는 몇몇 사례를 소개하면 다음과 같다.

St. Gallen 수도원의 수도원 설계도

스위스의 성 갈렌수도원(Kloster St. Gallen)에는 약 820년경에 제작된 것으로 알려지고 있는 수도원 설계도가 하나 보존되어 전해지고 있는데 그 설계도대로 지어졌거나 그와 비슷하게 지어진 수도원은 확인되지 않아서 하나의 "이상적 수도원 설계도" 또는 "수도원 모범 설계도"로 불리고 있다.

이 설계도에는 바닥 난방 시설로 추측해 볼 수도 있는 몇몇 공간들이 있는데 수도사들의 '거실'이라 할 수 있는 "pisalis"(도면에서 F), '아래, 난방실 (또는 난방된 방)-위, 침실'로 번역할 수 있는 "subtus calefactoria dom. supra dormitorium" 등으로 표기된 공간들과(도면에서 C), 이들 공간에 소속되며 불을 지피는 곳으로 추측되는 "caminus", "caminus ad calefaciendum"(도면의 A), 그리고 '연기 출구'란 의미로 굴뚝이나 배연 시설로 추측케 하는 "exitus fumi"(도면의 상부), "evaporatio fumi"(도면의 B)로 표기된 부분들이 문제의 부분들이다. 특히 굴뚝으로 보이는 부분들이 건물 본체로부터 외부에 멀리 떨어져 있는 것으로 그려져 있고, 난방 구조상으로는 바닥 난방에서나 굴뚝이 건물로부터 떨어져 있을 수 있으므로 이 부분은 바닥 난방 시설을 나타낸 것으로 주목되는 것이다.

한국의 전통 온돌에서는 굴뚝이 모두 건물로부터 떨어져 있으므로 특히 한국인들은 바닥 난방 시설로 이해하기 어렵지 않은 부분이다. 그럼에도 불구하고 근래의 연구에서는 이 시설을 바닥 난방으로 보지 않고 벽난로로 보는 경향이 강하다. 그렇게 보는 주된

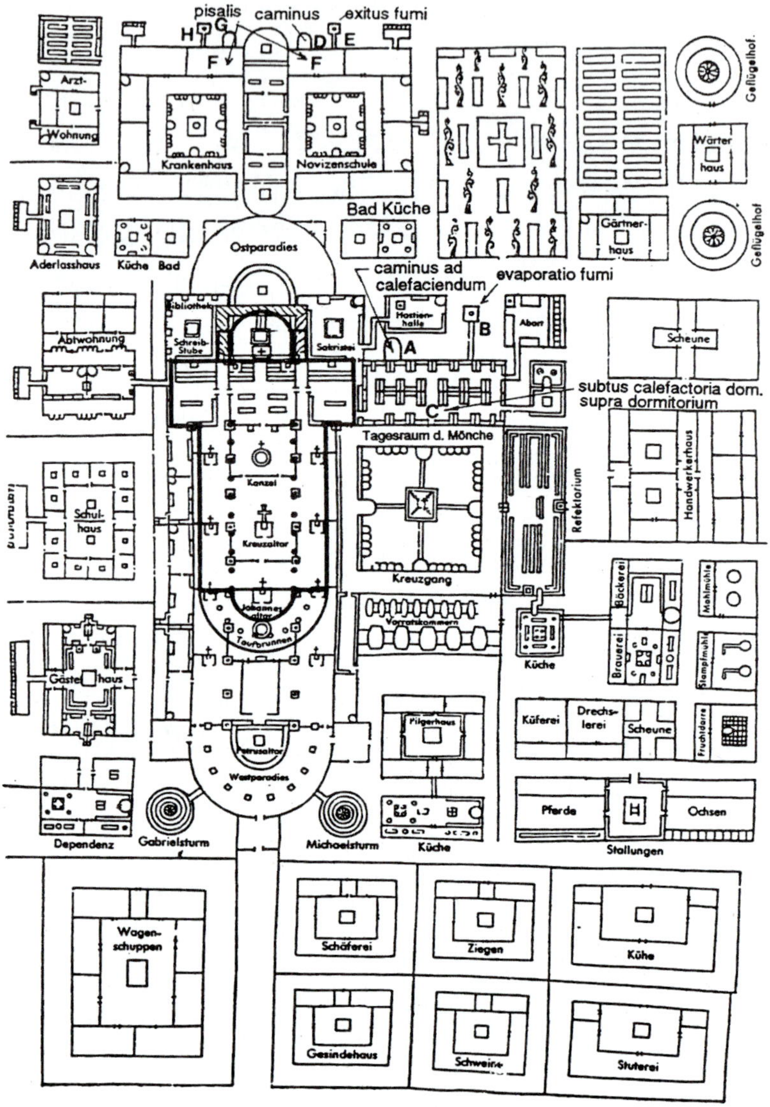

그림 244 스위스 St. Gallen 수도원에서 발견된 수도원 계획도(820년경 제작, 바닥 난방이 추정되는 곳은 A~E)

이유는 불을 때는 곳으로 짐작되는 곳이 "Caminus"로 표기되어 있는데 "Caminus"는 "Caminata"라고 불리기도 하면서 "옛날에는 특정의 난방 종류를 지칭한 것이 아니라 '난방이 되는 방'을 그렇게 불렀기 때문"[76]이라는 것이다.

한편 유럽에서 중세 이후 일반적으로 사용해 온 난방 방식은 바닥 난방이 아닌 벽난로 형식이란 점과 바로 그러한 벽난로가 이태리어에서 camino, 불어에서의 cheminée, 독어에서의 Kamin 등으로 불리고 있다는 점에서도 St. Gallen 수도원에서 발견된 도면에서의 "Caminus"는 벽난로를 가리키는 말일 가능성을 높게 한다. 또한 '건물 외부에 존재하는 굴뚝'은 앞에서도 언급되었듯이 바닥 난방으로 보게 하는 중요 이유가 되기는 하지만 충분한 증거가 되지 못하는 또 하나의 이유가 있다. 그것은 그리스, 로마 시대의 바닥 난방, 즉 하이퍼코스트는 모두 배연 시설 또는 굴뚝을 한국의 온돌과 달리 건물 벽체에 두었지 건물과 떨어져 외부에 설치하지 않았다는 점이다.

따라서 이 도면에서 외부 굴뚝처럼 표기된 것은 도면 작도법이 아직 오늘날과 같이 발전되지 못했던 당시에 수직적 건물 부위인 굴뚝 부분을 평면도상 효과적으로 나타내기 위해 그 부분에서는 펼친 그림으로 나타낸 것이 아닌가 하게 된다. 어쨌든 이 성 갈렌(St. Gallen) 수도원에서 발견된 도면은 더 자세한 정보가 담겨 있지 않아서 바닥 난방으로 단정적으로 말하기는 어렵지만 바닥 난방으로 보더라도 바닥 난방이 당시에 일반적으로 사용되는 난방법은 아니었음이 여러 가지 시대적 자료들에 의하여 확실시되고 있다.

마울부론의 치스터치엔저 클로스터(Zisterzienserkloster Maulbronn)

독일 슈봐르츠발트의 마울부론(Maulbronn)에 있는 치스터치엔저 수도원(Zisterzienserkloster)에서 방 밑에 아치형으로 덮인 난방실을 갖고 있는 방이 하나 발굴되었다. 이 방바닥에는 밑의 난방실과 직접 통하는 작은 원형 구멍이 20개 있었고 그 구멍의 상부는 홈이 파여 있어서 필요에 따라 여닫을 수 있는 마개가 사용된 것으로 보인다. 이러한 구조로 보아 그것은 밑의 난방실에서 불을 때고, 불이 다 타고 연기가 모두 굴뚝으로 빠져나가면 (굴뚝은 15㎠ 정도의 구멍으로 북벽에서 발견됨) 마개를 열어 뜨거워진 돌의 열기가 그 위의 방으로 올라올 수 있도록 했던 것으로 해석되고 있다.[77]

이 경우는 주로 온풍을 활용하는 지혜로 열기가 바닥에서 올라온다는 점과, 매우 두텁기는 하지만 바닥도 열을 저장하여 축열에 의한 바닥 난방 효과를 지니게 되므로 '온풍(溫風) 난방겸 바닥 난방 시스템'이라 할 수 있는 사례가 되고 있다.

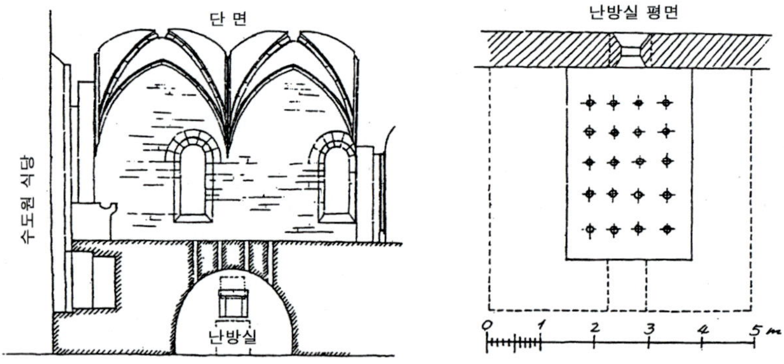

그림 245 서양 중세의 '온풍 난방법', Zisterzienser-Abtei, Maulbronn, 독일

마리엔부르크의 오르덴스슐로쓰(Ordensschloß Marienburg)

앞의 마울브론(Maulbronn)의 경우와 비슷한 난방 원리를 가졌던 것으로 파악되는 예가 독일 마리엔부룩(Marienburg)에 있는 오르덴스슐로쓰(Ordensschloß : 騎士團의 城)에서 발굴되었는데 1350년 이후에 건축된 것으로 알려져 있다.

이곳에서는 수도사들의 식당 밑의 일부분이 앞에서의 예와 달리 2개 층의 난방실로 되어 있어서 난방실 상층에 자갈을 채워서 불을 때면 자갈이 먼저 가열되고, 불이 꺼지고 연기가 다 배출되고 나면 구멍의 마개를 열어서 가열된 돌무더기의 열기가 식당 칸으로 올라오게 되어 있었다. 자갈을 채워 돌을 가열하는 점이 앞에서의 경우와 다른데 19세기 초까지 난방 시설이 남아 있어서 난방 실험을 할 수 있었고 그 결과 불을 땐 지 10일이 지난 후에도 석실(石室)의 온도가 30℃에 달한 때도 있었다고 한다.[78] 이 역시 바탕 원리는 '온풍 난방 방식'으로, 돌을 채운 것은 오랫동안 열기를 취하기 위한 것으로 보이며, 이곳 사례 역시 부분적으로는 바닥 난방 효과도 있었던 것으로 믿어진다.

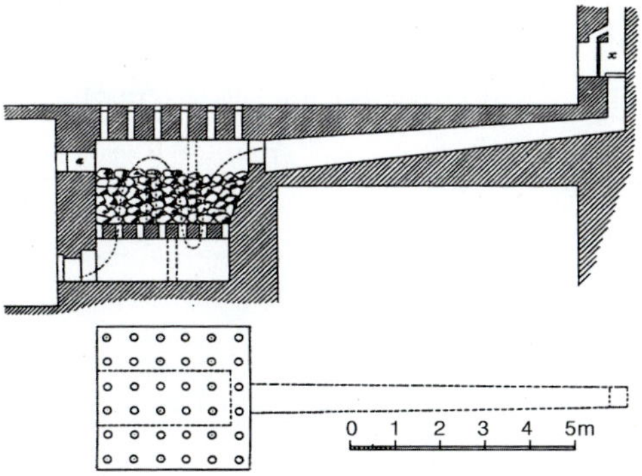

그림 246 서양 중세의 '온풍 난방법',
Ordensschloß Marienburg, 독일, 1930 건축

이 외에도 돌과 온풍을 이용한 듯한 난방 흔적이 몇몇 다른 중세 건축물에서도 발견되었고, 앞의 플리니우스(Plinius)의 서간문에서도 나타나듯이 로마 시대에도 유사한 온풍 이용법이 있었던 것으로 짐작된다. 그러나 로마 시대의 대부분의 바닥 난방 유적은 순수한 바닥 난방 방식이었고, 중세의 온풍 활용을 기본으로 하는 기술은 오히려 여러 가지 면에서 로마 시대의 순수 바닥 난방 방식보다 뒤떨어진 측면이 있어 하이퍼코스트로 대변되는 그리스-로마식 바닥 난방의 직접적인 계승으로 보는 데는 한계가 있다. 그러므로 하이퍼코스트는 로마의 멸망과 함께 거의 잊혀져 버리고 수도원 등에 전해진 문헌의 내용에 간접적으로 전해져서 중세의 수도사들이나 식자(識者)들에 의해 때때로 이와 비슷한 형태로 시도된 듯 보인다.

소아시아 반도 지역과 오늘날의 이스라엘 지역에서는 좀더 오래 존립했던 동로마의 덕택으로 하이퍼코스트 시설을 갖춘 공중 목욕탕이 더 오래 사용되었다. 그것은 '터키탕(터키식 목욕 문화)'으로 한국에서 불리다가 터키의 항의로 '증기탕'으로 개명된 목욕 문화의 바탕이 되기도 하는데, 위에서 본 독일 지역의 사례들은 로마 시대의 하이퍼코스트의 직접 계승이 아니라 십자군 원정과 함께 유럽의 성직자들이 소아시아 반도나 팔레스타인 지역에서 그곳에 남아 있던 욕장들과 하이퍼코스트 시설들을 경험하고 돌아와서 기억으로 모방한 결과가 아닌가 하는 견해도 있다.[79] 이러한 견해는 특히 마리엔부르크(Marienburg)의 수도원이 '기사회 수도원'이란 점에서 더 믿을 만한 바탕이 마련되고 있다.

어쨌든 유럽에서 하이퍼코스트와 연관지어볼 수 있는 난방 시설은 이정도인데 이것들은 로마의 멸망으로부터 한참 지난 후의 것이고 그 원리도 하이퍼코스트를 발전시킨 것이라고 보기는 어렵다.

무엇보다도 유럽 사람들의 난방 방식은 벽난로나 카헬오펜(Kachelofen) 계통이었다. 그나마 이들도 역사를 살펴보면 9~10세기부터 시작되었고 일반적인 난방 방법으로 자리를 잡기까지는 또 몇 백 년 걸려야 했다. 유럽에서는 하이퍼코스트가 다시 발견될 때까지는 그런 바닥 난방 기술이 존재했었는지 모르는 상황이었고, 폼페이의 발굴과 함께 하이퍼코스트도 주목받기 시작하였지만 또 수백 년 간은 고고학자 같은 전문가들에게나 그 존재가 인식될 정도였다.

이상에서 하이퍼코스트의 발전 과정을 살피는 데 중요한 사항들과 근거들을 살펴보았다. 중요 사항들을 정리하면 다음과 같다.

첫째, 하이퍼코스트는 한국 문화의 온돌, 즉 구들과 매우 유사한, 기준에 따라서는 동일한 난방법이라 할 수 있다.

둘째, 하이퍼코스트는 기원전 250년경 고대 그리스 말기 문화에서 욕장 시설의 난방법으로 나타나기 시작한다. 욕장 시설은 고대 그리스의 스포츠 활동과 관련되어 발전된 것으로 믿어진다. 발상지는 올림피아(Olympia), 고르티(Gorty) 또는 지중해의 그리스 문화권으로 보여 진다. 따라서 고대 로마의 기술로만 간주할 것이 아니라 "그리스-로마의 하이퍼코스트"로 인식하여야 할 것이다.

셋째, 그리스 목욕 문화는 로마 시대의 목욕 문화로 계승되고 바닥 난방 기술인 하이퍼코스트도 계승되고 더욱 발전된다. 기원후 1세기경부터는 주거의 목욕 공간과 작은 침실의 난방으로도 사용된다. 그러나 하이퍼코스트는 4세기경 로마의 멸망과 함께 잊혀져 갔고 폼페이 발굴이 시작된 19세기 중엽까지 유럽에서는 거의 잊혀졌던 난방 기술로 간주된다. 중세에 몇몇 유사한 난방법이 사용되었으나 하이퍼코스트의 중단 없는 계승으로 보기에는 무리가 있고 또한 기술 수준도 고대의 것보다 발전적이라 볼 수 없다.

넷째, 하이퍼코스트는 주로 욕장의 난방법으로 사용되었고 주거용 난방으로 사용된 경우도 한국의 온돌과 달리 취사와 연계되지 않았다.

하이퍼코스트에 관련되는 유적과 연구는 수없이 많다. 로마 제국의 지배를 받았던 지역과 나라들, 특히 유럽에서 연구가 활발하였고 새로운 유적들이 발굴되면 또다시 주목받곤 한다. 유적들의 대다수는 욕장 건축물들이고 연구들은 대개의 경우 개별 유적들을 중심으로 한 연구들이다. 그러므로 연구들은 많지만 유럽에서도 종합 정리한 자료들을 찾기가 어렵고 따라서 많은 자료를 검토하지 않으면 개관하기 어렵다. 또한 발전사의 몇몇 부분은 유럽에서도 아직 합의된 견해에 이르지 못하고 논란되고 있는 것들이 있는데 그것은 그들에게 전통 난방이 아니고 바닥 난방은 천 년 이상 잊혀졌던 데에서 오는 한계로 보인다. 그런 문제의 해명에는 대대로 바닥 난방을 사용해 온 한국인들의 경험이 많은 도움이 될 수 있으나 서양에서는 한국의 구들(온돌)의 존재에 대하여 잘 모르고 있는 형편이다. 그런 문제의 하나가 뒤에 설명될 "로마인들은 바닥 난방법만 알고 있었던 것이 아니라 벽체 난방법도 알고 있었다"라는 주장과 관계되는 문제이다.

하이퍼코스트의 동공벽

하이퍼코스트는 벽도 난방이 되었다?

고대 로마인들은 한국의 온돌과 매우 비슷한 '하이퍼코스트'라는 바닥 난방을 사용했다는 것과 그 발전 개략은 앞에서 설명한 바와 같다. 그러나 그 난방법은 로마 제국의 멸망과 함께 잊혀졌다가 발굴을 통하여 19세기 중반부터 다시 주목받기 시작했으므로 유럽 사람들은 그 난방의 혜택을 전혀 보지 못하고 중세에 이르기까지 매우 춥게 생활하였다. 왜냐하면 10세기경까지는 모닥불 형식 외에 이렇다할 난방법이 없었고 10세기경부터 벽난로와 카헬오펜(Kachelofen : 독일 이름)이란 난로 형식이 나타나기 시작하나 범유럽으로 전파되기까지는 또한 많은 세월이 걸렸기 때문이다.

벽난로도 그 특성상 열기의 70-80%는 연기와 함께 굴뚝으로 사라지므로 벽난로 앞에서는 얼굴이 불고기가 되어도 등은 시리게 마련이며 열기가 상승하므로 무릎 아래는 늘 추웠다. 그나마 그런 난방도 모든 방에 설치하기가 어려워 보통 집에서는 방 하나 정도에나 설치되어 있었다. 그렇기 때문에 하이퍼코스트 난방법이 알려지자 유럽 사람들은 그 우수성에 놀라게 되고 이제는 웬만한 사람들도 아는 사실이 되었다. 그러므로 그들에게 "한국인들은 모두 옛날부터 바닥 난방을 해왔다"고 얘기하면 모두 놀라면서도 잘 믿어지지 않는 듯한 표정을 짓는 것을 경험할 수 있다.

그런데 그런 경우 종종 듣게 되는 또 하나의 사실은 "로마인들의 바닥 난방은 벽체도 함께 난방 하는 것이었다"는 것이다. 그것은 어떤 면에서 온돌보다도 한 수 위이며, 천장 가까이에는 열기가 모이는 곳이니 사실상 실(室)을 둘러싸고 있는 여섯 면 모두를 난

그림 247 하이퍼코스트와 동공벽(Stabiae 욕장, 폼페이, 이태리)

방했다는 것이 된다. 그런 말을 처음 들으면 "도대체 어떻게 만들었기에 온 사방이 난방 된다는 말인가" 하는 의문과 또 한편으로는 "시베리아에서라면 몰라도 그렇게까지 난방할 필요가 있을까"하는 의문점을 갖게 된다. 그러나 조금 더 문제에 접근해 보면 벽체 난방의 존재는 유럽의 학계에서도 오랫동안 많은 논쟁을 불러 일으켰던 문제이고, 벽체는 "난방이 되었다"는 주장과 "난방 장치가 아니었다"는 주장이 엇갈리고 있으며 일반인들은 어떤 자료를 접하느냐에 따라 전혀 상반되는 지식을 얻게 됨을 알 수 있다.

그런데 바로 이러한 논쟁들은 바닥 난방 하이퍼코스트가 서양에서는 일반적으로 쓰이던 난방법이 아니어서 사용 경험이 없기 때문에 일어나는 측면이 강하고 온돌에 대한 이해와 경험이 있는 한국인들의 입장에서 보면 판단에 도움이 되는 부분이 많음을 알게 된다. 하이퍼코스트는 우리의 온돌과 유사하다는 점에서 한국인들의 관심을 자극하는 주제이고 벽체 난방 문제는 하이퍼코스트의 바른 이해에 중요한 부분이 되므로 이제 서양에서 있었던 하이퍼코스트와 벽체 난방에 관한 논쟁을 살펴보고, 고대 로마 건축에서 나타나는 동공벽의 기능과 벽체 난방법의 존재에 대하여 살펴보기로 한다.

논쟁의 발단 - 동공벽의 존재

문제의 발단은 로마 시대에 지어진 욕장(浴場) 건축물들, 그리고 일부 주거 건축에서 바닥 난방(하이퍼코스트)을 하고 있는 몇몇 공간들의 벽이 동공벽(洞空壁)으로 되어 있는 것들이 발견되면서부터이다. 특히 바닥 난방 하이퍼코스트의 존재를 알게 된 계기가 된 폼페이의 발굴과 그곳의 Stabiae 욕장에서의 남녀 Caldarium(열탕)과 Tepidarium(온탕)의 벽이, 부분적으로 남아 있는 정도이긴 하지만, 이중벽(동공벽)을 형성하고 있었음이 확인되면서부터 그 동공벽들의 기능에 대하여 논쟁이 일기 시작했다. 그 이후에도 동공벽은 유럽의 다른 여러 곳의 로마 유적에서도 확인되고 있는데 나폴리 근처의 Castellamare 유적, Ostia Antica의 공중 욕장들, Leptis Magna의 사냥 욕장, 독일의 Baden-Baden의 로마 유적 및 로마 시대의 군사 요새였던 Saalburg(독일 프랑크푸르트 근처) 등을 예로 들 수 있다.

동공벽은 기본적으로 두 가지 종류로 되어있었는데 그 하나는 tegulae mammatae(테굴래 맘마태)라 하는 일종의 굽이 달린 구운 벽돌판(板) 형태이고 다른 하나는 tubulae(투불래) 또는 tubuli(투불리)라 하는, 속이 빈 구운 벽돌 형태를 사용한 것으로, 연이어 시공할 경우 하나의 긴 파이프가 되는 것이다. 이들은 모두 본 벽체의 안쪽으로 붙여져서 벽에 동공을 형성하고 있어서 실의 바닥 고래로부터 이 동공 속으로 연기(열기)가 올라온다면 벽체 난방이 될 수 있는 것이다.

그림 248 동공벽 형성에 사용된 벽돌

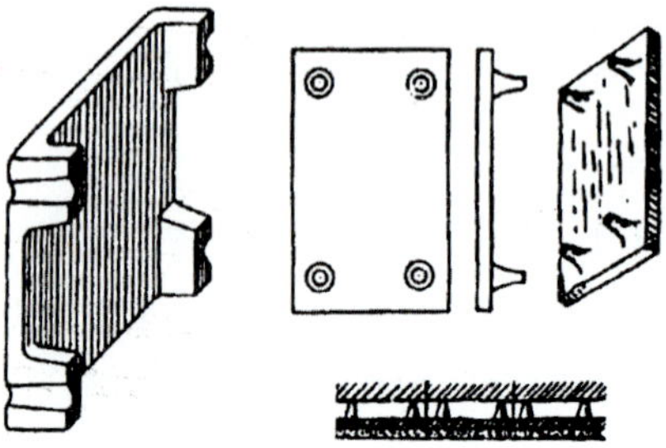

그림 249 하이퍼코스트 동공벽 형성에 사용된 판형 벽돌과 벽에 부착했을 때의 단면

그럼에도 불구하고 논란이 되는 것은 크게 세 가지 문제로 볼 수 있다. 첫째, 동공벽이 설치된 유적들에서 동공벽과 바닥 밑의 고래 부분이 접하는 곳들이 서로 통하였는지 분명하게 알 수 있게 남아 있는 경우가 드물다. 둘째, 동공벽은 바닥 밑의 고래 부분과 통할 수 있도록 되었다 하더라도 벽체 상부까지 남아 있는 경우가 거의 없어서 상부에 어떤 배연구(排煙口)가 있었는지 또는 막혀 있었는지 알 수 없다는 것이다. 이점은 연기가 유통될 수 있었는지를 판단하는 데 중요한 것으로서 만약 상부에 배연구가 없었다면 연기는 갇혀 난방 효과를 갖지 못하게 되고, 그러면 동공벽의 목적은 단순히 공기에 의한 보온층(保溫層) 형성에 있다고 볼 수 있는 것이다. 그리고 셋째는 비트루비우스(Vitruvius)의 『건축 10서』에 나타나는 기술(記述)인데 그는 이 책 5장에서 공중 욕장과 관련하여 비교적 자세히 동공벽에 대하여 기술하고 있으나 그것을 욕장에서 발생하는 습기에 대한 대비책으로만 설명하고 있으며 난방과 관련하여서는 아무런 언급을 하지 않고 있다는 점이다.

그림 250 욕조 주변에 설치된 동공벽 모습

동공벽에 대한 주요 자료 및 견해

Vitruvius가 기술한 욕장 구조와 동공벽

비트루비우스(Vitruvius Pollio, Marcus)는 우리가 흔히 『건축10서(建築十書)』로 옮기는 "*De architectura libri decem*(건축 10서)"이란 책 제5권 제10장에서 욕장 건축(Thermae)은 어떻게 하는지를 설명하고 있다. 이 책은 유적이 아닌 문헌 자료로 욕장 건축과 바닥 난방인 하이퍼코스트에 대한 구조 등을 짐작할 수 있는 내용들을 담고 있는데 그 내용 중에는 동공벽에 관계되는 언급도 있어 주목할 만하다. 이 책은 한국에도 번역되어 있기는 하지만 특별히 동공벽 문제를 염두에 두고 번역한 것이 아니어서 해당 부분 내용이 분명하게 전달되지 않아 문제의 제5권 제10장 전문을 다시 번역하여 소개하면 다음과 같다.

> 우선 가능한 한 따듯한 장소를 선택하여야 한다. 즉 부지는 북향이나 북동향이어서는 안 된다. 열탕(caldaria)과 온탕(tepidaiaque)은 남서쪽으로부터 햇볕을 받아야 한다. 그러나 그것이 불가능한 장소인 경우에는 최소한 남쪽에서 빛을 받아야 하는데 그것은 목욕 시간이 주로 정오에서 저녁까지로 정해져 있기 때문이다. 마찬가지로 유의해야 할 것은 남온탕(男溫湯)과 여온탕(女溫湯)은 서로 연결되어 있도록 하고 같은 축선 상에 놓이도록 있게 하여야 한다는 것이다. 그렇게 함으로써 가열 수조와 부뚜막을 남녀 욕실에서 공히 쓸 수 있게 되는 것이다. 부뚜막 위에는 세 개의 청동 수조(靑銅水槽)를 올려놓는데 하나는 뜨거운 물을, 또 하나는 따듯한 물을, 그리고 나머지 하나는 찬물을 위한 것이다. 그리고 이 세 수조는 따듯한 물 수조의 따듯한 물이 뜨거운 물 수조로 흘러들고, 찬물 수조에서 같은 양만큼의 찬물이 따듯한 물 수조로 흘러들며, 또한 욕조로 통하는 반원형의 낮은 통로(testudinesque)에도 채워져 모두 같은 아궁이의 불로부터 데

워질 수 있도록 (위치 및 높낮이를) 설치해야 한다.

열탕(caldariorum)의 떠 있는 바닥(suspensurae)은 다음과 같이 만들어 진다: 우선 1과 1/2인치짜리 구운 전(塼)을 깔아 바닥면을 형성하는데 이것은 아궁이 쪽으로 경사지게 해서 하이퍼코스트(hypocausim = hypocaust = 고래) 속으로 공을 던지면 공이 그 속에 머물지 않고 아궁이(praefurnium) 쪽으로 도로 굴러 나오게 되어야 한다. 그러면 불꽃이 쉽게 구들장(suspensione) 밑부분으로 퍼지게 된다. 방전으로 깐 바닥 위에 8인치짜리 방전(bipedales tegulae)으로 받침 기둥을 쌓는데, 일정한 간격으로 놓여서 2인치짜리 방전이 그 위에 놓일 수 있게 한다. 이 받침 기둥들은 높이가 2피드 되어야 한다. 그리고 그 기둥들은 머리카락을 넣어 이긴 진흙을 사용해 쌓고, 그 위에는 길이 2피드 짜리 구운 벽돌판이 놓이며 그 위에 미장을 하게 된다.

볼트식 천장은 조적식으로 하면 적절하나 목구조로 될 경우는 그 천장 밑 부분은 구운 벽돌 판재를 붙여야 한다. 마감 처리는 다음과 같이 시공해야 한다: 자(尺)형 또는 활 모양[弓形] 철물을 만들고 그것들을 가능한 많은 꺽쇠로 구조물에 건다. 이 철물들은 두 개마다 벽돌판이 빠져나가지 않고 얹혀 있을 수 있도록 간격을 맞추어야 하고, 그렇게 해서 결과적으로 전체 천장 볼트 구조체가 철물에 의해 받쳐지도록 한다. 그런 다음에 이 천장의 안쪽 틈들은 머리카락을 넣어 이긴 진흙으로 바른다. 그러나 미장을 하게 되는 (실내로 향한) 면에는 우선 쇄석(碎石)과 석회로 된 몰타르를 던진 다음 석회칠이나 미장으로 매끈히 고른다. **열탕(caldariis)에서는 볼트형 천장을 이중으로 하면 더 좋은데 그렇게 하면 증기에 의해 생기는 습기가 가구의 목재를 망가뜨리지 않을 것이고 습기는 두 겹으로 된 천장 사이에서 순환하게 되기 때문이다.**

욕장의 크기는 이용객의 숫자에 대해 적절하여야 하는데 다음과 같다: 공간의 폭은 세면기나 욕조가 점유하는 구석을 빼고 길이보다 1/3 정도 적게 만들어야 할 것이다. 욕조는 어쨌든 천창 밑에 두어야 하는데 욕조 주변에 서 있는 사람들의 그림자로 하여금 채광이

어둡게 되지 않게 하기 위함이다. 세면대들이 있는 구석들은 먼저 온 사람들이 주위에 쭉 자리를 잡고도 기다리는 사람들이 불편 없이 서 있을 수 있는 정도로 넉넉하여야 한다. 그리고 벽과 욕조 틀 사이의 욕조 폭은(욕조의 안치수는) 6피트 이하가 돼서는 안 되는데 맨 밑단과 기대 앉는데 필요한 각도가 2피트 정도를 차지하기 때문이다.

라코니아식 홀(laconicum)과 한증탕(sudationesque)은 온탕(tepidario)과 연결되어 있어야 한다. 그것들의 폭은 반구형 지붕의 밑단까지의 높이와 같게 해야 한다. 반구형 지붕의 가운데에는 채광 구멍을 두어야 되는데 거기에 철판을 사슬로 매달아서 그것을 당겨 올리거나 내려뜨려 한증탕의 온도를 조절할 수 있게 된다. 그 실 자체는 보기에 원형으로 만들어져야 하는데 그렇게 함으로써 불과 증기의 열기가 실 중앙으로부터 반구형 지붕 곡면을 따라 순환되기 때문이다.[80]

여기에 소개된 내용만으로는 그 구조를 이해하기에 충분하지 않다. 그러나 그가 살던 시절의 공중 목욕탕의 일반적 시설을 이야기하고 있고 이중 바닥의 존재, 부재들의 크기, 고래 부분의 경사진 처리 등에 대하여는 시사하는 바가 크다. 특히 이중벽을 만드는 요령에 대해서는 상당히 상세한 편이고 설명 내용이 폼페이의 Stabiae 욕장의 구조와 비슷한 점이 많다. 여기서 Vitruvius가 말하는 동공벽은 tegulae mammatae(테굴래 맘마태)라 불리는 종류의 벽돌판으로 이중 벽체를 형성하는 것으로 보인다. 그러나 그는 글의 어느 곳에서도 그것을 난방 기능과 관련시키지 않고 있다. 다만 물을 많이 쓰는 욕장에서 당연한 문제인 습기에 의한 벽체나 목조 구조체가 상하지 않게 하는 조처로 동공벽의 존재를 설명하고 있는 것이다.

Otto Krell의 견해

앞에서 인용한 비트루비우스(Vitruvius)의 기술 부분은 하이퍼코스트가 벽난로의 기능은 갖지 않았었다는 견해를 갖는 고고학자나 난방 전문가들에게 중요한 기반을 제공하였다.

오토 크렐(Otto Krell)은 난방 전문가로서 일찍이 고대 로마의 난방 방법을 연구하였는데, 그는 폼페이의 욕장들에서 발견되는 동공벽은 난방과는 무관하다고 주장하고 심지어 '하이퍼코스트'까지도 난방 시설이 아니었다고 주장한 사람이다. 그는 "러시아 시골 마을의 목욕탕에 가보면 얼마나 물이 많이 떨어지는지, 그리고 벽체가 얼마나 푹 젖어 있는지 볼 수 있다"며 욕장에서의 동공벽은 "단지 습기 제거와, 목욕하는 사람들이 천장으로부터 물방울이 떨어져 방해받지 않게 하기 위해 매우 필요한 조처였다"[81]고 주장하였다. 그는 들어올려 놓아 속이 빈 욕장의 동공 바닥도 난방을 위한 것이 아니라 습기에 대한 대책으로 보았는데 그 근거는 폼페이의 Stabiae 욕장에서 발굴된 여러 개의 화로이다. 그 곳에서 대형 화로도 여러 개 발견된 것은 사실이지만 바닥의 동공 층이 바닥 난방이었다는 것은 학계에서 이제 더 이상 문제시 삼지 않는다.

또한 오토 크렐(Otto Krell)은 그렇게 이중벽을 하면 공간을 건조시킬 뿐만 아니라 "겨울에는 따듯하고 여름에는 시원"하기 때문에 동공벽의 존재는 난방을 위한 것이 아니라고 주장했다.[82]

Fritz Kretzschmer의 견해

동공벽은 난방되지 않았다는 의견을 펴는 사람 중에는 역시 난방 기술 전문가인 프릿츠 크렛츠슈메르(Fritz Kretzschmer)가 있다.

그는 독일 프랑크푸르트 북쪽의 반 홈부르그(Bad Homburg)시 근처에 있는 로마 시대의 성채(城砦) 내에서 복원된 바닥 난방 유적을 대상으로 1951년 말에서 1952년 1월까지 실제로 불을 때며 난방 실험을 실시하였는데, 실험 결과는 바닥만 난방 되어도 충분히 따듯하다는 것이었다. 그러자 그는 만약 동공벽이 그때까지 흔히 주장되던 바와 같이 난방을 위한 것이라면 "바닥 난방만으로도 충분한데 무엇 때문에 벽체까지 난방 하겠는가"라는 의문을 갖게 되었다. 왜냐하면 현대의 난방 기술자라면 누구나 불필요하게 많은 경비와 수고를 하며 "방 하나 난방하는 데 라디에이터를 다섯 개나 설치하지는 않을 것"[83]이라는 것이다.

그래서 그는 하이퍼코스트가 사용된 여러 곳의 유적을 검토하기 시작했고 그 결과 의미 있는 통계를 하나 얻게 되었다. 즉, "동공벽은 욕장으로 사용된 공간에서만 확인되며, 주거용 공간의 바닥 난방에서는 사용되지 않았다"[84]는 사실을 발견한 것이다. 또한 여러 곳의 유적의 동공벽이 상부가 막혀 있어서 연기의 유통이 불가능하며, 고래(히포카우스툼)와 접하는 부분이 연기가 통할 수 있도록 열려 있지 않았다는 것이다. 그리고 그런 점들 외에 배연 시설로 굴뚝이 따로 있었다는 점을 들어 그는 문제의 "동공벽들은 난방 되지 않았다"[85]고 단호히 결론짓고, 따라서 동공벽의 기능은 "욕장에서 실내외의 온도차와 수증기에 의해 생기는 결로(結露) 현상과 그로 인해 생기는 물기가 벽체를 타고 흘러내리는 것을 방지하는 데 있었다"고 말하고 있다.

Walter Huber의 견해

크렛츠슈메르(Kretzschmer)가 동공벽이 난방을 위한 것이 아니었다고 '선언'한 지 약 3년 후 1956년에 빨터 후버(Walter Huber)에 의해 그의 주장은 부인되고 그와는 반대의 주장이 제기되었다. 그는 비교적 양호하게 남아 있는 독일의 Baden-Baden의 로마 유적에서 문제가 되는 부분들을 실측 조사하였다. 그 결과 그곳에서는 바닥과 동공벽체는 동공벽 속으로 연기가 통할 수 있게 되어 있었다는 점을 확인하였고, 서로 통할 수 있게 하기 위하여 구들장이 벽체의 본체에 완전히 밀착되어 있지 않고 간격을 띄워 물러나 있으며 tubuli(관형으로 만든 벽돌)가 2cm 정도 구들장 위에 얹혀 있어서 열기가 동공벽체 속으로 통할 수 있도록 열려 있음을 확인했다.

따라서 연기가 당연히 동공벽 내로 유입되었으며, 그렇지 않았다면 공연히 그렇게 수고하며 만들 의미가 없다는 견해를 폈다. 한편 tubuli들은 위로 겹쳐 쌓아서 하나의 관이 되며 또한 옆으로도 작은 구멍들이 있어 수평 방향으로도 통하게 되어 있는데 그것들이 공기층으로 작용하게 하려는 의도였다면 공기가 작은 공간 단위로 밀폐되어 유동하지 못하게 해야 하는데 서로 통하게 되어 있으므

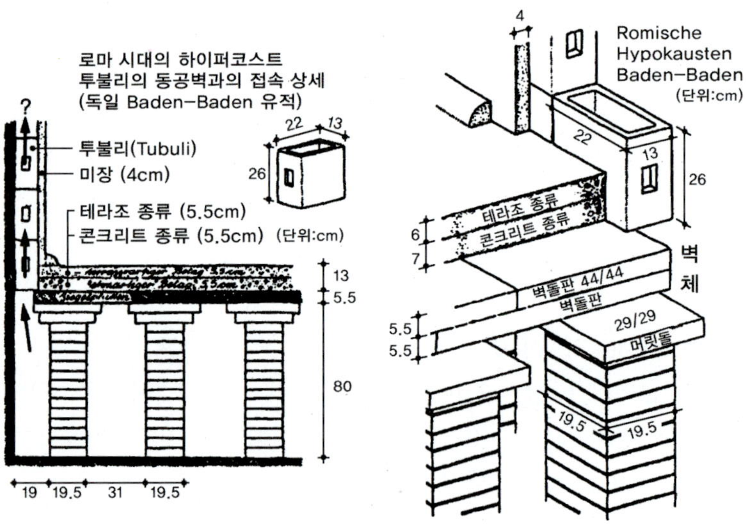

그림 251 독일 Baden–Baden 로마 유적에서의 동공벽과 고래층의 접속 관계

로 보온층으로는 효과가 없을 뿐만 아니라 오히려 잘못된 것이라고 한다. 그리고 외벽이 아닌 실(室)을 구획하는 내벽에서도 동공벽이 사용된 예가 있으며, 그것도 벽 양면으로 설치된 예들이 있는데 그 경우는 그야 말로 무의미한 것이 아니냐는 것이다.

후버(Huber)는 크렛츠슈메르(Kretzschmer)가 말하는 것처럼 동공벽은 욕실에서만 나타나는 것은 사실이지만 그 이유는 단순히 욕실에서는 바닥 난방만으로 충분하지 못하고 특히 더 추운(이태리 쪽보다 더 추운 독일 지역을 말함) 북방 기후에서는 방열 면적의 확대가 필요한 상황이므로 동공벽을 벽난방으로 연계하여 이용하게 된 것이라고 말하고 있다. 또한 벽체 윗부분에서 동공벽이 어떻게 처리되었는지에 대해서는 거의 알려진 것이 없는 것이 사실이나 벽체 윗부분에서 수평으로 통하게 해서 한두 곳에 작은 구멍을 두어 연기가 밖으로 배출되도록 하였다면 연기가 급속히 빠져나가지 않고 다소 정체되는 결과를 가져올 것이라는 견해를 펴고 있다. 그는 이와 관련해서 독일 트리어(Trier)의 바실리카의 복원과정에서 벽체 윗부분이 하나의 수평 관에 의해서 하나로 묶였음이 확인되었음을 예로 들고 있다.[86]

후버(Huber) 이후 벽체 난방에 관한 논쟁은 한동안 잠잠해진 것으로 보인다. 그리고 Huber의 "벽체는 난방 되었다"는 주장은 크렛츠슈메르(Kretzschmer)의 "벽체는 난방된 것이 아니다"라는 견해를 완전히 뒤엎은 것은 아니지만 "벽체는 난방 되었다"는 주장을 더 이상 문제 삼는 연구가 뒤따르지 않았으므로 대체로 벽체가 난방되었던 것으로 오늘날까지 받아들여지는 상황이다. Kretzschmer 본인은 Huber의 견해에 대하여 더 이상 반응하지 않고 다른 곳에서 "동공벽은 동공 바닥과 통하게 되어 있었으나 연기가 내통된 것은 아니었고, 벽체의 온도를 결로점보다 높게 유지하는 보온 효과를 내는 것"[87]이라고 설명해 "벽체는 난방을 위한 것이 아니었다"는 과거의 견해를 다시 한 번 고수하고 있다.

Dietwulf Baatz의 견해

Dietwulf Baatz는 1979년 독일의 로마 군사 성채인 자알부륵(Saalburg)의 유적을 대상으로 '줄고래 형식'의 하이퍼코스트에 대한 난방 시험을 하였다. (하이퍼코스트는 일반적으로 '허튼고래' 형식이다. '줄고래'는 특수형에 속하고 온돌의 줄고래와는 조금 다르다. 이에 대하여는 뒤에서 다루기로 한다.) 거기에서 그는 동공벽 문제를 직접 다루지는 않았지만 욕장이 아닌 주거 공간의 외벽에서도 동공벽이 사용된 흔적을 발견하고 "주거용 방은 동공벽을 갖지 않았다"는 크렛츠슈메르(Kretzschmer)의 조사 결과에 반하는 예외적인 경우도 있음을 지적하면서, '욕장에만 동공벽이 등장하는 것으로 보아 동공벽이 일종의 보온-완충 장치였다고 판단'하는 데는 문제가 있음을 간접적으로 시사하였다.[88]

지금까지 살펴본 이러한 주장들이 동공벽과 벽체 난방에 관한 대표적인 논거들이다. 그러나 이들 논거에서도 나타나듯이 동공벽을 난방으로 보는 입장도 그리 확고한 근거를 바탕으로 하고 있지는 않음을 볼 수 있다. 그럼에도 불구하고 '동공벽은 난방 기능을 가졌다'는 견해가 이후의 관계 서적에서 오늘날까지 별다른 주의 없이 많이 수용되어 오는 형편이다. 로마 시대의 공중 목욕탕과 목욕 문화를 깊이 있게 다루고 있는 에리카 브뢰드너(Erika Brödner)나 하인츠(Heinz)의 책에서도 별다른 검토도 없이 동공벽이 난방의 기능을 한 것으로 기술하고,[89] 또 이런 서적들은 또 다른 많은 건축사(建築史) 성격의 서적에서 그대로 인용되고 읽혀서 많은 사람들이 벽체도 난방이 된 것으로 알게 하는 데 크게 기여한다. 하지만 그 근거는 앞에서 보았듯이 그리 확고하지 못한 것이다.

한국인으로서 보는 새로운 관점

동공벽이 바닥 난방에 더하여진 벽체 난방이었다고 확정적으로 말하기에는 여전히 문제가 있다. 왜냐하면 동공벽의 상부에서 연기가 어떻게 처리되었는지를 밝혀주는 근거는 여전히 아무 곳에서도 찾을 수 없기 때문이다. 배출구가 따로 없어 연기가 흐르지 못한다면 동공벽의 기능은 내부와 외부의 기온차를 완충시켜 주는 역할밖에는 인정할 수 없기 때문이다. 그러나 반대로 벽체 상부에 구멍이 있어서 굴뚝 역할을 하며 연기가 배출되었다면 경우는 달라진다. 바닥의 고래로부터 연기가 상승할 수 있을 것이고 따라서 난방 효과도 발휘하게 될 것이 분명하기 때문이다.

그런데 한국인의 시각에서 보면 벽체 상부에 배연구(排煙口 : 연기가 나가는 구멍)가 있었다고 가정하고 동공벽을 난방으로 본다 하더라도 그런 견해를 좇는 서양의 연구자들은 하나의 중요한 사실을 보지 못하고 있다. 그것은 어쩌면 서양인들이 하이퍼코스트 같은 바닥 난방을 일상에서 경험하지 않았기 때문에 잘 몰라서 빚어지는 일로 생각되고, 필자를 포함하여 하이퍼코스트와 동일한 난방 원리인 구들, 즉 온돌(溫突)을 조상 대대로 써오고 있는 한국인들은 쉽게 발견할 수 있는 일이 아닌가 한다.

그들이 놓치고 있다는 점은 바로 동공벽을 통하여 연기가 상승하게 되면 벽체 난방은 고사하고 바닥 난방인 '하이퍼코스트' 자체도 제구실을 못하게 된다는 사실이다.

고래 속으로 들어간 연기(煙氣)는 자연 법칙에 따라 기회만 있으면 위로 상승하려는 속성을 갖고 있다. 만약 아궁이에 가까운 벽체가 동공벽으로 되어 있고, 벽체로 그 길이 열려 있다면 연기는 고래 속으로 계속 기어들어가기보다 동공벽을 타고 올라갈 것이다. 그렇게 되면 연기의 상당 부분은 아궁이에서 먼 바닥에 채 다다르기 전에 벽체를 타고 올라가게 되므로 아궁이에서 먼 곳에는 연기가 미치지 못하거나 부족하게 된다. 더욱이 공간이 크거나 한 아궁이로 2실 이상의 바닥을 난방할 경우에 중간에서 연기를 빼서 이용하게 되면 다음 칸에 미칠 연기가 남아있지 않게 되어서 바닥 난방의 효과가 사라지게 된다. 그리고 아궁이에 가까운 벽체는 난방 효과를 가지게 되더라도 바닥은 아궁이에 가까운 부분을 중심으로 매우 불균등하게 난방이 될 것이다. 따라서 바닥과 벽체를 모두 난방하려 한다면 두 가지 난방 모두 부실하게 되는 것이다.

실제로 하이퍼코스트의 주 적용 대상이었던 로마 시대의 공중 목욕탕은 난방 원리에 따라 아궁이에서 가까운 곳부터 열탕(熱湯 : Caldarium)과 온탕(溫湯 : Tepidarium)을 차례로 배치하고 있다. 그것은 자연 법칙을 활용하고 그에 순리적으로 따른 결과이다. 그 대표적인 예의 하나가 폼페이의 Stabiae 공중 욕장이다.

발굴 보고서에 의하면 이 욕장에서는 냉탕, 탈의실 등을 제외한 남자용 열탕과 온탕, 그리고 여자 열탕과 온탕 모두에서 동공벽 시설이 부분적으로 또는 상당 부분 발견되었다. 남성용 열탕에서는 북벽(北壁)과 서벽(西壁)에서 관(管)형으로 만들어진 tubuli로(9×13×37, 두께 1㎝), 북벽의 동쪽 일부에서 약간의 tubuli와, 욕조 근처에서 평판에 굽을 달은 tegulae mammatae(49×49×3㎝, 굽높이 4㎝)로 된 동공벽, 그리고 남자 온탕에는 북서편의 벽에서만 일부 tegulae mammatae(49×49㎝)로 된 동공벽이, 그리고 여자 열탕에서는 천장과 벽체 모두에서 tegulae mammatae로 동공벽이 만들어진 것이 확인되었다. 천장에 사용된 것은 20×51, 굽높이 2.5㎝이고 나머지

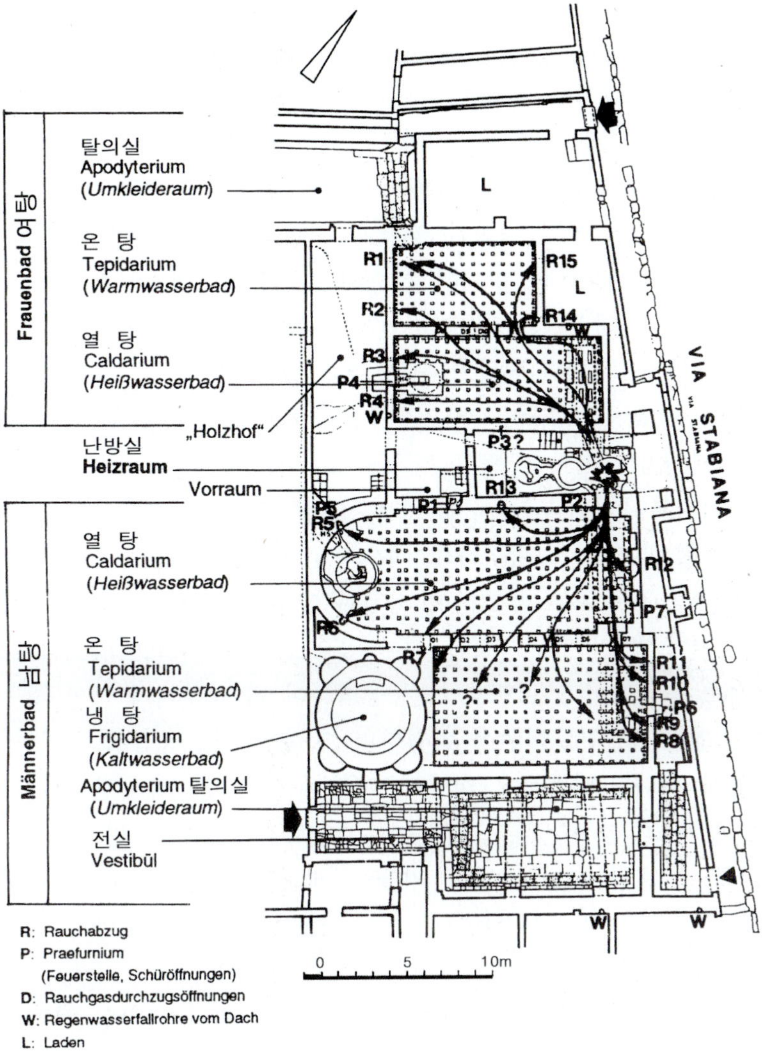

그림 252 Stabiae 욕장 고래층 평면도. 연기(열기)의 흐름과 벽체 난방 문제

벽에서 사용된 판은 51×51, 두께 2.5, 굽높이 6㎝로 서로 규격이 다른 것이었으며, 여온탕에서는 모든 벽이 tegulae mammatae로 동공벽이 형성되어 있어서 결국 욕실에서는 모든 벽이 동공벽을 갖추었던 것으로 보인다.[90]

하지만 난방실에서 불을 때면 이미 말했듯이 아궁이에 가까운 열탕의 난방실 쪽 동공벽과 열탕과 온탕 사이의 벽 양면에 부착된 동공층으로 대부분의 연기가 상승해서 아궁이에서 먼 온탕의 바닥이나 왼편의 구석진 부분에는 연기가 효과적으로 도달하기 어렵고 난방 효과를 내기도 어렵게 되는 것이다.

또한 Stabiae 욕장의 경우 수많은 관이 '굴뚝'으로 해석되었는데 (그림에서 R1-R15) 굴뚝의 경우도 그 위치와 수에 따라 동공벽과 마찬가지로 "미리 김빠지게 하는 결과"를 가져오므로 난방효과가 의심스럽게 된다. 그림의 P6과 P7은 보조 Prefurnium, 즉 보조 아궁이가 있던 곳으로 보고서에 의하면 일정 기간 사용되다가 폐쇄된 것이었다. 벽 안쪽에 욕조가 놓여 있으므로 그 의미는 있으나 그쪽 벽에도 동공벽이 있으므로 그 동공벽들이 벽 상부에서 배연구를 갖추고 연도(煙道)로 기능을 하였다면 그 반대편에 공급될 연기가 부족하게 된다. 각 실들은 상당히 커서 보조 아궁이에서만 보더라도 12m가 넘는 경우가 많고, 주(主)아궁이로부터는 더욱 긴 연도를 형성하므로 바닥 난방이 난방 기능을 제대로 하려면 가능한 도중에 연기의 손실이 없어야 하는데 그렇지 못하게 되는 것이다.

지금까지의 고찰에서 우리는 로마 시대의 바닥 난방인 하이퍼코스트와 함께 때때로 등장하는 동공벽과 그것의 기능이 '난방(煖房)'이었다는 주장과 '보온(保溫)'에 있었다는 엇갈린 관점에 대한 여러 가지 주장의 근거들을 살펴보았다. 그 결과 우리는 동공벽은 '벽체 난방'으로 인정하기 어려움을 보았고, 한국인의 관점을 더하여 오히려 크렛츠슈메르(Kretzschmer)가 일찍이 주장한 대로 내외부의 기온 차이를 적게 해 주는 하나의 완충-보온 장치로 보는 것이 더 합당하다고 판단된다. 그러한 결론의 근거를 요약해 보면 다음과 같다:

첫째, 비트루비우스(Vitruvius)는 건조 장치로 설명하고, 난방과는 아무런 관련을 짓지 않는다.

둘째, 동공벽 상부에서 배연구의 존재가 여전히 확인되지 않고 있다. 바닥의 동공 공간과의 연결 역시 충분할 만큼 분명하지 않다.

셋째, 벽체도 난방이 되면 좋기는 하겠지만 크렛츠슈메르(Kretzschmer)의 연구 결과에서처럼 난방 효율면에서 바닥 난방만으로 충분하다.

넷째, 예외적인 경우가 있기는 하지만 동공벽은 대부분 욕실에만 사용되었다.

다섯째, 바닥 난방과 연계된 상태로 동공벽을 벽체 난방으로 쓰면 연도 중간에서 연기가 손실되어 뒤편의 공간이나 공간의 외진 곳에 연기가 미치기 어려워져 바닥 난방으로서의 기능조차 부실해지거나 무의미해 진다.

하이퍼코스트의 굴뚝은 지금까지 알려진 바에 의하면 모두 벽체 속 또는 벽체에 실(室)쪽으로 돌출되어 있었다. 그런 의미에서 여기서 논의된 '동공벽'은 난방 기능을 갖지 않았다 하더라도 굴뚝에는 부분적이나마 벽 난방의 기능을 인정할 수 있다. 또한 로마 시대 당시의 사람들도 동공벽의 본래의 기능을 난방으로 잘못 이해하여 일부에서 난방으로 활용을 시도했을 가능성을 완전히 배제할 수는 없다. 특히 로마의 변방에 해당하는 오늘날의 독일 지역에서는 있을 수 있는 일이며, 주거용 작은방 하나쯤이라면 아궁이의 반대편 벽을 굴뚝 기능을 겸하여 동공벽으로 처리해도 기능 장애는 예상되지 않는다. 그러나 그런 관점에 맞는 로마 유적은 아직 알려진 바가 없다. 그러므로 동공벽을 난방으로 보는 견해는 전반적으로 서양의 중세의 수준을 앞서가던 로마의 기술에 대한 경탄(敬歎)에서 비롯되는 불필요한 과장 평가 경향이 짙고 한국인들처럼 바닥 난방에 대한 긴 역사와 풍부한 경험이 없는 데서 오는 문제가 아닌가 생각된다.

한국에서 하룻밤만 자보면 알 것을...

하이퍼코스트 관련 자료들을 살피다보면 독일의 크렛츠슈메르(Kretzschmer)같이 시험용으로 하이퍼코스트를 복원해 놓고 정말 제대로 작동하나 보기 위해 몇 달씩이나 불을 때고 온도를 재며 시험해 본 것을 알게 된다. 독일인다운 실험 정신은 높이 평가 되지만 한국 사람으로서는 그가 괜한 고생을 했다는 생각에 약간의 연민 같을 것을 느끼게 된다. 한국에 와서 아무집이나 들어가 하룻밤 자보면 금방 알 수 있는 것이었기 때문이다. 하지만 그것은 1950년대의 일이고, 지금도 그렇지만 당시 서양에서는 한국에 그런 난방 방법이 있고 민족의 난방법으로 널리 사용되고 있다는 것을 알지 못하였다.

하이퍼코스트의 고래

하이퍼코스트의 '고래'의 유형

하이퍼코스트는 실(室)의 바닥 밑에 온돌(구들)에서의 '고래'에 해당하는 동공층(洞空層)을 갖고 있으며, 여기에 화기(火氣), 즉 연기(煙氣)를 경유시켜 방바닥과 공간을 따듯하게 하는 것이라는 점에서는 온돌과 같은 난방 방법이다. 그럼에도 불구하고 때때로 온돌과 '유사'하다고 하는 것은 바닥에 동공층을 두고 바닥을 난방한다는 원리는 같지만 세부 구조에 있어서는 온돌과 상이한 점들이 많이 나타나기 때문이다. 그 한 예가 바닥 밑의 연도, 즉 온돌의 '고래'에 해당하는 동공층의 축조 형식이다.

온돌에서도 그렇지만 이 '고래' 부분은 그것이 어떤 형식으로 되어 있느냐에 따라 연기의 행태(行態)가 달라지고, 또한 난방의 효과도 다르게 나타나게 되므로 '고래'는 온돌에서도, 그리고 하이퍼코스트에서도 핵심 사항이 되는 부분이라고 할 수 있다.

앞에서 '하이퍼코스트(Hypocaust)의 발전 과정, 그리고 하이퍼코스트와 함께 논란이 되어 온 '동공벽의 존재와 벽체 난방 문제' 등을 다루었지만 하이퍼코스트를 이해하는 데 있어서나 온돌과 연계하여 우리의 관심 사항을 해결하는 데에는 여전히 충분치 못하다. 그러므로 지금부터는 하이퍼코스트의 연도, 즉 고래의 종류에 대하여 좀더 자세히 살펴보기로 한다.

'고래'는 사실 우리의 구들에서 방 밑의 연기가 지나가는 골을 말한다. 한자로는 '煙道(연도)'라 하는 것인데, 하이퍼코스트에서는 '히포카우스툼(hypocaustum)' 또는 '히포카우시스(hypocausis)'라 한다. 이것은 앞에서도 말했거니와 그리스어 히포카우스톤(ύπόκαυ στου : hypocauston)의 라틴어 표기로 ύπο(히포)와 καίειυ(카이아인)의 합성어인 ύποκαίειυ(히포카이아인)에서 발전한 이름으로 '밑에서 불을 땐다', '아래에서 난방한다'는 의미를 지니고 있다. 그럼에도 불구하고 여기서 '하이퍼코스트의 고래의 종류'하고 제목을 붙인 것은 다른 나라 사람들에게는 몰라도 적어도 한국인에게는 '고래'하면 곧바로 무엇에 관한 것인지 알 수 있기 때문이다.

그런데 유의할 것은 '고래'에 해당하는 이름인 'hypocaustum'이란 말에서 영어 하이퍼코스트(hypocaust)가 만들어져 지금 사용하는 로마의 바닥 난방 전체의 이름 'hypocaust(하이퍼코스트)'가 되었다는 점이다. 다만 현대에서는 라틴어 표현인 히포카우스툼(hypocaustum)은 연도, 즉 '고래' 부분을 지칭할 때 주로 쓰이고, 영어식 표기인 '하이퍼코스트(hypocaust)'는 이 난방 방법을 총체적으로 지칭할 때 주로 쓰이는 차이는 있으나 어원적으로 본다면 고래의 이름이기도 하고 전체의 이름이기도 한 것이다. 그러나 하이퍼코스트를 잘 파악하고 있는 경우가 아니면 난방 시스템 전체를 지칭하는지 아니면 연도 부분을 지칭하는지 혼동되기 쉬우므로 여기서는 하이퍼코스트의 연도도 한국인에게 익숙한 '고래'로 칭하며 설명하도록 한다. 그리고 이해를 쉽게 하기 위하여 먼저 구들의 고래 형식부터 좀 살펴본 후에 하이퍼코스트의 고래의 종류에 대하여 다루기로 한다.

구들에서의 고래 형식

우리의 구들에서 주로 쓰이는 고래는 크게 '줄고래'와 '허튼고래', 그리고 줄고래와 허튼고래를 섞어서 만드는 '혼합형 고래'로 구분된다.

'줄고래'는 고래둑을 만들고 구들장을 얹으면 관(管) 형태의 연도

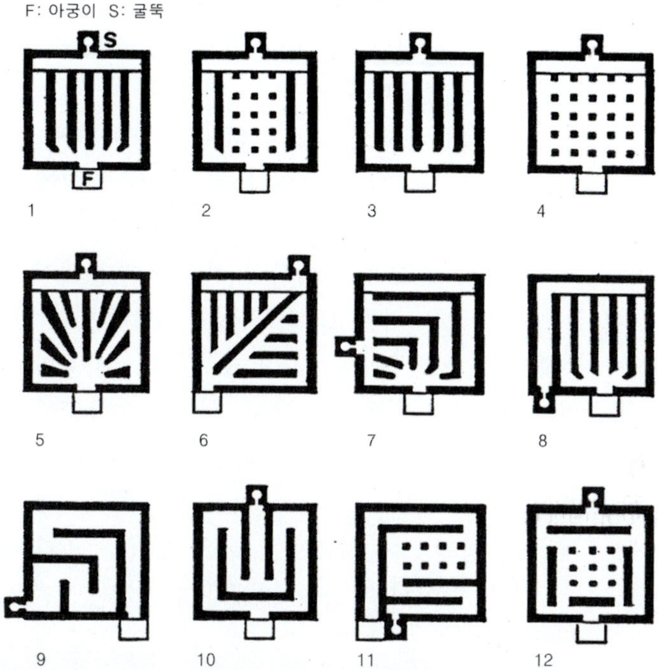

그림 253 구들(온돌)의 고래 배치 유형

를 형성하는 것을 말하며, '허튼고래'는 대개 벽돌이나 다듬은 돌을 사용하여 일정한 간격으로 동바리 기둥을 놓고 구들장을 얹는 형식을 말하는 것으로, 연기가 받침 기둥들 사이로 사방으로 퍼질 수 있는 구조를 말한다. 그리고 '혼합형'은 줄고래와 허튼고래 형식을 섞어 만든 경우를 말한다.

줄고래는 다시 배열 형태에 따라 '나란히 줄고래'와 'ㄱ'자 형식 등으로 꺾어서 구축한 '굽은고래', 방사형으로 부채의 살 모양으로 배열하여 만든 '부채고래(扇子고래)', 기본 형식은 줄고래이지만 정방형의 방을 대각선으로 나누어 서로 대칭적으로 배열한 형태의 '맞선고래', 그리고 '만(卍)'자형 비슷하게 미로를 형성하며 만든 '만(卍)자형 고래' 등으로 구분된다.

'허튼고래'와 '줄고래'의 혼합형으로는 대체로 실의 가운데 부분을 허튼고래로 하고, 벽체에 가까운 외곽 부분에서 줄고래 형식을 취하는 것들이다. 그 외에도 필자가 조사한 강원도의 한 민가에서는 기본적으로는 병렬형 줄고래를 취하되 사랑방 부분에서는 중간중간을 끊어 놓은, 즉 약간 허튼고래의 특성을 띠는 것도 있다. 이 경우 사랑방 부분에서 중간 중간을 끊어 놓는 것은 사랑방에 별도의 보조 아궁이가 밖으로 설치되어 있고, 이 보조 아궁이에 불을 땔 경우에도 사랑방의 안쪽으로 화기가 확산할 수 있게 하기 위한 것이었다.

이 외에도 제주도, 함경도 등지에서는 굵은 돌들을 바닥에 채우다시피 깔고 구들장을 얹어서 특별히 고래라 할 만한 공간은 형성되지 않으나 돌들 사이에 형성되는 엉성한 간극을 이용해 연기가 굴뚝을 향하여 진행되도록 만들어진 '막고래'라 할 수 있는 것도 보고되고 있다.

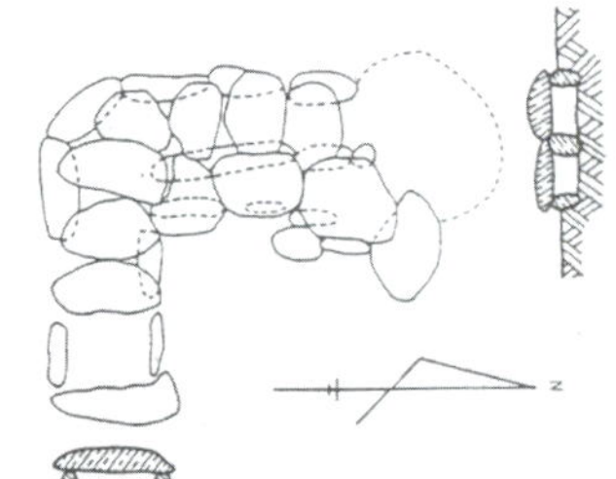

그림 254 대평리 2호 주거지의 고래

그러나 고래가 이와 같이 다양한 형식들로 구분되기는 하지만 전통 온돌에서 가장 많이 쓰이는 고래의 형식은 역시 '줄고래' 형식이다. 그리고 그렇지 않은 특수형의 경우에도 대부분 줄고래 형식을 기본으로 취하고 있어서 온돌에서의 고래의 일반형은 '줄

고래'라고 말할 수 있다.

그런데 우리가 앞에서 문헌과 유적으로 내내 보아왔듯이 우리의 온돌, 즉 구들은 발전사적 측면에서 볼 때에도 '줄고래' 형식으로 시작되었고, 현대의 온수 파이프로 대체될 때까지 오랜 세월 동안 줄고래는 온돌의 일반적인 형식으로 사용되었다. 뿐만 아니라 수원 서둔동 유적, 포천 자작리 유적 등 남북한 지역에서의 구들의 시원(始原)적 유적들이라고 볼 수 있는 긴 부뚜막도 하나의 관(管) 또는 갱도(坑道)의 원리를 취하고 있고, 부뚜막에 가까운 구들들, 비교적 초기의 온돌 유적으로 간주되는 고구려 시대의 노남리 주거지, 대평동 유적, 또는 집안 동대자 유적, 그리고 이에 이어지는 고구려, 백제 시대의 유적들에서, 그리고 또 최근에 발굴된 강화 선원사지의 많은 구들 사례, 현재 발굴이 진행되고 있는 양주 회암사지의 조선시대 초기의 고래 형식들도 앞의 유적 편에서 살펴본 바와 같이 모두 '줄고래' 형식을 취하고 있다.

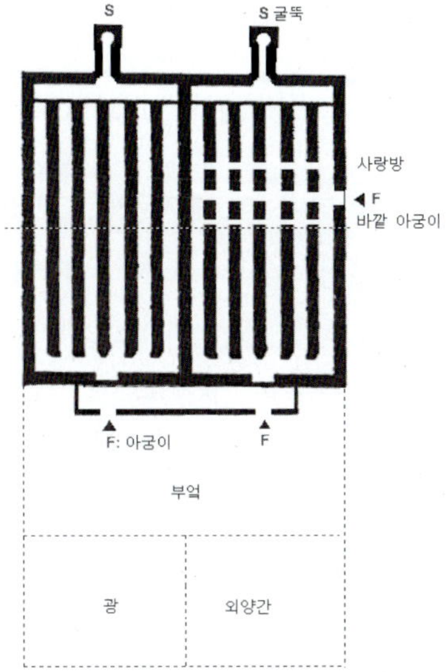

그림 255 보조 아궁이에 따른 줄고래의 변형(강원도 횡계)

또한 온돌의 역사 연구에 귀중한 자료가 되고 있는 『구당서(舊唐書)』의 「高(句)麗傳」에서 말하는 '장갱(長坑)'이라 하는 것도 '허튼고래'가 아닌 '줄고래'의 형식을 말하는 것이 분명하다. 따라서 줄고래는 온돌에 있어서 고래의 '일반형'일 뿐만 아니라 '기본형'의 성격을 지니고 있다. 허튼고래나 다양한 혼합형 고래 형식은, 속단하기에 이르기는 하지만, 대개 조선 시대 후기에 이르러 추가된 고래 유형들이라고 믿어진다.

하이퍼코스트에서의 '고래' 형식

하이퍼코스트 유적의 대다수는 테르매(Thermae)라 하는 로마 시대의 공중 목욕장 건축에서 발견되고 나중에는 부분적으로 주거용 난방으로도 사용된 흔적들이 나타나고 있다. 이들 유적에서 발견된 바닥 동공층, 즉 '고래' 부분은 대부분 방형 또는 원형 단면의 동바리 기둥에 의해 만들어져 있었다. 온돌에서는 앞에서 언급한 바와 같이 '줄고래'가 지배적인데 반하여 하이퍼코스트에서의 고래 형식은 '허튼고래' 형식이 지배적인 형식이다.

하이퍼코스트는 그렇게 의례 '허튼고래' 형식으로 나타났으므로 유럽의 학자들은 하이퍼코스트의 유적들을 발굴하면서 초기에는 바닥 난방이 된 방 평면도를 그릴 때 동바리 기둥을 하나하나 그리기가 번거로우니까 방전 모양을 따서 사각형 네 개 정도만 그려 넣어 그런 시설이 없는 방, 즉 난방이 되지 않은 방과 구분되게 하였는데 훗날 연기의 행태나 난방 효율을 연구하려 할 때 그것이 중요한 실수라는 것을 깨닫고 후회할 정도였다. 아무튼 그것

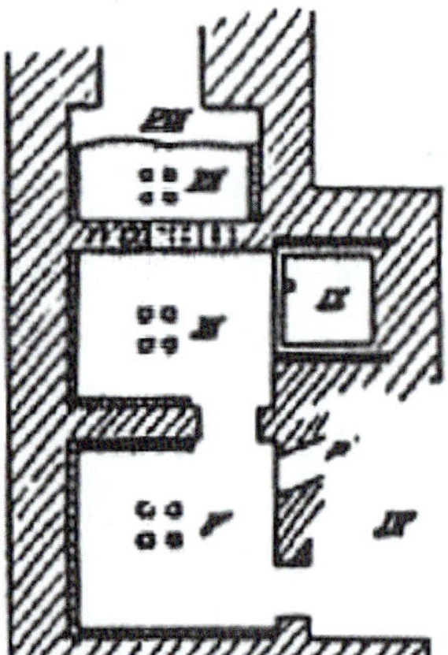

그림 256 하이퍼코스트가 있는 방을 표시한 예(Bluelisacker, 스위스)

은 하이퍼코스트가 의례 '허튼고래'로 되어 있어서 빚어진 것으로, 앞에서 언급한 바와 같이 '줄고래'를 일반적으로 사용하는 구들, 즉 온돌의 경우와 크게 다른 점이 되고 있다.

그런데 흥미로운 일은 하이퍼코스트의 고래 형식은 발전사적 측면에서도 온돌과는 대조적이라는 점이다. 즉 온돌이 처음부터 '줄고래' 형식으로 시작된 것으로 보이는 반면, 하이퍼코스트는 처음부터 '허튼고래' 형식으로 시작된 바닥 난방 형식으로 보인다는 점이다. 그러한 관점은 발굴된 대부분의 하이퍼코스트 유적이 허튼고래로 되어 있다는 점 말고도 앞에서 살펴본 하이퍼코스트 유적 중에서 지금까지 가장 오래된 것의 하나로 간주되는 올림피아 유적(Olympia: B.C. 100년경)이 '허튼고래' 구조로 되어 있다.

또한 A.D. 79년에 화산의 폭발로 땅속에 묻혔던 도시 폼페이(Pompeii)와 헤르쿨라네움(Herculaneum)에서 발견된 여러 공중 욕장(Thermae)들에서의 하이퍼코스트의 유적들도 모두 '허튼고래'로 되어 있다는 점으로 뒷받침된다. 특히 올림피아 유적은 수세기 동안 난방이 되지 않은 욕장 시설이 하이퍼코스트를 도입하여 난방을 갖춘 시설로 전환되는 과정을 보여주는 중요한 사례란 점에서도 하이퍼코스트가 허튼고래 형식으로 출발한 것으로 믿게 한다.

하이퍼코스트는 이와 같이 의례 '허튼고래' 형식으로 되어 있으므로 보통의 경우에 사람들은 하이퍼코스트 하면 짧은 기둥들에 의하여 받쳐지는 '허튼고래' 형식을 연상하게 된다. 하지만 하이퍼코스트에서도 '허튼고래'와는 다른 형식들도 발견되었다. 그것들은 온돌의 '줄고래'와 유사하거나 하이퍼코스트 나름대로의 '혼합형'이라 할 수 있는 사례들이다.

그래서 보통의 경우엔 고래 부분을 지칭할 때 그냥 '히포카우스툼(hypocaustum)'이라 하지만 일반적이지 않은 특수형의 고래 종류와 함께 이야기 될 때는 허튼고래를 그들 특수형과 구분하기 위하여 영어로는 'post hypocaust', 또는 'pillar hypocaust'라 하고, 같은 의미로 독일어권에서는 Pfeiler hypokausten(파일러 휘포카우스텐)이라고 한다.

하이퍼코스트에서의 특수형 고래: 줄고래/혼합고래

하이퍼코스트의 특이한 고래 형식에 속하는 것들은 과거 로마제국의 북동 경계(독일에서 Limesgebiet라 한다)를 따라 만들어진 군사 시설에서 주로 발견되었다. 이들 특수형 사례들은 대개 많이 훼손된 채로 발굴되었으나 독일 Bad Homburg시 북서쪽 산위에 2세기경에 건설된 로마인들의 요새 '뢰머 카스텔 자알부르크(Römer Kastel Saalburg)' 경내에 비교적 양호한 상태로 몇 개가 남아 있고, 오스트리아 린츠(Linz) 근처의 라우리아쿰(Lauriacum) 유적에서도 한 사례가 발견되어 특수형 고래의 대표적 사례가 되고 있다.

자알부르크(Saalburg) 요새는 약 2세기(후반)에 건설되고 1898-1907에 기초 부분을 바탕으로 하여 성곽과 건물이 부분적으로 복원되었으며 이후 50년대 후반까지 난방 시험 등의 연구가 집중된 곳이다. 오늘날에는 박물관으로 쓰이며 아직도 로마 시대와 관련 다양한 연구가 진행되고 있다. 그리고 오스트리아의 라우리아쿰(Lauriacum) 사례는 도면 자료가 확보되지 않아 제시하지는 않으나 방바닥 밑에 잘부르크의 사례들과 유사한 몇 개의 '줄고래'가 설치되어 있었던 것은 확실하다.

이들에서 보이는 특수한 고래 형식들은 '허튼고래' 형식의 수나 분포에 비해서는 사례가 얼마 되지 않고 변방 지역에서만 발견되어 로마 제국 전체에 쓰인 형식으로 보기는 어렵다. 그러나 엄연히

'허튼고래'와는 구분되는 특이한 형태로 주목되는 것들이다. 더욱이 이것들은 원리상 한국의 전통 온돌에서 가장 많이 쓰이는 고래 형태인 '줄고래' 및 '혼합형 고래'에 가까운 것들이어서 좀더 자세히 소개하고자 한다.

하이퍼코스트의 줄고래

사례1

이것은 Saalburg 로마 요새 경내에 있는 것으로 건물은 방이 하나인 단일 건물이다. 약간의 벽체 하부 구조와 고래 부분이 남아 있는데 고래의 배열 형태는 사뭇 달라도 한국의 온돌에서의 '줄고래'의 원리를 취하고 있다.

방은 26.8㎡(8평) 정도의 비교적 작은 하나의 공간으로, 3단의 계단을 내려가면 한 사람 정도가 아궁이에 불을 때기에 알맞은 난방실이 붙어 있다. 방의 네 귀퉁이에 굴뚝이 있으며, 일단 아궁이에서 방 가운데로 약간 비스듬히 연도가 뻗어 있고 그곳 중앙에서 네 귀퉁이의 굴뚝과 'X'자 모양으로 연결되어 전체적으로 하나의

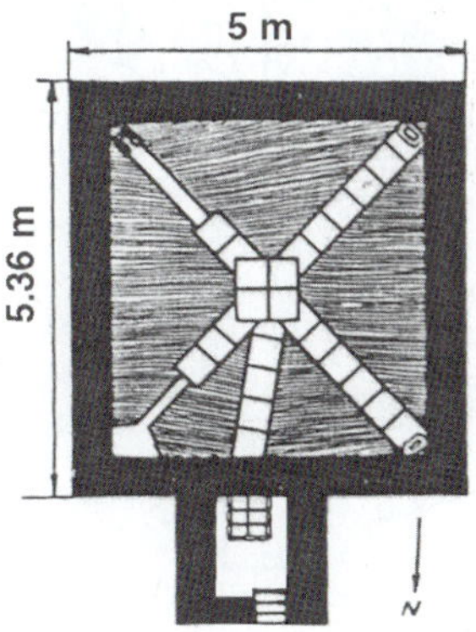

그림 257 사례1 : Saalburg, 독일

'풍차' 모양을 보이고 있다. 따라서 아궁이에서 불을 때면 연기는 일단 방의 가운데에 이르게 되고, 여기서 4개의 고래로 갈라져 방의 네 귀퉁이에 있는 굴뚝을 통하여 밖으로 배출되는 형태이다.

평면도는 구들장이 부분적으로 유실된 상태를 보여주고 있고 온돌에서처럼 연기를 한곳으로 모아주고·역류를 방지하는 '개자리' 같은 것은 없다. 특히 아궁이 쪽 두 구석으로 뻗은 고래에는 직진하려는 연기의 속성상 그냥은 연기가 공급되기 어려우나 그곳에도 굴뚝을 두어서 굴뚝의 연기를 빨아올리는 역할을 통하여 연기, 즉 열기를 공급받는다. 이것은 온돌의 줄고래와 반드시 같다고 할 수는 없으나 관(管), 즉 파이프의 원리를 이용하고 있다는 점에서 '하이퍼코스트의 줄고래'라 할 수 있다.

사례2

Saalburg 경내에는 사례1과 유사한 유적이 또 하나 있다. 이 건물 역시 방 하나를 난방하는 단일 건물로 방 크기는 26㎡ 남짓하다. 사방 팔방으로 뻗는 고래 수가 많다는 점과 방의 가운데 부분이 '허튼고래' 형식을 취하고 있다는 점이 사례1의 경우와 조금 다르나, 연기를 일단 실의 중심으로 들어오게 한 후 분산시킨다는 점이나 고래 끝마다 다수의 굴뚝(7개)을 두어 연기를 그곳으로 끌어가고 있다는 점은 사례1과 같다.

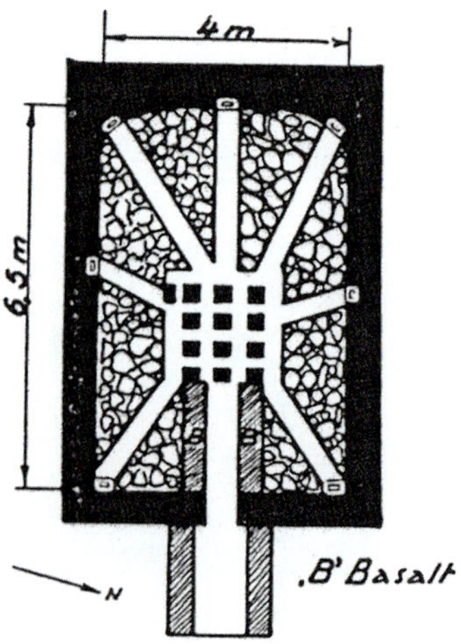

그림 258 사례2 : Saalburg, 독일

사례1과 방이 비슷한 크기임에도 고래와 굴뚝수는 더 많은데, 그만큼 발열 면적이 크며, 난방 효과도 사례1보다는 크게 되어 있다.

별도의 난방실을 형성하고 있지는 않다. 그리고 사례1에는 없는 '프레푸르니움(Praefurnium)'이라 하는 내외로 연장된 아궁이 부분이 있다. 이것은 허튼고래로 되어 있는 대형 욕장에서는 자주 등장하는 요소이다. 그리고 고래 전체의 배치 형태는 한국 온돌에서의 '줄고래' 형식 중의 하나인 '부채고래'를 연상하게 한다. 그러나 온돌에서의 부채고래는 아궁이 근처에서 이미 방사형으로 갈라지지만 이 경우는 연기가 일단 방의 가운데에 이른 다음 분산되고 있다는 점이 온돌의 부채고래와 다르고, 고래와 고래 사이가 넓어 고래 둑의 성격을 넘어서 돌로 채워진 블록이 형성되고 있다는 점도 다르다. 부분적으로 '줄고래'와 '허튼고래'가 혼용된 경우로 역시 '하이퍼코스트의 혼합 고래'라 할 수 있다. 사례1에 비하여 중앙의 상당 부분을 허튼고래로 하여서 연기가 분산되는 데 조금 더 유리하고, 고래수와 굴뚝수가 더 많다는 점에서 사례1의 발전적 형태가 아닌가 생각된다.

사례3

방이 두 개로 되어 있는 이 건물은 약 40㎡(12평)에 가까운 것으로, 두 방 모두 난방이 되는 것이다.

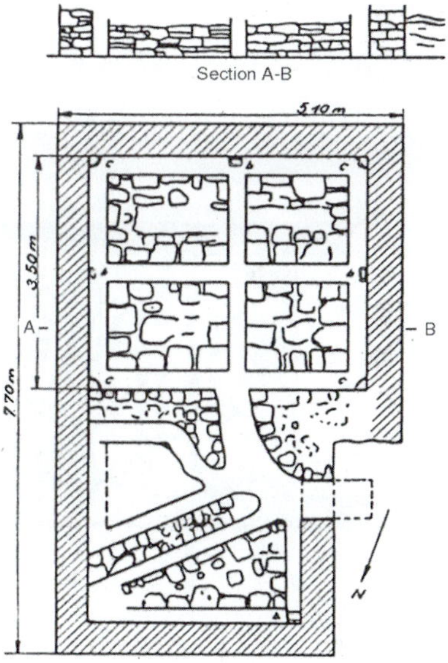

그림 259 사례3 : Saalburg, 독일

아궁이에 인접한 방은 두 개의 삼각형 모양의 고래를 만들고 있으며, 그 중 하나의 고래는 '전(田)'자 고래 모양을 하고 있는 다른 방으로의 연결 통로 기능을 겸하고 있다. 이 두 번째 방은 18.9㎡(약 5.7평) 정도의 크기로 굴뚝이 네 귀퉁이와, 그리고 'T'자 모양으로 연도가 교차하는 벽체의 중간 지점에 각기 하나씩 있어서 모두 7개의 굴뚝을 통하여 연기가 밖으로 배출되게 되어 있다.

굴뚝은 토관 형식의 벽돌쌓기로 되어 있으며 벽체는 돌로 된 두터운 조적벽이다. 바닥은 연도 부분을 제외하고는 굵은 돌로 채워져 있어서 이 시설에 장시간 불을 때면 고래 주변의 돌도 함께 가열되고 축열도 되는 효과도 있었을 것으로 짐작된다.

사례4

사례4의 경우는 두 개의 방이 각기 별도의 아궁이에 의하여 난방이 되게 되어 있다. 도면의 왼쪽의 방은 하이퍼코스

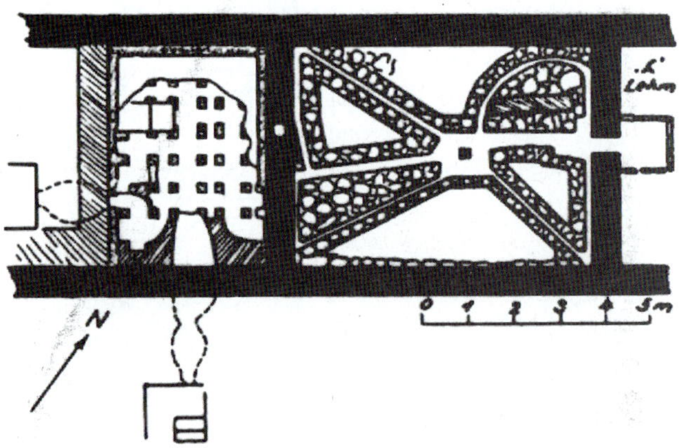

그림 260 사례4 : Saalburg, 독일

트에서 일반적인 '허튼고래' 형식을 취하고 있고, 건물의 바깥 아래쪽에 있는 별도의 아궁이에서 불을 때게 되어 있다. 특수형으로 주목되는 오른 쪽의 방은 사례3의 첫 방과 같이 대체로 5개의 삼각형 모양의 '줄고래'를 형성하고 있다. 다만 사례3에서는 비교적 아궁이 가까운 곳에서 이미 연기가 분산되게 되어 있으나 여기서는 같은 삼각형 모양의 고래라 하더라도 연기의 주류를 일단 방의 중앙에까지 끌어들였다는 점이 다르다.

고래와 고래 사이는 돌로 채우기도 하고, 돌로 틀(frame)을 형성하고 내부를 흙으로 채우기도 하였다.

사례5

이곳의 경우는 하나의 아궁이에 두 개의 방이 접속되어 있는 경우이다. 아궁이에 가까운 방 부분은 '허튼고래'로 하고, 아궁이에서 먼 두 번째 방은 'X'자 모양(또는 '풍차' 모양)의 '줄고래'를 형성하되 방의 가운데 부분에서 사방으로 갈라진다. 왼쪽 방의 고래는 'X'자 모양이라는 점에서 사례1과 비슷하나 고래 하나가 실의 구석으로 뻗지 않고 벽체의 중간으로 뻗어 있어 이유는 알 수 없으나 다소 '적당히' 처리한 듯 보이기도 한다.

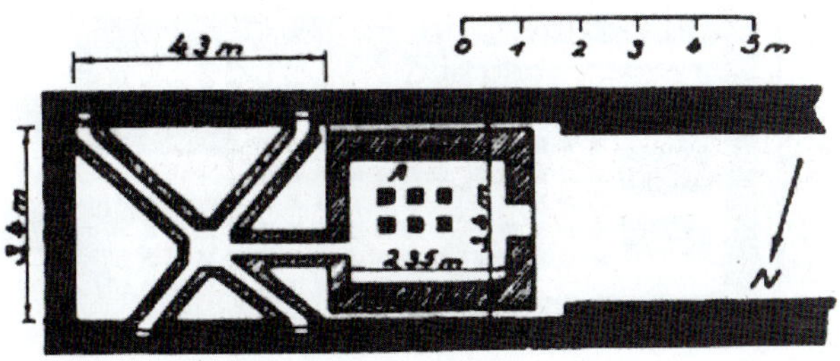

그림 261 사례5 : Saalburg, 독일

특이한 점은 '허튼고래'로 되어 있는 첫 방 부분이 이중의 벽체를 형성하고 있다는 점이다. 이점은 원래 방 하나로 되어 있던 것을 감싸며 두 칸 정도의 건물로 확장하는 과정에서 생겨났거나 어떤 특수한 기능을 가졌던 것으로 보이나 이와 관련된 정보는 찾아볼 수 없다.

사례6

이 건물은 하나의 아궁이로 2개의 방을 난방하는 경우로 전체가 약 61.5㎡(18.6평)의 규모이다.

전체적으로 '허튼고래'를 기본으로 하고 있어 특수형으로 분류하기 어려운 점은 있으나 건물의 왼편 끝 부분에서 동바리 받침 기둥들 대신 커다란 블록으로 대체하여 순수한 허튼고래는 아니며 보기에 따라서는 '줄고래'의 특성도 있다고 할 수 있다.

대부분의 유적들이 그러하듯이 이 건물 역시 상부의 구조가 없어진 상태로 발굴되어 건물 끝 부분에서는 왜 부분적으로 그렇게 다르게 만들었는지는 지금은 알 수가 없다.

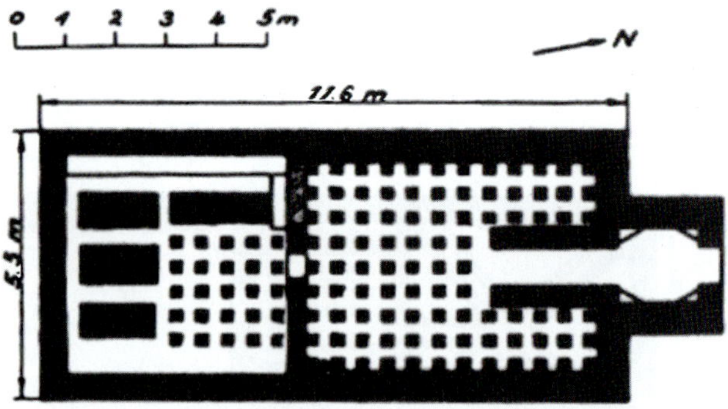

그림 262 사례6 : Saalburg, 독일

내외로 돌출된 아궁이 구조물 프레푸르니움(Praefurnium)이 밖으로는 부뚜막 성격으로 형성되어 있고, 안쪽으로는(온돌의 아랫목에 해당하는 부분) 내부로 깊숙이 양쪽으로 벽을 쌓아 화기가 거의 방의 가운데까지 흐트러짐 없이 유입되도록 하고 있다. 부뚜막 부분에는 폼페이 등의 욕장에서 '추측'되듯이 물통 같은 것이 얹혀 있었을 수 있으나 이곳은 20세기 초까지 버려져 있었고 훼손되어 이를 알 수 있는 정보는 없다.

하이퍼코스트의 특수형 고래의 유형별 명칭

하이퍼코스를 연구하는 유럽의 학자들은 '허튼고래' 형식 이외의 고래 형식은 일단 '특수형'으로 분류하고 있다. 그리고 특수형 내에서도 사례1이나 사례2처럼 연기를 일단 방의 중심부까지 끌어들인 후 사방팔방으로 분산시키는 고래 형식들을 독일인 크렛츠슈메르(F. Kretzschmer)는 특별히 'Kernhypokausten'이라 명명하고 있다.[91] 이것은 영어로 "core hypocaust"(코어형 고래)를 의미하고 우리말로 '중심형' 또는 '핵형' 하이퍼코스트라고 할 수 있을 것이다. 그러나 역시 독일 사람인 D. Baatz는 그러한 위치보다 고래가 갱도(坑道) 또는 도랑형으로 되어 있다는 점을 중시하여 독일어로 "Kanalheizungen"이라 명명하고 있다.[92]

'Kanal'은 영어로 말하면 duct, canal, conduit, tube 또는 tunnel 등으로 표현할 수 있는 것으로, 우리말로 하면 갱도(坑道) 또는 관(管)이란 말로 옮길 수 있고, 따라서 모양으로나 원리상으로 '줄고래'로 옮길 수 있는 말이다.

재료 및 구조적 특징

이상에 소개된 유적들에서 사용된 재료들은 대개 주변 지역에서 쉽게 구할 수 있는 것들이다. 구들장은 구운 벽돌판을 쌓아 사용하였지만 고래둑에는 대부분 자연석을 약간 다듬거나 그대로 사용하였다. 허튼고래로 만들 경우에는 받침 기둥을 가로와 세로로 열을 잘 맞추어 배열하여야 규격 제품의 구들장을 얹을 수 있다. 그렇지만 다량의 벽돌을 써야 하거나 다듬은 돌을 쓰게 되므로 비용이 많이 든다. 아마도 여기서는 가공된 돌들을 쓰지 않고 자연석들을 활용하여 고가의 건축 자재와 가공 인건비를 줄일 수 있는 방법이므로 줄고래를 생각하게 된 것으로 추측되기도 한다.

또한 국경 지대의 군사 시설에서 이런 것들이 많이 발견된다는 점은 시사하는 바가 있다. 즉 그것은 주거 전용 건물에서와 달리 최상의 난방 효과가 덜 요구되는 곳이기 때문이고, 주거 전용보다는 덜 장기적 사용을 지향할 것으로 생각되기 때문이다.

지금까지 살펴본 하이퍼코스트의 고래의 종류에 대하여 주목할 만한 사항들을 다시 한번 요약하면 다음과 같다.

첫째, 하이퍼코스트에서도 온돌에서와 같이 '허튼고래', '줄고래', 그리고 이들을 다양하게 혼용한 '혼합형 고래'가 사용되었다. 다만 '줄고래'와 '혼합형 고래'는 아직까지는 로마 제국의 북방 국경 지역의 유적에서 많지 않은 수가 확인되고 있다. 로마 제국 전역에서 쓰인 형식으로 보기에는 한계가 있지만 하이퍼코스트의 고래도 시대와 여건에 따라 다양한 형태로 발전하였던 것을 알 수 있다.

둘째, 구들, 즉 온돌은 '줄고래'로 시작되고 시종 줄고래가 일반형을 이루는데 하이퍼코스트는 반대로 '허튼고래'로 시작되고 시종 '허튼고래'가 일반형을 이루고 있다.

셋째, '줄고래'의 경우 구들의 '줄고래'와 기본 원리는 같지만 바닥 전면이 고래로 되어 있지 않은 '부분 난방'이라는 점에서 차이가 있다. 구들의 발전 초기에도 실(室)의 일부에 침상 형식으로 고래를 설치하여 '부분 난방' 성격을 띠던 시대가 있었으나 하이퍼코스트는 방 전체에 고래를 두기는 하였고, 다만 조밀한 배치를 하지 않은 데 따른 부분 난방이라 할 수 있다. 이것은 기술이 부족해서라기보다 '간편성'과 '경제성'을 추구한 때문으로 보인다. 또한 로마 국경의 군사 시설에 많이 나타나고 있는 것으로 보아 영구 시설을 목적으로 한 것이 아니라 한시적인 '간이 난방'으로 이용하려 한 의도가 짙다.

넷째, 하이퍼코스트의 줄고래는 연기(열기)를 일단 방의 중심부까지 끌어들인 다음에 고래를 여러 방향으로 분지(分枝)시키고 있다는 점에서 아궁이 근처에서 이미 여러 줄의 고래로 갈라지는 구들의 줄고래와 다르다.

줄고래의 가장 큰 이점은 관(管 : pipe)의 원리를 이용하여 한 고래 속에 연기를 투입하기만 하면 원하는 곳까지 연기를 보낼 수 있다는 점이다. 구들은 그런 성질을 최대한 이용하였는데 비하여 하이퍼코스트의 줄고래는 구들, 즉 온돌과 같은 원리를 사용하면서도 연기를 일단 방 가운데까지 끌어들이므로서 연기의 분산과 진행이 어렵게 되었고, 또한 골고루 따듯해지기 어렵게 되므로 모든 고래에 연기가 미치도록 하기 위한 방법으로 다수의 굴뚝이 사용되었다.

이러한 하이퍼코스트의 사례들을 보면 구들의 '줄고래'는 관(管)의 원리를 매우 잘 이해한 구조여서 하이퍼코스트의 '줄고래'처럼 많은 수의 굴뚝을 필요로 하지 않았을 뿐만 아니라, 상대적으로 간단했으면서도 난방 효과 면에서는 오히려 하이퍼코스트의 '줄고래'보다 더 효과적이었던 것임을 알 수 있어서 좋은 대조를 보여준다.

다섯째, 하이퍼코스트에서 많은 굴뚝을 두어 열기(熱氣)를 사방으로 끌고 가는 것은 특수형이나 일반형인 '허튼고래'에서도 마찬가지이다. 로마인들은 '허튼고래'에서도 처음에는 골고루 따듯하게 하지 못하는 문제를 가졌었고, 이를 다수의 굴뚝으로 해결하였으며, '줄고래'에서도 굴뚝이 많은 것은 '허튼고래'에서와 같은 방식으로만 해결하려고 생각한 결과로 믿어진다.

온돌, 즉 구들에서도 '허튼고래'로만 되어 있고 굴뚝이 하나만 있으면 연기는 굴뚝을 향하여 가장 직선적인 경로로 가려 하므로 방이 골고루 따듯해지지 못하는 문제가 있을 수 있다. 바로 그런 점 때문에 온돌에서는 '줄고래'가 가장 많이 사용되었고, '허튼고래'를 쓰더라도 방의 중앙 부위에서만 '허튼고래' 형식을 취하는 '혼합형 고래'를 썼으며, 구들은 주거용 난방 중심이었으므로 로마 제국의 공중 목욕탕에서처럼 규모도 크지 않아 허튼고래만으로 한다 하더라도 큰 문제는 되지 않았다고 할 수 있다.

여섯째, 하이퍼코스트에서는 구들에서처럼 연기를 한데로 모아 하나의 굴뚝으로 연기를 내보내 주는 '개자리' 같은 것이 없다. 온돌에서 '개자리'는 연기의 역류를 방지하는 기능도 겸하고 있지만 하나의 굴뚝으로 연기를 모으는 기능을 하는데, 하이퍼코스트에서는 열기를 골고루 분산시키는 해법이 다수의 굴뚝이었고, 특히 '줄고래'의 경우에는 고래 끝마다 굴뚝을 설치하고 있으므로 연기를 한데 모을 '개자리' 같은 것도 필요 없었다.

많은 수의 굴뚝은 연기를 각 고래로 끌어가는 데 필요하고 또한 연기가 미치지 않는 외진 구석, 특히 아궁이 쪽의 양쪽 구석에 연기를 공급하여 나름대로 방을 '골고루' 따듯하게 하는 효과를 추구한 것이며 '개자리' 같은 것을 쓰지 않은 하이퍼코스트에서는 불가피한 것이기도 하다.

일곱째, 하이퍼코스트에서도 '허튼고래'와 '줄고래'를 부분적으로 섞어 쓰고 있다. 그런 점에서 '혼합형 고래'라 말할 수 있으나 그 축조 형태는 온돌과 많이 다르므로 하이퍼코스트 나름대로의 '혼합형 고래(combi형)'라 할 수 있다.

여덟째, 하이퍼코스트의 굴뚝들은 외진 곳까지 연기가 미치게 하기 위하여 많은 수가 필요하기는 했지만 온돌과 달리 공간 내부쪽으로 설치되어 있어서 결과적으로 연기 속의 열기가 완전히 밖으로 나가기 전까지 최대한 난방에 이용된다는 점은 온돌에서보다 의미 있게 활용한 점이라 할 수 있다.

하이퍼코스트와 구들의 차이점

지금까지 우리는 한국의 전통 바닥 난방법인 구들, 즉 온돌(溫突)과 매우 유사한 고대 그리스-로마 시대의 하이퍼코스트(Hypocaust)의 발전 과정과 주목할 만한 몇 가지 문제, 그리고 고래의 종류에 대하여 우리의 구들과 비교하면서 살펴보았다.

이러한 일연의 과정은 하이퍼코스트가 한국의 온돌과 매우 비슷한 난방 방법이란 점에서 특히 한국인들이 관심을 가질 만한 주제임에도 불구하고 한국 쪽에서는 연구가 없었으며, 한국에서 출판된 서양 건축사 교과서들에 로마 시대의 공중 욕장과 관련하여 약간씩 소개되고 있으나, 그 내용들이 더 이상 유효하지 않은 오래된 내용을 담고 있어서 하이퍼코스트를 좀더 자세히 이해하자는 취지이다. 더욱이 잘못된 하이퍼코스트에 대한 이해는 온돌과의 비교나 관련 연구에도 그릇된 바탕을 제공할 수 있고, 그것은 우리의 온돌, 즉 구들의 가치를 평가하는 데 있어서도 중요한 일이기도 하다.

하이퍼코스트와 구들, 즉 온돌은 지금까지 살펴보는 과정에서 드러나듯이 서로 원리는 같으면서도 서로 다른 점들이 적지 않다. 어느 차원에서 보느냐에 따라 두 난방법은 서로 '같다'고도 할 수 있고, '유사하다'고 말할 수도 있는 것이다. 그런데 서로 다른 점들은 하나하나 관심을 가지고 살펴보면 단순히 '다르다'는 것을 넘어서 두 난방 방법의 평가를 달리하게 하는 데에 적지 않은 의미들을 지니고 있음을 알 수 있다. 그리고 그러한 차이점들을 따로 보지 않고 종합적으로 음미해 보면 또 다른 하나의 큰 의문점에 대한 실마리를 찾을 수 있다.

그 의문점이란 우리의 구들은 그것이 생긴 이래 오늘날까지 중단 없이 사용되어 왔고 하이퍼코스트는 로마 시대 이후 1400여 년간이나 잊혀져 있었던 난방 기술이 되었는데 "왜 잊혀지고 말았는가?"하는 것이다.

이에 대해 우리는 의문을 제기하지 않을 수 없다. 왜냐하면 구들과 하이퍼코스트는 원리가 같은 난방법이므로 만약 하이퍼코스트가 다른 난방법보다 별로 좋지 않은 난방법이어서 없어졌다면 우리는 별로 대단치 않은 난방법을 수천 년 동안 써오는 셈이 되고, 따라서 여기에서 이렇게 구들이란 주제로 많은 시간을 소모할 가치도 없는 것이 된다. 그런데 문제는 전혀 그렇지 않다는 데 있다. 로마 시대 이후 서양 사회에는 오랫동안 하이퍼코스트를 마다할 만큼의 우수한 난방 방법이 없었는데도 불구하고 하이퍼코스트가 잊혀졌으니 궁금한 것이다.

간단히 생각하면 로마가 멸망한 탓으로 돌릴 수도 있지만 그러나 그것은 너무 단순한 답이다. 나라는 망해도 공중 욕장 시설은 곳곳에 있었고, 기술은 전해져야 하지 않는가? 그런데 하이퍼코스트가 잊혀진 원인에 대하여 서양에서는 아무도 주목하지 않는다. 많은 연구들이 있음에도 이점에 대하여는 묻는 사람도 없고 답을 주는 사람도 없다.

아무튼 이에 대한 답은 잠시 유보하기로 한다. 그리고 이제부터는 지금까지 살펴본 것들을 회고하며 구들과 하이퍼코스트를 직접 비교하며 서로의 차이점들을 한 번 쭉 짚어보고자 한다. 왜냐하면 그 차이점들을 짚어보고 그것들을 종합하면 자연히 그 이유가 들어나게 되기 때문이다.

● 서로 다른 발상지의 기후 조건

구들, 즉 온돌과 하이퍼코스트의 서로 다른 점으로 우선 발상지의 차이를 들 수 있다. 다시 말하면 구들과 하이퍼코스트는 난방 원리에 있어서는 같지만 서로 다른 자연 조건, 특히 서로 다른 기후 배경에서 태어났다는 점이다.

구들(온돌)의 발상지는 지금까지의 여러 근거를 종합하여 보면 - 꼭 어디라고 짚어 말할 수는 없다 하더라도 - 한반도 북부나 만주 지역에서 처음 생겨난 것으로 믿게 한다. 이 지역은 예나 지금이나 추위가 혹독하여 인간이 집을 짓고 살기 위해서는 난방이 절대적으로 필요한 곳이다.

반면에 하이퍼코스트는 온화한 기후의 지중해 연안을 발상지로 하고 있다. 기원전 250년경으로 거슬러 올라가는 그리스 펠로폰네소스 반도의 고르티(Gorty) 유적, 그리고 기원전 100년경의 올림피아(Olympia) 유적이 하이퍼코스트 유적으로 가장 오래된 것이므로 하이퍼코스트는 올림피아나 펠로폰네소스 반도에서 처음으로 시작된 것으로 짐작되나, 좀더 넓혀 고대 그리스 문화권 전체를 발상지 범위로 본다하더라도 하이퍼코스트는 온화한 지중해 기후 속에서 시작되었다.

이 지역은 비교적 기후가 온화해서 웬만하면 난방을 하지 않고 겨울을 날 수도 있는 곳이다. 그리고 난방 시설을 갖추고 난방을 하더라도 한반도 북부나 만주 지역과 달리 심하게 추울 때 조금씩 보조적으로 난방을 하며 겨울을 넘길 수 있는 곳이다. 이러한 상반된 기후 환경 자체는 그리 대단한 문제가 아닐 수 있으나 그러한 난방 방법이 널리 애용되고 계승, 발전되게 하는 원동력으로 중요하며, 그러한 난방 방법의 생명력을 좌우하는 조건으로 주목할 필요가 있다.

● 발상 초기의 상이한 난방 용도

구들(온돌)은 지금까지 알려진 바에 의하면 주거의 난방으로 사용되기 시작하였다. 그리고 이제는 주거 이외에도 다양한 목적으로 사용되기는 하지만 오늘날까지 주로 주거의 난방으로 사용되고 있다. 절이나, 군사용 시설에 사용된 근거도 확인되고 있으나 이들 공간 성격도 체류, 기거 공간이므로 주거용에 속한다고 할 수 있다.

하이퍼코스트는 그러나 목욕 시설의 난방으로 시작되었고, 로마시대 내내 주로 공중 욕장, 즉 테르매(Thermae)에 사용되었다. 다만 1세기 이후부터는 지중해 연안보다 추운 알프스와 그 이북 지역으로 공중 욕장이 전파되면서 규모가 큰 저택의 작은 방 한두 곳을 하이퍼코스트로 난방하기 시작한 사례가 발견되고, 요새와 같이 로마의 변경 군사 시설 등에서 주거용으로 사용된 것이 확인되고 있다. 목욕 시설에 사용된 사례에 비하면 소수에 불과하나 로마시대 후기로 가면서 하이퍼코스트도 점차 주거용 난방으로도 도입되고 퍼져가는 경향을 보이는 것이다. 그러나 하이퍼코스트가 주거용으로 보편적으로 보급되기 전에 로마가 멸망하고 공중 욕장 문화도 쇠퇴하게 됨으로써 전파가 중단되고 하이퍼코스트는 잊혀진 기술이 된다.

구들이 주거용으로 많은 사용자를 배경으로 하고 있는 반면, 하이퍼코스트는 목욕탕이란 특수 목적의 난방으로서 시작되어 뒤늦게 주거용으로 퍼져가다가 충분히 일반화되기 전에 중단된 것이다. 이 점, 즉 그러한 난방 기술을 개발하게 된 목적이 무엇이었나 하는 것 역시 그러한 난방 기술의 생명력에는 중요한 관점이 될 수 있다는 점에서 주목된다.

● 취사 기능과의 결합 여부

구들은 본래부터 취사를(밥을) 하기 위해 불을 때면 난방도 되는 일석이조(一石二鳥)의 원리였다. 물론 부뚜막 없이 아궁이만 두고 난방만을 위해 불을 때는 경우도 있긴 하지만 기본형은 역시 아궁이를 두고 취사를 겸한 것이었다. 선사 시대의 구들(온돌) 유적들에서도 솥을 걸었던 흔적들이 남아 있고, 구들의 발생 자체가 부뚜막의 연장 과정에서, 그리고 연기 배출의 한 방편으로 발전된 것이 거의 확실해 보이므로 구들은 처음부터 취사를 겸한 난방 시설 또는 난방을 겸한 취사 시설이라 할 수 있다.

반면에 하이퍼코스트에서는 취사를 겸한 사례가 아직까지 발견되지 않고 있다. 로마인들은 대개 부엌 바닥에 나지막한 단(壇)을 만들고 그 위에 불을 피웠으며, '삼발이' 같은 기구를 받침으로 이용하여 취사를 하였다. 하이퍼코스트는 취사를 겸하는 대신 아궁이 쪽에, 즉 구들방으로 치면 아랫목에 해당하는 곳에 욕조를 두었고, 불을 때면 욕조의 물이 함께 데워지도록 하였다. 그런 까닭에 하이퍼코스트의 구조도에서는 불을 때는 곳을 '부엌'이라고 하지 않고 '난방실'이라 칭한다. 주거용으로 시작되지 않았으므로 구들처럼 취사를 겸하게 할 생각에는 미치지 못했던 듯하다. 욕실 난방과 함께 욕조의 물을 데웠다는 점에서는 하이퍼코스트도 합리성과 다목적

그림 263 Pompeii에서 발굴된 로마 시대 저택의 부엌 화덕과 '삼발이 솥'

성을 지닌 측면이 있다. 하지만 취사를 겸한 구들은 그렇지 않은 경우보다 강한 생명력을 지닌다.

건축주의 상이한 사회적 계층

구들 시설은 주로 일반 서민이 집을 지으며 추위를 극복하기 위하여 '스스로' 만들기 시작한 난방 방법이라 할 수 있다. 특히 구들과 관련된 가장 오래된 기록이라 할 수 있는 『구당서』「고려전」(고구려를 말함)에 보이는 "其所居 必依山谷皆以茅草葺舍 …… 其俗 貧窶者多 冬月 皆作長坑 坑下燃 熅火以取煖(그들이 사는 집은 반드시 산골짜기를 의지하여 짓고, 모두 띠풀로 지붕을 덮는다. …… 그들은 민(民)은 가난한 자가 많다. 겨울철에 모두 긴 갱도를 만들고 갱도 아래에 불을 지펴서 따뜻함을 취한다.)"는 구절이 이를 뒷받침한다. 가난한 자가 많다는 것은 일반 백성을 말하고, 일반 백성이 겨울이면 '모두' 장갱(長坑 : 긴 고래)을 만들고 거기에 불을 때서 따듯하게 겨울을 난다고 하고 있으니 이는 바꾸어 말하면 '누구나' 그렇게 한다는 의미로 이해되며, 구들이 '일반적'으로 사용되고 있음을 보여주는 중요한 근거가 된다. 구들은 가난한 자들의 난방 방법으로, 보통 사람들의 난방법으로 시작 되었다.

반면에 하이퍼코스트의 건축주는 구들의 경우와 달리 그 난방이 발명된 고대 그리스 문화에서도, 그리고 그를 계승한 로마 사회에서도 지배층 또는 공공 기관이라 할 수 있다.

하이퍼코스트의 유적으로 가장 오래된 유적의 하나인 올림피아의 욕장(기원전 100년경)은 공공의 욕장 시설로 건축되었다. 올림피아는 고대 올림픽 경기의 발상지로서 각종 운동 종류의 훈련과 경기가 성행하였던 곳이다. 각종 운동 후에 땀을 씻고 몸을 청결하게 하는 데, 또는 체육 제전 같은 것을 앞두고 신에게 제사를 지내기 전에 몸을 깨끗이 하는 데 목욕 시설이 필요했다고 보여지며, 공공 시설로 지어졌으므로 건축 비용을 제공하는 건축주가 온돌, 즉 구들의 경우와는 다르다.

이러한 입장은 로마 시대로 이어진 하이퍼코스트에서도 크게 다를 바 없다. 후대에 이르러 비록 하이퍼코스트가 개인의 저택에서도 사용되기는 하였지만 그것은 상류 지배층의 주거였으며, 로마 시대의 하이퍼코스트의 주 사용처는 여전히 공중 목욕탕(Thermae)이기 때문이다.

일반 서민이 건축주일 경우와 공공 기관 또는 사회 상류 계층이 건축주 입장에 있는 경우는 다음에서 언급될 구조와 재료 선택, 동원되는 기술자 수준 등에 있어서 서로 다른 여건을 형성하게 되며, 이는 결국 건축 비용과 난방 기술의 전파력에 중요한 요인으로 작용하게 된다는 점에서 주목된다.

사용된 건축 재료의 수준 차이

구들은 기본적으로 흙과 돌로 이루어져 있다. 후기에 소털 같은 것도 흙의 결속력을 높이기 위해 첨가되고, 근래에는 시멘트도 사용되지만 기본적으로는 흙과 돌이 주 재료였다.

구들장은 평평한 판석으로 잘 일구어지는 성질을 지닌 암벽에서 채석한 것을 사용하기도 했지만("구들장 뜬다"고 했다), 많은 경우에는, 우리가 앞의 수많은 유적 사례에서 보았듯이, 냇가나 집 주변에서 구들장으로 쓰기에 적절한 평평한 자연석과 고래둑을 만드는 데 알맞은 크기의 돌들을 수집하여 사용했고 온돌의 발상 초기에도 그랬다. 따라서 구들(온돌)은 본래 모두 주변 환경에서 수집된 자연적 재료로 이루어졌다.

그러나 하이퍼코스트에 사용된 재료는 주로 인공적인 재료였으며, 다듬은 재료였다. 허튼고래 형식을 주로 사용했으므로 고래둑이 없는 대신 짧은 기둥으로 구들장과 방바닥을 받치게 했는데 고래를 받치는 기둥들은 다듬은 돌 또는 구운 벽돌로 되어 있고, 구들장 역시 일정 규격으로 구어 낸 것이었으므로 그에 상응하는 생산 시설(벽돌 공장)과 기술자가 있어야 했다. 인공적으로 생산된 재료와 최소한 석공 등에 의해 다듬어진 재료를 썼던 것이다.

그리고 초기의 유적에 해당하는 고르티(Gorty)나 올림피아(Olympia)의 욕장 유적의 재료나 축조 상황을 보아도 전문 장인의 손에 의하여 만들어진 모습을 보여준다. 하이퍼코스트에 사용된 구들장, 고래받침 등 모든 것은 규격 제품이라 할 수 있고, 일반인들은 동원하기 힘든 건축 재료들이었다. 구들은 누구나 쉽게 구할 수 있는 재료를 바탕으로 했고, 하이퍼코스트는 생산과 가공 과정을 필요로 하는, 따라서 결과적으로 고가에 속하는 재료를 사용했다는 점에서 서로 다른 입장을 보여준다.

상이한 시공성과 기술자 수준

앞에서의 『구당서』 구절로 보면 구들은 서민들이 직접 자조(自助)에 의하여, 또는 이웃간에 서로 도우며 만들었다고 하여야 할 것이다. 이는 특별한 기술자를 초빙해서 만들었다기보다 누구나 그 정도의 축조 기술은 지니고 있었음을 시사한다. 또한 구들은 초기 유적이나 근래의 전통 민가에 이르기까지 주로 인근의 하천 등에서 수집한 자연석을 구들장으로 사용하였고, 고래둑도 자연석과 흙으로 만들었으므로 석공이나 조적공 같은 기술자를 필요로 하는 정도가 아니었다. 물론 나중에는 구들을 잘 놓는 것으로 유명해져 '구들쟁이(구들장이)'라 불린 사람도 있게 되었지만, 그것을 본업으로 하지도 않았을 뿐만 아니라 대개 이웃간의 일이므로 와서 돕는다 하더라도 막걸리나 한 잔 받아주고 '담배 값' 정도로 사례하는 정도였다.

반면에 고대 그리스-로마의 하이퍼코스트 유적은 고래 부분이며 구들장 등의 재료 자체가 구운 벽돌과 다듬은 돌이 주로 사용되었으므로 재료의 생산에는 물론이고 이들 재료를 사용하여 축조하는 데에도 석공, 미장공 등 기능공들의 동원이 필요했던 것으로 짐작하게 한다. 더욱이 공중 목욕탕이라는 공공 시설을 공사하는 것이었으므로 난방 시설뿐만 아니라 건축물 전체가 구들과 비교가 안 될 정도로 전문성이 있는 공사 감독과 기능공들에 의해 시공되었음을 보여준다.

축조 비용과 경제성

앞에서 설명한 재료적인 측면이나 기능공 문제는 결과적으로 하이퍼코스트를 비용이 많이 드는 난방법이 되게 했다. 그리고 그러한 전문적 재료와 시공은 로마 시대 내내 지속된 특징을 보여주고 있다.

반면에 구들은 자연석과 흙을 주재료로 하였으므로 재료 구입비도 들지 않을 뿐 아니라 시공에 있어서도 특별히 기능공을 필요로 하지 않아 저렴한 비용으로 누구나 감당할 수 있는 난방 방법이 되었던 셈이다.

결과적으로 구들은 누구나 사용할 수 있는 난방 방법으로서의 조건을 갖추었고, 하이퍼코스트는 웬만한 재력으로는 감당하거나 욕심낼 수 없는 '호화' 시설, 호화 난방법이 되었다. 하이퍼코스트는 그렇기 때문에 비록 훼손된 유적이라 하더라도, 난방 성능을 일단 논외로 한다면, 구들에 비해 건축물 다운 건축물의 면모를 보인다. 그렇지만 난방 방법의 생명력과 전파력 측면에서는 오히려 정

반대의 결과를 가져올 수 있는 사항이며, 난방 방법의 전래와 보급을 어렵게 하는 요소가 되었다.

주로 사용된 고래의 유형

구들에서 사용된 고래는 그 연도(煙道)의 배열과 유도 형식에 따라 오늘날 줄고래, 나란히고래, 허튼고래, 혼합고래, 부채고래(扇子고래), 맞선고래(대각고래), 되돈고래, 굽은고래, '卍(만)'자형 고래, '亞(아)'자형 고래, 막고래(멍텅구리고래) 등으로 구별된다. 그러나 모든 시대에 걸쳐 가장 일반적으로 사용된 것은 줄고래 형식이다.

또한 구들의 초기 유적들에서 나타나는 고래 형식들도 줄고래 형식을 띠고 있는 것으로 보아 구들은 줄고래로 시작되고, 그 전통을 이어받아 근래까지 줄고래가 지배적으로 쓰인 것으로 믿게

그림 264 온돌, 1920년경 건축된 전통 민가 해체 과정에서의 줄고래 모습, 강원도 횡계(발굴 및 출처 : 필자)

한다.

이에 반하여 하이퍼코스트에서의 대표적인 고래 형식은 허튼고래 형식이라 할 수 있고, 하이퍼코스트는 처음부터 허튼고래로 시작된 것으로 믿게 한다. (앞에서 본 것처럼 발전 후기에 이르면서 줄고래와 유사한 원리를 활용한 것도 등장하기는 하나 구들의 줄고래와는 상당히 차이가 있다.)

이것은 얼핏 보면 대단치 않은 차이인 것 같으나 기능상으로 몇 가지 중요한 의미를 지닌다. 줄고래인 경우는 하나하나의 고래가 폐쇄 회로의 성격을 지녀, 해당 고래에 연기가 일단 공급되면 연기는 고래가 전개되어 있는 대로 진행하게 된다. 즉 연기는 고래가 곧게 뻗어 있으면 곧게, 'ㄱ'자로 꺾여 있으면 꺾여 있는 대로 연기가 고래를 따라 굴뚝을 향하여 진행될 수밖에 없게 된다. 말하자면 정원 잔디에 물을 줄 때 호스를 끌고 가는 대로 물이 따라가는 원리와 같다. 이 경우 물은 호스의 끝이 어디에 있느냐에 따라 그곳에 물을 뿌릴 수 있는 것이지만 고래는 호스 전 구간이 발열부(發熱部)인 셈이다. 앞에서 언급한 다양한 고래의 배열 형태도, 그리고 그 형상을 따라 여러 이름으로 불리게 되는 것도 결국은 줄고래의 원리를 바탕으로 하는 데서 비롯되는 결과이다.

그림 265 하이퍼코스트 유적, 유고슬라비아 Bitolji 근처의 Herclea 공중 욕장, 약 4세기

그러나 하이퍼코스트가 기반으로 하고 있는 허튼고래인 경우는 파이프와 같이 폐쇄 회로 기능을 기대할 수 없다. 연기는 출구인 굴뚝을 향하여 항상 최단 거리로 직진하려는 성질을 띠고 있으므로 실의 바닥 밑이 전부 트여 있는 허튼고래에서는 아궁이에서 굴뚝에 이르는 선상 주변으로 연기가 몰려 지나가게 되고 가장자리나 구석진 곳에는 연기가 잘 미치지 못하게 된다.

따라서 그런 부분에서는 구들장 가열 효과도 난방 효과도 현저히 떨어지게 된다. 그래도 아주 작은 방의 경우에는 허튼고래라 하더라도 고래층에 연기가 꽉 차게 되면 난방 효과 면에서는 크게 문제되지는 않는다. 그런데 하이퍼코스트는 주로 공중 욕장의 난방 방법으로 사용되었고, 난방하는 실의 규모는 조그만 한국의 주택의 방들과는 달리 매우 컸음에도 허튼고래를 기반으로 하고 있어서 허튼고래의 원리로는 고른 난방을 하기에는 한계가 있었다.

그런데 로마인들도 세월이 가면서 하이퍼코스트의 이러한 문제를 인식한 듯하다. 그리고 그들은 그 문제점을 굴뚝의 수를 늘려 해결하려 한 듯하다.

그림 266 하이퍼코스트의 고래(허튼고래) 모형도

● 굴뚝의 수

구들과 하이퍼코스트를 개관하고 비교해 보면 또 하나의 차이점으로 굴뚝의 수에 있어서 서로 달랐다는 것을 알 수 있다.

구들은 대개 아궁이 하나에 굴뚝이 하나이다. 식은 연기가 미치게 되는 윗방의 경우 때때로 방 밖에 보조 아궁이를 두는 경우가 있으므로 그런 경우에는 두 개의 아궁이에서 불을 때는 셈이 되나, 연기가 나가는 굴뚝은 하나이다. 어떤 민가에서는 방 네 개를 '田(전)'자형으로 배치하고도 아궁이와 굴뚝은 하나를 두어 즉 방 4개가 한꺼번에 난방이 되게 한 경우도 있다.

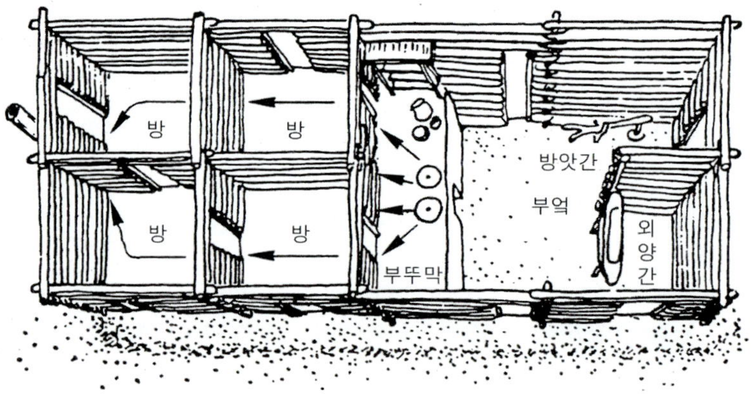

그림 267 구들방 네 개를 아궁이 하나로 난방한 경우

그러나 하이퍼코스트에서는 굴뚝이 불을 때는 곳 하나에 1개인 것도 있긴 하였지만, 4개 내지 8개가 있는 곳도 있다. 사각형의 방일 경우 네 귀퉁이에 굴뚝이 설치되고, 때때로는 벽의 중간에 하나씩 설치되었다. 물론 하이퍼코스트에서도 보조 아궁이를 두는 경우가 있었는데 그런 경우에는 아궁이 둘에 굴뚝이 여러 개가 되는 셈이다. 그런 경우에는 아궁이도, 굴뚝도 복수인 셈이 된다.

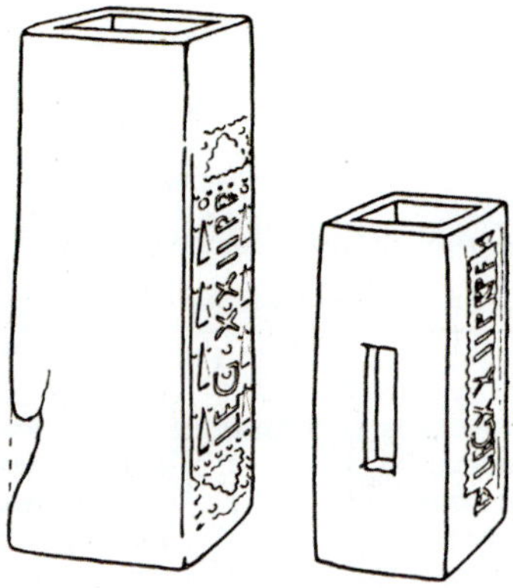

그림 268 하이퍼코스트 굴뚝에 사용된 구운 벽돌 예

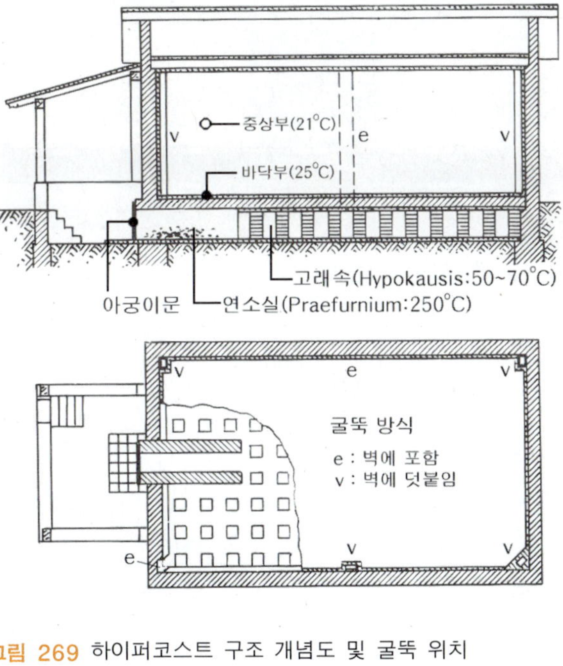

그림 269 하이퍼코스트 구조 개념도 및 굴뚝 위치

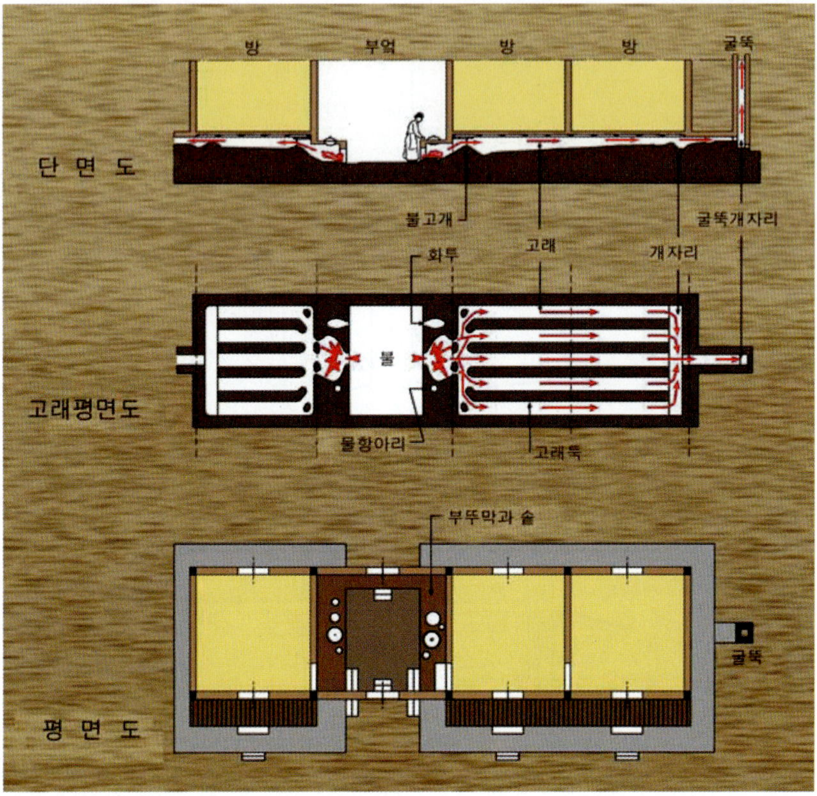

그림 270 구들의 구조 개념도

독일의 크렛츠슈메르(Kretzschmer)는 "어떤 하이퍼코스트이든지 간에, 즉 줄고래이든지 또는 허튼고래이든지간에, 하나의 굴뚝만으로는 작동할 수 없다"고 하였다. 그리고 "사각형의 공간에서는 기술적으로나 기능상 최소한 4개의 굴뚝이 있어야 한다"고 하였다.[93] 그는 일찍이 1950년대에 시험용 건물을 하나 짓고, 하이퍼코스트에 대해 난방 시험을 했던 사람으로, 이러한 그의 견해는 하이퍼코스트 유적들에서 여러 개의 굴뚝이 발견된다는 점과, 그의 실험에서도 하나의 굴뚝으로는 골고루 따듯해지지 않는 현상을 확인한 데 따른 것이다. 그러나 그가 실험한 것은 허튼고래를 기본으로 한 것이었고, 허튼고래를 기본으로 하는 하이퍼코스트에서는 당연한 결과이다.

허튼고래에서는 불기, 즉 연기는 앞에서도 언급한 바와 같이 굴뚝을 향하여 가장 빠른 길로 직진하려는 성질을 갖게 되므로 구석진 곳이나 가장자리에 연기가 미치지 못하게 된다. 로마인들은 바로 이 문제를 여러 개의 굴뚝을 두어 극복하려 했다. 허튼고래에서는 특히 방의 구석진 곳, 그 중에서도 아궁이에 인접한 좌우 구석에는 연기(불기)가 미치기 어렵다. 그러한 곳에 로마인들은 굴뚝을 두었고, 굴뚝에서 연기를 '빨아들이게' 해서 연기가 미치기 어려운 곳에 연기를 끌어가려 했던 것이다.

이에 비하여 구들, 즉 온돌은 줄고래식, '파이프'식 고래를 취하고 있으므로 굴뚝을 많이 필요로 하지 않는 방식이며, 따라서 굴뚝 수도 많이 필요하지 않았다. 고래 끝의 '개자리'라고 하는 장치도 연기를 한데 모으는 데 한몫을 하였지만 그것이 없어도 굴뚝이 많이 필요한 것은 아니었다. 이점에서도 우리의 구들, 즉 온돌은 그만큼 경제적인 시스템이었고, '하이퍼코스트'보다 지혜로웠던 기술이었다고 할 수 있다.

● 굴뚝의 위치

구들과 하이퍼코스트가 서로 다른 또 한 가지는 굴뚝의 위치이다. 구들에서 굴뚝은 대개 아궁이 반대쪽 집 밖에 벽으로부터 어느 정도 떨어져 설치되었다. 보통의 민가에서는 벽체로부터 처마가 내밀어진 만큼 떨어져 있고, 대가(大家)나 궁궐에서는 경복궁 교태전 후정(後庭)의 아미산(峨嵋山) 굴뚝과 같이 심지어 뒷마당 또는 옆마당을 사이에 두고 집 본채로부터 멀리 뚝 떨어져 있다. 이들 굴뚝은 나름대로 아름다운 문양으로 장식되어 후원의 구성 요소가 되고 있기도 하지만, 연도가 후원이나 옆마당 밑에 감추어져 통과하도록 되어 있어서 외국 관광객은 물론 구들의 구조를 잘 아는 한국인에게도 신비스럽게 느껴진다.

그런데 하이퍼코스트에서 굴뚝은 구들과 달리 건물로부터 떨어져 있는 것이 아니라 벽체의 일부로 되어 있거나 벽체 안쪽으로 덧붙여 설치되어 있었다.[94] 이에는 두 가지 형태가 있었는데 벽에 덧붙인 형태와 벽 속에 넣어 벽에 돌출됨이 없이 매끈하게 처리하는 방법이었다. 벽체에 덧붙인 경우는 실내로 튀어나와 가구 배치

그림 271 경복궁 교태전 후정의 아미산 굴뚝

그림 272 강릉 선교장 활래정(活來亭). 1816년 건축. 왼편 마루 밑에서 불을 때면 연기는 두 방을 거쳐 멀찌감치 덜어져 있는 우측의 굴뚝으로 나간다.

등에 방해가 되지만 방열 면적이 더 많아지고, 벽체에 집어넣은 경우는 실내로 방열하는 효과는 줄어드나 그 대신 튀어 나옴이 없이 매끈한 벽이 되어 가구를 벽에 붙이는 데 유리했다. 굴뚝은 주로 구운 토관(土管)을 사용했는데 두 가지 방법 중 어느 방법을 썼던 간에 벽체에 설치했었다는 점은 하이퍼코스트가 구들보다 좀더 지혜로웠던 측면이라고 할 수 있다. 왜냐하면 굴뚝으로 나가는 연기

속에는 여전히 상당한 열기가 포함되어 있고, 구들의 경우는 집 밖에 굴뚝이 있어서 아직 활용할 수 있는 열기가 적지 않게 그냥 버려지기 때문이다. 그런데 하이퍼코스트는 벽체에 굴뚝을 설치하여서 연기 속의 열기를 마지막 순간까지 실내 공기를 덥히는 데 이용한 것이므로 좀더 생각한 측면을 인정하게 되는 것이다.

상이한 규모와 개관성

구들은 주로 주거용으로 이용되었다. 그리고 주거용이었으므로 규모가 크다 해도 방 두 칸 정도였다. 우리의 조선 시대 주택들의 방은 그리 큰 편이 아니었다. 구들이 생겨나던 초기의 주거는 더 작았다. 북한 지역에서 발굴된 선사 시대의 주거의 규모도 벽체 한

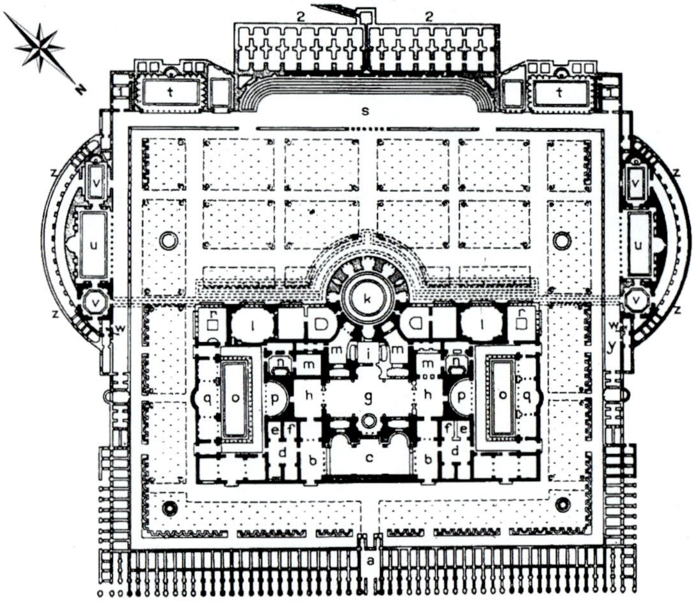

그림 273 로마의 카라칼라(Caracalla) 대욕장 평면도(216년 완공)

그림 274 로마의 카라칼라(Caracalla) 대욕장 주건물 유적

변의 길이가 4~5m를 넘지 않는다. 서민들의 주거에 주로 사용했던 난방법이란 점에서도 그러하다.

집이 작았고 방들이 작았으므로 이는 누가 보든지 난방의 작동원리를 이해하기 쉬우며, 집을 지을 때, 그리고 구들을 놓을 때 옆에서 구경만 하여도 쉽게 배우고, 흉내 낼 수 있는 이점이 있다. 혹 이웃이나 구들과 같은 난방법을 아직 몰랐던 타 고을 사람이라도 한 번 보면 어떻게 만드는지 알 수 있었던 것이 구들이다. 그리고 부엌의 아궁이를 보고, 집을 한 바퀴 돌아 굴뚝을 보면 완성된 집에서도 어느 정도 구들의 구조 원리를 짐작할 수 있다.

옛날 서민은 집을 스스로 지었다. 구들 시설도 대개 스스로 만들었다. 일손이 필요하면 이웃간에 서로 서로 도왔다. 그 과정에서 구들 놓는 기술도 전수되었다. 구들 잘 놓는 장인이 있었고 도와주기도 하였다. 집을 지을 때 도우며 옆에서 눈여겨보는 것이다. 그

그림 275 로마의 카라칼라(Caracalla) 대욕장 복원 모델

련 과정에서 새로 구들장이도 양성되며, 일반인들도 구들 놓는 요령을 익히는 것이다. 이러한 과정은 구들 기술이 널리 퍼지고, 전승 발전되는 데 강한 생명력으로 작용하였다.

하이퍼코스트는 앞에서 설명되었듯이 공중 욕장의 난방으로 쓰였으므로 구들에 비하여 하이퍼코스트가 설치된 실들 자체의 규모도 컸지만 그 외에 하이퍼코스트가 설치되지 않은 수영장, 마사지실, 그리고 어떤 것은 상점 등 다양한 공간들을 거느려 하나의 거대한 복합 건물을 이루고 있어서 건물 내에서는 물론 밖에서도 쉽게 개관하기 어렵다. 더욱이 지금 남아 있는 유적들은 훼손이 심하여 개관을 어렵게 하며 도면을 참조하거나 전문가의 안내를 받아야 그 구조나 작용 원리를 알아볼 수 있는 정도이다. 이에 대한 사례는 많이 있지만 로마에서 두 번째로 큰 카라칼라(Caracalla) 대욕장을 예로 들면 그 규모가 외곽 회랑인 팔레스트라를 포함하여

337×328m나 되며, 내부의 본 건물만 해도 220×114m, 열탕(熱湯)인 칼다리움(Caldarium : 평면도에서 k)의 직경이 35m에 이른다. 그러므로 하이퍼코스트는 온전한 형태로 사용되고 있었을 때나 폐허화된 유적에서도 쉽게 이해되기 어려워 모방이나 전파가 어려운 점을 안고 있었다.

전승과 발전적 관점

구들, 즉 온돌과 하이퍼코스트가 서로 다른 점들에는 이 장을 시작하면서 언급하였듯이 구들은 그것이 생겨난 이후 오늘날까지 중단 없이 전승되며 발전되어 왔고, 하이퍼코스트는 로마의 멸망과 함께 1400여 년간 잊혀진 기술이 되었다가 19세기 중반부터 유적 발굴을 통하여, 특히 폼페이의 발견을 계기로 그 존재가 조금씩 다시 알려지기 시작하였다는 서로 상반된 사실 그 자체도 포함된다.

그런데 왜 구들은 그것이 생겨난 이래 중단 없이 발전되어 오고, 하이퍼코스트는 로마의 멸망과 함께 살아졌을까? 구들과 하이퍼코스트가 전승, 발전적 관점에서 서로 다른 운명을 겪게 되었다는 것은 또 하나의 차이점 확인에 지나지 않을 수 있겠지만 그 배경은 자못 우리의 관심을 자극한다. 왜냐하면 하이퍼코스트가 더욱 나은 난방 기술에 의해 밀려난 것이라면 모르겠지만, 로마 시대 이후 4~5백 년간 중세 유럽에는 그보다 나은 변변한 난방법이 아직 발전하지 못했고, 건물 내에서, 특히 주거 내에서 매우 춥게 지낸 기록들이 다수 등장하기 때문이다.

그리고 하나의 난방 방법은 추위 극복 문제와만 관계가 있는 것이 아니고, 주거의 구조는 물론 생활 관습이나 양식에 직접적으로 영향을 주는 요소라 할 수 있는데 우리의 생활은 구들과 밀접한 관계 속에 발전하여 왔고, 로마 시대 이후 서양의 주거 문화에서 하이퍼코스트의 영향은 없다고 해도 좋은 상황이기 때문이다. 그런데 이 차이점은 앞에서 하나하나 짚어본 다른 차이점들을 종합적으로 적용해 보면 그렇게 된 원인도 자연스럽게 드러나고, '그렇게 될 수밖에 없었다'는 결론에 이르게 한다. 그러한 점에서 앞에서 살펴본 여러 차이점들은 이 의문점에 대한 답을 지니고 있는 셈이다.

하이퍼코스트는 난방이 필수적이지 않은 곳에서 시작되었고, 거기에다 발상 당시의 목적이 주거용이 아닌 목욕탕 난방 시설이었으며, 그러한 시설을 만든 사람, 경비를 부담하는 사람, 그러한 시설에 동원된 재료 등 모든 점에서 결과적으로 '비싼' 시설로 발전하게 하여 보통 사람들이 주거용으로 활용하기에는 어려운 조건을 두루 갖춘 기술이 되었다.

그에 비하여 구들은 처음부터 서민들의 주거용 난방법으로 시작되었고 주변에서 큰 비용을 들이지 않고 수집할 수 있는 재료를 사용했으므로 상대적으로 누구나 갖출 수 있을 만큼 '싼' 구조를 견지했다. 또한 무엇보다도 구들은 처음부터 취사를 겸한 난방법이란 점에서 하이퍼코스트가 갖지 않는 절묘한 기능의 복합을 갖추었던 셈이며, 구들의 구조가 끊임없이 민족과 함께 전승되고 발전하는 데 결정적인 역할을 하였다고 할 수 있다.

구들은 규모면에서도 어떻게 만들고 작용하는지 개관하기 쉬웠다. 하이퍼코스트는 널리 보급되고 지속적으로 이용되기에는 태생적으로도 불리했고, 살펴보았듯이 모든 관점에서 일반적인 난방법으로 쓰이기에는 적절치 않은 요소들을 지녔었기 때문에 구들과는 상반된 운명을 겪게 될 수밖에 없었다고 할 수 있다.

지금까지 우리는 한국의 전통 바닥 난방인 구들과, 그리고 구들과 같은 원리를 바탕으로 하고 있는 고대 로마-그리스 시대의 하이퍼코스트를 비교하여 그 차이점들을 살펴보았다.

이상의 고찰에서 얻어지는 주요 사항을 다시 한 번 정리해보면 다음과 같다.

첫째, 두 난방 방법은 원리상 같고, 유사한 점이 많지만 발상지부터 난방의 목적, 재료 사용 수준, 건축주, 주 사용 계층, 고래의 종류, 굴뚝의 수 및 위치 등 세부적으로 서로 상이한 점들을 많이 보이고 있다.

둘째, 하이퍼코스트는 얼핏 보기에 구들보다 훌륭한 인상을 주고, 구들은 그에 비하여 토속적이고 허술하며 빈약한 기술처럼 보이기 쉽다. 그렇긴 하지만 구들은 기능적으로나 기술적으로 하이퍼코스트보다 앞선 측면이 많고, 많은 강점을 지니고 있는 것으로 평가할 수 있다. 특히 구들이 처음부터 취사 기능을 포함한 채 발전하였다는 것은 대단한 강점이며, 줄고래 방식 중심으로 발전하여 원하는 구석진 곳에도 열기를 미치게 하고 많은 굴뚝수를 가질 필요가 없었다는 점도 허튼고래 중심의 하이퍼코스트보다 지혜로웠던 부분이라 할 수 있다.

셋째, 이러한 차이점들은 구들이 경제적인 난방법으로서 민족 난방법으로 널리 보급되고, 수천 년간 지속적으로 이용되는 데 강한 생명력을 지니게 했고, 하이퍼코스트는 그와 상반된 요인들을 두루 지닌 나머지 '로마 제국 몰락의 요인' 외에도 잊혀진 기술이 되는 데 중요한 원인으로 작용했다는 점을 알게 한다.

넷째, 하이퍼코스트와 구들을 직접 비교해 봄으로써 하이퍼코스트에 대한 이해를 폭을 넓히고, 더불어 구들의 우수성이 더욱 부각됨을 인식할 수 있다.

표 2 온돌과 하이퍼코스트의 차이점 종합

	차이점	구들(온돌)	하이퍼코스트
1	발생지 기후 조건	한반도 북부-만주 지역/추운 곳/난방이 필수적	지중해 연안 지역/온화한 기후/주거 난방이 덜 필수적
2	난방 목적	주거용 난방으로 시작	욕장의 난방으로 시작
3	다목적성	난방+취사	욕실 난방+욕조 온수 가열
4	건축주/사용자	서민이 이웃과 함께 자력으로 건축	지배자급/운동 선수
5	주요 건축 재료	수집된 자연석과 흙	구운 벽돌류, 다듬은 돌, 시멘트
6	시공 인력 수준	서민(집주인)이 이웃과 자조적으로, 후대에 '구들장이'가 돕기도 함	석공, 조적공 등 건축 기술자 필요
7	비용 (건축 재료, 건축비)	저렴(低廉)	고가(高價)
8	고래의 종류	줄고래로 시작되고 그 후에도 가장 많이 쓰임-연기 진행 행태와 굴뚝수에 영향을 줌	허튼고래로 시작되고 그 후에도 가장 많이 쓰임-연기 진행 행태와 굴뚝수에 영향을 줌
9	굴뚝의 위치	집 밖에 설치, 더 이용할 수 있는 열기를 버림	굴뚝을 실 내벽에 설치-열기를 최대한 활용
10	굴뚝수	1개	여러 개 (4~8개)
11	규모	서민 주거의 난방 시설로 하이퍼코스트 대비 소규모-구조 원리 개관이 용이	공중 욕장 시설의 난방 시설로 온돌의 경우보다 대규모-구조 원리 개관이 어려움
12	전승-발전적 관점	중단 없는 발전, 현재까지 이용되며, 현대적 바닥 난방으로 이어짐	로마시대 종말과 함께 사라짐. 19세기 중반에 재발견되어 현대적 바닥 난방 기술의 발전을 자극

난방 방법은 난방 기술로 끝나지 않고, 어느 문화에서나 생활과 건축의 구조에도 지대한 영향을 미쳐왔다. 그런 점에서 하이퍼코스트를 살펴보는 것은 곧 우리의 구들의 실체와 가치에 더 가까이 접근하는 것이 될 것이다.

불 보러, 물 보러?

하이퍼코스트 유적을 찾아다니던 어느 무더운 여름날 필자는 아내와 함께 로마의 옛 항구였던 오스티아 안티카(Ostia Antica)에 있었다. 미리 파악한 바로는 이곳에 공중 욕장(thermae)이 19개나 있었고 그것은 곧 하이퍼코스트의 유적을 의미하기도 했기 때문이다. 대개 벽체 밑동만 남은 폐허에서 미로(迷路)와 같은 골목을 헤매며 겨우 약도를 참고하여 욕조며 아궁이를 확인하노라니 우리 둘은 금방 녹초가 되었다. 마침 비교적 양호한 상태로 남아 있는 오디온(odeon : 반원형 극장)이 우리를 그의 객석으로 초대했다. 땀을 식히며 앉아 무대를 내려다보고 있노라니 옛 로마 시대의 배우들이 지금 막 공연을 하고 있는 듯했다.

잠시 후 어떤 중년의 부부가 근처로 올라와 앉았고 말하는 것을 엿들으니 독일 사람들이었다. 눈이 마주치기에 필자는 별 생각 없이 "Guten Tag!" 하고 인사하였다. 그랬더니 그들은 "Oh, Sie sprechen deutsch!(오, 독일말 하시네요?)"하고 반기며 응수해 왔다. 아마도 이태리에서 독일어를 하는 사람을, 그것도 아시아 얼굴을 하고 있는 사람으로부터 듣게 되니 반갑기도 하고 의외였던 모양이다. 이어서 우리는 곧 대화를 나누게 되었고, 어디서 왔느냐, 어느 나라 사람이냐는 등 물어왔다. 그리고는 그 끝에 "어떻게 이 외진 곳까지 왔느냐"고 묻는 것이었다.

필자는 잠깐 뭐라 대답할까 망설이다가 장난기도 좀 동하여 "불을 보러요"라고 대답했다. 그들은 필자의 대답에 어리둥절한 표정을 지었다. 그리곤 다시 "불을 보러라니요?"했다. 필자는 다시 "여기 공중 욕장이 많이 있잖아요. 그래서요"라고 말했다. 그랬더니 그들은 "그럼 불이 아니라 물을 보러 온 거네요. 공중 욕장은 물과 관계가 있잖아요. 물은 Wasser이고, 불은 Feuer인데 두 말을 바꾸어 착각하는 건 아닌지?"하는 것이었다. 그들은 필자가 독일말은 좀 하는 것 같은데 단어를 착각해서 뒤바꿔 말하는 것으로 생각하는 듯했다. 필자는 공연히 좀 복잡하게 만들었다는 생각을 하면서 "아니오, 착각이 아니라 정말 불 때문에 왔습니다"라고 말했다. 그리곤 자세히 설명했다.

"공중 욕장은 물론 물을 쓰는 곳이다. 그러나 목욕물과 욕실들은 하이퍼코스트라는 난방 방법으로 데워졌는데 그것은 불을 때서 작동하는 것이다. 나는 공중 욕장 자체보다는 그것의 난방 방법에 관심이 있어서 여기에 왔으니까 '물'이 아니라 '불'을 보러 온 것이다"라고 설명하고 한국의 구들 이야기와 그것이 하이퍼코스트와 매우 유사하다는 등 여러 가지를 이야기해 주었다. 자초지종을 다 듣고 난 그들은 새로 알게 된 사실에 신기해하며, "그렇다면 말이 되네요, 불보러 온것이..."라고 웃으며 천천히 고개를 끄덕였다. 불[火]과 물[水]은 사실 상반된 물성(物性)을 지녔다. 그래서 우리는 일반적으로 상생(相生)이 아니라 상극(相剋)의 관계로 이해한다. 그런데 공중 욕장(thermae)에서 물과 불은 이렇게 가까운 주제이다. 절묘한 보완을 이루고 있다. 물 없이 목욕탕이 없다면, 불 없이 하이퍼코스트도 없고, 공중 욕장(thermae)도 없고, 고도로 발달된 로마의 목욕 문화(沐浴文化)도 없는 게 아닌가.

제8장

서양의 일상 난방 이야기

연기 가득한 방, 라우흐스투베 ·469

연기를 위한 '고속도로', 라우흐슐롯 ·473

슈빕보겐헤르트 ·475

벽난로 ·478

타일 벽난로 카헬오펜 ·483

철제 난로 ·486

온수 라디에이터 난방 ·492

앞의 장에서 우리는 '먼 나라의 구들'이란 제목으로 구들(온돌)과 유사한 서양 고대의 '하이퍼코스트'에 대하여 살펴보았다. 그리고 우리의 구들과 비교하여 어떤 점들이 같고 다른지에 대해서 이야기하였다. '먼 나라'라 한 것은 우선 하이퍼코스트가 땅은 붙어 있어도 아시아 대륙의 서쪽 끝인 유럽에 있었던 것이기 때문이지만 또한 하이퍼코스트 이야기는 고대 로마와 그리스 시대로 거슬러 올라가므로 시간적으로도 '먼 나라'라 할 수 있기 때문이었다.

그런데 우리는 추워서 불을 땐다하면 의례 구들, 즉 온돌에 불을 지피는 것이지만, 서양에서 난방 이야기를 하게 되면 하이퍼코스트는 거의 들먹거려지지도 않는다. 누차 이야기 하였지만 그것은 로마 시대에 한동안 있었던, 그것도 공중 욕장의 난방으로 존재하였던 기술이지 다수가 일상적으로 쓰던 난방 방법이 아니었기 때문이다. 그렇다면 대체 서양 사람들이 쓰던 난방 방법은 어떤 것이 있었을까? 사람들은 추위를 어떻게 이겨 냈을까? 지금부터는 서양에서 사람들이 일상적으로 사용하던 여러 가지 난방 방법에 대하여 이야기해 보기로 한다.[95]

엄격하게 말하면 이 장에서의 이야기는 구들 이야기가 아니다. 그럼에도 불구하고 구들 이야기에서 서양의 일상 난방법에 대하여 살펴보는 것은 이를 통해 우리는 구들을 제대로 이해하는 데, 그리고 구들의 가치를 제대로 평가하는 데 좋은 비교의 바탕을 얻을 수 있기 때문이다. 그러므로 비록 구들과는 다른, 직접적으로 관계가 적은 난방 방법들에 대한 이야기이지만 구들을 이해하기 위한 것이므로 여전히 구들 이야기의 연장이라고 생각하여도 좋을 것이다.

연기 가득한 방, 라우흐스투베(Rauchstube)

서양의 문화사를 추적해 보면 대개 12~13세기까지 사람들은 가축들과 한지붕 밑에서 서로 체온을 보태며 살았고, 집 한 가운데에 불자리를 두고 모닥불 형태로 불을 썼다. 그리고 그것으로 취사도 하고 추위도 이겨냈다. 불자리는 돌이나 벽돌로 단을 만들어 그 위에서 불을 피우기도 하였지만 특별히 굴뚝 같은 배연(排煙) 시설은 없어서 연기는 박공의 구멍이나 처마 밑의 빈틈 또는 한두 개의 출입구를 통하여 배출되었다.

그렇다 보니 불을 피울 때는 집안에 연기가 그윽할 때가 많았다. 독일어권, 특히 오스트리아에서는 예전에 이러한 집을 '라우흐하우

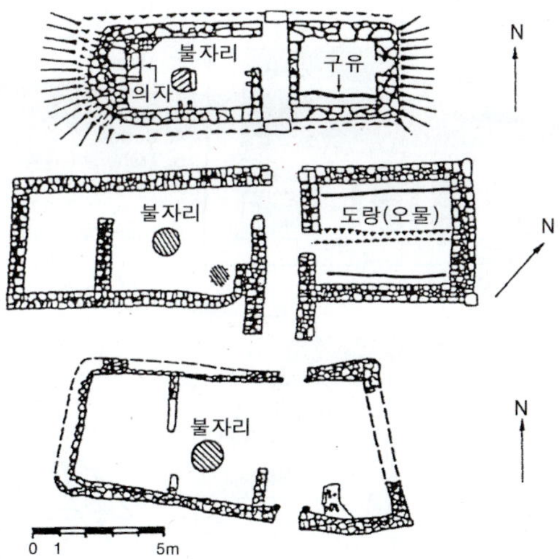

그림 276 집 한가운데에 불자리를 가졌던 몇몇 유럽 중세의 농가 평면도

스(Rauchhaus)'라 불렀는데 직역하면 '연기 집'이다. 또 가족 모두가 사용하는 거실 성격의 방을 '라우흐수투베(Rauchstube)'라 불렀는데 직역하면 '연기 방'이 된다. 집 이름과 방 이름이 될 정도로 연기가 집 안에 그윽했음을 뜻한다. 또 11세기경부터 전해오는 독일어권 속담으로 '집안의 3대 악(惡)'이라는 것이 있는데 비새는 지붕과 바가지 긁는 아내, 그리고 연기가 이에 속했다. 연기가 '3대 악'에 들 만큼이나 사람들은 연기에 시달리고 있었음을 보여 준다.

한편으로는 집 또는 부엌의 중앙에 있던 불자리가 벽 쪽으로 옮아가게 되었는데 불꽃과 함께 '불티'가 솟아올라 불이 날 수 있으므로 사람들은 벽돌을 쌓아 단(壇)을 만들고 불자리 위에 불티가 날라 올라가는 것을 방지해주는 장치를 하였다. 독일에서는 이를 '풍켄흍(Funkenhut)'이라 불렀다. 'Funken'은 불티를 말하고, 'Hut'은 일반

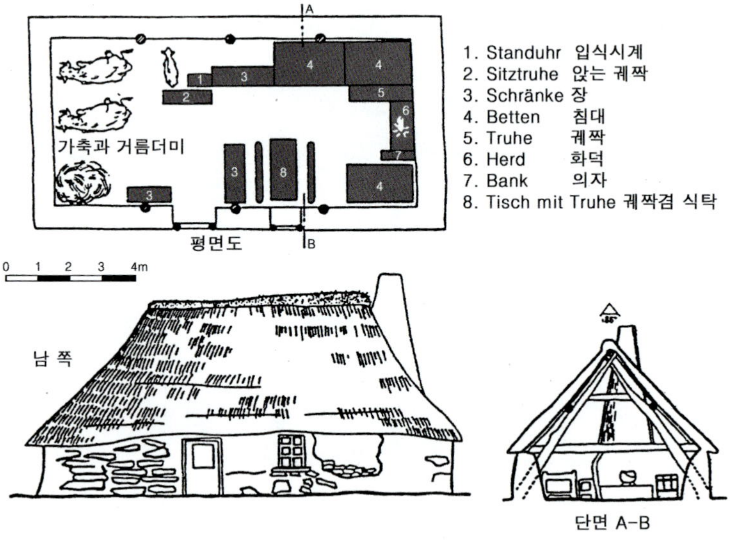

그림 277 유럽 중세의 농가(사람과 가축이 한 공간에 기거하여 추위를 극복하는데 서로 도움이 되었음)

그림 278 '라우흐하우스(Rauchhaus : 연기 집)' 로 불린 오스트리아의 농가 'Salleger Moar', Birkfeld, Nordoststeiermark(1775년 건축)

적으로 모자를 말하는데 'Hut'의 뜻에는 보호의 의미도 있으므로 우리말로는 '불티 덮개'라 할 수 있을 것이다. 그러나 여전히 굴뚝 같은 것은 두지 않았으므로 연기 문제는 해결되지 않았다. 연기는 여전히 방안을 감돌다가 적당히 처마 밑 빈틈이나 출입구를 통하여 밖으로 빠져 나갔다.

그림 279 '라우흐하우스(Rauchhaus : 연기 집)'로 불린 오스트리아의 농가 'Salleger Moar' 속의 연기가 그윽한 거실, '라우흐스투베(Rauchstube : 연기 방)', Birkfeld, Nordoststeiermark(1775년 건축)

연기를 위한 '고속도로', 라우흐슐롯(Rauchschlot)

연기에 시달리던 나머지 유럽 일부 지역에서는 불자리 위의 지붕을 깔때기형으로 만들어 연기가 밖으로 나갈 수 있게 하였다. 그런데 그 크기가 종종 지붕 전체를 차지할 정도로 거대하였다. 그러한 깔때기 모양의 연기 배출 시설을 독일에서는 '라우흐슐롯(Rauchschlot)'이라 하였고, 그런 시설이 있는 부엌을 '슐롯퀴헤(Schlotküche)'라 하였는데 라우흐슐롯 형태는 알프스 산간 지역 같은 곳에서는 17~18세기에 지어진 집에서도 볼 수 있었다.

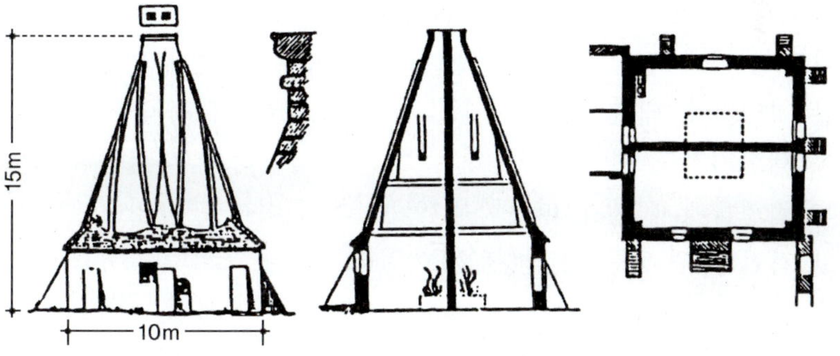

그림 280 지붕 전체가 깔때기가 되어 연기가 잘 배출되게 한 사례. 한 지붕 밑에 두 개의 Rauchschlot을 두고 있다(Wagennitz, 1571년경).

그런데 '라우흐슐롯'을 설치한 집에서는 그 크기만큼 연기는 잘 빠졌지만 난방 효과는 신통하지 않았다. 그도 그럴 것이 연기를 위해서는 '고속도로'가 마련된 것이지만 연기와 함께 열기도 금방 집 밖으로 빠져 나갔기 때문이다.

이러한 사례들에서 우리는 유럽 사람들의 고민을 엿볼 수 있다.

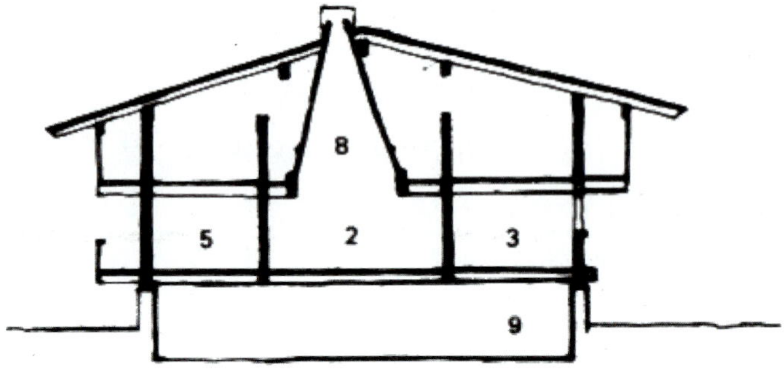

그림 281 스위스 Diemitigen의 한 농가에서의 거대한 라우흐슐롯(Rauchschlot). 17세기경 건축되었지만 연기 배출 시설인 거대한 깔때기는 계승되었다.

'라우흐슐롯'에서처럼 연기 없는, 그러나 추운 생활을 택할 것인가, 아니면 연기에 시달리더라도 연기와 함께 살며 좀더 따듯한 쪽을 택할 것인가에 대한 고민을 엿볼 수 있다. 그러나 문제는 그 어느 쪽을 택할지라도 한 가지 문제는 여전히 남는다는 사실이다. 연기는 유럽인들에게 불과 따듯함을 얻는 데 있어서 필요악(必要惡)이었고 거절할 수 없는 '선물(膳物)'이었다.

슈빕보겐헤르트(Schwibbogenherd)

굴뚝이 없는 '라우흐스투베(Rauchstube)'의 화덕형식의 불자리는 세월이 가면서 '슈빕보겐헤르트(Schwibbogenherd)'라는 것으로 발전하였다. 사람들은 벽돌로 단을 만들고 불자리 좌우에 바람막이 벽을 세우고 상부도 막아 불티가 솟아오르는 것을 방지하게 되었는데 전체적으로는 불을 에워싸는 형태로 발전하였다. 여전히 굴뚝 같은 시설은 따로 없었고 불을 피우면 연기는 이 시설 상부의 구멍을 통해 다시 나와 방의 내부로 퍼졌다가 적당히 외부로 배출되었으므로 '라우흐스투베'에서의 불자리가 좀더 안전해지고 견고해졌다는 것 외에는 근본적으로 달라진 것은 아니었다.

그림 282 독일의 슈빕보겐헤르트(Schwibbogenherd). 본래는 위의 세 구멍으로 연기가 나오므로 매우 그을려지는 곳이다.

이렇게 불을 쓰다 보니 벽돌로 불자리를 만들어도 벽이 불에 튀고 균열이 갔다. 사람들은 이를 보호하기 위해 나중에는 불 뒤편 벽에 쇠로 판을 만들어 부착하였다. 그러다 보니 벽도 보호가 되고 방으로 열기를 더 많이 반사시켜 주어 좋았다. 따라서 난방 기능이 좀 더 의미를 갖게 되어 부뚜막(Herd)의 의미가 강했던 '슈빕보겐헤르트(Schwibbogenherd)'는 난방(Heizung)의 의미가 강조되어 '슈빕보겐하이충(Schwibbogenheizung)'으로 불리기도 하였다. 슈빕보겐헤르트는 독일 지역 농촌에서 18~19세기까지 적지 않게 이용되었다.

그림 283 독일의 슈빕보겐헤르트(Schwibbogenherd)

'Window'의 어머니, 연기

유럽에서는 중세까지만 해도 흔히 굴뚝이 따로 없는 경우가 많았다. 그래서 집안에는 연기가 가득할 때가 많아 불을 쓰는 부엌 겸 거실로 쓰는 방을 아예 '연기방'이란 의미의 '라우흐스투베(Rauchstube)'라 부르기도 했다. 그런데 때때로 벽에 작은 구멍을 뚫어 연기가 나가게 하기도 하였는데 이를 옛날 독일어에서는 'windauge(빈트아우게)'라 하였다. 'Wind'는 우리말로 '바람[風]'이고 'Auge'는 보는 눈[眼]을 말하니 '바람의 눈[風眼]' 또는 줄여서 '바람눈', 아니면 '바람구멍'이라 번역할 수 있을 것이다.

그런데 같은 말이 옛 덴마크어에서는 'vindue', 아이슬란드어에서는 'vindauga' 등으로 불렸고 이 말이 변해서 오늘날 영어의 'window'가 되었다. '윈도우'란 말은 이제 컴퓨터 때문에 어느 나라에서나 많이 쓰이는 말이 되었다. 본래는 '연기 나가는 구멍' 이었는데 이렇게 어원과는 멀리 변했다. 모니터의 'window'를 들여다보며 연기(煙氣)를 떠올릴 사람이 있을까?

벽난로(Fire place : Camin : Kamin)

앞에서 설명된 것들과 별도로 역시 서양 문화에서의 난방 방법으로 '벽난로(壁煖爐)'를 빼 놓을 수 없다. 벽난로는 한국에서도 많지는 않으나 한때 도입되어 사용되었었고, 지금은 별로 쓰이지 않지만 한때 좀 있는 사람들 집의 상징적 요소로 여겨지기도 하였다.

벽난로는 유럽에서도 주로 기후가 온화한 편인 스페인, 프랑스, 영국 등 서유럽 쪽에서 많이 쓰였고, 지금도 쓰이는데 역사를 추적하여 보면 8~9세기경부터 등장한다. 처음에는 벽에 붙여 만들어 벽난로에 속하긴 하였어도 주로 용도가 난방용이었을 뿐 별도의 굴뚝 같은 것은 없어서 앞에서 말한 농가의 부엌 시설과 기능상 큰 차이가 없었다.

그림 284 서양에서의 평범한 벽난로

대개는 수도원이나 군주의 성(城) 등에서 벽난로를 사용하였는데 일반적으로 성과 같은 곳은 천정이 높고, 방들이 컸으므로 연기는 크게 문제가 되지 않았지만 공간이 큰 만큼 난방 효과는 적어 불 가까운 곳에서 불이 탈 때만 추위를 잊는 데 효과적이었다.

벽난로는 8~9세기경부터 등장하긴 하였지만 이것이 어느 정도 일반적으로 퍼져나가는 데는 또 1~2백년이 더 걸렸다. 무엇보다도 굴뚝이 있어야 했다. 11세기경부터는 벽난로에 굴뚝도 생겨 연기 문제는 전보다 덜 심각했지만 굴뚝으로 연기와 함께 나가서는 안 될 열기(熱氣)의 대부분도 빠져나갔다. 벽난로 불에서 연기(煙氣)와 열기는 한 몸이기 때문이다. 사람들은 어떻게 하면 연기는 내보내고 열기는 실내에 잡아둘 수 있을까 궁리하였지만 그게 그리 쉽지 않았다. 근본적인 문제는 여전히 해결이 되지 않았지만 그러면서도 벽난로는 중세를 거쳐 조금씩 조금씩 개선되면서 유럽과 미국에서 대표적인 난방 방법으로 자리를 잡아갔다.

벽난로는 수백 년 간, 그리고 오늘날 까지도 개선되고 있으므로 여기에 모두 세세히 소개할 수는 없지만 쓸 만한 난방법으로 자리 잡아가는 데 필요했던 의미 있는 발전 단계 두어 가지를 소개한다.

프랑스의 루이 싸보(Louis Savot)는 루드비히 13세(Ludwigs XIII)의 전속 의사이며 건축가이기도 했는데 1640년경에 벽난로를 개조해서 발열 면적을 효과적으로 확대하는 아이디어를 냈다. 그의 아이디어의 핵심은 철판으로 벽난로의 바닥을 약 10cm 정도 높이고 바닥과 불 뒤편 벽에 빈 공간이 생기게 하는 것이었다. 그렇게 해서 그 빈 공간의 공기가 함께 데워지고, 아울러 벽난로 바닥을 통한 열 손실을 줄이는 것이었다. 오늘날의 관점에서는 별것도 아닌 것이지만 그러나 그때는 하나의 혁신이었다.

미합중국 건설에 커다란 역할을 하였던 벤자민 프랭클린(Benjamin Franklin : 1706~1790)은 피뢰침을 발명하고, 펜실베이니아 대표를 4번이나 역임하기도 한 다재다능한 사람이다. 그는 그 외에도 여러 가지 유용한 발명을 하였는데 그 중에는 벽난로도 있다. 1740년경 그는 벽난로가 충분히 따듯하지도 않고 건강에도 별로 좋지 않아 못마땅해 하던 나머지 직접 벽난로를 이리 저리 개선하기 시작하였다.

처음에는 철판 두 개를 사용해서 그림과 같이 약 15cm의 틈이 생기도록 위아래로 설치하여 불꽃과 연기가 이 틈으로 빨려 들어가게 하였다. 이렇게 함으로써 굴뚝을 통해 들어오는 외풍을 줄이고 연기도 감소하는 효과를 볼 수 있었다.

두 번째 안은 첫 번째 안을 좀 더 개선한 것인데 첫 번째 안에서 고정되었던 위의 철판을 수직으로 걸어놓고 움직일 수 있게 바꾼 것이었다. 그렇게 함으로써 굴뚝으로부터의 외풍을 조정할 수 있게 되었고, 두 철판도 추가적으로 방열판(放熱板)으로서의 역할을 하게 되었다.

그의 세 번째 개선안은 1742년에 만들어졌는데 앞의 두 모델과는 현저히 달라진 것으로 종래의 벽난로와 달리 폐쇄형인 철제 난로의 특성을 많이 지니게 된 것이었다.

뚜껑과 옆판은 귀가 달려 있어 막대형 철봉을 끼워 나사로 조이게 되어 있었고, 박스의 앞 양쪽 안벽에 수직으로 홈을 만들어 여기에 철판을 끼울 수 있게 하여 밤 사이에는 완전히 막아서 불이

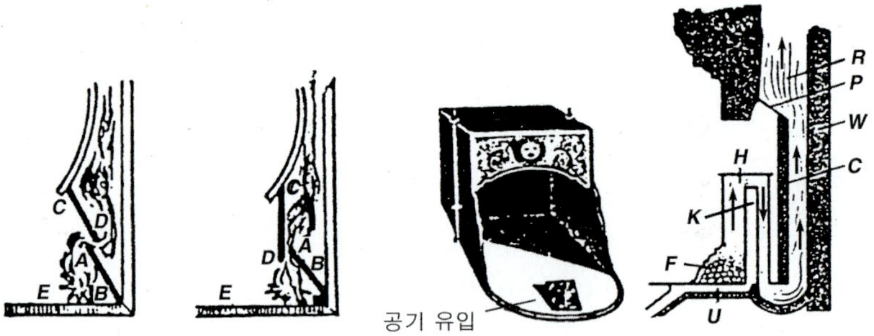

그림 285 Benjamin Franklin이 발명한 벽난로 'Pennsylvanian Fireplace' (1740/1742년)

나지 않게 하고, 밀어 올리거나 내리는 정도에 따라 어느 정도 불이 타는 속도와 화력을 조절할 수 있게 하였다. 그 외에도 벽난로 바닥 앞 부분에 연소를 돕는 공기가 유입되게 하였고, 바닥 밑에는 벽돌 몇 장을 들어내서 신선한 공기가 벽난로 내부의 빈 공간으로 유입되어 함께 데워지도록 통로를 마련하는 등 벽난로 여러 부위에서 상당히 세밀한 설계의 모습을 보여 준다.

기존의 벽난로 개구부에 설치하여 성능을 개선하는 것이므로 그림의 C에 벽돌로 벽을 쌓고 그 위를 철판(그림에서 P)으로 막아서 전체적으로는 굴뚝에 이르는 통로를 좁혔고, 이 장치의 모든 부분이 발열체가 되어 난방 효과를 높이게 되어 있다. 이 세 번째 벽난로는 '펜실베이니언 파이어플레이스(Pennsylvanian Fireplace)'로 명명되었는데 이후 '프랭클린의 벽난로(Franklin Fireplace)'로 더 알려지게 되었다.

프랭클린의 벽난로는 이후 다른 사람들에게도 자극을 주었고, 또 다른 여러 가지 벽난로 향상 아이디어들이 나왔지만 그것들도 근본적으로는 대개 굴뚝에 이르기 전의 구간을 여러 번 꺾어 연기가 지나는 길의 길이와 방열 면적을 늘리고, 개폐 장치를 두어 불이 타는 정도를 조정하며, 연기의 역류와 굴뚝으로부터의 외풍 유입을 방지하는 것이었다.

그러나 벽난로는 그 기본 속성상 방을 충분히 따듯하게 해주지도, 그리고 골고루 따듯하게 해 주지도 못했다. "벽난로는 아무리 커도 너무 크다고 할 수 없다"란 속담은 그래서 나온 말이다.

무드가 좀 잡히려 하면 그만...

계절과 기온에 따라 다르지만 벽난로에서는 계속 따듯하고자 하면 불이 꺼지지 않게 수시로 땔감을 얹어주어야 한다. 그런데 사람이 활동하는 시간에는 큰 문제가 없지만 잠자는 시간이나 새벽녘에 불에 땔감을 얹어주는 일은 귀찮은 일이 된다. 그래서 불을 붙이고 땔감을 얹어주는 일은 적어도 상류 사회에서는 늘 하인들의 몫이었다.

그런데 하인들이 그 일을 해준다 해도 벽난로에는 근본적으로 해결되지 않는 벽난로 고유의 문제가 있었다. 이를테면 주인 부부가 모처럼 좀 은밀한 분위기를 느껴서 어찌해 보려 해도 하인이 불 보러 와서 분위기를 깨는 일이 생기고 늦잠을 좀 자려해도 방해받기가 쉬웠다. 벽난로는 '방 안에서 불을 때는 방식'이기 때문이다.

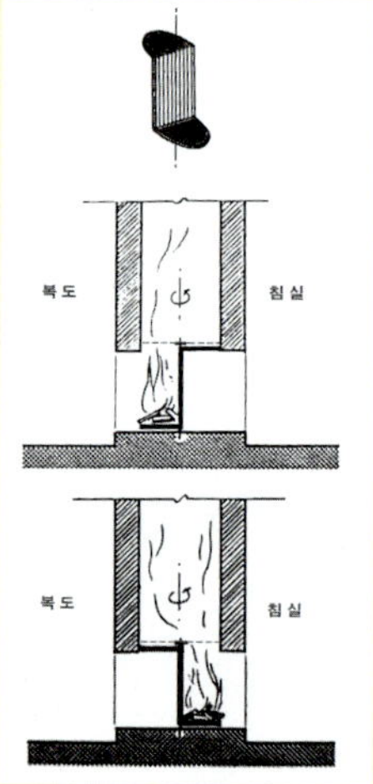

그림 286 Mansard가 발명한 것으로 알려지고 있는 '회전식 벽난로', 18세기

궁하면 통한다고 그런 의미에서 프랑스의 건축가 몽싸르(I. H. Mansard : 1706~1776)란 사람은 가히 획기적이라 할 만한 벽난로를 하나 발명하였다. 그가 발명한 벽난로는 회전판 위에서 불이 타게 한 것이어서 방에 들어가지 않고도 복도나 인접한 방에서 판을 돌려 불을 붙이거나 땔감을 얹은 후 다시 돌리면 불이 필요한 방으로 향하는 것이었다. 소위 '회전식 벽난로'라 하는 것이었다. 이런 벽난로가 많이 펴졌었던 것 같지는 않으나 이런 발명품을 보고 있노라면 당시 프랑스 귀족 사회의 또 다른 고민을 알 수 있을 것 같다.

우리의 구들, 즉 온돌은 부엌 또는 부엌이 아니라도 어쨌든 방 밖에서 불을 때는 방식이다. 따라서 그런 일로 하인들이 방해할 일은 없는 방식이다. 구들의 많은 장점 중에는 이런 측면도 있다.

타일 벽난로 카헬오펜(Kachelofen)

앞에서 본 벽난로는 한국 사람들도 잘 아는 것이지만 유럽의 대표적인 난방 방법으로 '카헬오펜(Kachelofen)'이란 것이 또 있다. 이것은 알프스를 끼고 있는 나라들, 이태리 북부, 스위스, 특히 독일 남부 지역에 널리 퍼져 있던 전통 난방법이고, 독일을 기준으로 동쪽과 북쪽 유럽으로 많이 퍼진 난방법이다.

'Kachel(카헬)'은 우리가 오늘날 영어의 영향으로 타일이라 하는 것을 말하는데 '타일 벽난로'라 하면 좀더 이해가 빠를 것이다. 이 카헬오펜은 또 역사를 추적해 보면 8세기경으로 올라가긴 하는데 그 근거는 '랑고바르드' 족의 시(詩)가 된다. 또 거슬러 올라간다면

그림 287 카헬오펜(Kachelofen), 타일 벽난로라 할 수 있다.
(Freilichtsmuseum, Vogtsbauernhof)

청동기 시대(B.C. 2000~2500)의 토기를 굽던 가마에서 그 유래를 추정할 수 있지만 대개 카헬오펜도 벽난로와 비슷하게 10세기경부터 등장한 난방 시설이라는 점에는 이의들이 없다. 추운 알프스 지역 게르만족들이 살던 곳에서 처음에는 돌과 진흙으로 쌓아서 만들다가 나중에 우연히 깨진 접시 등을 장식삼아 붙이면서 카헬오펜, 즉 타일 벽난로로 발전한 것으로 추정하고 있다.

아무튼 이 카헬오펜은 집집마다 '스투베(Stube)'라 불리는 방에 기본적으로 갖추어져 있었고, 그 방은 한 집에서 거의 유일하게 난방이 되는 방이기도 하였다. 그리고 19세기까지 독일 전역, 특히 남부 독일에서 많이 사용되었고, 현대적 기술이 첨가되며 발전을 계속하여 아직까지도 관광지의 식당, 전통과 관련 있는 시설 또는 전통을 즐기는 사람들의 집에 설치되어 사용되고 있다.

카헬오펜은 벽난로와는 상당히 다른 것으로, 불을 벽을 사이에 두고 인접한 부엌 또는 복도에서 때서 난방이 되는 것으로 카헬오펜이 설치된 방 또는 실에 연기를 발생시키지 않으며, 난로 자체가 돌과 진흙, 또는 구운 벽돌로 되어 있으므로 구들과 같이 열을 저장하여 오랜 시간 방출하는 특성도 있다. 따라서 벽난로가 개방형이라면 카헬오펜은, 역시 벽에 붙여 만들므로 '폐쇄형 벽난로'라고도 할 수 있다.

아무튼 이 카헬오펜이란 것도 계속 발전하며 오늘날까지 존속하는데, 형태도 매우 다양하지만 카헬오펜 내부에서 연기가 가능한 많이 돌아 오래 머물다가 밖으로 나가게 하는 궁리가 향상안의 주를 이룬다.

이 카헬오펜은 다음에 설명될 철제 난로에 원리를 제공하게 된다.

"그것은 아버지 바지 눋는 냄새였다..."

"한겨울 저녁이면 우리는 난로(카헬오펜)에 불을 잔뜩 때서 '스투베(Stube : 일종의 거실)'가 따듯했다. 난로가 있는 바로 위층 방에 또 하나의 난로가 있었는데 밑에 난로에 불을 때면 같이 따듯해지는 것이었다. 그것은 말발굽 모양을 하고 있었고 그 우묵한 곳에는 사람이 등을 대고 들어앉기에 안성마춤이었다. 그런데 누가 그 안에 좀 오래 앉아 있으면 우리는 끌어내느라 매일 실갱이를 벌였다. 왜냐하면 누구나 침대에 들기 전에 조금이라도 더 몸을 덥히려 했기 때문이었다.

아버지는 스투베의 난로 위에다 판자때기를 하나 놓고 그 위에 즐겨 걸터앉곤 했다. 그런데 어디서 뭔가 타는 냄새가 났다하면 그것은 아버지 바지가 눋는 냄새였다."

이 이야기기는 1919년에 카헬오펜이 많이 있는 독일 니더 바이어른주(Niederbayern)에서 태어나 그곳에서 평생을 농부의 아내로 살았던 안나 빔슈나이더(Anna Wimschneider)란 부인이 쓴 'Herbstmilch(헤릅스트밀히)'란 자서전에 있는 글이다. 그녀의 어린시절(1920년대)을 설명하는 중에 타일 난로, 즉 카헬오펜이 등장하는 부분인데 카헬오펜을 이해하는 데 어울리는 글인 듯하여 소개하였다. 'Herbstmich'는 심금을 울리는 내용으로 독일에서 오랫동안 베스트셀러가 되기도 하였는데 우리는 여기서 '아버지'가 왜 난로 위에 올라가 앉곤 했는지에 대하여 구들과 비교하며 음미해볼 필요가 있다.

철제 난로

진흙과 돌로 시작된 카헬오펜은 나름대로 발전하며 현대에까지 전래되고 있지만 약 15세기경부터는 카헬오펜과 원리는 같으나 새로운 재료를 사용하는 난로가 등장하기 시작하였다. 즉, 주물하여 만든 난로, 철제 난로가 등장한 것이다.

지금까지의 기록에 의하면 서양에서의 철제 난로의 등장은 1475년까지 거슬러 올라가는데 주물로 부어 만든 것으로 주로 독일의 지거란트(Giergerland), 란 지구(Lahngebiet) 또는 아이펠 지구(Eifelgebiet)에서 만들어지기 시작한 것으로 알려지고 있다. 그것은 이 지역에 철 생산과 주물 공장들이 많이 모여 있었기 때문이다.

카헬오펜은 알프스 및 독일 남부 지역에 특히 많이 퍼져 있었는

그림 288 초기 철제 난로(독일, 17세기)

데 반하여 서로 조금씩 섞이긴 했지만 철제 난로는 일반적으로 독일 북부 지역, 그리고 스칸디나비아 반도 등 동북 유럽 지역에서 많이 사용되었다.

초기의 철제 주물 난로는 주물 기술이 아직 충분하지 않아 4각형의 판을 만들어서 작은 상자형으로 조립하여 벽에 붙였다. 벽 뒷면에 구멍이 두 개가 아래위로 있어서 아래 구멍을 통하여 난로 내부에 불을 지피면 그 위의 구멍으로 연기가 나오는 비교적 단순한 방법이다. 이곳은 대개 부엌 또는 큰 홀이 되는데 되돌아 나온 연기는 홀을 통하여 출입구나 처마의 빈틈을 통해 밖으로 빠져 나갔다.

난로를 벽에 붙이는 것은 굴뚝을 따로 만드는 번거로움을 피하기 위한 것이며, 방 안쪽에는 연기가 없게 하는 방법으로 원리는 카헬오펜과 동일하다.

그림 289 'Lippischer Meierhof' 거실의 철제 난로

처음에는 이와 같이 난로를 벽에 붙였으므로 5개의 쇠판이 쓰여서 '5쪽판 난로'였으나 나중에는 난로를 벽에서 일정 간격 띄워 세우는 사례도 생겨났다. 이런 경우에는 상자형 난로를 만드는데 판이 하나 더 필요해져 '6쪽판 난로'라 하게 되는데 이것은 난로의 뒷면에도 공기가 스쳐 발열 면적이 넓어지므로 열을 조금이라도 더 얻어 따듯하게 지내고자 한 궁리이다. 그러나 난로가 벽에서 떨어지면서 연통이 필요

그림 290 독일 북부의 농가 'Lippischer Meierhof'. 이 집은 본래 1570년 건축된 것인데 현재 Detmold의 민속촌으로 옮겨져 있다. 좌우가 외양간과 마굿간이며, 맞은 편에 취사용 화덕이 보인다. 화덕 왼편 벽에 철제 난로용 아궁이와 연기 배출구가 위 아래로 있다. 밑의 구멍에 불을 때면 위의 구멍으로 연기가 돌아 나온다.

그림 291 소위 '대포 난로(Kanonenofen)'란 별명이 붙은 철제 난로. 높이 좌 96 cm, 우 104cm, 3단 조립형

하게 되고, 방 안에서 난로에 불을 지피게 되었다. 이것은 매번 불을 때기 위해 방 밖으로 나가야 하는 불편을 해소하는 이점도 있으나 땔감을 방 안으로 가져와야 하고, 연소에 방안의 산소를 소모하여 환기의 필요성이 증가함을 의미하기도 한다.

주물 기술이 발전하면서 철제 난로는 원통형으로 만들어지기도 하는 등 다양한 형태로 발전하는데 어떤 것은 옛날 대포 모양으로 만들어져 '대포 난로

그림 292 독일 북부의 농가 'Lippischer Meierhof'. 취사용 불자리 주변 근접 사진. 화덕 뒤편에 난로용 아궁이와 연기가 다시 나오는 구멍이 위아래로 보인다. 바로 이 벽 뒤편에 철체 주물 난로가 있다.

(Kanonenofen)'라고 불리기도 하였다. 벽에 붙이는 난로 형태는 이후에도 오늘날까지도 계속 쓰이지만 벽에서 떨어진 형태는 방의 중앙으로 옮겨지기도 하며 사무실과 같은 공간에서 많이 이용되었다. 연통이 있는 난로에서 주목할 점 하나가 있는데 그것은 사람들이 연통을 가능한 많이 만들거나 구불구불하게 꺾어 길이를 길게 만드는 경향이 나타나기 시작했다는 점이다. 그것은 사람들이 배기 연통 속에 아직도 열기가 많이 남아서 밖으로 내보내지는 것을 간파했기 때문이다. 그런데 이 연통을 길게 늘리는 생각은 마침내 다음에 설명할 '라디에이터' 난방의 기초가 된다.

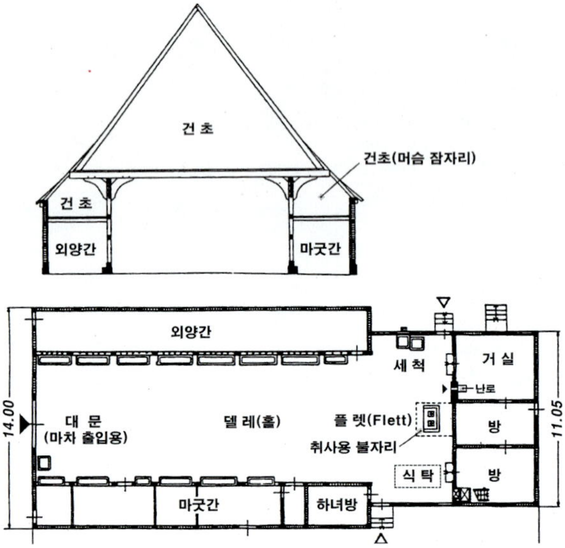

그림 293 독일 북부의 농가 'Lippischer Meierhof' 평면도

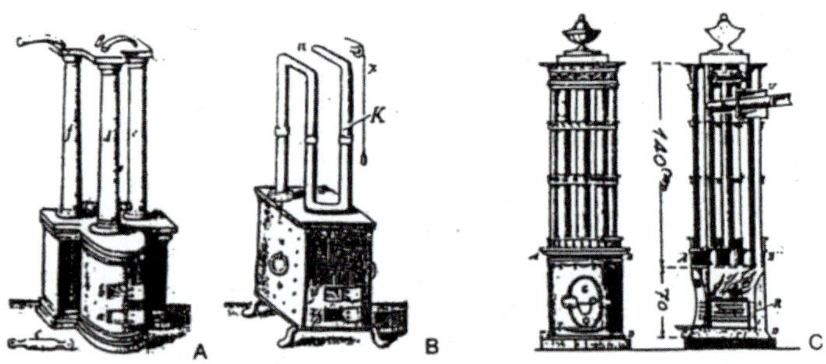

그림 294 연통을 길게 늘려 열을 더 많이 취하려는 아이디어들.
A: 1666년경(독일), B: 1800년경(노르웨이). 특히 C는 뒤에 등장하는 라디에이터에 한층 가깝다.

추억의 난로

우리 문화에서는 이미 고구려 시대에 솥은 물론 철제 부뚜막을 만들었을 정도로 쇠를 생산하고 다루는 기술이 발전해 있었다. 그러나 우리는 부뚜막을 만들면서도 쇠로 난로를 만드는 방향으로는 발전하지 않았다. 구들이 있었기 때문이다. 그러나 60년대 70년대를 겪은 사람들은 학교나 사무실에서 철제 난로를 많이 경험하였을 것이다. 수업 시간에 난로에 넣을 장작 가지러 간다는 핑계로 나가 늑장부리며 놀다 오기도 하였고, 난로 위에 도시락 얹어서 데워 먹거나, 올려놓은 도시락 도둑맞은 사람도 있을 것이다. 난로 당번은 추운데도 남보다 일찍 나오고, 수업이 끝나면 불을 완전히 끄고 재도 치우고 나서야 귀가할 수 있었다. 봄이 되면 난로와 연통을 분해하여 겨우내 쌓인 새까만 찌꺼기를 털었던 기억도 있을 것이다.

그런데 필자는 우리가 경험한 이 난로들이 만들기는 국내에서 하였다 하더라도 원조는 거슬러 올라가면 독일의 난로들이 아닌가 생각된다. 따로 추적하여 보지는 않았지만 독일의 철제 난로들이 견문으로 일본이나 중국에 전해지고 우리에게도 이용되는 난방의 한 형태가 된 것이 아닌가 하는 것이다.

온수 라디에이터 난방

유럽의 일반적인 난방 방법은 모닥불 시대 이후 벽난로 아니면 카헬오펜이었다. 바로 앞에서 살펴본 철제 난로도 원리상으로는 카헬오펜과 같은 것이다.

한편 미국 대륙도 벽난로 문화권에 속하게 되었는데 그것은 초기 미국 개척자들이 영국, 프랑스와 같은 벽난로를 많이 쓰는 나라 출신들이었고, 그 문화를 모국에서 가지고 갔기 때문이었다. 나중에 철제 난로가 어느 정도 일반화 되면서 철제 난로도 제한적이나마 사용되게 되었지만 그래도 벽난로는 미국 사회의 대표적인 난방 방법이었다.

그림 295 1890년경 독일 Hannover 소재 Koertig사에서 제작된 초창기의 라디에이터(Radiator)

그림 296 주물로 된 라디에이터(Radiator)

그러나 이들 모든 난방법들은 라디에이터 난방법이 등장하면서 점차 주역의 자리를 내주게 되나 나름대로의 매력과 상징적 특성 때문에 아주 사라지지는 않는다.

온수 라디에이터(radiator) 난방법은 오늘날 한국을 포함하여 난방이 필요한 곳에서는 어디에서나 볼 수 있는 난방법이다. 다만 한국의 주거에서만은 한때 사용되다가 다시 온돌에 밀려나 사무실이나 공공 건물에서만 쓰이고 있다.

오늘날 일반적인 라디에이터 난방의 시작은 17~18세기로 거슬러 올라간다. 처음에는 온수가 아니라 수증기를 이용하여 펌프나 운반 기계를 만드는 데 이용하려 했다. 무엇보다도 17세기 초에는 광산에서 점점 깊이 파내려 가게 되면서 지금까지의 방법으로는 지하수를 퍼내는 데 한계가 있어 새로운 기계를 만드는 데 써보려 했다. 몇몇 펌프가 만들어져 사용되기도 했으나 본격적이지는 못하였고, 그러나 발명 정신을 자극하기는 했다. 그러다가 1652년 영국의 정원 건축가 휴 플랫(Sir Hugh Platt)이 처음으로 '저압 증기 난방' 시설을 고안했는데 주거에 쓰는 것이 아니라 온실의 난방을 위한 것이었다.

1745년 윌리엄 쿡(William Cooke)이 주거용 증기 난방을 '*Philosopical Transaction*'에 소개했는데 이것이 주거용 증기 난방으로는 처음일 것이다. 그러나 그의 아이디어는 별로 큰 주목을 받지 못하고 우리가 잘 알고 있는 제임스 와트(James Watt, 1736~1819)가 1784년 처음으로 작동이 잘되는 증기 난방을 자기의 작업실에 설치했다. 그러나 그는 특허 같은 것을 챙기지 않아 존 호일(John Hoyle)이 자기 이름으로 특허를 냈다.

그 이후에도 여러 사람이 증기 난방을 시도했고, 새로운 개선을 보였지만 증기 난방은 압력을 제대로 조절하지 못해 '시한폭탄'처럼 인식되어 주거용 난방으로는 제대로 보급되지 못했다.

온수를 이용해 난방하는 방법은 마틴 트리월드(Matin Triewald)에 의해 처음 시도되었다. 그는 스웨덴 출신으로 영국에서 살던 사람이었는데 1716년 뉴 캐슬(New Casle)에 있는 온실을 난방하기 위해 처음으로 온수를 썼다. 18세기 중반에는 프랑스에서 닭 양식과 온실에 온수 난방을 사용했다는 기록이 있고, 1792년에는 존 스토운(John Stone)이 '영국은행'에 온수 난방 시설을 했다. 이후에도 실험적 개발이 이루어지고 향상 노력이 많았으나 그 당시에는 일반적으로 이용되는 난방법이 되지 못하였고, 혹 설치되었어도 철판으로 된 박스 속에 파이프를 구부려 놓은 정도였다.

오늘날의 라디에이터에 가까운 모습의 온수 라디에이터는 1830년에 등장하였는데 누구의 발명인지는 유감스럽게도 알려져 있지 않다. 1874년에는 미국인 윌리엄 볼드윈(William Baldwin)이 'Bundy'라는 라디에이터를 만들었는데 그것은 주물로 된 받침에 1인치짜리 파이프를 나사식으로 돌려 박아 놓은 것이었다. 하지만 그것은 모양이 흉했으므로 주물로 된 장식 가리게(기터) 뒤에 감추어 놓아야 했다. 1877년 독일인 립바우(Liebbau)가 처음으로 온수를 이용한 라디에이터로 여러 층을 난방하였는데 취사용 불로 물을 끓여 10개의 방을 난방했다.

온수 라디에이터 난방은 19세기말까지 대부분의 기술적 문제는 해결이 되었다. 그러나 온수 라디에이터 난방은 여전히 널리 보급되지 못하였다. 1820년대까지만 해도 온수 라디에이터 난방은 일반 가정에서보다 "감옥이나 빈민층 집에서 만날 확률이 오히려 더 높았다"고 말할 정도이다. 2차 대전이 발생하기 전까지도 사람들은 온수 라디에이터 난방법을 받아들이는 데 매우 주저했다. 그것은 그런 난방법이 있는 줄 몰라서라기보다 기존의 집에 설치하기가 쉽지 않은 탓도 있었다.

그러던 중 온수 라디에이터 난방법이 더욱 넓게 퍼지게 된 결정적인 계기가 마련된다. 2차 세계 대전의 발발이었다. 전쟁으로 수많은 집들이 파괴되었고 많은 경우 집을 새로 지어야 했다. 새로 집을 지으면서 사람들은 난방법도 새로운 것을 도입하게 되었다.

이때부터 기술은 좀더 발전하고 라디에이터 자체의 모양도 세련되어 갔다. 그렇게 하여 계속 발전해 온 것이 보일러와 함께 작동하는 오늘날의 온수 라디에이터식 중앙 난방법이다.

그런데 이러한 온수 라디에이터의 발전에도 그 앞에 시작된 철제 난로의 사용 경험이 그대로 반영되었다. 즉 사람들이 철제 난로를 쓰면서 점차 많은 열들이 이용되지 않은 채 집 밖으로 나간다는 것과, 공기가 스치는 면적이 클수록 난방에 유리하다는 것을 깨닫고 연통을 실내에서 가능한 길게 돌리거나 또는 여러 개로 만들게 되었는데, 이 경험이 라디에이터 모양에도 영향을 주어 많은 주름을 가지게 되었기 때문이다.

'선 불' 그리고 '누운 불'

인류가 불을 사용하기 시작한 것은 수십만 년 되었다. 처음에는 집안 한가운데 약간 우묵하게 파고 불을 피우다가 강돌을 주어다가 불자리 주변을 둘러 에워싸는 단계로 발전한다. 불이 흐트러지는 것을 방지하고 화재로 번지는 것도 방지하려는 의도였을 것이다. 불자리 한쪽에 큰 돌을 세우기도 하였는데 좀더 진일보한 방법이었다. 이는 바람을 막는 기능도 하였지만 그렇게 세워놓은 돌은 불에 달구어져 열을 저장하였다가 장시간 온기를 뿜어 주고, 젖은 옷가지를 걸어 말리는 데도 유용하다는 것을 인간은 알게 된 것이다. 한국의 몇몇 사례에서 보면 같은 시기에 불자리를 타원형으로 크게 만들고 바닥에 돌을 깔고 불을 피웠다. 땅으로부터 올라오는 습기도 없고, 바닥에 깐 돌들도 열을 저장하며, 물을 뿌려 불을 꺼도 물이 돌 틈으로 스며들어 돌이 빨리 마르므로 다음에 다시 불을 피우기 좋았을 것이다.

다음 단계에서는 대체로 불자리가 벽 쪽으로 이동한다. 아니면 벽을 세워 공간을 분할하며 벽에 의지하여 불자리가 마련되기도 한다. 솥을 매달거나 돌이나 나중에는 벽돌이나 철물로 된 받침을 만들어 그 위에 솥을 얹거나, 솥에 아예 발을 달아서 취사에 썼다. 이러한 단계들은 오늘날의 관점으로 보면 별것도 아닌 것이지만 원시 시대에는 매 단계의 변화마다 큰 발전이었고 오랜 세월이 소요되었다. 그리고 이러한 단계까지는 시차는 있었지만 어디서나 대개 비슷하게 발전하였다. 그런데 우리 문화에서는 대체로 이 다음 단계에서부터 서양에서 불을 쓰는 방법과 크게 다르게 발전하게 된다.

서양에서는 여기에서 서양의 양대 난방법인 벽난로와 카헬오펜(타일 벽난로) 유형이 등장한다. 그리고 이것들은 다시 철제 난로로, 그리고 철제 난로에서 오늘날의 라디에이터 난방법 등으로 발전한다. 그런데 우리는 여기에서 재미있는 사실 하나를 발견하게 된다. 즉 서양에서는 불을 처음쓰기 시작한 이래 라디에이터에 이르기까지 불을 모두 수직적인 형태로 쓰고 있다는 점이다. 그리고 그 점에 있어서는 변한 것이 없다는 점이다.

그러나 우리의 경우에는 부뚜막을 만들어 쓰기 시작하면서부터 불을 쓰는 방법을 완전히 바꾸었다. 불자리를 집의 가장자리 벽 쪽으로 옮기고 부뚜막을 만들어 그 위에 솥을 걸기 시작한 것이다. 불자리가 집 가운데 있을 때는 연기가 집안 전체에 감돌고, 그렇다고 굴뚝 같은 시설을 하기도 어려웠는데 불자리를 벽 가까이 옮기고 보니 연기 문제 해결도 한결 쉬워졌다. 간단히 집의 '옆구리'로 연기를 나가게 하면 되는 것이었다. 그렇게 하고보니 우선 집안을 감돌던 연기도 대부분 사라지고, 불티가 튀어 불이 날 염려도 없어졌으며 그렇다고 취사하는 데 문제가 생긴 것도 아니었다. 오히려 솥을 전보다 높이 부뚜막 위에 올려놓고 일하게 되므로 한결 편리해졌다. 그렇게 좀 쓰다 보니 부뚜막은 항상 따듯하고, 불이 그 속에서 활활 타고 있지 않는 동안에도 따뜻하다는 것을 알았다.

사람들은 추우면 무의식중에 이 부뚜막 근처로 모이고, 걸터앉기도 했다. 그러다 무너지면 야단도 맞고, 고치고, 그리고 다시 만들 때는 좀더 튼튼히, 좀더 크게 만들었다. 클수록 좋다는 것과 제대로 걸터앉을 수 있도록 만들면 좋겠다는 것을 깨달았다. 이렇게 해서 부뚜막은 솥을 걸고도 남는 자리가 있을 만큼 점점 길어져 고래가 되고 구조적으로도 튼튼해졌다.

그런데 부뚜막을 길게 만들면 좋은데 집의 중앙으로 자꾸 길어지게 되면 공간을 사용하는 데 불편하다는 것도 알게 되었다. 한 공간에서 먹고 자고 작업도 해야 하는데 타넘고 다니기도 불편하고 돌아다니기에도 거추장스럽게 되기 때문이다. 이러한 문제를 간파한 사람들은 구들고래를 벽에 붙여 벽을 따라 만들기 시작했고 길이도 크게 늘렸다.

고래, 즉 구들을 벽에 붙이고 나니 한쪽은 벽이 서있어 아궁이에 불을 지피고 조리하는 데 공간이 협소하고 불편하게 되었다. 사람들은 고래는 그대로 벽에 붙여두고 즉각 아궁이 방향만 실의 내부로 향하게 돌렸다. 기능에는 아무런 문제가 없고, 집 중앙으로 공간을 차지하지 않으면서도 아궁이 주변에서는 활동 공간이 크게 넓어졌다. 뿐만 아니라 전에는 솥 두 개 정도를 부뚜막 앞뒤로 걸어서 뒤의 솥을 관리하려면 옆으로 돌아가서 살펴보아야 했는데 아궁이를 돌려놓으니 솥을 두 개나 세 개를 걸어도 다가가기가 한결 쉬웠다.

세월이 가면서 사람들은 부뚜막을 길게만 늘릴 것이 아니라 그 폭을 늘리면 좋겠다는 생각을 하였다. 처음에는 고래의 폭을 넓히고 넓은 구들장을 썼다. 그러나 구조적으로 불안한 측면이 있어 고래 가운데를 돌로 받치기 시작하였다. 그러다가 그렇게 아니라 아예 두 줄의 고래를 만들거나 나아가 석 줄의 고래를 만들어도 좋겠다는 생각에 미쳤다. 두 줄, 석 줄의 고래를 만들고 보니 그 위에 걸터앉거나 누울 면적도 생겼고 바닥은 따듯하니 그렇게 좋을 수가 없었다.

이제부터는 사람들은 어떻게 하면 더 넓은 면적을 구들로 만들 수 있을까 궁리하게 되고, 아궁이 하나에 네다섯 줄의 고래를 두어도 만족할 만큼 따듯하다는 것을 알게 되었다. 이제 사람들은 방의 일 부분만이 아니라 방 전체를 난방하게 되었다. 또 세월이 흐르면서 사람들은 고래 길이를 늘리면 방 두 칸 정도까지는 따듯하게 만들 수 있다는 것을 알았다. 사람들은 고래 길이를 더욱 늘리고, 사이에 벽을 막아 방을 나누었다. 연기도 없고, 용도에 따라 공간도 더 많이 생기니 좋았다.

그렇게 조선 시대를 거치고 일제 시대를 거쳤다. 나무가 귀해지자 연탄을 연료로 쓰기 시작하였다. 그리고 연탄가스로 사람도 죽고, 방마다 아궁이를 두어야 하는 등 불편함이 적지 않던 중 경제 사정도 나아져 오일을 수입하고 보일러로 작동되는 온수 파이프를 방바닥에 깔기 시작하였다. 구들고래는 사라지고 고래의 역할은 온수 파이프가, 고래 속으로 열기를 나르던 연기도 사라지고 연기의 역할은 파이프 속을 흐르는 온수가 대신하게 된 것이다.

돌이켜 보면 부뚜막을 만들기 시작하면서 우리 문화에서는 불을 뉘여 썼다고 할 수 있다. 그리고 오늘날까지 불을 뉘인 형태로 쓰고 있는 것이다. 그래서 필자는 구들 즉 온돌을 '누운 불'이라 부른다. 그런데 서양에서는 원시 시대부터 지금까지 같은 형태로 불을 수직적인 형태로 쓰고 있는 셈이다. 그래서 필자는 서양에서의 불의 사용법을 '선 불'이라 부른다.

제 9 장

마치는 이야기

구들의 우수성

우리는 지금까지 문헌과 유적을 통해 구들, 한자로는 온돌(溫突)이라고 하는 우리의 전통 바닥 난방법의 역사와 오늘날에 이르기까지의 발전 과정을 살펴보았고, 구들과 뿌리를 같이하는 중국의 캉(炕), 구들과 원리가 비슷한 서양의 하이퍼코스트, 그리고 하이퍼코스트 이외의 서양에서의 일반적인 여러 가지 난방 방법들의 발전 과정에 대하여도 살펴보았다. 특히 서양의 일상적인 난방 방법도 구들과 함께 살펴본 것은 그렇게 함으로 해서 우리는 비교의 바탕을 갖게 되고, 구들이 갖는 특징과 우수성들을 더욱 쉽게 파악하는 데 도움이 되기 때문이었다. 그러다 보니 우리의 '구들 이야기, 온돌 이야기'가 매우 길어졌다.

그럼에도 불구하고 필자가 생각하기에는 구들 이야기의 절반 정도만 다루어졌다는 생각이다. 왜냐하면 구들은 수천 년 동안 이어지면서 우리 주거 문화의 바탕이 되고, 그 영향은 우리의 집의 구조와 생활 속 구석구석에 스며 있어서 그런 점들을 살피지 않고는 구들의 의미를 충분히 파악했다고 할 수 없는데 그에 대해서는 이 책에서 거의 다룰 기회를 갖지 못했기 때문이다. 그런 점에서는 이야기가 한참 더 계속되어야 할 것이나 그 양이 또 상당할 것으로 짐작되므로 '생활 속의 구들 이야기'는 훗날 별도의 책에서 하기로 하고, 여기서는 지금까지 이야기 된 것을 바탕으로 몇 가지 '구들의 우수성'을 정리하는 것으로 이야기를 마치도록 한다.

구들의 발전 과정, 그리고 그 구조 및 작용 원리를 살펴보면 우리는 조상들로부터 얼마나 우수한 문화 유산을 물려받았는가를 알게 된다. 그 우수성은 특히 서양에서의 주거 문화와 그들의 난방 방법의 발전 과정을 개관하고 비교해서 볼 때 더욱 돋보인다. 그리고 많은 특징들은 우리 한국인들이 특히 쓰기 좋아하는 '세계 최초, 최고(最古, 最高), 가장' 등의 접두어를 과장 없이 붙여도 좋은 것들이다.

구들은 인류 최초의 바닥 난방

구들은 앞에서 보았듯이 기원전 3세기 이전에 시작되었다. 이것은 바닥 난방법으로서 인류 역사상 최초이다.

구들과 비슷한, 그리고 원리상으로는 같은 로마 시대의 하이퍼코스트(Hypocaustum : Hypocaust)가 있으나 주로 공중 욕장(Thermae)의 난방으로 사용되었으며, 4세기경 로마의 멸망과 함께 잊혀진 난방법이 되었고, 19세기에 이르러 재발굴되어 서양의 현대 바닥 난방의 기초가 되긴 하였지만 서양에서는 오늘날까지 누구나 쓰는 난방 방법이었던 적은 한 번도 없다.

구들은 인류 최초의 연기 없는 난방법

전통 구들은 바닥 난방으로서 세계 최초이기도 하지만 또한 연기 없이 불을 쓰게 된 최초의 난방 방법이다.

서양의 경우 10세기경까지는 모닥불의 형태로 취사와 난방을 하였다. 우리가 무드 있게 보는 벽난로도 약 10세기경부터 등장하였는데 모닥불 형태이든 벽난로의 형태이든 그런 난방법에서는 힘들게 얻은 열기가 대부분 굴뚝이나 깔때기형으로 되어 있는 지붕의 개구부로 빠져나갔다. 서양의 불 쓰는 형태에서는 사람들이 항상 연기 속에 시달려야 했으며, 연기를 내쫓으려면 대부분의 열기도 모두 사라지고, 열기를 집 안에 붙들어 두려 하면 연기에 시달려야만 했다. 연기는 열기와 오랫동안 불가분(不可分)의 것이었고 열을 취함에 있어서 필요악(必要惡)적 존재였던 것이다.

그러면서도 그러한 난방 방법들은 난방 효과 면에서 문제가 많았다. 얼굴은 '불고기'가 되어도 등은 항상 시리고, 얼굴은 벌겋게 달아올라도 무릎 이하는 항상 시리게 된다. 실제로 중세 깊숙이까지는 연기로 인한 고통에 대한 이야기가 많이 기록되고 있다. 그런데 재미있는 사실은 서양의 집에서는 연기가 그냥 집 안에 두기는 고통스러운, 그렇지만 내쫓을 수도 없는 악동(惡童)이었다면, 우리 조상들은 구들이란 것을 발명하면서부터 바로 그 악동을 충실한 충복(忠僕)으로 지배했으며, 바로 그 연기를 없어서는 안 될 난방의 본질로 만들었던 것이다. 구들은 불에서 연기는 배제시키고 열기만을 획득하는, 즉 필터링(filtering)하는 기발한 아이디어였으며, 연기가 방밑을 기어서 지나가는 형상이나 사람이 궁둥이 밑에 깔고 앉는 형상은 불을 말 그대로 지배하고, 길들이고 복종시켰던 형상이어서 흥미롭다.

구들은 최초의 축열 난방(蓄熱煖房)

에너지를 저장해서 사용한다는 것은 계획 경제의 기반이지만 오랫동안 풀기 어려운 난제였다. 예를 들면 벽난로나 모닥불에서는 불이 타고 있는 동안은 따듯할 수 있으나 불이 꺼지고 나면 곧 열기도 사라진다. 그러나 구들 난방에서는 아궁이에 불을 때면 열이 구들장에 저장되어 장시간 방을 따듯하게 해주고 방이 식을 때가 되면 다시 취사를 하면서 구들장이 다시 가열되고 열을 저장하는 것이다. 또한 서양의 벽난로는 불이 타고 있는 동안에 한정된 일시 난방 방식(一時煖房方式)이라면 우리의 구들은 지속 난방법(持續煖房法)인 것이다.

구들은 인류 역사상 최초의 중앙 난방식

서양에서 집을 빌려주는 광고를 낼 때는 흔히 난방 방식이 중앙 난방식이라는 것을 표시했었다. 그것은 벽난로와 같이 방마다 관리를 요하는 개별 난방 방식이 아닌 편리한 현대 시설로 난방 되고 있다는 표시이기도 하지만 그만큼 집세도 비싸게 받는다는 뜻이 포함되어 있기도 한 것이다. 중앙 난방식의 핵심은 보일러와 라디에이터를 통하여 한 곳에서 불을 때서 여러 방을 데우는 것인데 구들은 이미 한 아궁이의 불로 두 칸, 심지어 세 칸의 방까지 데우고 있었으니 비록 오늘날의 중앙 난방식은 아니더라도 우리의 선조들은 일찍이 중앙 난방을 실현했던 것이다.

구들은 난방과 취사 기능을 지혜롭게 결합

우리의 구들은 기본적으로 취사와 난방을 겸했다. 물론 아궁이만 있어서 난방만을 한 경우도 없지 않지만 대개는 부뚜막을 두고 취사를 함과 동시에 잉여 열기를 활용하여 난방까지 되게 하는 것이 구들의 또 하나의 우수성이다. 앞에서 언급한 로마 시대의 하이퍼코스트 방식에서는 취사를 겸한 예는 없었고, 모닥불 형식이나 벽난로 형태에서도 취사가 겸해지기는 하였으나 우리의 구들에서와 같이 두 가지 목적을 모두 동시에 만족시켜 주지는 못했다.

구들은 가장 이상적인 실내 온도 형성

구들은 바닥 난방이다. 그리고 모든 바닥 난방은 실내 온도 형성 측면에서는 인간에게 가장 유리한 결과를 보여주는 난방 방식으로 연구에서 판명되고 있다. 예를 들어 벽난로나 현대의 라디에이터 난방은 하체 부위에서는 차고 화기에 면하지 않는 부분이 늘 춥게 마련이지만 바닥 난방은 그런 것이 없다. 특히 바닥에서부터 열기가 상승하므로 바닥과 바닥 근처의 온도는 몇 도 더 높아 서양의 난방 방법의 고질적 문제인 인간의 하체 부위가 시리지 않아 정상인은 물론 노약자들에게도 가장 바람직한 것으로 증명되고 있다.

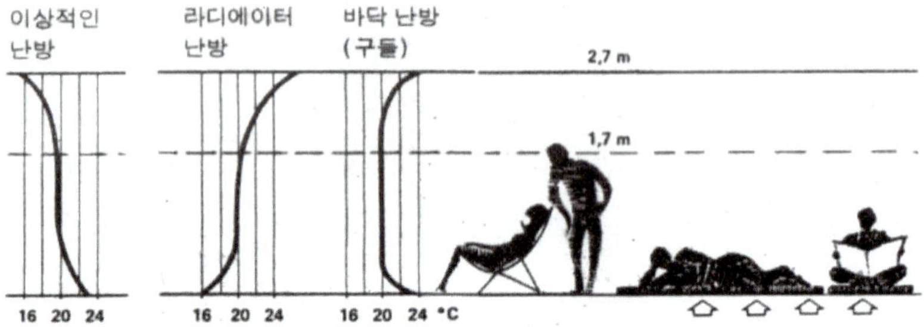

그림 297 적당한 실내 온도를 20℃라 할 경우 가장 좋은 것은 맨 좌측과 같은 온도 곡선을 이루는 것이다. 그러나 자연 조건에서는 만들 수 없는 온열 환경이므로 '이상적 난방'이라 하고, 이를 제외하면 가장 이상적인 난방법은 구들과 같은 바닥 난방법임을 설명하는 그래프이다.

● 구들은 자연 법칙에 가장 충실한 난방법

찬 공기는 천천히 밑으로 내려가고 뜨거운 공기는 위로 올라가는 것은 누구나 경험으로도 아는 자연 현상이다. 자연 현상을 무시하면 항상 무리가 따르고 추가적인 해법이 있어야 한다. 구들은 이 자연 법칙을 그대로 이용하여 공기 순환을 이루는 대류 방식으로 되어 있고 고른 실내 온도 분포를 이루는 원리의 하나이기도 하다. 벽난로나 라디에이터 난방에서 무릎이 시린 것도 결국은 이 자연 법칙의 무시에서 비롯된 것이다.

● 구들은 난방 성능이 가장 뛰어난 난방법

난방을 하는 가장 근본적인 목적은 뭐니 뭐니 해도 방을 충분히 따듯하게 해서 인간이 춥지 않게 살 수 있게 하는 것이다. 아무리 구들이 세계 최초의 영예가 많다 하더라도 충분히 따듯하게 하지 못하면 아무 의미가 없다. 그런데 구들(온돌)은 이상적인 실내 온도만 형성하는 것이 아니라 매 발전 형태마다 그 시대의 난방 방

그림 298 발을 불에 쪼이는 수도사와 군주. 서양에서 주로 쓴 난방법에서는 무릎 아래에 늘 열기가 잘 미치지 않으므로 이런 모습들이 옛 그림이나 부조에도 자주 등장한다.

법 중에서 가장 난방 성능이 뛰어난 난방 방법이었다. 물론 성능에는 경제성 등 여러 요인이 함께 고려해야 하는 것이지만 서양의 난방 방법들은 근본적으로, 그리고 구조적으로 충분히 열기를 생산하여 주지 못했다. 다시 말하면 불을 많이, 그리고 오래 땐다고 해서 해결되는 것이 아니었다. 불을 오래 때도 난로 곁을 떠나면 춥고, 불이 꺼지면 춥고, 난로 곁에 있어도 등과 무릎 아래는 써늘하여 몸을 돌려가며 불을 쬐야 하였다.

독일에서 프랑스 왕가로 시집가서 공작의 부인이 된 리제로떼(Liselotte)는 1695년 2월 3일에 고향으로 쓰는 편지에 "왕의 식탁에서도 물과 와인이 얼었다"[96]고 적고 있고 1701년에는 "오리털 이불 같은 것은 내 평생 들어보지 못했고 나를 따듯하게 해주는 것은 침대에 데리고 자는 작은 개 여섯 마리"[97]라고 쓰고 있다. 벽난로도 있고 땔감이 부족한 것도 아닌 왕가에서도 충분히 따듯하게 지내지 못했음을 보여준다.

선교사로 1889년 한국에 와있었던 게일(J. S. Gale) 목사는 1896년까지 전국을 돌며 경험한 것을 적은 '코리언 스케치(Korean

Sketches)'에서 다음과 같이 적고 있다. "내가 가장 먼저 깨달은 것은 조선의 자그마한 오두막에서 자는 것이 내가 견디기 가장 힘든 일 중에 하나라는 것이다. … 중략 … 거의 살이 데일 정도까지 뜨거워지는 방바닥에(the floor heated nearly to the frying point) 요를 까는 데 익숙하지 않은 여행자는 악몽(fiery dreams)에 시달리고 벌겋게 구워져 숨을 헐떡이며 아침이 되기를 고대한다. 그러나 한두 해 익숙해지면 그 뜨거운 방바닥을 좋아하게 되고 이곳 사람들이 말하듯이 추운 날 여행 후에 쉬기에 썩 좋다."[98)]

그는 여러 곳에서 구들을 '후라이 팬 플러어(frying pan floor)'에 비유하기도 하고 평균 33℃, 때때로 39℃까지 올라가는 방바닥 때문에 숙면을 취하지 못해 고생한 것을 적고 있다. 너무 뜨거워 쾌적하지 못한 것도 문제이긴 하겠지만 손님을 맞으면 평소보다 불을 많이 때주는 것이 우리의 넉넉한 인심이고 예의였던 탓도 있는 듯하다. 그러나 서양의 난방법들과 달리 난방이 충분하지 못해서가 아니라 너무 과열되어서 문제인 것이고 온도를 낮추는 것은 문제도 아니므로 이 기록은 구들의 성능을 오히려 분명히 해주고 있는 것이다.

구들은 한민족 문화의 바탕

구들의 우수성을 열거하자면 끝이 없다. 그리고 전통 구들에서의 많은 부분의 신비는 아직까지 제대로 연구도 되지 못한 채 사라져 가고 있다. 그러나 구들을 잘 이해하면 한국의 주거 문화의 여러 특징들을 한꺼번에 많이 이해할 수 있다. 우리의 많은 문화 요소는 구들이 생겨난 이후에 발전된 것이며 구들은 말 그대로 우리 문화의 바탕이며 삶의 그릇이기 때문이다.

수년 전 문화체육부에서는 한국 문화의 상징물 10가지를 선정하여 발표한 적이 있다. 한복, 김치, 태권도 등 여러 가지가 선정되었지만 구들은 후보에도 끼지 못했다. 구들은 상징화하기가 어려워 그런 것이 아니냐고 모 신문사 기자는 말했다. 하기야 구들은 보이지 않는 난방이니 그럴 법도 하다. 또한 외국인들에게 설문을 돌려 선정했다고도 했는데 구들에서 살아보지 않은 그들이 눈에 보이지도 않는 구들의 성능과 정취를 알리 만무하다.

초가지붕이 사라지고, 가옥이 현대적으로 다시 지어지고, 고층 아파트가 도시를 메우면서, 아름답다는 지붕의 처마 곡선도, 정취 있는 장독대도, 마당도, 대청도 보기 드문 것이 되었다. 그러나 구들만은 오늘날에도 고층 아파트 속에서도 단독 주택에서도 계승되고 있다. 비록 아궁이는 보일러로, 고래는 온수 파이프로 바뀌고 구들이란 이름도, 그 세부 명칭도, 대대로 노하우를 물려받은 장인들도 함께 사라져 가지만 구들의 원리는 민족의 숨결처럼 우리 문화의 구석구석에 스며 있다. 구들은 가장 한국적인 특징, 가장 세계적인 것, 그리고 무엇보다도 우수하므로 …….

불 옆에 솥을 놓고 끓기를 바라는 사람들

자연에서 불을 피우면 불꽃은 위로 향한다. 바람이 불면 불꽃은 잠시 바람 부는 방향으로 쓰러지지만 바람이 없어지면 이내 힘을 되찾아 수직으로 타오른다. 불과 불가분의 관계에 있는 연기, 그리고 열기도 마찬가지다. 밑에서 위로 솟아오르는 것이다. 그렇기 때문에 우리는 밥을 할 때 불 위에 솥을 얹지 불 옆에다 솥을 얹지 않는다. 그리고 그것은 학교에서 배우지 않아도 누구나 아는 자연의 법칙이기도 하다.

그런데 밥을 하려면서 솥을 불 위에 두지 않고 불 옆에 두거나, 심지어 불 밑에 두고 밥이 되기를 기대하는 사람들이 있다면 아무도 믿지 않을 것이다. 아무리 문명과 격리된 원시 부족이라도 불을 그렇게 쓰는 곳은 없기 때문이다. 그런데 정말 그런 곳이 있다. 바로 서양 문화에서의 난방법의 발전 과정을 살펴보면 그렇다.

우리가 앞에서 살펴보았듯이 서양에서의 난방 방법은 원시 시대의 모닥불에서 벽난로, 카헬오펜(타일 벽난로), 철제 난로, 라디에이터 등으로 발전하

그림 299 독일의 카헬오펜. 바닥 난방법을 제외하고는 모두 솥을 불 옆, 또는 불 아래에 두고 취사하는 것과 같은 경우가 된다.

여 오늘에 이르고 있다. 그런데 이들은 모두 사람의 옆에 서 있는 불인 셈이다. 열기는 자연 조건하에서는 항상 위로 올라가는 것이므로 옆에 있는 사람에게 미치는 것보다, 그리고 일상 생활에서 가장 오랜 시간을 사용하는 공간의 아래쪽을 따듯하게 하기보다 사람이 거의 사용하지 않는, 따라서 따듯할 필요가 없는 방의 상부와 천장 쪽으로 몰린다. 그러므로 사람이 솥은 아니지만 원리상으로 볼 때 솥을 불 옆에 두고 음식이 빨리 끓기를 기다리는 것과 같은 경우가 되는 것이다.

서양에서는 벽난로나 타일을 붙인 카헬오펜, 또는 철제 난로 밑을 땔감을 둘 장소로 사용한다. 그러므로 난로는 흔히 방바닥보다 한 단 위에 올려놓게 되는 것을 보게 된다. 청소 등의 문제 때문에 라디에이터도 방바닥에서 10cm 정도 띄어서 설치한다. 열기를 효과적으로 취하기 위해서는 이들이 가능한 사람보다 아래에 있어야 하는 것이지만 서양의 경우에는 오히려 사람이 불보다 더 밑에 있는 셈이다. 솥을 불 옆에 두고 있는 것이 아니라 심지어 불 아래에 두고 취사를 하는 것과 같은 형국이 되는 것이다.

물론 모닥불 같은 형태로 불을 쓸 때는 사람으로 불고기하는 것이 아닌 이상 사람이 불 위에 있게 한다는 것은 불가능하다. 스님들이 입적(入寂)하여 다비식을 하는 경우라면 몰라도 사람을 불 위로 올려놓을 수는 없는 것이다. 그렇지만 구들, 즉 온돌은 취사를 할 때나 방을 따듯하게 하는 것 모두 자연 법칙을 따르고 있다. 불 위에 솥을 얹고, 불 위에 사람과 사람이 거처하는 공간을 얹어놓고 가열하는 원리인 것이다.

앞에서 소개한 '차 한 잔의 이야기'에서 "그것은 아버지의 바지 눋는 냄새였다"는 추우면 열을 찾아가는 인간의 본성과 어떻게 하면 가장 효과적으로 열을 취하는가를 본능적으로 아는 데에서 생산된 에피소드이다. 빔슈나이더 부인의 아버지는 본래 그렇게 쓰게 되어 있지 않은 카헬오펜에서 구들에서처럼 따듯하고 싶었던 것이다.

고궁(古宮) 구들에 불을 지피면…

몇 년 전 어느 겨울날 경복궁에서 독특한 행사가 있었다. 구들학회와 국립민속박물관이 주최해 경복궁 내 여러 구들 시설을 둘러본 다음, 자그마한 건물인 연길당(延吉堂)에서 직접 불을 때보는 행사였다. 구들학회 사람들이 아궁이에 불을 땔 준비를 하자 건물 주변은 금방 100여 명의 사람들로 가득 찼다. 아궁이에 불을 때자 연기가 잠시 밖으로 도로 나오는 듯하더니 이내 불기가 아궁이 속으로 빨려들었다. 그리고 침묵을 지키며 몇 분쯤 지났을 때 드디어 굴뚝에서 연기가 나기 시작했다. 이를 지켜본 사람들은 박수를 치며 환호하였다. 다행히 연길당의 구들 시설은, 연기가 조금 새는 곳이 있기는 하였으나 여전히 작동하였고 불때기 실험은 성공이었다.

구들은 곧 온돌(溫突)이며, 우리 조상들이 이미 기원전에 발명해 2000년 이상 끊임없이 사용하며 발전시켜 온 전통 바닥 난방 기술이다. 바닥 난방 기술로는 세계에서 가장 오래 되었고, 또한 전 민족이 어느 집에서나 그런 방법으로 난방하는 경우는 세계에서 우리 민족이 유일하다. 그리고 바닥 난방은 지금까지 알려진 난방법 중에서 인간에게 가장 이상적인 난방법이고 건강한 난방법으로 증명되고 있다. 구들은 그 외에도 지혜로운 부분이 많아 전통 요소적으로나 과학 기술로 보나 가장 한국적인 특징의 하나이며, 세계에 드러내놓고 자랑해도 좋을 문화 유산인데 우리의 무관심 속에 잊혀가고 있다.

그런 의미에서 '불넣기' 행사는 시사하는 바가 크다. 궁궐마다 구들 시설이 있고, 아궁이와 굴뚝이 있는데 그것들을 관광객들에게 보여주며 작용 원리를 설명해 준다면 좋은 관광거리가 될 것이다. 한두 건물의 구들 시설은 더 완벽하게 손질하여 다실(茶室)로 꾸미고 겨울에는 불을 지펴서 관광객들이 따끈한 방에서 잠시 쉬면서 난방 효과를 직접 느껴보게 한다면, 그리고 그와 더불어 또 하나의 한국 명물인 인삼차를 마시게 한다면 우수한 우리 문화도 알리고 두고두고 기억되는 한국 관광이 되지 않겠는가. 혹자는 "불이라도 나면?" 할지 모른다. 물론 그런 염려를 아주 배제할 수는 없을 것이다.

그러나 구들은 불을 쓰는 곳이긴 하지만 불에서도 주로 연기를 활용하는 것이며, 화재에 가장 안전한 난방법이었다. 그래도 만약 우려가 된다면 충분히 대비하면 될 것이다. 소화기나 소방차가 있어 더 나아진 지금 불이 무서워 궁궐에 불을 지피지 못한다면 불을 가장 지혜롭게 지배한 민족의 후손답지 못한 일이기도 하다.

겨울철 고궁 관광은 매우 썰렁하다. 관광객들이 구들에 불을 때는 모습이나 따뜻한 방바닥을 만져보며 쉬어가게 했으면 좋겠는데 지금 우리 궁궐에는 아궁이도, 아궁이로 통하는 통로도 굳게 잠겨 있다. 볼 수도 없고 설명해주는 이도 없고 불넣기 행사도 그 해 이후로 허용되지 않는다. 모든 것이 어렵다면 아궁이 속만이라도 들여다볼 수 있게 했으면 좋겠다.

관광 산업은 무공해 산업이고 재료비도 별로 드는 것 없는 고수익 산업이다. 그러나 한편으로는 관광 진흥을 외치면서도 별로 보여줄 것이 없다고 한다. '수문장 교대식'처럼 구들도 좋은 관광 상품이 될 수 있다. '만리장성'이나 '피라미드'처럼 크고 웅장한 것은 아닐지라도 우리 조상은 우리에게 구들을 물려주었는데 우리 후손은 그것이 돈이 된다는 것을 모르고 있다.

옛날에는 새집 짓고 들어갈 때 화로를 앞세우고 들어가는 풍습이 있었다. 불같이 가문이 융성하기를 기원하는 뜻이 담겨 있었다. 집에 온기가 없는 것은 버려진 폐가가 아니면 흉가다. 궁궐은 왕이 살던 곳이고 나라의 심장이었다. 궁궐 구들에 불기를 살리는 것은 나라의 융성을 기원하는 의미도 있다. 고궁 구들에 불을 지피면 볼거리도 늘고 관광 수입도 늘어 국민의 마음을 훈훈하게 하는 일이 될 것이다.[99)]

주(註) 모음

1) 고전간행회에서 펴낸 영인본 『오주연문장전산고(五州衍文長箋散稿)』 (동국문화사, 단기 4292)가 있다. 「온돌토항변증설(溫堗土炕辨證說)」은 이 책 pp.340~341에 수록되어 있다.

2) 손진태, 『조선민족문화의 연구』, 을유문화사, 1948, pp.67~86. 「온돌고(溫突考)」는 난해한 한자 원전 인용이 많아 후학들의 접근이 어려워 김남응·강재철이 「주해 손진태의 온돌고(溫突考)」를 『비교민속학』 제19집(비교민속학회, 2000)에 낸 바 있다. 이 책의 문헌 부분은 이 「주해 손진태의 온돌고」를 많이 활용하였는데 본래의 「온돌고」도 원본 대조 결과 오자(誤字)와 탈자(脫字)가 발견되었고 필자의 「주해(註解) 온돌고」에서도 일부 오자와 탈자가 발견되어 수정하고 보완하였다.

3) 大原信治(오하라 신지, 한국명 현규환), 「炕及び溫突の衛生學的研究」, 1945. 복사 한정판으로 문원사에서 1988년 출간된 것이 있다.

4) 예문인서관(藝文印書館)에서 영인본으로 낸 『구당서』 3권 p.2662의 원문과 대조하였더니 손진태 선생의 「온돌고(溫突考)」에 인용된 원문에는 '皆作長坑 坑下 燃溫火 以取煖'이라 하여 '坑'자 하나가 더 들어 있다.

5) 손진태의 「온돌고(溫突考)」에는 '포구수(鮑邱水)' 기록의 위치를 권40으로 하고 있으나 원문에는 권14에 수록되어 있다. 그리고 인용된 한자 원문 중간의 '其內疎通枝經脈基側室外'에서 '…'로 '出'자 하나가 더 들어 있고, 마지막 줄의 '故宗斯構'의 '構'자가 '搆'자로 되어 있다.

6) 이 『삼국유사(三國遺事)』의 기사는 손진태 선생의 『조선민족문화의 연구』에

수록된 '온돌고(溫突考)'에도 인용되어 있는데 원본 대조 결과 원본의 '沘(비)'자가 '泚(차)'자로, '幸(행)'자가 '行(행)'자로, '拜(배)'자가 '我(아)'자로, 그리고 '㷝(돌)'자는 '堗(돌)'자로 되어 있다. 조판 시에 오자가 발생한 것으로 보인다. 또 주남철 선생의 『한국주택건축』(일지사, 1980) p.31에도 원문이 인용되었는데 원문의 '因名㷝石' 부분에서 '名'자가 빠져 있고, 역시 '㷝(돌)'자는 '堗(돌)'자로 되어 있다.

7) 부여에는 오늘날 '自溫臺(자온대)'란 곳이 있다. 이 이름은 『삼국유사』의 「왕흥사 이야기」 '其石自煖(기석자난) 因名㷝石(인명돌석)' 중 앞부분 '其石自煖(기석자난)', 즉 "그 돌이 저절로 따듯해졌다"란 부분에서 유래하였다. '自煖(자난)'이나 '自溫(자온)'이나 다 같이 "스스로 따듯해진다"는 뜻이다. 앞부분은 '자온대'란 지명으로, 뒷부분은 '구드래'란 나루터 이름으로 오늘까지 전해지고 있다. 문화재청 홈페이지(http://www.ocp.go.kr) '문화재 찾기' 참조.

8) 정재도, 『우리 말글의 갈길』, 지식산업사, 2004, p.33 및 문화재청 홈페이지(http://www.ocp.go.kr) '문화재 찾기' 참조.

9) '민족문화연구회'에서 펴낸 『국역 동문선』, pp.108~110 참조.

10) 민족문화추진회, 『국역 동국이상국집』, 고려서적, 1979, p.26 참조.

11) 『구급간이방언해(救急簡易方諺解)』, 1489년(성종 20년)에 왕명으로 윤호(尹壕), 임원준(任元濬)이 편찬한 책. 8권 8책. 임진왜란 전의 『고사촬요』에 나타난 책판 목록에 의하면 원주·전주·남원·합천·곤양·해주 등에 책판이 있었던 것으로 되어 있다. 그러나 현재 전하는 중간본은 완질이 아니라 5권만 알려져 있다. 5권의 각각의 소유자는 권1(일사문고), 권2(미상), 권3(동국대도서관), 권6(한독약사관, 이겸로), 권7(고 김완섭)이다. 또한 이들은 같은 판본은 아니나 임진왜란 이전의 간본으로 추정된다. 이 가운데 권1, 2는 1982년 《동양학총서》 9집으로 단국대학교 동양학연구소에서 영인본으로 간행되었다. 희귀한 언해본(諺解本)으로 의학, 인쇄 문화는 물론 우리 중세 국어 연구에도 매우 중요한 자료로 평가되고 있다. 반치음의 불규칙한 사용이나 어두의 경음화가 보이며, 약초와 관련된 독특한 어휘가 많이 보인다.

12) 『박통사』는 중국인의 생활 풍습과 제도 등에 관한 문답을 회화체로 담고 있는데 그 책을 번역한 것이 『번역박통사』이므로 16세기 초의 국어사 연구에 귀중한 자료가 되고, 원문 한자의 한글 독음은 중국어의 음운사 연구에

이용된다. 현재 원간본은 을해자본으로 상권 하나가 국회도서관(조성목 소장)에 소장되어 있다. 이를 저본으로 한 영인본이 1959년 경북대학교 대학원 국어국문학과 연구실에서 자료집(제4집)으로 간행되었다.

13) 손진태 선생의 「온돌고」는 4권으로 표기하고 있으나 원본 대조 결과 3권에 기록되어 있다.

14) 손진태, 앞의 책, p.75 참조.

15) 손진태 선생은 그의 「온돌고(溫突考)」에서 저자를 '이태호(李)'로 하고 있는데 태호(太湖)는 그의 호(號)이고 본명은 이원진(李元鎭)이다.

16) 그 밖에 다른 판본(版本)으로서 번역도 약간 다른 책이 두 종류 있다. 1763년(영조 39) 간행된 변헌(邊憲) 등의 『신석노걸대언해(新釋老乞大該解)』와 1795년(정조 19) 간행된 이수(李洙) 등의 『중간노걸대언해(重刊老乞大諺解)』가 전해지고 있다.

17) 황산곡은 중국 송(宋)나라 때 시인 산곡(山谷) 황정견을 말하며 그의 시를 한글로 번역한 시집으로 『황산곡시집언해(黃山谷詩集諺解)』가 있다.

18) 이사벨라 버드 비숍, 이인화 옮김, 『한국과 그 이웃나라들』, 도서출판 살림, 1994, p.151.

19) 민족문화추진회, 『성호 이익』, 솔출판사, 1997, p.321 참조.

20) 한국역사종합시스템(http://kh2.koreanhistory.or.kr)이 제공하는 '민족문화추진회' 번역의 『성호사설』 「침어판정」에서는 한자 원문의 '濟之俗(제지속)'의 '濟(제)'자를 '淸(청)'자로 보아 청나라 풍습으로 번역하고 있다. 이를 인용하는 몇몇 문헌에서도 그대로 청나라의 풍습으로 받아들이고 있는 것도 확인할 수 있었는데 원문을 보면 '濟'자로 보는 것이 옳고, 제주도의 풍습으로 받아들이는 것이 옳다고 판단된다.

21) 전에는 '입술'을 뜻하는 '脣(순)'자를 '唇'으로 쓰기도 하였다고 한다.

22) '魘'자는 '가위눌린다'는 의미로 오늘날 '염'으로 읽으나 전에는 '암'으로도 읽었으므로 원본의 언해에 '암'자로 되어 있다.

23) 시작 부분의 '僿說(사설)'은 『성호사설(星湖僿說)』을 말한다. 이 인용된 글의 원전은 앞에서 다룬 『성호사설(星湖僿說)』의 「침어판청(寢於板廳)」 편이다. 이규경은 『오주연문장전산고』에서 일부 글자들을 바꾸어 인용하였으므로 유의하여야 한다. 일부 연구서에서는 이 『오주연문장전산고』의 『성호사설』 부분을 재인용하는데 그나마 탈자가 보인다.

24) 여러 곳에서 저자를 '적호'라 적고 있는데 보통은 '적'으로 읽지만 사람 이름으로 쓰일 때는 '책'으로 읽는다.

25) '寧古'는 만주어로 '6'을, 塔은 '자리'의 뜻이며 중국 청(淸)나라 조상의 여섯 형제가 이곳 언덕에 자리 잡고 산 땅이라는 데서 유래하였다고 한다.

26) 『소대총서본(昭代叢書本)』 「소방호재여지총서본(小方壺齋輿地叢書本)」에는 「절역기략(絶域記略)」이라고 되어 있다. 손진태, 「온돌고」, 앞의 책, p.84 참조.

27) 『조선유적유물도감』(2) -고조선, 부여, 진국, 동광출판사, 1989, p.91 참조.

28) 정찬영, 「우리나라 구들의 유래와 발전」, 『고고민속』 4호, 사회과학원 고고학 및 민속학연구소, 1966, pp.15~24. 및 「압록강, 독로강 류역 고구려 유적 발굴보고」, 『유적발굴보고』 제13집, 과학백과사전 출판사, 1983, pp.41~ 참조.

29) 정찬영, 앞의 책.

30) 「1960~1961 중강군 토성리 원시 및 고대 유적 발굴 중간보고」, 『문화유산』 1961-5호 및 정찬영, 앞의 책, 참조.

31) 정찬영, 「북창군 대평리 유적 발굴보고」, 『고고학 자료집』 4호, 1974, 참조.

32) 임병태, «박물관신문» 제126호, 1982. 참조.

33) 「중도」 I~III, 국립박물관 고적조사보고서 제12책, 1980, 1983 및 장경호, 『한국의 전통건축』, 문예출판사, 1993, p.510 참조.

34) 「삼천포-창선간 교량가설구간 늑도 B지구 발굴조사」, 부산대학교 박물관, 2001 및 「사천 늑도 A지구 발굴조사」, 경남고고학연구소, 2001. 한국고고학회 홈페이지, '현장 자료', 2001, 게재 자료 참조.

35) 「울산 사연리 늠네유적」, 울산 문화재연구원, 2001, 참조.

36) 「포항 호동 쓰레기매립장 건설부지내 유적보고」, 경상북도 문화재연구소, 2003, 참조.

37) 「풍납토성(風納土城)」, 국립문화재연구소, 2001, 참조.

38) 「미사리(渼沙里)」 제4권, 서울대학교 편, 미사리 유적발굴조사단/경기도 공영개발사업단, 1994, 참조.

39) 「서천 지산리 유적」, 공주대학교 박물관, 한국고고학회 홈페이지, '현장 자료', 2003, 참조.

40) 「파주 주월리 유적」, 『경기도 박물관 유적조사보고서』 제1책, 경기도박물관, 1999.

41) 「포천자작리 유적 Ⅰ -긴급발굴조사 보고서」, 경기도박물관, 2004 및 한국고고학회 홈페이지, '현장 자료' 참조.

42) 「충북 청원 부강리 남성골 유적」, 충북대학교 박물관, 2002, 참조.

43) 장경호, 앞의 책, p.512 참조.

44) 최종택, 「몽촌토성내 고구려유적 재고(再考)」, 『한국사학보』, 제12호, 2002, pp.9~40 참조.

45) 「한강유역의 고구려 요새-구의동 발굴조사 종합보고서」, 구의동보고서 간행위원회, 1997 및 장경호, 앞의 책, p.512.

46) 「아차산 제4보루-발굴조사 종합보고서」, 서울대학교 박물관, 서울대학교 인문학연구소, 구리시・구리문화원 2000, 참조.

47) 정찬영, 「우리나라 구들의 유래와 발전」, 『고고민속』 4호, 사회과학원 고고학 및 민속학연구소, 1966, pp.21~, 참조.

48) 장경호, 앞의 책, pp.514~ 참조.

49) 북한 자료로 다음과 같은 것들이 참고가 될 것이다. 리정기, 「청해토성 및 교성리토성 답사보고」, 『고고민속』 4호, 1967. 김종혁・김지철, 「신포시 오매리 금산 발해 건축지 발굴 중간 보고」, 『조선고고연구』, 1989-2. 김종혁・김지철, 「신포시 오매리 절골1호 발해건축지 발굴보고」, 『조선고고연구』, 1990-2. 김종혁, 「청해토성과 그 주변의 발해유적」, 『조선고고연구』, 1990-4.

50) 장경호, 앞의 책, p.516 참조.

51) 같은 책, p.519 참조.

52) 「완도 법화사지」, 국립문화재연구소, 1992, 참조.

53) 신영훈, 『한국의 살림집』, 열화당, 1983, pp.119~ 및 홍사준, 「전조령원지구기발굴조사개보(前鳥嶺院舊基發掘調査概報)」, 문경군, 1977, p.39 참조.

54) 「사적 259호 강화 선원사지 발굴 조사 보고서」 Ⅰ・Ⅱ, 동국대학교 박물관, 2003 및 한국고고학회 홈페이지, '현장 자료'-「선원사지」, 참조.

55) 「과천 관악산 관악・일명사지 시굴 및 발굴조사보고서」, 단국대학교 매장문화재연구소・충청대학 박물관, 2000 및 「과천 관악・일명사지 시굴 및 발굴조사 지도위원회 회의자료」, 단국대학교 매장문화재연구소, 1999. 10. 23, 참조.

56) 단국대학교 매장문화재연구소・충청대학 박물관, 앞의 책, 참조.

57) 「고양 북한산성 행궁지 지표조사 보고서」, 단국대학교 매장문화재연구소, 1999, 참조.

58) 「감은사지 발굴보고서」, 국립경주문화재연구소, 1997, 참조.

59) 회암사지 구들 유적에 관해서는 경기도 박물관·기전문화재연구원이 한국고고학회 홈페이지 '현장 자료'에 올린 1~5차 보고서를 참조하였다.

60) 「양주 회암사지 3차 발굴조사」, 경기도 박물관·기전문화재연구원, 2001. 5. 한국고고학회 홈페이지, '현장 자료', 게재 자료 참조.

61) 「양주 회암사지 4차 발굴조사 개요」, 경기도 박물관·기전문화재연구원, 2001. 11. 한국고고학회 홈페이지, '현장 자료', 게재 자료 참조.

62) 장경호, 앞의 책, p. 527~ 참조.

63) 같은 책, p. 531 참조.

64) 같은 책, p. 528~ 참조.

65) 문경석탄박물관 홈페이지(www.local.go.kr) 참조.

66) 大原信治(오오하라 신지, 한국명 玄圭煥), 앞의 책, 1945, p.133.

67) 최영택, 『구들(炕, 溫突)』, 고려서적, 1989, pp.58-60.

68) Henry George Liddell, '*A Greek-Englisch Lexicon*' (Oxford, 1968)

69) Erika Brödner, '*Die römischen Thermen und das antike Badewesen*' (Wissenschaftliche Buchgesellschaft, Darmstadt, Germany, 1983), p.37

70) Emil Kunze, Hans Schleif, IV. '*Bericht über die Ausgrabungen in Olympia*' (Walter de Gruyter, Berlin, Germany, 1944), pp.32~

71) Hans Eschebach, '*Die Stabianer Thermen in Pompeji*' (Walter de Gruyter, Berlin, Germany, 1979), pp.51~

72) René Ginouvès, '*L' Érablissement thermal de Gortys d'Acardie*' (Librairie Philosophique J. Vrin, Paris, France, 1959) 전체적으로 참조.

73) Erika Brödner, 앞의 책, p.23.; Heinz Werner, 'Römische Thermen' (Hirmer, München, Germany, 1983), p.189.

74) Plinius Caecilius Sekundus, Gaius, Helmut Kasten 역, 'Briefe' (Artemis, München, Germany, 1990), pp.107~111.

75) Plinius Caecilius Sekundus, Gaius, 앞의 책, pp.264~277.

76) Konrad Hecht, '*Der St. Galler Klosterplan*' (Thorbecke, Sigmaringen, Germany, 1983), pp.57~, pp.248.

77) Gustav Fusch, 'Über die Hypokausten-Heizungen und mittelalterliche Heizanlagen' (Dissertation, Technische Hochschule zu Hannover, Germany, 1910), pp.100~105.

78) Gustav Fusch, 앞의 책, pp.95~97.

79) Franz-Pascha, 'Die Baukunst des Islam, Handbuch der Architektur II', Bd. 3, p.159; Fusch, 앞의 책, pp.98~99 참조.

80) Vitruv, Curt Fensterbusch 역, 'Zehn Bücher über Architektur' (Wissenschaftliche Buchgesellschaft, Darmstadt, Germany, 1991), pp.242~247.

81) Otto Krell, 'Altrömische Heizungen' (Oldenbourg, Germany, 1901) p.90.

82) Otto Krell, 앞의 책, p.91.

83) Fritz Kretzschmer, '*Hypokausten*', Bericht des Saalburgmuseums XII (Walter de Gruyter, Berlin, Germany, 1953), p. 8.

84) Fritz Kretzschmer, 앞의 책, pp.8~16.

85) Fritz Kretzschmer, 앞의 책, p.33.

86) Walther Huber, '*Hypokausten*', Saalburg-Jahrbuch, Bd. 15 (Saalburg Museum, Germany, 1956), pp.38-40.

87) Fritz Kretzschmer, '*Bilddokumente der römischen Technik*', (VDI, Düsseldorf, Germany, 1979), p.41.

88) Dietwulf Baatz, '*Heizversuch an einer rekonstruierten Kanalheizung in der Saalburg*', Saalburg-Jahrbuch, Bd. 36, (Saalburg-Museum, Germany, 1979), p.32.

89) Erika Brödner, '*Die römischen Thermen und das antike Badewesen*' (Wissenschaftliche Buchgesellschaft, Darmstadt, Germany, 1983), p. 21; Heinz, Werner, Römische Thermen (Hirmer, Münschen, 독일, 1983), pp.187~189.

90) Hans Eschebach, '*Die Stabianer Thermen*' (Walter de Gruyter, Berlin, 1979), pp.10-16.

91) Fritz Kretzschmer, '*Hypokausten*', Bericht des Saalburgmuseums XII (Walter de Gruyter, Germany, 1953), p.34.

92) Dietwulf Baatz, '*Heizversuch an einer rekonstruierten Kanalheizung in*

der Saalburg', Saalburg-Jahrbuch Bd. 36, (Saalburg Museum Germany, 1979), pp.31~43.

93) Fritz Kretzschmer, '*Hypokausten*', Bericht des Saalburgmuseums XII (Walter de Gruyter, Germany, 1953), p.17.

94) Fritz Kretzschmer, '*Hypokausten*', Bericht des Saalburgmuseums XII (Walter de Gruyter, Berlin, Germany, 1953), p.19.

95) 이 장은 매우 다양한 자료를 참고하였으므로 문헌 모두를 열거하기는 어렵다. 여기서는 서양의 일반적인 난방 방법의 발달 과정에 대한 개관을 제공하기 위한 것이므로 개별 문헌 언급은 생략한다. 다만 Alfred Faber가 쓴 '*Entwicklungsstufe der häuslichen Heizung*' *(R. Oldenburg, München,* 1957)이 매우 광범위 하게 다루고 있는데 관심 있는 사람에게는 기본으로 추천할 만하다. 독일어로 되어 있다.

96) Ferdinad Braudel, '*Der Alltag. Sozialgeschichte* des 15-18 *Jahrhunderts*' (Kindler, München 독일, 1957), p.319. 이 책은 『물질문명과 자본주의』란 제목으로 한글 번역이 나와 있다(전 6권, 도서출판 까치, 1995). 국역에서 해당 부분은 1권 p.423에서 참조할 수 있고, 난방 방법뿐만 아니라 중세의 생활 전반에 대해 좋은 개관을 주는 책이다.

97) Kurt Kusenberg, '*Lob des Bettes*' (Rowohlt, Hamburg, 독일, 1980), pp.15~16.

98) James S. Gale, '*Korean Sketches*' (Fleming H. Revell, New York 1898) p.134. 장문평 번역으로 현암사(1979)에서 낸 『코리언 스케치』가 있다. 그러나 '구들'에 대한 관심으로 원본을 보면 다소 달리 해석될 수 있어서 원문을 바탕으로 해당 부분만 다시 번역하여 보았다.

99) 이 글은 필자가 같은 제목으로 《조선일보》 2002년 12월 6일자에 기고하였던 것임.

참고 문헌

1. 「감은사지 발굴조사보고서」, 국립경주문화재연구소, 1997.
2. 「고양 북한산성 행궁지 지표조사」, 단국대학교 매장문화재연구소, 단국대학교 출판부, 1999.
3. 「과천 관악산 관악·일명사지 시굴 및 발굴조사 지도위원회의자료」, 단국대학교 매장문화재연구소, 단국대학교 출판부, 1999.
4. 「과천 관악산 관악·일명사지 시굴 및 발굴조사보고서」, 단국대학교 매장문화재연구소·충청대학 박물관, 단국대 출판부, 2000.
5. 「미사리」 전5권, 미사리 유적발굴조사단·경기도 공영개발사업단, 1994.
6. 「사적 259호 강화 선원사지 발굴 조사 보고서」 I, II, 동국대학교 박물관, 2003.
7. 「사천 늑도 A지구 발굴조사」, 경남고고학연구소, 한국고고학회 홈페이지, '현장 자료', 2001.
8. 「사천 봉계리 삼국시대 집락」, 경남고고학 연구소, 2002.
9. 「삼천포-창선간 교량가설구간 늑도 B지구 발굴조사」, 한국고고학회 홈페이지, '현장 자료', 2001.
10. 「서천 지산리 유적」, 공주대학교 박물관, 한국고고학회 홈페이지, '현장 자료', 2003.
11. 「아차산 제4보루 발굴조사종합보고서」, 서울대학교 박물관, 도서출판 큰기획, 2000.
12. 「압록강, 독로강 류역 고구려 유적발굴보고」, 유적발굴보고 제13집, 과학

백과사전 출판사, 1983.

13. 「양주 회암사지 3차 발굴조사」, 경기도 박물관·기전문화재연구원, 2001. 5. 한국고고학회 홈페이지, '현장 자료'.
14. 「양주 회암사지 4차 발굴조사 개요」, 경기도 박물관·기전문화재연구원, 2001. 11. 한국고고학회 홈페이지, '현장 자료'.
15. 「완도 법화사지」, 문화재연구소, 1992.
16. 「울산 사연리 늠네유적」, 울산 문화재연구원, 2001.
17. 「중강군 토성리 원시 및 고대 유적 발굴 중간보고」, 문화유산 1961-5호.
18. 「충북 청원 부강리 남성골 유적」, 충북대학교 박물관, 2002.
19. 「파주 주월리 유적, 경기도 박물관 유적조사보고서」 제1책, 경기도 박물관, 1999.
20. 「파주 혜음원지 발굴조사 중간보고서」, 단국대학교 매장문화재연구소, 단국대학교 출판부, 2003.
21. 「포천자작리 유적 I -긴급발굴조사 보고서」, 경기도박물관, 2004.
22. 「포항 호동 쓰레기매립장 건설부지내 유적보고」, 경상북도 문화재연구소, 2003.
23. 「풍납토성」, 국립문화재연구소, 2001.
24. 「한강유역의 고구려 요새」, 구의동보고서간행위원회, 도서출판소화, 1997.
25. 강영환, 『새로 쓴 한국 주거문화의 역사』, 기문당, 2002.
26. 과학원 고고학 및 민속학연구소, 『고고학자료집』 3권 각지유적정리보고, 과학원 출판사, 1963.
27. 『한국민속문화의 탐구』, 국립민속박물관, 민속원, 1996.
28. 김광언, 『우리생활 100년·집』, 현암사, 2000.
29. 김남응, 「고대 로마의 바닥난방 하이퍼코스트와 함께 나타나는 동공벽의 기능에 관한 고찰」, 『대한건축학회논문집』, 계획계 15권 2호, 대한건축학회, 1999. 2.
30. 김남응, 「고대 서양의 바닥난방 하이퍼코스트의 '고래'의 유형에 관한 고찰」, 『대한건축학회논문집』, 계획계 제16권 11호, 대한건축학회, 2000. 11.
31. 김남응, 「구들예찬」, 『월간 Railroad』, 1997년 2월호(RBS 철도방송, 1997)
32. 김남응, 「하이퍼코스트의 발전과정에 관한 고찰」, 『대한건축학회논문집』,

계획계 15권 1호, 대한건축학회, 1999. 1.
33. 김남응 · 강재철, 「주해 손진태의 온돌고」, 『비교민속학』, 제19집, 비교민속학회, 2000.
34. 김민수, 『우리말 어원사전』, 태학사, 1997.
35. 김원모 · 정성길, 『사진으로 본 백 년 전의 한국』, 가톨릭 출판사, 1986.
36. 김인석, 『온돌의 구조원리와 난방효과에 관한 고찰』, 서울대 석사학위논문, 1963.
37. 김일진, 『옛집에 담긴 생각』, 도서출판 향토, 1996.
38. 김정기, 『우리나라 주택의 역사』, 사적 보급용 별쇄본.
39. 독일 MERO주식회사 1985년 제품 소개 팜플렛.
40. 박윤성, 『주거론』, 문운당, 1986.
41. 『고구려 한강유역의 요새』, 서울대학교 박물관, 통천문화사, 2000.
42. 『꼬레아 꼬레아니』, 서울학연구소, 숲과나무, 1996(원서 : Carlo Rossetti, Corea e Coreani, Italy, 1904).
43. 서정범, 『국어어원사전』, 보고사, 2000.
44. 손진태, 『조선민족문화의 연구』, 을유문화사, 1948.
45. 신영훈, 『우리가 알아야 할 우리 한옥』, 현암사, 2000.
46. 신영훈, 『한국의 살림집』 상 · 하권, 열화당, 1983.
47. 신영훈, 『한옥의 향기』, 대원사, 2002.
48. 여명석 외, 「전통온돌의 시대적 변천과 형성과정에 관한 연구」, 『대한건축학회 논문집』, 11권 1호, 대한건축학회, 1995. 1.
49. 오하라 신지(大原信治: 한국명 玄圭煥), 『炕及び溫突の衛生學的研究』, 1945(문원사, 1988).
50. 윤장섭, 『한국건축사』, 동명사, 1992.
51. 이규태, 『한국인의 생활구조』 3 - 한국인의 집이야기, 기린원, 1994.
52. 이규태, 『한국인의 주거문화』 1, 2, 신원문화사, 2000.
53. 이영택, 『최신북한지도』, 우진지도문화사, 2002.
54. 임만택 외 1인, 『주거건축론』, 기문당, 2003.
55. 임병태, 『박물관신문』 제 126호, 1982.
56. 장경호, 「우리 나라 난방시설인 온돌(구들)형성에 대한 연구」, 『고고미술』

165집, 한국미술학회, 1985. 3.
57. 장경호,『한국의 전통건축』, 문예출판사, 1993.
58. 장경호・홍성빈,「부소산성내 건물지 발굴조사 약보고」,『문화재』 제17호, 문화재관리국, 1984. 12.
59. 정재도,『우리 말글의 갈길』, 지식산업사, 2004.
60. 정찬영,「북창군 대평리 유적 발굴보고」,『고고학 자료집』 4호, 1974.
61. 정찬영,「우리나라 구들의 유래와 발전」,『고고민속』 4호, 사회과학원 고고학 및 민속학연구소, 1966.
62. 제임스 게일, 장문평 역,『코리언스케치』, 현암사, 1979.
63. 주남철,『한국건축사』, 고려대학교 출판부, 2000.
64. 주남철,『한국주택건축』, 일지사, 1980.
65. 최영택,『구들(炕, 溫突)』, 고려서적 1989.
66. 최종택,「몽촌토성내 고구려유적 재고(再考)」,『한국사학보』 제12호, 2002. 3.

67.『구급간이방언해(救急簡易方諺解)』, 동양학연구소편, 동양학총서 9집, 단대출판부, 1982.
68.『구당서(舊唐書)』, 권3, 예문인서관.
69.『국역 동국이상국집』, 민족문화추진회 편, 고려서적, 1979.
70.『국역 동문선』, 민족문화연구회 편, 대한공론사, 1970.
71.『노걸대언해(老乞大諺解)』・『박통사언해(朴通事諺解)』 합본, 아세아문화사, 1972.
72.『두창경험방언해(痘瘡經驗方諺解)』, 국어국문학총림 18집, 대제각, 1985.
73.『발해의 유적과 유물』, 조선유적유물도감 편찬위원회, 서울대학교 출판부, 2002.
74.『번역박통사(飜譯朴通事)』, 경북대 대학원 국어국문학연구실편, 국어국문학자료집 4집, 경북대 대학원, 1959.
75.『보한집』, 박성규 역, 계명대학교 출판부, 1984.
76.『북한의 문화재와 문화유적』 전5권, 조선유적유물도감 편찬위원회, 서울대학교 출판부, 2000.
77.『삼국유사(三國遺事)』, 박성봉・고경식 역, 서문문화사, 1997.
78.『성호 이익』, 민족문화추진회 편, 솔출판사, 1997.

79. 『수경주 40권』, 上海商務印書縮印 武英殿聚珍板本.
80. 『신간 구황촬요(新刊 救荒撮要)』, 한국어자료총서 제5집, 태학사, 1986.
81. 『역어유해(譯語類解)』, 『역어유해보(譯語類解補)』 합본, 한국학문헌연구소 편, 아세아문화사, 1974.
82. 『왜어유해(倭語類解)』, 경도대학 국문학회편, 현대사, 1980.
83. 『조선유적유물도감』 2권-고조선, 부여, 진국편, 동광출판사, 1989.
84. 『중도 I~III』 국립박물관 고적조사보고서 제12책, 국립박물관, 1980, 1983.
85. 『증수무원록언해(增修無冤錄諺解)』, 홍문각, 1983.
86. 『풍납토성 I-현대연합주택 및 1지구 재건축 부지』, 국립문화재연구소, 2001.
87. 『한한청문감(韓漢淸文鑑)』 권10, 國故叢刊 10집, 연희대 동방학연구소, 1956.
88. 『훈민정음』·『용비어천가』·『훈몽자회』 영인합본, 국어국문학 총림, 대제각, 1988.

89. Alfred Faber, *Entwicklungsstufe der häuslichen Heizung* (R. Oldenburg, Germany 1957)
90. Alfred Mallwitz, *Olympia und seine Bauten* (Wissenschaftliche Buchgesellschaft Darmstadt, Germany 1979)
91. Daniel Krencker, *Die Trierer Kaiserthermen* (Walter de Gruyter, Germany 1929)
92. *Die Geschichte des Ofens*, (Landschaftsverband Westfalen-Lippe, Germany 1983)
93. Dietwulf Baatz, *Heizversuch an einer rekonstruierten Kanalheizung in der Saalburg*, Saalburg-Jahrbuch Bd. 36, (Saalburg Museum, Gemany 1979)
94. Edmund Meier-Oberist, *Kulturgeschichte des Wohnen im abendländischen Raum* (Ferdinand Holzmann Verlag, Germany 1956)
95. Edwin Wellpott, *Technische Ausbau von Gebäuden* (Kohlhammer, Germany 1979)
96. Emil Kunze, Hans Schleif, *IV. Bericht über die Ausgrabungen in Olympia* (Walter de Gruyter, Germany, 1944)

97. Erika Brödner, *Die römischen Thermen und das antike Badewesen* (Wissenschaftliche Buchgesellschaft, Germany 1983)

98. Erika Brödner, *Wohnen in der Antike* (Buchgesellschaft Darmstadt, Germany 1989)

99. Ettore Camesasca, *Die Geschichte des Hauses* (Verlag des Europäische Buch: deb, Germany 1986)

100. Ferdinand Braudel, *Der Alltag. Sozialgeschichte des 15-18 Jahrhunderts* (Kindler, Germany 1957).

101. Fritz Kretzschmer, *Bilddokumente der römischen Technik*, (VDI, Germany 1979)

102. Fritz Kretzschmer, *Hypokausten*, Bericht des Saalburgmuseums XII (Walter de Gruyter, Germany 1953)

103. Plinius Caecilius Sekundus / übersetzt von Helmut Kasten, *Briefe*, (Artemis, Germany 1990)

104. Gertrud Benker, *In alten Küchen* (Callwey Germany 1987)

105. Gustav Fusch, *Über die Hypokausten-Heizungen und mittelalterliche Heizanlagen* (Dissertation, Technische Hochschule zu Hannover, Germany 1910)

106. Hans Eschebach, *Die Stabianer Thermen in Pompeji* (Walter de Gruyter, Germany 1979)

107. Heinlich Hebgen, *Ratgeber Kachelöfen* (Vieweg, Germany 1983)

108. Heinz-Otto Lamprecht, *Opus Caementitium: Bautechnik der Römer* (Beton-Verlag, Germany 1985)

109. Helmut Kleine-Voßbeck, *Kaminöfen* (Bauverlag 1985)

110. Henry George Liddell, *A Greek-Englisch Lexicon* (Oxford, Britain 1968)

111. *Holzhäuser in Europa* (Kohlhammer, Germany 1979)

112. James S. Gale, *Korean Sketches* (Fleming H. Revell, USA 1898)

113. Josef Schepers, *Der Lippische Meierhof im Westfällischen Freilichtsmuseum Detmold* (Germany 1982)

114. Konrad Hecht, *Der St. Galler Klosterplan* (Thorbecke, Germany 1983)
115. Kurt Kusenberg, *Lob des Bettes* (Rowohlt, Germany 1980)
116. Lawrence Wright, *Warm and Snug-The History of the Bed* (Routledge & Kegan Paul, Britain 1962)
117. Moriz Heyne, *Deutsche Hausaltertümer von den ältesten geschichtlichen Zeiten bis zum 16. Jahrhundert, Band I. Wohnung* (Edition Vogelsman, Germnany 1985)
118. *Museumsführer Westfälisches Freilichtsmuseum Detmold* (Westfälisches Freilichtsmuseum Detmold für Volkskunde, Germany 1987)
119. Nam-Ung Kim, *Stehendes und liegendes Feuer* (Das Beispiel, Germany 1994)
120. Nikolaus Pevsner, *Lexikon der Weltarchitektur* (Prestel-Verlag Germany 1966)
121. *Ostia, Führer zu den Ausgrabungen* (Edizioni Storti, Italy 1992)
122. Otto Krell, *Alt römische Heizungen* (Oldenbourg, Germany 1901)
123. Pascal Dibie, *Wie man sich bettet: Die Kulturgeschichte des Schlafens* (Klett-Cotta. Germany 1989)
124. Philippe Ariès/Georges Duby, *Geschichite des Privaten Lebens*, Band 2, (S. Fisher, 1990 Germany)
125. Plinius (Caecilius Sekundus, Gaius)/übersetzt v. Helmut Kasten, *Briefe* (Artemis, Germany 1990)
126. René Ginouvès, *L' Érablissement thermal de Gortys d'Acardie* (Librairie Philosophique J. Vrin, France, 1959)
127. Roland Gööck, *Die großen Erfindungen*, Band: Textil- Bauen und Wohnen-Beleuchtung (Siegloch edition, Germany 1983)
128. Viktor Herbrt Pöttler, *Alte Volksarchitektur* (Styria, Austria 1984)
129. Vitruv, *De architectura decem = Zehn Bücher über Architektur*, übersetzt v. Curt Fensterbusch (Wissenschaftliche Buchgesellschaft Darmstadt, Germany 1991)

130. Walther Huber, *Hypokausten*, Saalburg-Jahrbuch, Band 15 (Saalburg Museum, Germany 1956)
131. Werner Heinz, *Römische Thermen* (Hirmer, Germany 1983)
132. '*tag+nacht*', Kundenmagazin der Südhessische Gas und Wasser AG, Darmstadt, Germany 1988. 1 (독일 다름슈타트시 소재 남 헤센 가스-수도회사 고객잡지)

133. 홈페이지 국립문화재연구소 (www.nricp.go.kr)
134. 홈페이지 문경석탄박물관(www.local.go.kr)
135. 홈페이지 문화재청 홈페이지(www.ocp.go.kr)
136. 홈페이지 한국고고학회 (www.kras.or.kr)

그림 차례 및 출처

* 출처는 [ ]에 명기하였고, 번호로 표시된 것은 해당 번호의 참고 문헌이 출처임.

그림 1 이제는 보기 힘들어진 '초가삼간' [37] ······ 12
그림 2 안동 의성 김씨 대종가 [김남응] ······ 13
그림 3 강릉 선교장 전경 [김남응] ······ 14
그림 4 서울 운현궁(雲峴宮) 노락당 [김대벽] ······ 15
그림 5 안동 풍천면 병산동 병산서원 요사체 전경 [김남응] ······ 16
그림 6 서울 강남 저층, 고층, 초고층 아파트 [김남응] ······ 18
그림 7 전통 구들(온돌)의 구조 및 작용 원리 [김남응] ······ 20
그림 8 강원도의 한 전통 민가의 부뚜막 모습 [김남응] ······ 21
그림 9 천안 전씨 종가의 부엌과 아궁이 [김대벽] ······ 23
그림 10 공주 마곡사 요사체에 딸린 굴뚝 [김대벽] ······ 25
그림 11 경주 양동 무첨당 작은 사랑방 굴뚝 [김대벽] ······ 26
그림 12 굴뚝이 없는 곡성의 군지촌 정사 [김대벽] ······ 27
그림 13 장작 패기, 강원도 임계 [김남응] ······ 28
그림 14 처마 밑 장작, 강릉 선교장 [김남응] ······ 29
그림 15 충북 영동에서의 구들놓기 실험 [김남응] ······ 32
그림 16 충북 영동에서의 구들놓기 실험 [김남응] ······ 33
그림 17 『삼국유사(三國遺事)』 '燦石(돌석)' [77] ······ 47
그림 18 강릉 선교장 활래정(活來亭) [김남응] ······ 52
그림 19 『구급간이방언해』 속의 '돌(突)'자와 '구듨' [67] ······ 60
그림 20 『번역박통사(飜譯朴通事)』 [74] ······ 66
그림 21 『박통사언해(朴通事諺解)』 [71] ······ 67

그림 22 '구들'이란 이름의 등장, 『훈몽자회』 [88] ······ 72
그림 23 『훈몽자회』 속의 '갱(坑)'자와 뜻풀이 [88] ······ 72
그림 24 『구황촬요(救荒撮要)』, 「취송엽말법(取松葉末法)」 [80] ······ 79
그림 25 『구황촬요(救荒撮要)』, 「작삼법(作糝法)」 [80] ······ 82
그림 26 『구황촬요((救荒撮要)』, 「조청장법(造淸醬法)」 [80] ······ 83
그림 27 『훈민정음(訓民正音)』 [88] ······ 84
그림 28 『노걸대언해(老乞大諺解)』 [71] ······ 86
그림 29 『역어유해(譯語類解)』 [81] ······ 88
그림 30 『역어유해보(譯語類解補)』 [81] ······ 89
그림 31 『증수무원록언해(增修無寃錄諺解)』 [85] ······ 95
그림 32 중국의 캉(炕:항) 위의 노인들 [56] ······ 108
그림 33 주요 구들 유적지 위치와 분포 [김남응] ······ 137
그림 34 평북 영변 세죽리 발굴 선사 시대 구들 [83] ······ 139
그림 35 평북 영변 세죽리 발굴 주거지 구들 [83] ······ 140
그림 36 자강도 노남리 제2호 주거지의 구들 [61] ······ 141
그림 37 노남리 제2호 주거지 서쪽 고래 아궁이 위치 [김남응] ······ 143
그림 38 고구려 청동 부뚜막, 1~3세기 [83, 권2] ······ 144
그림 39 고구려 부뚜막(평안 운산 용호동 출토) [41] ······ 144
그림 40 약수리 벽화 무덤의 고구려 부뚜막 그림 [76] ······ 145
그림 41 안악 제3호 고분 벽화 주방도 부뚜막 [76] ······ 145
그림 42 자강도 중강군 토성리 1호 주거지의 구들 [61] ······ 146
그림 43 토성리 3호 주거지의 구들 [61] ······ 147
그림 44 토성리 4호 주거지의 구들 [61] ······ 148
그림 45 토성리 5호 주거지의 구들 [61] ······ 149
그림 46 북창 대평리 제2호 집터 [60] ······ 150
그림 47 수원 서둔동 여기산 구들 유적 [국립박물관] ······ 151
그림 48 춘천 중도 제1호 주거지 전경과 부뚜막 [84] ······ 154
그림 49 춘천 중도 제1호 주거지 부뚜막 [84] ······ 154
그림 50 춘천 중도 제1호 주거지 평면과 부뚜막 [84/57] ······ 155
그림 51 일본 모요로 주거지와 부뚜막 [57] ······ 155
그림 52 춘천 중도 제1호 주거지 중앙의 노지 [84] ······ 156

그림 53 사천 늑도 B지구 가-30호 집터 [부산대박물관] 157
그림 54 사천 늑도 B지구 가-30호 집터 부뚜막 [부산대박물관] 158
그림 55 사천 늑도 B지구 가-30호 집터 고래 상세 [부산대박물관] 159
그림 56 사천 늑도 A지구 가-17호 구들 상세 [경남고고학연구원] 159
그림 57 사천 늑도 A지구 다-2-3호 주거지 [경남고고학연구원] 160
그림 58 사천 늑도 B지구 가-67호 집터 부뚜막 [부산대박물관] 161
그림 59 사천 늑도 B지구 가-91호 무너져 내린 구들 [부산대박물관] 161
그림 60 울산 늠네 4호 주거지의 구들 [울산문화재연구원] 162
그림 61 서울 풍납토성 '가'-2호 부뚜막, 북에서 [23] 165
그림 62 서울 풍납토성 '가'-2호 주거지 [23] 166
그림 63 서울 풍납토성 '가'-3호 부뚜막, 서에서 [23] 168
그림 64 서울 풍납토성 '가'-3호 평면과 단면도 [23] 169
그림 65 서울 풍납토성 '가'-7호 평면과 단면도 [23] 170
그림 66 서울 풍납토성 '가'-9, 10호 주거지 [23] 172
그림 67 서울 풍납토성 '가'-9호 부뚜막 토제 머릿돌 [23] 173
그림 68 하남 미사리 선사 유적지 원경 [5, 권5] 174
그림 69 하남 미사리 서울대-A-7호 공열 토기 [5, 권4] 175
그림 70 하남 미사리 서울대-B2 부뚜막(남→북] [5, 권4] 176
그림 71 하남 미사리 고려대-035 주거지 부뚜막 [5, 권5] 178
그림 72 하남 미사리 고려대-040 주거지 [5, 권5] 179
그림 73 하남 미사리 고려대 040 주 부뚜막 상세 [5, 권5] 180
그림 74 하남 미사리 숭실대-B2호 부뚜막 [5, 권5] 181
그림 75 하남 미사리 한양대-A지구 제1호 주거지와 구들 [서울대박물관] 183
그림 76 하남 미사리 한양대-A지구 제1호 주거지의 구들 [서울대박물관] ... 184
그림 77 충남 서천 지산리 60호 유적 [한국고고학회 홈페이지 자료실] 190
그림 78 파주 주월리 유적 96-7호 주거지 [19] 193
그림 79 파주 주월리 유적 96-7호 주거지의 부뚜막 [19] 193
그림 80 파주 주월리 97-4호 주거지 [19] 194
그림 81 파주 주월리 97-4호의 부뚜막 시설 [19] 195
그림 82 포천 자작리 제2호 '몸(려)'자형 주거지 전경 [21] 196
그림 83 포천 자작리 제2호 주거지 평면도 [21] 197

그림 84 포천 자작리 제2호 주거지 부뚜막 [21] ······ 198
그림 85 포천 자작리 제2호 주거지 부뚜막 [21] ······ 199
그림 86 충북 청원 남성골 고구려 구들 [충북대박물관] ······ 201
그림 87 충북 청원 남성골 고구려 구들 [충북대박물관] ······ 202
그림 88 부여 부소산성 제3호 주거지 구들 시설 [문화재청 홈페이지] ······ 204
그림 89 부여 부소산성 제3호 주거지 평면도 [56] ······ 205
그림 90 부소산성 주거지의 발굴 후 복원된 모습 [56] ······ 206
그림 91 몽촌토성 내 고구려 구들 유적 [41] ······ 207
그림 92 서울 구의동 고구려 보루 구들 평면 [24] ······ 209
그림 93 서울 구의동 보루 복원도 내부 [서울대박물관] ······ 210
그림 94 서울 구의동 보루 복원도 [서울대박물관] ······ 210
그림 95 서울 구의동 보루 구들 평면 및 입면도 [24] ······ 211
그림 96 서울 구의동 고구려 보루 구들 시설 [24] ······ 212
그림 97 서울 구의동 고구려 보루 구들 유적(솥 2개) [24] ······ 212
그림 98 서울 구의동 보루 출토 솥과 시루 [41] ······ 213
그림 99 서울 구의동 고구려 보루 구들 유적 발굴 당시 모습 [24] ······ 213
그림 100 아차산 제4보루 남쪽 전경(남에서) [서울대박물관] ······ 214
그림 101 아차산 제4보루 복원도 [서울대박물관] ······ 215
그림 102 아차산 제4보루 1호 구들 전경 [서울대박물관] ······ 216
그림 103 아차산 제4보루 1호 구들 [서울대박물관] ······ 216
그림 104 아차산 제4보루 복원도(내부) [서울대박물관] ······ 217
그림 105 아차산 제4보루 출토 굴뚝 [서울대박물관] ······ 218
그림 106 아차산 제4보루 출토 굴뚝 [서울대박물관] ······ 218
그림 107 집안(集安) 동대자 유적 [57/61] ······ 224
그림 108 발해 상경용천부 궁성 서구 침전터 전경 [73] ······ 226
그림 109 발해 상경용천부 궁성 서구 침전터 전경 [73] ······ 227
그림 110 발해 상경용천부 궁성 침천터 [57] ······ 228
그림 111 발해 상경용천부 궁성 침전터 서쪽 구들 [73] ······ 228
그림 112 발해 상경용천부 궁성 침전터 서쪽 굴뚝 [73] ······ 229
그림 113 발해 상경용천부 궁성 침전터 동쪽 굴뚝 [73] ······ 229
그림 114 발해 상경용천부 궁성 서구 침전터 [73] ······ 229

그림 115 함남 북청 청해토성 터 1호 주거지 [73] ························ 230
그림 116 함남 북청 청해토성 터 2호 주거지 구들 모습 [73] ························ 230
그림 117 함북 웅기패총의 '문제'의 구들 [50] ························ 231
그림 118 함남 북청 오매리 절골 북쪽 1호 건물터 구들 [73] ························ 238
그림 119 함남 북청 오매리 절골 북쪽 1호 건물터 구들 [57] ························ 239
그림 120 함남 북청 오매리 절골 발굴 세발솥 [73] ························ 239
그림 121 함남 북청 오매리 절골 북쪽 1호 건물터 구들 [73] ························ 240
그림 122 익산 미륵사지 제10호 건물터 [57] ························ 241
그림 123 익산 미륵사지 제10호 건물터 [57] ························ 242
그림 124 익산 미륵사지 주변 조선 시대 건물터와 아궁이 [57] ························ 242
그림 125 전남 완도 '법화사' 건물터 3호 평면도 [57] ························ 244
그림 126 전남 완도 '법화사' 구들 [57] ························ 245
그림 127 문경새재 원터(조령 원터)의 구들 유적 [46] ························ 246
그림 128 강화 선원사지 발굴 구역 설정도 [6] ························ 248
그림 129 강화 선원사지 A지구 서건물지 구들 [6] ························ 250
그림 130 강화 선원사지 A지구 서건물지 구들(북→남) [6] ························ 251
그림 131 강화 선원사지 A지구 서건물지 북쪽 두 칸 [동국대박물관] ························ 252
그림 132 강화 선원사지 A지구 서건물지 구들 [동국대박물관] ························ 252
그림 133 강화 선원사지 B지구 서건물지 항공 사진 [동국대박물관] ························ 254
그림 134 강화 선원사지 B지구 서건물지 구들(북→남) [동국대박물관] ························ 254
그림 135 강화 선원사지 B지구 서건물지 평면도 [6] ························ 255
그림 136 강화 선원사지 E지구 서 제2건물지 구들 [동국대박물관] ························ 257
그림 137 강화 선원사지 E지구 서 제2건물터 [6] ························ 258
그림 138 강화 선원사지 E지구 서 제2건물지 중앙칸 [동국대박물관] ························ 259
그림 139 강화 선원사지 F지구 제1건물지 개략 평면 [김남응] ························ 260
그림 140 강화 선원사지 F지구 제1건물지 아궁이 [6] ························ 260
그림 141 강화 선원사지 F지구 제1건물지 구들 [6] ························ 260
그림 142 강화 선원사지 F지구 제1건물지 아궁이 [동국대박물관] ························ 261
그림 143 강화 선원사지 F지구 제1건물지 구들(동→서) [동국대박물관] ························ 261
그림 144 강화 선원사지 G지구 동건물지(북→남) [동국대박물관] ························ 263
그림 145 강화 선원사지 G지구 동건물지 전체 평면도 [6] ························ 264

그림 146 강화 선원사지 G지구 동건물지 (북→남) [동국대박물관] ················ 265
그림 147 강화 선원사지 G지구 동건물지 확대 평면도 [6] ························ 266
그림 148 과천 관악산 일명사지 조사 전의 전경 [4] ································ 267
그림 149 과천 관악산 일명사지 유구 현황도 [4] ···································· 268
그림 150 과천 관악산 일명사지 제1건물터 [4] ······································· 269
그림 151 과천 관악산 일명사지 제1건물터, 서쪽에서 [4] ·························· 270
그림 152 과천 관악산 일명사지 제1건물터 [단국대매장재문화연구소] ··········· 270
그림 153 과천 관악산 일명사지 제1건물터 고래와 구들장 [4] ···················· 271
그림 154 과천 관악산 일명사지 제2건물터 [4] ······································· 272
그림 155 과천 관악산 일명사 제2건물지의 구들(서쪽→동쪽) [4] ················· 273
그림 156 과천 관악산 관악사지 '가'지구 북쪽 건물터(서쪽→동쪽)
[단국대매장문화재연구소] ··· 275
그림 157 과천 관악산 관악사지 '가'지구 북쪽 건물터 [4] ························· 276
그림 158 과천 관악산 관악사지 '가'지구 북쪽 건물터 [김남응] ···················· 277
그림 159 관악산 관악사지 '가'지구 북쪽 건물터 북측 부분 상세 [단국대
매장문화재연구소] ·· 277
그림 160 과천 관악산 관악사지 '나'지구 '상층 건물터'
[단국대 매장문화재연구소] ·· 278
그림 161 과천 관악산 관악사지 '나'지구 '상층 건물터' [4] ························ 279
그림 162 과천 관악산 관악사지 '나'지구 '상층 건물터'
[단국대 매장문화재연구소] ·· 280
그림 163 과천 관악산 관악사지 '나'지구 '상층 건물터' 북쪽 건물의 주춧돌,
고래와 구들장 상세 [단국대 매장문화재연구소] ························· 281
그림 164 북한산성 행궁지 정전 평면도 [단국대 매장문화재연구소] ··············· 284
그림 165 북한산 행궁 정전 실배치도 개략 [단국대 매장문화재연구소] ········ 285
그림 166 북한산성 행궁지 내정전 오른쪽 상방 구들 노출 상태(북서쪽에서 본
모습) [단국대 매장문화재연구소] ······································· 285
그림 167 1904년 간행된『한국건축조사보고』에 수록된 당시의 북한산성 행궁
전경 [단국대 매장문화재연구소] ······································· 286
그림 168 북한산성 행궁지 지표 조사 후 전경 [단국대 매장문화재연구소] ···· 287
그림 169 북한산성 행궁 내정전 오른쪽 상방 구들 노출 상태 [단국대

매장문화재연구소] ······ 288
그림 170 북한산성 행궁지 내정전 왼쪽 상방 구들 노출 상태 [단국대 매장문화재연구소] ······ 289
그림 171 북한산성 행궁지 내정전 왼쪽 상방 고래 끝의 턱 [단국대 매장문화재연구소] ······ 290
그림 172 북한산성 행궁지 내정전 왼쪽 상방 연도 덮개돌 노출 상태 [단국대 매장문화재연구소] ······ 291
그림 173 경주 감은사지 서회랑 후대 건물터 구들 [57] ······ 294
그림 174 양주 회암사 서방장지. 10줄의 고래 [기전문화재연구원] ······ 297
그림 175 양주 회암사지 발굴 현장 전경 [기전문화재연구원] ······ 298
그림 176 양주 회암사 서승당지의 '탁상형' 구들 개념도 [경향신문 2000.10.9] · 299
그림 177 양주 회암사 서승당지의 '탁상형' 구들 [기전문화재연구원] ······ 300
그림 178 양주 회암사 서승당지. '亞'자 방을 연상하게 하는 탁상식 구들 구조 [기전문화재연구원] ······ 301
그림 179 양주 회암사 서승당지 외곽 2줄 고래와 기와를 쌓아 만든 고래둑 [기전문화재연구원] ······ 302
그림 180 양주 회암사지 제4단지 제4건물터 탁상형 구들('아자방'식) 사례 [기전문화재연구원] ······ 303
그림 181 양주 회암사지 향화료지 구들 모습 [기전문화재연구원] ······ 304
그림 182 양주 회암사지 향화료지 아궁이 [기전문화재연구원] ······ 305
그림 183 양주 회암사지 지장료지 구들 [기전문화재연구원] ······ 306
그림 184 양주 회암사지 열중료지 구들 모습 [기전문화재연구원] ······ 307
그림 185 양주 회암사지 동료지 구들 모습 [기전문화재연구원] ······ 309
그림 186 양주 회암사지 서료지 6고래 구들 모습 [기전문화재연구원] ······ 310
그림 187 양주 회암사지 서료지(추정) 6고래 구들 [기전문화재연구원] ······ 311
그림 188 경남 하동 칠불암(좌측 아자방 건물) [인터넷, 출처 미상] ······ 313
그림 189 경남 하동 칠불암 아자방(亞字房) 내부의 현재 모습 [문화재청 홈페이지] ······ 314
그림 190 경남 하동 칠불암 아자방 건물 [김대벽] ······ 315
그림 191 경남 하동 칠불암 아자방 해체 복원 당시의 모습 [57] ······ 316
그림 192 경남 하동 칠불암 아자방 해체 시 고래 모습 [57] ······ 316

그림 193 익산 미륵사지 주변 조선 시대 건물터 [57] ······ 318
그림 194 익산 미륵사지 주변 조선 시대 건물의 구들 [57] ······ 319
그림 195 익산 미륵사지 주변 조선 시대 건물터 [57] ······ 320
그림 196 익산 미륵사지 주변 조선 시대 건물터 [57] ······ 320
그림 197 복원된 세연정 모습 [57] ······ 321
그림 198 보길도 세연정터 발굴 평면도 [57] ······ 322
그림 199 세연정터 아궁이 [문화재청 홈페이지] ······ 322
그림 200 보길도 세연정 복원된 모습 [인터넷, 출처 미상] ······ 323
그림 201 추정 구들 발상지·전파 범위 추정도 [김남응] ······ 331
그림 202 전면 바닥 난방인 구들(온돌)과 부분 바닥 난방 캉 문화권 [김남응]· 332
그림 203 구들(온돌) 발전 단계도 [김남응] ······ 337
그림 204 방밑 고래 레벨에서 본 한국 주거의 발전 과정 [김남응] ······ 338
그림 205 서대문 밖 나무 시장 전경 [35] ······ 340
그림 206 고래가 있는 연탄 시대의 초기 아파트의 함실형 부엌 [김남응] ······ 345
그림 207 연탄 시대의 초기 아파트 [김남응] ······ 346
그림 208 현대의 아파트 건축에서 '엑셀 파이프'로 온수 바닥 난방(구들·온돌)을 시공하는 모습 [안무영] ······ 347
그림 209 현대의 아파트 건축 온수 파이프 바닥 난방 시공 단면 예 [김남응] ··· 348
그림 210 '겹구들' 구조 개념도 [현대전자구들주식회사 제품 홍보 팜플릿] ···· 350
그림 211 한 회사의 'Heat Pipe' 방식 [한국초고속에너지 주식회사 제품 홍보 팜플릿] ······ 351
그림 212 탄소 필름을 발열체로 바닥 난방 [주식회사 이노텍 제품 홍보 팜플릿]· 352
그림 213 밴드형 온수 바닥 난방 시스템 [132] ······ 352
그림 214 이중 바닥 시스템(Access floor)에 온수 바닥 난방을 설치한 예 [39] ······ 353
그림 215 강릉 선교장 행랑채 구들 놓는 모습 전경 [김남응] ······ 356
그림 216 강릉 선교장 행랑채의 새 구들 [김남응] ······ 357
그림 217 강릉 선교장 행랑채의 새 구들 [김남응] ······ 358
그림 218 강릉 선교장 행랑채의 새 구들 [김남응] ······ 359
그림 219 강릉 선교장 행랑채의 새 구들 [김남응] ······ 360
그림 220 1980년대 중국 가옥과 캉(炕) [119] ······ 362
그림 221 1940년대의 캉(炕)의 구조 단면. 오하라 신지(大原信治, 한국명 :

현규환)의 논문 그림을 향상시킨 것임 [김남응] 363
그림 222 1940년대의 캉(炕)의 구조 [49, 김남응 재작성] 364
그림 223 1940년대의 중국 캉(炕)의 평면 유형 [49, 김남응 재작성] 365
그림 224 몽고식 텐트 '게르' 내부의 '캉' [40, 김남응 재구성] 366
그림 225 중국 연변 지방의 한 '조선족' 민가의 '정지방' [김남응] 368
그림 226 중국 연변 지방의 한 '조선족' 민가의 평면 [37] 369
그림 227 중국 연변 '조선족' 가옥 '정지방' [37] 369
그림 228 로마의 Palatin에서 발굴된 하이퍼코스트 [108] 375
그림 229 하이퍼코스트 구조 및 기능 개념도 [101] 376
그림 230 하이퍼코스트에서의 몇 가지 고래 받침 기둥 축조 사례 (영국 Cirencester 유적) [119, 김남응 조합] 377
그림 231 로마 시대의 공중 욕장 Stabiae-Thermae 전체 평면도 [106] 380
그림 232 Stabiae 공중 욕장 고래층 평면도(폼페이) [106] 381
그림 233 Stabiae 공중 욕장 욕실 단면도(폼페이) [106] 382
그림 234 Stabiae 공중 욕장(폼페이, 이태리) [106] 382
그림 235 난방이 도입되기 전의 개별 욕조식 목욕탕(Olympia, 그리스) [96] · 383
그림 236 '허튼고래'로 된 초기 하이퍼코스트 유적(Olympia, 그리스) [96] 384
그림 237 난방이 도입되기 전의 개별 욕조 (Olympia, 그리스) [96] 385
그림 238 폼페이의 Stabiae 공중 욕장 초기의 그리스식 개별 욕조 [106] 386
그림 239 '그리스식 하이퍼코스트' Gorty 유적 [131] 387
그림 240 고르티(Gorty) 유적 [131] 388
그림 241 '그리스식 하이퍼코스트' 고르티(Gorty) 유적 [96] 389
그림 242 아우구스트 시대(B.C 27~A.D 14)에 지어진 것으로 알려지고 있는 로마의 공중 욕장 유적(Fisole, Italy) [126, 131] 391
그림 243 하이퍼코스트가 주거에 사용된 예(Köln-Müngersdorf, 독일) [119] .. 393
그림 244 스위스 St. Gallen 수도원에서 발견된 수도원 계획도 [119+120] 396
그림 245 서양 중세의 '온풍 난방법', Zisterzienser-Abtei, Maulbronn, 독일 [105+119] 398
그림 246 서양 중세의 '온풍 난방법', Ordensschloß Marienburg, 독일 [105+119] · 399
그림 247 하이퍼코스트와 동공벽(Stabiae 욕장, 폼페이) [108] 404
그림 248 동공벽 형성에 사용된 벽돌 [101] 405

그림 249 하이퍼코스트 동공벽 형성에 사용된 판형 벽돌 [105] ········· 406
그림 250 욕조 주변에 설치된 동공벽 모습 [101] ········· 406
그림 251 독일 Baden-Baden 로마 유적에서의 동공벽과 고래층의 접속 관계 [130, 김남응 재작성] ········· 412
그림 252 Stabiae 욕장 고래층 평면도. 연기(열기)의 흐름과 벽체 난방 문제 [김남응] ········· 417
그림 253 온돌의 고래 배치 유형 [49, 김남응 가공] ········· 423
그림 254 대평리 2호 주거지의 고래 [60] ········· 424
그림 255 보조 아궁이에 따른 줄고래의 변형, 강원도 횡계 [김남응] ········· 425
그림 256 하이퍼코스트가 있는 방을 표시한 예, Bluelisacker, 스위스 [102] ··· 426
그림 257 사례1 : Saalburg, 독일 [102] ········· 429
그림 258 사례2 : Saalburg, 독일 [102] ········· 430
그림 259 사례3 : Saalburg, 독일 [102] ········· 431
그림 260 사례4 : Saalburg, 독일 [102] ········· 432
그림 261 사례5 : Saalburg, 독일 [102] ········· 433
그림 262 사례6 : Saalburg, 독일 [102] ········· 434
그림 263 폼페이에서 발굴된 로마 시대 주거의 부엌 화덕 [122] ········· 444
그림 264 온돌, 1920년경 건축된 전통 민가 해체 과정에서의 줄고래 모습, 강원도 횡계 [김남응] ········· 449
그림 265 하이퍼코스트 유적, 유고슬라비아 Bitolji 근처의 Herclea [97] ········· 450
그림 266 하이퍼코스트의 고래(허튼고래) 모형도 [127] ········· 451
그림 267 구들방 네 개를 아궁이 하나로 난방한 경우 [46] ········· 452
그림 268 하이퍼코스트 굴뚝에 사용된 구운 벽돌 예 [101] ········· 453
그림 269 하이퍼코스트 구조 개념도 및 굴뚝 위치 [101] ········· 453
그림 270 구들의 구조 개념도 [김남응] ········· 454
그림 271 경복궁 교태전 후정의 아미산 굴뚝 [김남응] ········· 456
그림 272 강릉 선교장 활래정(活來亭) [김남응] ········· 457
그림 273 로마의 Caracalla 대욕장 평면도 [131] ········· 458
그림 274 로마의 Caracalla 대욕장 주건물 유적 [97] ········· 459
그림 275 로마의 Caracalla 대욕장 복원 모델 [131] ········· 460
그림 276 집 한가운데에 불자리를 가졌던 유럽 중세의 농가 [124] ········· 469

그림 277 유럽 중세의 농가 [124] ······ 470
그림 278 '라우흐하우스(Rauchhaus: 연기 집)'로 불린 오스트리아의 농가 Salleger Moar', Birkfeld, Nordoststeiermark [128] ······ 471
그림 279 '라우흐하우스(Rauchhaus: 연기 집)'로 불린 오스트리아의 농가 'Salleger Moar' [128] ······ 472
그림 280 지붕 전체가 깔때기가 되어 연기가 잘 배출되게 한 사례 [89] ······ 473
그림 281 스위스 Diemitigen의 한 농가의 라우흐슐롯(Rauchschlot) [111] ······ 474
그림 282 독일의 슈빕보겐헤르트(Schwibbogenherd) [김남응] ······ 475
그림 283 독일의 슈빕보겐헤르트(Schwibbogenherd) [89] ······ 476
그림 284 서양에서의 평범한 벽난로 [김남응] ······ 478
그림 285 Benjamin Franklin 발명 'Pennsylvanian Fireplace' [89] ······ 480
그림 286 Mansard가 발명한 것으로 알려지고 있는 '회전식 벽난로' [89] ······ 482
그림 287 카헬오펜(Kachelofen) [김남응] ······ 483
그림 288 초기 철제 난로(독일, 17세기) [89] ······ 486
그림 289 'Lippischer Meierhof' 거실의 철제 난로 [113] ······ 487
그림 290 독일 북부의 농가 'Lippischer Meierhof' [113] ······ 488
그림 291 소위 '대포 난로(Kanonenofen)'란 별명이 붙은 철제 난로 [92] ······ 488
그림 292 독일 북부의 농가 'Lippischer Meierhof' [113] ······ 489
그림 293 독일 북부의 농가 'Lippischer Meierhof' 평면도 [102] ······ 490
그림 294 연통을 길게 늘려 열을 더 많이 취하려는 아이디어들 [89] ······ 490
그림 295 1890년경 독일 라디에이터(Radiator) [99] ······ 492
그림 296 주물로 된 라디에이터 [김남응] ······ 492
그림 297 적정한 실내 온도 [김남흥] ······ 504
그림 298 발을 불에 쪼이는 수도사와 군주 [89+124] ······ 505
그림 299 독일의 카헬오펜 [107] ······ 508

* 사진 자료를 제공해 주시고 사용을 흔쾌히 허락해 주신 분들과 관계 기관에 감사드립니다.

쉬어가는 글 목록

마침내 속을 들여다 보다 · 31
나루터 이름 '구드래'의 유래 · 48
백제(百濟) = 구들? · 48
나랏 말쓰미 ... · 84
'구들'의 알파벳 표기 문제 · 104
금나라는 고려인이 세웠다? · 132
헬기장 표시가 된 고구려의 구들장 · 222
문제의 빛바랜 사진 원본은 어디에? · 237
작업둑 · 283
인생무상(人生無常) · 292
사라지는 구들 유적들 · 324
선교장의 새 구들 · 355
한국에서 하룻밤만 자보면 알 수 있을 것을... · 420
불 보러, 물 보러? · 465
'Window'의 어머니, 연기 · 477
무드가 좀 잡히려 하면 그만... · 482
그것은 아버지 바지 눋는 냄새였다... · 485
추억의 난로 · 491
'선 불' 그리고 '누운 불' · 495
불 옆에 솥을 놓고 끓기를 바라는 사람들 · 507
고궁(古宮) 구들에 불을 지피면... · 510

찾아보기

(ㄱ)

감은사 293
감은사지 293, 294
강화 선원사지 332
개별 욕조 385
개석(蓋石) 24
개자리 15, 24, 319, 438
갱(坑) 104
『건축10서(建築十書)』 406, 407
게르 365, 366
게일(J. S. Gale) 505
격자문(格子紋) 289
겹구들 349, 350
『계구잡초(薊丘雜抄)』 38
고구려 220
고구려 부뚜막 144, 145
고래 15, 19, 22, 188, 189
고래 형식 422
고래둑 23
고래의 종류 22
『고려도경(高麗圖經)』 49, 50, 62
「고려전(高麗傳)」 41, 121
고르티(Gorty) 386, 387, 388, 401, 442, 447
고막이 357
고염무(顧炎武) 116
「공주 동정기(公州東亭記)」 51
공중 목욕탕 378
공중 욕장(Thermae) 501
관악사지(冠岳寺址) 274
관악산 일명사지 332
『광주천자문』 89
구공탄 342
『구급간이방언해(救急簡易方諺解)』 59, 81, 97, 334
구다라 48
『구당서(舊唐書)』 42, 48, 62, 121, 136, 327, 425, 447

구두래 48
구들 12, 15, 16, 59, 60, 67, 79, 81, 188, 510
구들 놓기 실험 32, 33
구들 유적 328
구들(온돌) 31, 104
구들(온돌) 관련 주요 문헌 335
구들(온돌) 발전 단계도 337
구들(온돌)의 구조 19
구들(온돌)의 발상지 442
구들(온돌)의 역사 328
구들(온돌)의 유래 102
구들(온돌)의 형태적 변모 336
구들고래 22
구들돌 48
구들의 구조 454
구들의 기원 331
구들의 명칭 334
구들의 발생 시기 327
구들의 발전 과정 37, 327
구들의 변화 과정 340
구들의 시원 155
구들의 어원 38
구들의 역사 37
구들의 원리 349
구들장 24, 189
구들장이(구들쟁이) 27, 335
구들학회 510
구듨 60, 62, 67, 81, 97
구새 25, 189
구윤명(具允明) 94
구의동 보루 210, 220
구의동 보루 유적 209
『구황벽곡방(救荒辟穀方)』 78
『구황보유방(救荒補遺方)』 78
『구황촬요(救荒撮要)』 72, 78, 82, 334
굴뚝 19, 25, 189
굴뚝개자리 26
굽은고래 423, 449
궁성 침전(寢殿)터 226
권대운 66
그리스식 하이퍼코스트 388
『금지(金志)』 113, 124
김경준(金敬俊) 87
김안로(金安老) 64
김용달 31, 34
김홍철(金弘喆) 88

(ㄴ)

나란히 줄고래 423
나란히고래 449
나타치오(Natatio) 379
暖堗(난돌) 54, 55, 62, 63, 104
煖堗(난돌) 92, 104
난방 원리 343
남성골 유적 201
냉탕 379
노(爐) 187, 188
『노걸대(老乞大)』 66

『노걸대언해(老乞大諺解)』 86, 97
노남리 유적 141
노지(爐址) 187
누운 불 495, 498
늑도 유적 328, 329

(ㄷ)

담공선사(曇空禪師) 314
『담서록(談書錄)』 123
대평리 유적 150
대포 난로(Kanonenofen) 488
덮개돌 24
덮개석 24, 189
㷝(돌) 94, 104
堗(돌) 94, 104
突(돌) 62, 79, 82, 97
堗口(돌구) 62, 63
㷝石(돌석) 45, 46, 48, 62, 63
동공벽(洞空壁) 404, 405, 406, 412, 414, 419
『동국이상국집(東國李相國集)』 53, 55, 62
동대자(東臺子) 223
동료지(東寮址) 308
『동문선(東文選)』 51, 62
冬以燠室 夏以涼廳(동이욱실 하이양청) 51
되돈고래 22, 449
두줄고래 150
땔감 28, 340
뚜껑돌 24, 189
뚜껑석 24

(ㄹ)

라디에이터(radiator) 492, 494, 496
라우흐수투베(Rauchstube) 470
라우흐슐롯(Rauchschlot) 473
라우흐하우스(Rauchhaus) 469
라코니쿰(Laconicum) 379
루이 싸보(Louis Savot) 479
르네 지누베(René Ginouvès) 386
리제로떼(Liselotte) 505
립바우(Liebbau) 494

(ㅁ)

마통신(馬通薪) 90
마틴 트리월드(Matin Triewald) 493
막고래(멍텅구리고래) 22, 424, 449
卍(만)자형 고래 424, 449
만수정(萬樹亭) 323
말똥 91, 93
맞선고래(대각고래) 22, 424, 449
멍텅구리고래 22
『명종실록(明宗實錄)』 74, 75, 76

몽싸르(I. H. Mansard) 482
몽촌토성(夢村土城) 207, 210, 220
무연탄 342
『무원록(無寃錄)』 94, 114, 115
문경새재 원터 332
문경새재 원터 유적 246
문무왕 293
미륵사지(彌勒寺址) 241
미사리 유적 174

(ㅂ)

바람구멍 477
바람의 눈 477
박세화 66
『박통사(朴通事)』 66, 86
『박통사언해(朴通事諺解)』 67, 97, 334
발네아(balnea) 378
발해(渤海) 상경용천부(上京龍泉府) 226
발해(渤海) 유적지 238
방고래 22
방공건(方拱乾) 126
방구들 92
房堗(방돌) 92, 104
방식제(方式濟) 129
백제(百濟) 220
『번역박통사(飜譯朴通事)』 66, 67, 81, 97, 334
벤자민 프랭클린(Benjamin Franklin) 479
벽난로(壁煖爐) 401, 403, 478, 496
벽체 난방 404, 413, 415, 419
별궁(別宮) 284
『보한집(補閑集)』 56, 62
부넘기 15, 21
부뚜막 15, 19, 187, 187, 188
부소산성(扶蘇山城) 204
부엌 19
부채고래(扇子고래) 22, 423, 449
북한산성 행궁지 유적 284
『북한지(北漢誌)』 286
불고개 22
불넣기 510
불목 15, 22
불자리 187
불티(화투) 21
비트루비우스(Vitruvius Pollio, Marcus) 406, 407, 410
氷堗(빙돌) 54, 55, 58, 62, 63
빠오 365

(ㅅ)

사천 늑도 유적 157
『삼국사기(三國史記)』 204, 220
『삼국유사(三國遺事)』 45, 62, 94, 336

삼발이 444
『삼조북맹회편(三朝北盟會編)』 112
서가(徐珂) 118
서긍(徐兢) 49
서둔동(西屯洞) 여기산(麗妓山) 유적 151
서료지(西寮址) 309
서몽신(徐夢莘) 112
서방장지(西方丈址) 296
서승당지(西僧堂址) 299
서유린(徐有隣) 94
서청(西淸) 130
선 불 495, 498
선교장(船橋莊) 355, 457
선원사(禪源寺) 248
선원사지 312
선원사지 유적 248
『선화봉사고려도경(宣和奉使高麗圖經)』 49
성 갈렌수도원(Kloster St. Gallen) 395
성능(聖能) 286
성현(成俔) 68
『성호사설(星湖僿說)』 47, 90, 102, 103
세연정(洗然亭) 321
세죽리 유적 139, 328
『소아직결(小兒直訣)』 111
손진태(孫晋泰) 16, 38, 39, 59, 65, 102, 107, 118, 130, 136, 327
『송막기문(松漠記聞)』 110
『수경주(水經注)』 37, 43, 107, 136, 327
수스펜슈래(suspensurae, suspensura) 377
슈빕보겐하이충(Schwibbogenheizung) 476
슈빕보겐헤르트(Schwibbogenherd) 475
슈타비애(Stabiae) 욕장 381, 385, 390, 405, 409, 410, 418
슐롯퀴헤(Schlotküche) 473
스투베(Stube) 484
신기질(申棄疾) 109
『신당서(新唐書)』 42
신문왕 293

(ㅇ)

아궁이 15, 19, 187, 188
아미산 굴뚝 456
아자방(亞字房) 301, 313, 314, 316, 317, 333
亞(아)자형 고래 449
아차산(峨嵯山) 유적 210, 214, 220
아포디테리움(Apodyterium) 379
『양반추우암수필(兩般秋雨庵隨筆)』 130

양빈(楊賓) 128
양소임(梁紹壬) 130
어골문(魚骨紋) 289
어숙권(魚叔權) 73
역도원(酈道元) 43
『역어유해(譯語類解)』 87, 97
『역어유해보(譯語類解補)』 88, 89
연길당(延吉堂) 510
연도(煙道) 22, 187
연돌(煙突) 189
연탄 342, 343
연탄 보일러 344
열중료지(悅衆寮址) 307
열탕 379
엽융례(葉隆禮) 113
『영고탑기략(寧古塔記略)』 127
『영고탑지(寧古塔志)』 126
오라타(Gergius Orata) 389
오르덴스슐로쓰(Ordensschloß : 騎士團의 城) 399
오매리 절골 유적 238
오일 보일러 345, 347
「오주연문장전산고(五洲衍文長箋散稿)」 87, 94, 98, 136
오진신(吳振臣) 127
오토 크렐(Otto Krell) 410
오하라 신지(大原信治) 363, 364, 365
溫堗(온돌) 59, 79, 82, 92, 104
溫其堗(온기돌) 58, 63
溫突(온돌) 12, 15, 16, 63, 79, 82, 104, 336, 510
「온돌고(溫突考)」 38, 65, 102, 107, 118, 136, 327
온돌문화전파고 38
온돌의 기원 38
「온돌토항변증설(溫堗土炕辨證 說)」 38, 98, 99, 102, 103
溫房(온방) 62, 63, 92, 104
溫房煖突(온방난돌) 92
온수 파이프 347, 349, 351, 425
온탕 379
온풍 난방법(溫風煖房法) 393
올림피아(Olympia) 383, 387, 388, 401, 427, 442, 447
왕사한(汪師韓) 123
왕여(王與) 94, 114
외곬고래 140
외줄고래 140
『용사기략(龍沙記略)』 129
『용재총화(慵齋叢話)』 68, 92
『용천담적기(龍泉談寂記)』 64, 336
우문무소(宇文懋昭) 113, 124
燠室(욱실) 52, 62
울산 늠네 유적 162
웅기 송평동 유적 231, 233
웅기패총(雄基貝塚) 231, 232
윌리엄 볼드윈(William Baldwin) 494

윌리엄 쿡(William Cooke) 493
油牋(유전) 65
『유변기략(柳邊記略)』 128
유전(油牋) 65
유후(劉昫) 41
윤선도(孤山 尹善道) 321
윤호(尹壕) 59
이궁(離宮) 284
이규경(李圭景) 37, 98, 102, 103
이규보(李奎報) 53
이륙(李陸) 63
이뽀꼬스뜨(hypocauste) 377
이사벨라 버드(Isabella Bird) 91
이원진(李元鎭) 74, 77
이익(李瀷) 90, 102
이인로(李仁老) 51
이중 바닥(Access floor) 353
익산 미륵사지 332
일명사지(逸名寺址) 267, 274
일연(一然) 45
『일지록(日知錄)』 116
임원준(任元濬) 59

(ㅈ)

자알부르크(Saalburg) 428, 429, 430
자작리 유적 196, 330
장갱(長坑) 41, 62, 121
장보고(張保皐) 244
장소원(張昭遠) 41
전을(錢乙) 111
『절분록(竊憤錄)』 109
정지방 367, 368, 369
제임스 와트(James Watt) 493
조선 시대 건물터 318
조선민족문화의 연구 38
「조선온돌고」 38
조선족 민가 368
존 스토운(John Stone) 494
존 호일(John Hoyle) 493
주월리 유적 192, 330
『주해천자문』 89
줄고래 22, 422, 424, 425, 437, 438, 449
중도(中島) 유적 154
중도식 토기 주거지 154
증기탕 379
『증수무원록대전(增修無冤錄大典)』 94
『증수무원록언해(增修無冤錄諺解)』 94, 114, 115
지산리 유적 190
지장료지(知藏寮址) 305
집안(集安) 동대자 유적 223
집안의 3대 악(惡) 470

(ㅊ)

책호(翟灝) 125

천정돌 24
천정석 189
철제 난로 486
『청파극담(青坡劇談)』 63, 336
『청패류초(淸稗類鈔)』 118, 122
청해진(淸海鎭) 244
청해토성 유적 230, 238
청해토성(青海土城) 230, 332
최세진(崔世珍) 66, 71, 86
최자(崔滋) 56
축열 난방 502
취사 444, 462
취사 기능 444
치스터치엔저 수도원 (Zisterzienserkloster) 398
칠불암 313, 333
칠불암 아자방(亞字房) 32, 313

(ㅋ)

카라칼라(Caracalla) 대욕장 460
카헬오펜(Kachelofen) 401, 403, 483, 484, 496
칼다리움(Caldarium) 379
캉(炕) 333, 362
캉의 기원 362
캉의 분포 365
캉의 유래 107
코리언 스케치(Korean Sketches) 505
크렛츠슈메르(F. Kretzschmer) 413, 420, 435, 454

(ㅌ)

탁상식(卓上式) 구들 333
탁상형 구들 302
『탐라지(耽羅志)』 74, 77
테르매(Thermae) 378, 443
테피다리움(Tepidarium) 379
土炕(토항) 109
土坑(토갱) 87, 97
토성리 유적 146
土榻(토탑) 49
「통속편(通俗編)」 125

(ㅍ)

『패관잡기(稗官雜記)』 73
폼페이(Pompeii) 374, 379, 383, 427
풍납토성 유적 164
풍납토성(風納土城) 164, 330
프랭클린의 벽난로(Franklin Fireplace) 481
프레푸르니움(Praefurnium) 377
프리지다리움(Frigidarium) 379
『플리니우스(Plinius)의 서한집』 390

(ㅎ)

하남위례성(河南慰禮城) 207
하이퍼코스트(Hypocaust) 329, 372, 374, 383, 394, 421, 422
하이퍼코스트 구조 453
하이퍼코스트 구조 및 기능 개념도 376
하이퍼코스트의 기본 구조 376
하이퍼코스트의 발전 과정 376
『한국건축조사보고』 286
한국과 그 이웃나라들 91
한스 슐라이프(Hans Schleif) 383
『한한청문감』 89
炕(항) 39, 81, 97, 102, 363
항(炕 : 캉) 39, 102
항방(炕房) 73
행궁(行宮) 284
향화료지(香火寮址) 304
허튼고래 22, 24, 383, 422, 423, 438, 438, 449
헤르쿨라네움(Herculaneum: 허큘레움) 374, 379, 383, 427
현규환(玄圭煥) 39, 40, 363, 364, 365
혼합고래 22, 449
혼합형 고래 422, 439
홍호(洪皓) 110
火坑(화갱) 62
화덕 187, 188
화양 지구(華陽地區) 유적 209
활래정(活來亭) 52, 457
회암사 311, 312, 317
회암사지(檜巖寺址) 296, 312, 333
회암사지 유적 296
회전식 벽난로 482
후버(Huber) 411, 413
후지타 료사크(藤田亮策) 232, 233, 235
『훈몽자회(訓蒙字會)』 71, 97, 334
훈민정음(訓民正音) 59, 84
휘포카우스텐(Hypokausten) 377
휴 플랫(Sir Hugh Platt) 493
『흑룡강외기(黑龍江外記)』 130
흙구들 87, 97, 109, 115
히트 파이프(heat pipe) 351
히포카우스툼(Hypocaustum) 377, 421
히포카우시스(hypocausis) 377, 421